高地温水工隧洞稳定性与复合支护结构工程应用

姜海波　吴　鹏　金　瑾　侍克斌　著

科 学 出 版 社
北　京

内 容 简 介

本书围绕高地温水工隧洞设计与施工中的关键问题，通过现场试验、室内试验、理论分析、数值仿真试验等手段，对高地温水工隧洞围岩与支护结构热力学参数的变化规律及其敏感性进行分析，研究不同开挖、不同支护阶段水工隧洞的温度场特性。基于岩石温度效应，提出高地温作用下岩石损伤演化方程及损伤本构模型，分析高地温和荷载共同作用下岩石损伤演变过程及力学响应机制，系统研究高地温水工隧洞围岩热-力耦合力学特性、塑性区发展及其稳定性。对高地温水工隧洞复合支护结构的耦合力学特性、温度效应进行定量评价，系统研究高地温水工隧洞复合支护结构的隔热性能及其工程适应性能，提出高地温水工隧洞复合支护结构优化设计方案。

本书可供从事高地温隧洞与地下工程设计、施工等工作的技术人员及科研人员阅读，也可作为高等院校水利工程、岩土工程等专业研究生的参考书。

图书在版编目（CIP）数据

高地温水工隧洞稳定性与复合支护结构工程应用/姜海波等著. —北京：科学出版社，2022.11

ISBN 978-7-03-073146-3

Ⅰ.①高… Ⅱ.①姜… Ⅲ.①高温-地层温度-水工隧洞-稳定性-联合支护-研究 Ⅳ.①TV672

中国版本图书馆 CIP 数据核字(2022)第 168674 号

责任编辑：祝 洁 罗 瑶／责任校对：崔向琳
责任印制：张 伟／封面设计：陈 敬

科学出版社出版
北京东黄城根北街 16 号
邮政编码：100717
http://www.sciencep.com

北京中石油彩色印刷有限责任公司 印刷
科学出版社发行 各地新华书店经销

*

2022 年 11 月第 一 版 开本：720×1000 1/16
2022 年 11 月第一次印刷 印张：17 插页：2
字数：339 000

定价：198.00 元

（如有印装质量问题，我社负责调换）

前　言

21 世纪是隧洞与地下工程大发展的世纪。随着西部大开发的持续推进和“一带一路”倡议的实施，正在规划和建设的高速铁路、高速公路、矿山和水利水电等国家重大工程，将使我国的隧洞与地下工程在 21 世纪步入世界前列，成为地下工程建设的强国。

在地下工程建设中，高温热害问题主要是开采深度大、岩石温度高所致，中部和西南部地区尤其如此。我国一些主要的高温热害隧洞和地下洞室，其岩体在 40℃ 以上。新疆布伦口–公格尔水电站水工隧洞围岩最高温度可达 105℃，高地温洞室长度达 4000m。四川省甘孜州硕曲河娘拥水电站水工隧洞岩体最高温度达 86℃。南水北调西线工程水工隧洞局部围岩地温可高达 70℃。国外也有类似情况，连接瑞士和意大利的 Simplon 铁路隧道围岩最高温度达 55.4℃，印度的纳特帕・杰克里 (Nathpa Jhakri) 水电站水工隧洞开挖时岩体最高温度达 53℃。深部资源开采和核废料存储隧洞也受高地温问题困扰，地下洞室高温热害已经成为继煤矿瓦斯、突水、火灾、粉尘、顶板后的第六大地质灾害。因此，高地温地下洞室的岩石力学问题备受关注。与常温静载条件相比，高地温复杂环境下的岩体，其力学性能、稳定性及破坏机制具有本质的差异。因此，研究高地温复杂环境下地下洞室岩体的时效力学特性、温度效应及其损伤演化机制，对深部高地温岩体工程安全运行具有重要意义。

作者及研究团队在高地温、高地应力水工隧洞围岩稳定评价、岩体热–力耦合效应、高温热害及其灾害防治领域进行探索。在十余年的研究实践中，作者先后承担了国家自然科学基金项目、新疆维吾尔自治区自然科学基金项目、新疆生产建设兵团优秀青年基金项目和区域重大工程建设项目等十余项相关科研课题。在此基础之上，结合多家设计、施工单位及石河子大学寒旱区水工结构工程与地下工程研究室的代表性成果，撰写了本书，并历经多次修改终于定稿。本书介绍了作者及团队从事高地温水工隧洞稳定性与复合支护结构及工程应用研究的主要成果，是研究团队集体智慧的结晶。希望本书的出版能够使读者了解深埋高地温隧洞设计、施工及防灾减灾方面的知识，深刻理解复杂地质环境中高温热害防治的重要性，为合理解决高地温地下洞室建设中遇到的重大技术问题提供参考。

本书共 13 章，主要内容由三篇构成。第 1 章绪论，主要阐述研究工程背景和意义，详细分析高地温地下工程国内外研究现状和发展趋势，介绍本书的主要内容。第一篇是高地温水工隧洞热力学参数变化及其影响，包括第 2~4 章，主要分析高地温水工隧洞围岩与喷层结构热力学参数的变化规律及敏感性程度，确定围岩与喷层结构的热力学参数，研究热力学参数变化对围岩力学特性及其稳定性的影响。第二篇是高地温水工隧洞力学特性及其塑性区演化特征，包括第 5~9 章，以高地温水工隧洞围岩与支护结构温度场变化规律为基础，提出了高地温作用下岩石损伤演化方程及损伤本构模型，分析了温度和应力共同作用下的岩石损伤演变过程及力学响应机制，对高地温水工隧洞围岩热–力耦合力学特性、塑性区发展及其稳定性进行分析，探讨高地温水工隧洞开挖损伤区特征及其分布规律，研究高地温水工隧洞围岩及支护衬砌结构力学特性的时空分布规律。第三篇是高地温水工隧洞支护结构设计及其工程实践，包括第 10~13 章，以高地温水工隧洞力学特性及塑性区演化特征为基础，分析高地温水工隧洞围岩施工期喷层结构承载特性及其影响因素，研究高地温水工隧洞复合支护结构温度和应力的耦合特性，对高地温水工隧洞复合支护结构的适应性及温度效应进行评价，阐述高地温水工隧洞复合支护结构的隔热性能、适应性能、支护结构优化设计及高地温水工隧洞热害支护技术。

本书出版得到了国家自然科学基金 (编号 51769031、51408377) 等项目资助。国家自然科学基金委员会、石河子大学、新疆农业大学及相关重大工程项目、施工单位等对本书相关研究工作提供了大力支持；张军博士对本书相关研究工作提供了支持；研究生貊祖国、后雄斌、李可妮、王凯生、张梦婷、王排排、李亚坤、孟尧、惠强、李唱唱、彭小丽等对本书出版提供了帮助，在此一并致谢！

由于作者水平有限，书中可能存在不妥或者疏漏之处，希望读者不吝赐教，及时将意见和建议反馈给作者。

姜海波

2022 年 3 月于石河子

目　录

第三篇 高地温水工隧洞支护结构设计及其工程实践

第 1 章 绪　论

1.1 工程背景与研究意义

随着国家西部大开发的持续推进和“一带一路”倡议的提出 [1]，许多关系国计民生的基础工程 (如水利、电站、交通和采矿等地下工程) 在环境恶劣、地质结构复杂的高山峡谷开展，将不可避免地遇到许多前所未有的工程难题 (如高地温、高地应力、地震和泥石流等)，严重影响工程的顺利施工和安全运行 [2]。“三高一扰动”(高地应力、高地温、高岩溶水压和强烈开采扰动) 是地下工程进入深部岩体必然要面对的复杂恶劣环境，对地下工程的安全生产提出了极具挑战性的研究课题。与常温、静载条件相比，处于高地温复杂环境下的岩石力学性能及破坏损伤机制具有本质的差异。因此，研究高地温复杂环境下地下洞室岩体的时效力学特性及损伤演化机理，提出适应高地温条件的复合支护结构，对深部高地温地下洞室安全运行具有重要的工程意义。

根据《水利水电工程施工组织设计规范》(SL 303—2017)，地下洞室的平均温度不能超过 28℃，超过规定温度则视为高温洞室。高地温问题会随洞室的长度增大、埋深加深变得更加严重。

国内有许多地下工程存在高地温现象，这些高地温环境下的围岩表面温度都在 40℃ 以上，属于超高地温作业环境。例如，位于雅鲁藏布江桑加峡谷的桑珠岭隧道，隧道全长 16449m，最大埋深约 1480m，其 1 号横洞开挖时出现高地温情况，岩温高达 65℃，随着隧道掘进，岩体温度最高可达 86.7℃，岩石表面温度最高可达 74.5℃，采取一般性降温措施后环境温度达 43.6℃，实属超高地温作业环境。齐热哈塔尔水电站引水隧洞 (水工隧洞) 位于喀什塔什库尔干河西侧，有压引水隧洞总长 15.64km，断面主要为圆形，该引水隧洞埋深大，局部地温梯度较高，施工掌子面钻孔温度高达 72℃，属超高地温作业环境。新疆布伦口–公格尔水电站工程发电引水隧洞总长约 17.36 km，有 4.1 km 的高地温洞室段。工程区属暖温带干旱气候，降雨稀少，蒸发强烈，昼夜温差大，2 号、3 号和 4 号施工支洞也出现高地温问题，掌子面处最高环境温度 67℃，钻孔内最高温度 105℃，实属超高地温作业环境。高黎贡山隧道在勘察选项期间，被发现有 123 个温泉群，其中 60～ 95℃ 的高温泉就有 12 处，95℃ 以上的沸泉 1 处，线路论证和隧道设计方案的比选花了近 10 年之久，最终选择了位于黄草坝断裂东南盘相对较低温的隧道线路，全长 34.5km。即使比选出相对低温地带，但施工时隧洞洞身仍受到循环地下热水影响，其中最高水温为 50℃，属超高地温作业环境。娘拥水电站位于四川省甘孜州西南部的硕曲河乡城县河段上的沙贡乡，是硕曲河干流乡城段“一库五级”中的第二个梯级电站，上接古瓦水电站，下游为乡城水电站。四川娘拥水电站引水隧洞全长 15.406km。根据开挖时的数据统计，娘拥水电站引水隧洞开挖过程中掌子面出露的地下水温实测最高达 82℃，爆破后环境温度实测为 48℃，岩石表面温度实测为 52℃。7 条支洞中 1 号支洞洞内环境温度达 43℃，洞内围岩表面温度达 58℃。其涌水水温达 82℃，洞壁 16m 深围岩处最高实测温度高达 78℃。

通过查阅大量文献 [3-15] 发现，在全球范围内部分铁路、公路和引水隧洞在建设过程中均存在高地温问题，表 1.1 为国内外存在高地温问题隧洞工程的相关信息。从表 1.1 中可以看出，大部分地下工程所遇到的地温较高，所涉及的高地温问题很复杂，隧洞围岩稳定及其支护结构设计多为高地温多场耦合问题。

表 1.1 国内外存在高地温问题隧洞工程的相关信息

国家	名称	长度/km	最大埋深/m	内部最高温度/℃
中国	布伦口–公格尔水电站引水隧洞	17.36	1500	105
中国	齐热哈塔尔水电站引水隧洞	15.64	1720	98
中国	黑白水引水隧洞	2.32	1080	60
中国	娘拥水电站引水隧洞	15.406	640	78
中国	西康铁路秦岭隧道	18.5	1600	33.5
中国	吉沃希嘎铁路隧道	3.97	102	54
中国	川藏铁路桑珠岭隧道	16.449	1347	89.9
中国	高黎贡山隧道	34.5	1155	50
日本	安房公路隧道	4.35	70	75
美国	特科洛特隧道	6.4	2287	47
瑞士	新圣哥达隧道	57	2300	45
瑞士	辛普隆隧道	19.8	2140	55.4
瑞士	新列奇堡隧道	33	2200	42
意大利	亚平宁铁路隧道	18.5	2000	63.8
法国、意大利	里昂–都灵隧道	54	2000	40

高地温热害不仅加大了隧洞开挖难度从而影响了施工工期，还对施工人员的生命安全构成了威胁，更重要的是高温环境下通风降温措施使围岩温度骤降，围岩内部与洞壁之间的温差会产生较大的附加温度应力 [3-5]。温度应力不仅影响着混凝土支护结构的耐久性，还影响着支护结构的稳定性，严重情况下会导致支护结构破坏，影响围岩稳定。因此，研究支护结构的力学特性和支护结构的优化设计方案显得尤为重要，本书通过现场实测和数值模拟研究支护结构在高地温复杂环境下的温度分布规律和力学特性，对支护结构在围岩中的适应性进行评价，通过对比分析择优选取最佳支护方案，为存在高地温问题的工程提供具有参考价值的依据和较为可行的技术方案。

虽然国内外学者对高地温条件下岩石的各种性质和理论研究方面做了一些探索，但针对高地温地下洞室设计与施工的研究却颇为少见，特别是高地温复杂环境下地下洞室的关键施工技术和高地温条件下岩体的时效力学特性、支护结构设计、不同运行工况下围岩及其支护结构的力学特性等方面更是鲜有涉及。本书结合新疆典型的高地温引水隧洞工程 (布伦口–公格尔水电站引水隧洞工程、齐热哈塔尔水电站引水隧洞、托尕依水电站引水隧洞工程) 存在的高地温问题开展研究，揭示工程高地温的成因和温度演变机制，研究高地温复杂环境下隧洞施工的关键技术和高地温环境下岩体的时效力学特性；探究高地温复杂环境下水工隧洞岩体的短期、长期力学特性；研究高地温复杂环境下地下洞室岩体锚固机制与力学性能演化机制，为高地温区水工隧洞的设计、施工及运行管理提供一定的理论依据，也为高地温区水工隧洞锚固衬砌技术的发展提供一定的理论基础。

1.2　研究现状

高地温对洞室围岩、锚固支护结构的力学、热力学参数有较大影响，岩体的稳定性又受到节理面、层理面等微观结构的影响，进一步影响地下洞室锚固衬砌结构的稳定。有关高地温区地下洞室岩体的物理力学性质及其围岩稳定、支护结构设计等相关理论的研究主要集中在以下几个方面。

1. 高温作用下岩石物理力学特性

高地温隧洞与地下工程的施工、地热系统的开发建设，以及核废料地下储存库的设计等都会涉及高温作用下的岩石物理力学特性、损伤力学特性及其支护衬砌结构的研究。因此，高地温地质环境下多场耦合作用岩体力学特性及其损伤破坏机制的研究引起了国内外学者的广泛关注。

Chen 等 [6] 通过声发射试验确定了花岗岩加热过程中的温度阈值。1985 年，Alm 等 [7] 对花岗岩在不同温度处理后的热破裂过程进行了研究。Trice 等 [8] 对不同高温处理后的花岗闪长岩进行波速和渗透率测试，得到温度与波速、温度与渗透率之间的关系。苏承东等 [9] 对经历 400~1000℃ 细砂岩试样进行了 X 射线衍射、扫描电镜及单轴压缩试验，分析了高温后试样矿物成分、结构特征及力学参数与温度的相关性。张卫强 [16] 开展了灰岩、砂岩和花岗岩三种岩石的孔隙度测试，研究孔隙度在高温作用下的变化，发现三种岩石孔隙度随温度的变化特性相似，孔隙度随着处理温度的增大而增大，孔隙度先缓慢增大，然后快速增大，在此过程中得出岩石热损伤温度阈值。Yang 等 [11] 开展了室温至 800℃ 高温处理的砂岩物理力学特性研究，结果表明砂岩的温度阈值在 400~500℃。砂岩在 300℃ 时峰值强度和弹性模量最大，泊松比随温度升高的变化曲线在 600℃ 时出现转折，呈现先降低后增加的趋势。苏承东等 [12] 分别对高温 (100~900℃) 作用后粗砂岩和细砂岩进行力学特性测试，结果表明对于粗砂岩来讲，500℃ 处会出现力学参数的突变；在细砂岩力学实验研究中，600℃ 为细砂岩力学性能改变的阈值温度。力学参数是从宏观角度表征岩石破裂情况，而声发射监测以岩石破裂事件数为依据进行统计，二者相辅相成。胡建军 [13] 不仅发现灰岩波速在 100~500℃ 逐渐下降，而且发现波速下降与加热循环次数有关，随着循环次数的增加波速变化率增大。此外，在循环次数相同情况下，随着处理温度的升高波速下降的变化率逐渐增大。Kumari 等 [14] 开展高温、高压共同作用下的花岗岩力学特性测试，二者对岩石力学性质均有影响，并且围压对岩石力学性质的影响要大于温度效应。高温高压条件下，砂岩在围压为 20 MPa、温度为 400 ℃ 时杨氏模量和峰值强度变化特征存在拐点，超过该点杨氏模量和峰值强度会降低 [15]。韩观胜等 [10] 采用自然冷却和遇水冷却的高温砂岩进行物理力学性质试验，通过试验结果对比，发现采用遇水冷却方式的岩石试样应力–应变曲线的压密阶段缩短，峰值应变减小，岩石由脆性向塑性转变。随着处理温度升高，试样单轴抗压强度和弹性模量先降低后增大。喻勇等 [17] 以不同温度遇水冷却后的花岗岩为研究对象，进行了压入硬度试验、摩擦磨损试验和室内微钻试验，结果表明高温后快速冷却可以提高花岗岩的可钻性。姚孟迪 [18] 对大理岩、砂岩和花岗岩在温度作用下的力学特性进行了研究。结果表明，大理岩和花岗岩随着温度的升高，其强度逐渐减弱，而砂岩强度随着温度升高反而降低，大理岩对于热损伤的力学响应最为明显，花岗岩次之，砂岩最弱。

2. 高地温地下洞室围岩温度场及演化规律

存在于地层中未受人类工程扰动的天然温度称为岩层的原始温度，也称为原岩温度 [19–21]。原岩温度场的形成主要与地球的物质组成和动力运动过程等因素有关。对于地下岩石工程，影响其原岩温度场的因素主要是区域背景大地热流值、地层结构和导热性能、地质构造、热水运移，以及放射性元素生热等 [22–24]。

杨德源等 [25] 在一维非稳态导热条件下，求出了导热微分方程的解析解，得到了任意通风时间和洞室围岩深度处的岩温。高平 [26] 对岩石热物性参数及多场热效应耦合模型进行了研究，确定温度场、渗流场及应力场的时空演变规律。吴星辉等 [27] 基于循环水热交换技术提出将深部采矿降温和岩体地热开采相结合的理论，利用数值模拟方法研究增强型和传统型降温系统的单孔换热过程和换热孔群效应，并分析了岩体的温度场分布规律。张源 [28] 的研究表明，地下洞室壁面处的温度梯度和热流密度最大，随着距离壁面深度的增加，温度梯度和热流密度逐渐降低。

王义江 [29] 通过研究发现，地下洞室壁面温度与对流换热系数有很大的关系，风温增大，围岩温度变化幅度减小；风流与围岩温差越大，围岩内部的温度梯度越高。郭清露等 [30] 为研究不同温度作用后大理岩的渐进破坏全过程，对 25℃、200℃、400℃ 和 600℃ 的大理岩进行了单轴压缩试验，分析了高温大理岩的破裂模式，分析了起裂应力和损伤应力的取值范围，并对损伤演化规律及应力–应变模型进行了研究。Yavuz 等 [31] 等通过试验，研究了高温后岩石的物理力学性质。Rudajev 等 [32] 指出单轴受压岩石破坏的前兆特性是声发射累计事件率的突增；Rudajev 等 [33] 研究了分级加载条件下岩石的声发射特性；Eberhardt 等 [34] 和 Cai 等 [35] 首次将声发射技术应用于确定岩石的起裂应力和损伤应力。

综合以上的分析，在高地温地下洞室围岩物理力学特性、温度场及其演化规律方面，现有的高地温地下洞室传热模型过于简单。例如，假设地下洞室壁面温度不变，风温在洞室轴向上不变，洞室围岩轴向上不存在温度梯度，甚至假设地下洞室围岩导热是稳态的等等，假设条件越多，结果往往与实际相差越大。在高地温地下洞室围岩温度分布的时空关系方面，目前多是研究均匀介质围岩的温度场，对具有隔热结构的地下洞室复合介质围岩温度场的研究并不多。

因此，有关高地温地下洞室围岩温度场及其演化规律的研究还不是很充分，主要原因是地下洞室所处的边界条件比较复杂。洞室开挖过程中，洞室边界条件受到岩体特性、环境温度、通风条件、导热系数、对流换热系数等影响，温度变化机制复杂，计算分析较为困难。通过现场监测试验能获得比较可靠的数据，对指导洞室围岩施工具有重要的科研价值，但是现场监测试验成本高、周期长，获得长时间的监测数据对洞室设计与施工具有重要的意义。但目前还没有针对高地温地下洞室长时间监测试验的报道。

3. 高地温复杂环境对地下洞室围岩衬砌结构性能的影响

针对高地温带来的工程问题，工程技术人员采取了一些相应的处理措施，如在防水板和混凝土衬砌之间设置了隔热材料，阻断了从岩体传播来的热量，降低了混凝土内的温度应力。

对于高地温环境下地下洞室工程的研究集中在混凝土配合比设计、隔热材料和隔热结构等工程措施上，对地下洞室开挖过程中支护结构的力学特性和破坏条件等相关方面的研究十分有限。Oda[36] 等研究了在温度的作用下岩石的基本力学性质及其微破裂过程，得到了岩石的基本力学特性随温度的变化规律和岩石的破坏机制。Alm[37] 考察了花岗岩受到不同温度热处理后的某些力学性质，在温度作用下对花岗岩微破裂过程进行了讨论。

喷浆混凝土广泛应用于岩土工程，它是具有柔韧性和支持性的支撑结构，喷射混凝土与周围的岩石结合，迅速对周围岩石的表面提供阻力。何军等 [38] 针对丰宁抽水蓄能电站地下厂房洞室群的钢纤维混凝土喷层，采用三维离散元分析了其抗弯细观机制。李学彬等 [39] 通过理论力学分析了影响软岩巷道喷层支护性能的关键因素，并以普通喷射混凝土材料为基础，通过室内材料配比试验优化聚合物胶粉、抗裂短纤维、有机乳液等组分的掺量，确定新型聚合物喷层材料配比和力学性能。徐磊等 [40] 通过室内控制性试验，并结合数值模拟方法对聚丙烯纤维混凝喷层支护的力学性能进行了研究，指出聚丙烯纤维混凝土喷层中的应力分布较均匀，有较好的抗拉强度、韧性好、回弹量低及工艺简单等特点，对温度变化不敏感。Ahmed 等 [41] 采用有限元数值方法研究了爆破能量作用下岩体与初次支护混凝土喷层之间的相互作用。斯郎拥宗等 [42] 采用 Midas /GTS NX 数值方法，模拟了隧道掌子面施工爆破作用下，不同龄期混凝土喷层的动力响应，确定了不同围岩等级和不同开挖方式下掌子面后方不同距离处喷层拱顶混凝土的振动速度。王文娟等 [43] 对结合面仅传递径向力学行为的双层叠合结构的稳定性影响因素进行研究，“双层叠合衬砌”方案即通过“拆分”的方式削减结构厚度，可有效缓解水泥水化热在结构内部产生的有害变形，增强大体积混凝土结构的可实施性和可操作性。康华等 [44] 验证了双层模筑衬砌类圆形断面在改善结构受力方面较传统复合式衬砌有着明显的优势。李德武等 [45] 以兰渝铁路软岩单洞单线隧道为例，对双层叠合模筑衬砌结构进行了受力检算。谢生荣等 [46] 结合深部巷道的控制原则，针对深部软岩巷道围岩，分析了复杂应力场和高渗透压作用下的变形破坏机制。采用数值模拟和工程类比方法相结合的方法，全面确定测试隧道的围岩支护方案。史玲 [47] 分析了洞室喷层结构的应力控制模式和结构控制模式，系统研究了薄层喷层结构的支护机制。轩敏辉 [48] 分析不同厚度的混凝土喷层对隧道施工过程中稳定性的作用，确定合理的支护参数，得到了混凝土喷层厚度的改变可减少隧道变形但对隧道结构受力改变甚微的结论。

吕记斌 [49] 介绍了初期支护温度应力的理论计算方法。穆震 [50] 研究了高地热对混凝土力学性能的影响。徐长春 [51] 研究了高岩温情况下的热–力 (温度–应力) 本构模型。段亚辉等 [52] 采用三维有限元仿真计算，并结合三峡、溪洛渡、白鹤滩等巨型水电站泄洪洞衬砌结构设计的成功经验，系统分析结构、断面尺寸、内部钢筋和过缝钢筋、锚杆、衬砌与围岩间设砂浆垫层等结构设计因素对衬砌混凝土温度裂缝控制的影响程度。Tan 等 [53] 针对岩体的温度–渗流耦合特性和围岩导热系数的取值方法等做了系统研究，从降低洞内环境温度、初期支护措施等对高地温隧洞施工关键技术进行了分析。

从以上分析来看，高地温复杂环境对地下洞室围岩衬砌结构性能影响的研究较少，还没有形成系统的理论。本书将结合新疆典型的高地温水工隧洞工程，开展高地温复杂环境下围岩锚固衬砌结构的系统监测，研究高地温复杂条件下地下洞室围岩、锚固衬砌结构的力学特性，揭示高地温对围岩锚固衬砌结构力学性能的影响机制。

4. 高地温复杂环境下地下洞室锚固机制及其锚固技术

在地下工程中，随着隧洞等工程开挖产生了大量贯通的节理、裂隙等不连续结构面，岩体的不连续性也逐渐体现出来[54]，导致岩体的力学性质与受力状态发生改变，需要重点关注岩体的加固措施及其产生的力学效应。

徐开山[55]针对全长黏结锚杆进行拉拔状态下变形破坏分析得出了一种力学作用模型。Hariyadi 等[56]对静态拉拔荷载作用下锚杆的失效机制和强度进行了研究。Zhou 等[57]在中性点理论基础上建立了地震荷载作用下，完全灌浆锚杆与围岩的联合作用力学模型，针对锚杆多屈服破坏条件，提出了一种新的全注浆锚杆数值模拟方法。Li[58]在荷载传递理论的基础上分析得到了锚固体发生剪切滑移破坏时的相互作用规律。白晓宇等[59]基于荷载传递法理论与 Kelvin 问题的位移解，进一步推导了全长黏结抗浮锚杆在轴向拉拔荷载作用下轴力沿锚固深度的分布函数。贺若兰等采用一种较为真实反映节理面性能的接触单元，利用数值分析技术对全长黏结型锚杆进行了拉拔状态下全过程模拟分析。确定了土钉支护较为合理的长度范围[59]。腾俊洋等[60]对节理岩体剪切性能影响进行分析研究得到了锚杆轴力分布规律。王平等[61]对预制锚固单排裂隙试件进行单轴破断试验，提出了主控裂纹的概念，通过数值模拟软件得到了裂隙发展模式。Mohammadi 等[62]利用锚杆支护系数的概念，在软弱互层岩体类型中进行了系统的修正，该方法也证明了岩石锚固的重要性。Kang 等[63]对断裂岩体和边坡岩体锚固剪切试验进行了数值模拟分析，建立了联合裂隙岩体变形和稳定性评价的定量评价基础。宋洋等[64]在拉拔条件下，对全长注浆锚杆在含贯通节理岩体中界面应力分布规律进行了分析研究，修订了无节理岩体界面剪应力分布函数。王平等[65]通过自制不同角度裂隙的无锚和加锚试件，通过单轴压缩试验，对单一裂隙试件主控裂纹演化规律及锚杆的锚固止裂机制进行研究。刘泉声等[66]将节理岩体中的锚杆看作半无限长梁，提出“等效剪切面积”的概念，开展了不同节理面法向应力作用下，无锚节理岩体及加锚节理岩体的直剪试验，讨论了锚杆倾角、围岩抗压强度、锚杆直径、法向应力等因素对加锚节理面抗剪强度的影响规律。李育宗等[67]基于锚杆横向剪切变形段反对称变形特点，提出了节理岩体锚杆的结构力学模型，假定锚杆与围岩之间的挤压力呈三角形分布。陈文强等[68]基于经典梁理论，假设锚杆受压侧岩体反力非线性作用沿锚杆呈抛物线分布，进行加锚结构面直剪试验，分析了结构面剪胀系数、围岩强度、锚杆安装角对锚杆变形和抗剪力的影响。张伟等[69]开展了锚固节理岩体的实验室剪切试验，模拟了不同强度的岩体在剪切力作用下的变形和受力特征，对比了锚杆加固前后岩体的剪切变形规律，分析了节理岩体强度、预应力及锚固方式对节理抗弯能力的影响。黎海滨等[70]假定剪切变形段受压侧岩体反力非线性作用沿锚杆方向呈抛物线分布，建立了剪切方向与锚杆倾向共面条件下的力学分析模型，通过室内直剪试验验证了此力学模型的可行性，分析了锚杆最优安装角及锚杆内力对锚固效应的贡献。

目前，许多研究者已对高地温工程岩体的破坏机制及其锚固效应进行了大量的研究，但是，由于客观条件的限制，该类课题无论在研究范围还是在深度上都有待进一步探索。在高地温区地下洞室的锚固衬砌结构方面，还没有系统的原型观测成果作为支撑。

5. 高地温复杂环境下地下洞室岩体损伤演化数值分析方法

针对岩石热损伤问题的探讨，数值分析方法具有较广泛的适用性，能够模拟岩体的复杂力学与结构特性，并对工程围岩进行应力、位移的监测，成为解决岩石热损伤问题的有效工具之一。目前，岩石力学数值分析方法主要分为三大类：连续介质力学的方法，非连续介质力学方法和基于连续、非连续介质力学共性的方法。连续介质力学方法主要为有限元方法、边界元方法、有限差分法和加权余量法等。非连续介质力学方法主要为离散单元法、刚体元法和不连续变形分析法等。

随着高性能电子计算机的出现，岩土介质本构关系研究的进步，以及计算技术的发展，地下工程的数值仿真研究有了很大的发展。1997 年，德国汉堡召开的第四届国际土力学与基础工程会议上，重点介绍了一些用有限元方法对软土隧洞的计算分析工作 [71]。有限元数值分析方法在岩石热损伤问题中得到广泛应用。Tang 等 [72] 运用有限元数值分析方法研究了高温岩石在降温冲击作用下的裂纹发育过程，同时还讨论了岩石导热系数对脆性岩石开裂模式对的影响，进一步验证了数值模拟是研究岩石热损伤行为的一个有力工具。张帆 [73] 通过有限元软件——ANSYS 软件对高温岩石冷冲击过程进行模拟，得到冲击过程中岩石温度场和应力场的变化。有学者认为岩石的热损伤问题是多场耦合问题，既要考虑岩石力学特性的变化，还要重视岩石导热特性的变化。为此，近年来有学者采用多物理场仿真软件 COMSOL MULTIPHYSICS 对自然环境发生变化的高温岩石破坏过程进行模拟，熊贵明等 [74] 基于传热学原理，以水、液态二氧化碳和液氮为冷却介质，应用 COMSOL MULTIPHYSICS 对不同温度的花岗岩进行热冲击试验模拟，得到热冲击过程中岩石温度场分布规律。另外，Yang 等 [75] 采用全耦合近场动力学对热循环处理后的花岗岩热–力破裂行为进行模拟，通过瞬态热传导和裂纹扩展检验了数值收敛性并校准了模拟参数。

目前，离散元数值分析方法多采用颗粒流程序 (partical flow code, PFC)，PFC 可以构建不同概率分布的岩石颗粒模型，可以解决岩石不均质和不连续面问题。岩石材料由微观颗粒组成，微观颗粒的变形和颗粒之间的接触界面变化可以影响岩石的宏观物理力学行为。李雪 [76] 依靠离散元数值分析方法将裂隙花岗岩在温度和应力共同作用下的岩石试样局部应变强化带应力分布和微裂隙扩展路径进行模拟，揭示了微裂纹萌发—扩展—贯通形成断裂的机制。李玮枢 [77] 基于 PFC 离散元数值模拟方法，对高温花岗岩遇水冷却过程中岩石温度场变化、颗粒接触力变化和裂纹演化规律进行监测，探讨了高温花岗岩遇水冷却的损伤机制。Xu 等 [78] 采用 PFC 数值模拟方法分析了热–力耦合作用下岩体强度和微裂纹的发展规律，在一定温度范围内 (40~90℃)，温度的升高会加剧花岗岩的脆性破坏，当温度为 130℃ 时有热裂纹出现，峰值强度和应变开始明显变小。Zhao[79] 采用 PFC 模拟热损伤花岗岩的微裂纹演化为宏观裂纹的过程，阐明了高温会降低岩石抗压和抗拉强度的机制。热损伤岩石强度降低的主要原因是热应力的增加和拉伸微裂纹的产生，而微裂纹的产生是温度梯度所致，温度梯度越大微裂纹越明显。李树忱等 [80] 利用数值手段模拟深部岩体分区破裂现象的产生及演化过程，并应用该程序求解某深埋巷道围岩破裂形态，得到破裂区和非破裂区的宽度和数量，数值模拟结果与现场观测成果有很好的一致性。

上述数值分析方法和模拟软件在岩石热损伤研究中可以得到比较接近岩石在热–力耦合作用下的实际结果，但这些方法和软件并不具有普适性。针对不同的岩石热损伤工程问题，它们仍具有一定的局限性。通过综合每种软件的优点，可以达到分析不同的热损伤问题的目的。对高地温复杂地质条件下地下洞室洞口段、断层破碎带结构受力性状的研究则不多见，尤其是高地温环境下地下洞室岩体及其支护结构损伤演化数值分析的成果较少。

1.3 本书主要内容

综合以上分析，高地温地下洞室的围岩温度场及其演化规律的研究还不是很充分，缺少对高地温地下洞室围岩锚固衬砌结构长时间的监测；针对高地温复杂环境下地下洞室岩体时效力学特性的研究也较少；在高地温区地下洞室锚固衬砌结构体系方面，还没有系统的原型观测成果。因此，为了揭示高地温复杂环境下地下洞室岩体工程作用机制与时效力学特性；揭示高地温对围岩锚固衬砌结构性能的影响机制，本书以高地温区地下洞室为研究对象，采用现场监测试验与室内外细观力学试验为基础，重点研究高地温复杂环境下地下洞室岩体的时效力学特性；分析温度–应力耦合作用下锚固岩体的时效力学特性与宏观力学特性之间的关系，揭示高地温复杂环境下地下洞室岩体锚固衬砌机制及其性能演化机制，并依托具体工程应用，进行高地温复杂环境下地下洞室的验证与示范。这些工作将有助于工程技术人员深刻理解高地温地下洞室的锚固衬砌技术及其性能演化特性，为高地温区地下洞室的设计、施工及运行管理提供一定的理论依据，也为高地温区地下洞室锚固衬砌技术的发展提供理论依据。

高地温条件下隧洞设计与施工，围岩及支护结构稳定性，以及高温热害、岩爆等地质灾害防治，是我国西部大型工程建设中常常遇到且没有得到很好解决的重大工程技术难题。21 世纪伊始，作者及其团队便在高地温、高地应力水工隧洞围岩稳定评价、岩爆、高温热害及其灾害防治这一领域进行了不懈探索。

多年来，研究团队以高地温与隧洞工程稳定及灾害防治问题研究为主攻方向，结合区域大型工程实践，重视地质原型调研，强调岩土体的地质认识和高地温效应在隧洞围岩稳定分析与评价和支护设计中的重要作用，采用现场跟踪调查、现场测试、工程现场监测、理论分析、室内岩石力学试验、数值模拟、物理模型、非线性分析理论等多种途径和方法对水工隧洞与地下工程高温效应、围岩与支护结构稳定性、岩爆、支护结构优化设计及其热害防治问题进行了较为深入的研究，主要研究内容包括以下几个方面。

(1) 高地温水工隧洞热力学参数反演分析及工程验证。

(2) 热力学参数变化对水工隧洞围岩及其支护结构力学特性及其稳定性的影响。

(3) 高地温作用下岩体损伤演化方程及损伤本构模型研究。

(4) 基于岩石损伤应变软化模型的水工隧洞热–力 (thermo-mechanical，TM) 耦合分析。

(5) 高地温水工隧洞温度效应分析及其施工优化。

(6) 高地温水工隧洞开挖损伤区特征及分布规律研究。

(7) 高地温水工隧洞围岩喷层结构承载特性影响因素分析。

(8) 高地温水工隧洞复合支护结构适应性分析。

(9) 高地温水工隧洞复合支护结构优化设计。

本书根据积累的大量高地温地下工程现场实测资料，形成了一套较为完整的高地温隧洞岩土体工程问题的研究思路和技术路线，取得了一批理论和实践成果，并在区域重大工程中得到了应用，主要体现在以下几个方面。

(1) 在前人工作的基础之上，结合新疆典型工程复杂地质环境和高地温环境下修筑水工隧洞工程的实际，分析了高地温水工隧洞围岩与喷层结构热力学参数的变化规律及其敏感性，对高地温水工隧洞热力学参数进行反演分析及工程验证，并进一步研究了温度变化下围岩参数对隧洞喷层结构温度和应力的影响规律。

(2) 通过工程现场监测试验和室内实验及其数值模拟，对不同工况下水工隧洞的三维温度场、不同开挖方式下高地温引水隧洞的瞬态温度场及全生命周期尺度下的瞬态温度场进行了数值模拟。分析了不同条件及时间、空间尺度下高地温引水隧洞围岩及支护结构的温度分布特性，揭示了高地温引水隧洞瞬态温度场的变化规律。

(3) 针对高温地区地下工程岩体热–力–损伤问题，以 Weibull 分布表征岩石的非均匀性，通过引入损伤阈值对度量岩石微元强度的 Drucker-Prager (D-P) 准则进行修正，建立能够反映损伤阈值和残余强度影响的荷载单独作用下的岩石损伤演化方程。在荷载单独作用下的岩石模型基础上，采用应变等效原理建立岩石受高温诱发损伤本构模型，并通过试验结果加以验证，对高温和荷载共同作用下的岩石损伤演变过程及力学响应机制进行了研究。

(4) 基于弹塑性本构模型，运用大型有限元软件对高地温引水隧洞不同开挖方式及高地温引水隧洞全生命周期进行数值模拟，从而得到围岩在不同开挖方式及全生命周期 TM 耦合下的温度场、应力场及塑性分布的时空效应，进而分析温度效应。以新疆某水电站高地温引水隧洞工程为依托，研究高地温引水隧洞在全生命周期下的温度–应力耦合的温度特性及应力时空分布特性。

(5) 基于提出的高地温岩石应变损伤软化模型，对高地温水工隧洞施工全过程进行了模拟分析，研究了高地温水工隧洞围岩及衬砌结构受力特性时空演变规律，得到了高地温水工隧洞围岩及衬砌结构力学特性在时间、空间上的分布规律。针对不同原岩温度下水工隧洞围岩及衬砌结构最大主应力、位移、塑性应变随时间变化规律进行了研究分析，探讨了高地温水工隧洞围岩及衬砌受力特性的温度效应。

(6) 对高地温水工隧洞施工期喷层结构的承载特性进行了计算分析，对高地温水工隧洞喷层结构的受力特性及裂缝成因进行系统探究，分析了影响高地温隧洞喷层结构承载力的因素 (地应力水平侧压力系数、线膨胀系数、温差、喷层结构厚度)。在此基础上，考虑水泥水化热、温度变化等因素，采用等效龄期理论对隧洞施工期高地温钢纤维混凝土喷层结构强度变化规律进行了详细分析。并与现场实测数值相结合，判断在水泥水化热期间其产生裂缝的可能性及原因。

(7) 采用瞬态热分析模拟过程，模拟分析高地温水工隧洞复合支护结构整个施工过程中各时间段下围岩的温度、位移和应力变化，以复合支护结构各层施工阶段作为瞬态模拟的时间段，通过分析瞬态模拟的各时间段围岩温度、位移、应力及塑性区的变化，对高地温水工隧洞复合支护结构进行适应性评价。

(8) 针对高地温水工隧洞复合支护结构中喷层、隔热层和二次衬砌的厚度进行敏感性分析，确定复合支护结构中各层结构厚度的优选范围。通过对比两种铺设方式的复合支护结构 (夹层式、贴壁式) 作用下的围岩位移变化、塑性区分布和自身应力分布，提出了高地温水工隧洞复合支护结构的隔热性能、适应性能、支护结构优化设计及其高地温热害支护技术。

同时，本书的研究成果已先后在区域十余个水利水电工程的大型地下工程和隧洞中得到了应用，如新疆克州布伦口–公格尔水电站、齐热哈塔尔水电站、托尕依水电站引水隧洞等。先后应用本书成果解决了高地温复杂地质环境下修筑地下隧洞工程的一系列重大地质工程问题。同时，本书成果的应用也为我国大型地下工程和深埋长大水工隧洞修建重大技术问题的解决积累了宝贵的经验。

参 考 文 献

[1] 方恺, 许安琪, 何坚坚, 等. “一带一路”沿线国家可持续发展综合评估及分区管控 [J]. 科学通报, 2021,66: 2441-2454.

[2] 刘泉声, 雷广峰, 彭星新. 深部裂隙岩体锚固机制研究进展与思考 [J]. 岩石力学与工程学报, 2016,35(2): 312-331.

[3] 吴招锋, 胡辉荣. 隧道衬砌结构在火灾高温下的变形及力学行为研究 [J]. 现代隧道技术, 2020,57(6): 101-106.

[4] 王伟. 地热发育区地下工程降温措施的实践与研究 [J]. 水利水电技术, 2014,45(4): 87-89, 92.

[5] 邵保平, 赵金昌, 赵阳升, 等. 高温岩体地热钻井施工关键技术研究 [J]. 岩石力学与工程学报, 2011,30(11): 2234-2243.

[6] CHEN Y, WANG C Y. Thermally induced acoustic emission in westerly granite[J]. Geophysical Research Letters, 1980,7(12): 1098-1092.

[7] ALM O, JAKTLUND L L, SHAOQUAN K. The influence of microcrack density on the elastic and fracture mechanical properties of stripa granite [J]. Physics of the Earth and Planetary Interiors, 1985,(40): 161-179.

[8] TRICE R, WARREN N. Preliminary study on the correlation of acoustic velocity and permeability in two granodiorites from the LASL Fenton Hill deep borehole, GT-2, near the Valles Caldera, New Mexico [J/OL]. Los Alamos Scientific Lab (1977-07-01) [2020-12-20]. https://www.osti.gov/biblio/7219183.

[9] 苏承东, 韦四江, 秦本东, 等. 高温对细砂岩力学性质影响机制的试验研究 [J]. 岩土力学, 2017,38(3): 624-630.

[10] 韩观胜, 靖洪文, 苏海健, 等. 高温状态砂岩遇水冷却后力学行为研究 [J]. 中国矿业大学学报, 2020, 49(1): 69-74.

[11] YANG S Q, XU P, LI Y B, et al. Experimental investigation on triaxial mechanical and permeability behavior of sandstone after exposure to different high temperature treatments[J]. Geothermics, 2017, 69: 93-109.

[12] 苏承东, 韦四江, 秦本东, 等. 高温对细砂岩力学性质影响机制的试验研究 [J]. 岩土力学, 2017, 38(3): 623-630.

[13] 胡建军. 高温作用下石灰岩的热损伤特性研究 [D]. 徐州: 中国矿业大学, 2019.

[14] KUMARI W G P, RANJITH P G, PERERA M S A, et al. Mechanical behavior of Australian Strathbogie granite under in situ stress and temperature conditions: An application to geothermal energy extraction[J]. Geothermics, 2017, 65: 44-48.

[15] DING Q L, JU F, MAO X B, et al. Experimental investigation of the mechanical behavior in unloading conditions of sandstone after hightemperature treatment[J]. Rock Mechanics Rock Engineering, 2016, 49(7): 26-41.

[16] 张卫强. 岩石热损伤微观机制与宏观物理力学性质演变特征研究-以典型岩石为例 [D]. 徐州: 中国矿业大学, 2017.

[17] 喻勇, 徐达, 窦斌, 等. 高温花岗岩遇水冷却后可钻性试验研究 [J]. 地质科技情报, 2019, 38(1): 287-292.

[18] 姚孟迪. 热损伤岩石力学特性及裂纹扩展试验研究 [D]. 武汉: 武汉大学, 2017.

[19] LUO S, ZHAO Z H, PENG H, et al. The role of fracture surface roughness in macroscopic fluid flow and heat transfer in fractured rocks[J]. International Journal of Rock Mechanics and Mining Sciences, 2016, 87: 29-38.

[20] JIANG Z J, XU T F, WANG Y. Enhancing heat production by managing heat and water flow in confined geothermal aquifers[J]. Renewable Energy, 2019, 142: 684-694.

[21] 姚显春, 李宁, 余春海, 等. 新疆公格尔高温引水隧洞围岩温度场试验研究 [J]. 水文地质工程地质, 2018, 45(4): 59-66.

[22] 赵国斌, 徐学勇, 刘顺萍. 喀喇–昆仑山区引水发电洞高地温现象及成因探讨 [J]. 工程地质学报, 2015, 23(6): 1196-1201.

[23] 张高乐, 张稳军, 喻国伦, 等. 火灾高温下盾构隧道衬砌结构热力耦合模型试验 [J]. 中国公路学报, 2019, 32(7): 120-128.
[24] 赵阳升, 万志军, 康建荣. 高温岩体地热开发导论 [M]. 北京: 科学出版社, 2004.
[25] 杨德源, 杨天鸿. 矿井热环境及其控制 [M]. 北京: 冶金工业出版社, 2009.
[26] 高平. 岩石热物性参数分析及多场热效应耦合模型研究 [D]. 长春: 吉林大学, 2015.
[27] 吴星辉, 蔡美峰, 任奋华, 等. 深部矿井高温巷道热交换降温技术探讨 [J]. 中南大学学报 (自然科学版), 2021, 52(3): 890-900.
[28] 张源. 高地温巷道围岩非稳态温度场及隔热降温机理研究 [D]. 徐州: 中国矿业大学, 2013.
[29] 王义江. 深部热环境围岩及风流传热传质研究 [D]. 徐州: 中国矿业大学, 2010.
[30] 郭清露, 荣冠, 姚孟迪, 等. 大理岩热损伤声发射力学特性试验研究 [J]. 岩石力学与工程学报, 2015, 34(12): 2388-2399.
[31] YAVUZ H, DEMIRDAG S, CARAN S. Thermal effect on the physical properties of carbonate rocks [J]. International Journal of Rock Mechanics and Mining Sciences, 2010, 47(1): 94-103.
[32] RUDAJEV V, VILHELM J, LOKAJÍČEK T. Laboratory studies of acoustic emission prior to uniaxial compressive rock failure [J]. International Journal of Rock Mechanics and Mining Sciences and Geomechanics Abstracts, 2000, 37(4): 699-704.
[33] RUDAJEV V, VILHELM J, KOZAK J, et al. Statistical precursors of instability of loaded rock samples based on acoustic emission [J]. International Journal of Rock Mechanics and Mining Sciences and Geomechanics Abstracts, 1996, 33(7): 743-748.
[34] EBERHARDT E, STEAD D, STIMPSON B, et al. Identifying crack initiation and propagation thresholds in brittle rock [J]. Canadian Geotechnical Journal, 1998, 35(2): 222-233.
[35] CAI M, KAISER P K, TASAKA Y, et al. Generalized crack initiation and crack damage stress thresholds of brittle rock masses near underground excavations [J]. International Journal of Rock Mechanics and Mining Sciences, 2004, 41(5): 833-847.
[36] ODA M. Modern developments in rock structure characterization [J]. Comprehensive Rock Engineering. 1993, (1): 185-200.
[37] ALM O. The influence of micro crack density on the elastic and fracture mechanical properties of strop a granite[J]. Physics of the Earth and Planetary Interiors. 1985, 40(3): 161-179.
[38] 何军, 黄书岭, 丁秀丽, 等. 地下洞室围岩喷钢纤维混凝土抗弯细观机理的三维离散元分析 [J]. 长江科学院院报, 2020,37(11): 164-171.
[39] 李学彬, 曲广龙, 杨春满, 等. 弱胶结巷道新型聚合物喷层材料及其喷射支护技术研究 [J]. 采矿与安全工程学报, 2019,36(1): 95-102.
[40] 徐磊, 庞建勇, 张金松, 等. 聚丙烯纤维混凝土喷层支护技术研究与应用 [J]. 地下空间与工程学报, 2014,10(1): 150-155.
[41] AHMED L, ANSELL A. Structural dynamic and stress wave models for the analysis of shotcrete on rock exposed to blasting[J]. Engineering Structures, 2012, 35(1): 11-17.
[42] 斯郎拥宗, 吕光东, 范凯亮. 隧道爆破施工对混凝土初支喷层的影响研究 [J]. 地下空间与工程学报, 2019, 15(1): 327-332.
[43] 王文娟, 高鑫. 高水压作用下深埋隧道双层叠合衬砌稳定性影响因素研究 [J]. 现代隧道技术, 2021, 58(4): 12-20.
[44] 康华, 戴志仁. 富水砂卵石地层双层衬砌类圆形断面矿山法地铁隧道适应性研究 [J]. 铁道标准设计, 2017, 61(5): 114-118, 125.
[45] 李德武, 杨进京. 双层模筑混凝土隧道衬砌受力检算的叠合梁模型及其应用 [J]. 现代隧道技术, 2016, 53(5): 108-113.
[46] 谢生荣, 谢国强, 何尚森, 等. 深部软岩巷道锚喷注强化承压拱支护机理及其应用 [J]. 煤炭学报, 2014, 39(3): 404-409.
[47] 史玲. 地下工程中喷层支护机理研究进展 [J]. 地下空间与工程学报, 2011, 7(4): 759-763.
[48] 轩敏辉. 雁口山隧道浅埋地段初期支护混凝土喷层厚度参数研究 [J]. 价值工程, 2016, 35(27): 79-82.

[49] 吕记斌. 考虑温度影响的隧道初期支护安全性评估方法研究 [D]. 北京: 北京交通大学, 2008.
[50] 穆震. 高岩温环境对隧道衬砌混凝土性能影响研究 [D]. 成都: 西南交通大学, 2011.
[51] 徐长春. 高地热、高地应力条件下的隧道的力学行为及工程措施研究 [D]. 重庆: 重庆交通大学, 2009.
[52] 段亚辉, 王孝海, 段兴平, 等. 结构设计因素对泄洪洞衬砌混凝土施工期温度裂缝的影响 [J]. 水电能源科学, 2021,39(8): 138-141.
[53] TAN X J, CHEN W Z, YANG J P, et al. Laboratory investigations on the mechanical properties degradation of granite under freeze-thaw cycles [J]. Cold Regions Science and Technology, 2011, 68(3): 130-138.
[54] 刘泉声, 雷广峰, 彭星新. 深部裂隙岩体锚固机制研究进展与思考 [J]. 岩石力学与工程学报, 2016, 35(2): 312-332.
[55] 徐开山. 全长黏结系统拉拔变形与破坏机制研究 [D]. 青岛: 山东科技大学, 2017.
[56] HARIYADI, MUNEMOTO S, SONODA Y. Experimental analysis of anchor bolt in concrete under the pull-out loading[J]. Procedia Engineering, 2017, 171: 926-933.
[57] ZHOU H, XIAO M, CHEN J T. Analysis of a numerical simulation method of fully grouted and anti-seismic support bolts in underground geotechnical engineering[J].Computers and Geotechnics, 2016, 76: 61-74.
[58] LI C C. Analysis of inflatable rock bolts[J]. Rock Mechanics and Rock Engineering, 2016, 49(1): 273-289.
[59] 白晓宇, 张明义, 匡政, 等. 全长黏结 GFRP 抗浮锚杆荷载分布函数模型研究 [J]. 中南大学学报 (自然科学版), 2020, 51(7): 1977-1987.
[60] 腾俊洋, 张宇宁, 唐建新, 等. 锚固方式对节理岩体剪切性能影响试验研究 [J]. 岩土力学, 2017, 38(8): 2279-2285.
[61] 王平, 冯涛, 朱永建, 等. 加锚预制裂隙类岩体锚固机制试验研究及其数值模拟 [J]. 岩土力学, 2016, 37(3): 793-801.
[62] MOHAMMADI M, HOSSAINI M F. Modification of rock mass rating system: Interbedding of strong and weak rock layers[J]. Journal of Rock Mechanics and Geotechnical Engineering, 2017, 9(6): 1165-1170.
[63] KANG Z Q, ZHANG X Y, LUO Z W, et al. Numerical simulation analysis on anchored shear test of the fractured rock and the slope rock mass[J]. Applied Mechanics and Materials, 2013, 312: 215-219.
[64] 宋洋, 王贺平, 常泳涛, 等. 含贯通节理岩体锚固界面应力分布规律分析 [J]. 防灾减灾工程学报, 2020, 40(3): 387-394.
[65] 王平, 朱永建, 冯涛, 等. 单轴加载下裂隙试件主控裂纹演化规律及锚固止裂机理 [J]. 湖南科技大学学报 (自然科学版), 2020, 35(3): 13-22.
[66] 刘泉声, 雷广峰, 彭星新, 等. 节理岩体中锚杆剪切力学模型研究及试验验证 [J]. 岩土工程学报, 2018, 40(5): 794-801.
[67] 李育宗, 刘才华. 拉剪作用下节理岩体锚固力学分析模型 [J]. 岩石力学与工程学报, 2016, 35(12): 2471-2478.
[68] 陈文强, 赵宇飞, 周纪军. 考虑受压侧岩体反力非线性作用的锚杆抗剪理论 [J]. 岩土力学, 2018, 39(5): 1662-1668.
[69] 张伟, 刘泉声. 基于剪切试验的预应力锚杆变形性能分析 [J]. 岩土力学, 2014, 35(8): 2231-2240.
[70] 黎海滨, 谭捍华, 袁维. 剪切方向与锚杆倾向共面条件下的锚固机制研究 [J]. 岩土力学, 2020, 41(S2): 1-11.
[71] 赵占厂. 黄土公路隧道结构工程性状研究 [D]. 西安: 长安大学, 2004.
[72] TANG S B, ZHANG H, TANG C A, et al. Numerical model for the cracking behavior of heterogeneous brittle solids subjected to thermal shock[J]. International Journal of Solids and Structures, 2016, 80: 520-528.
[73] 张帆. 冷冲击下高温岩石物理力学特性研究 [D]. 大连: 大连理工大学, 2020.
[74] 熊贵明, 邵保平, 吴阳春, 等. 热冲击作用下花岗岩温度场分布规律数值模拟研究 [J]. 太原理工大学学报, 2018, 49(6):820-826.

[75] YANG Z, YANG S Q, CHEN M. Peridynamic simulation on fracture mechanical behavior of granite containing a single fissure after thermal cycling treatment[J]. Computers and Geotechnics, 2020, 120: 103414.
[76] 李雪. 温度和应力条件下北山裂隙性花岗质岩石抗剪机制实验与数值模拟研究 [D]. 北京: 中国地质大学, 2017.
[77] 李玮枢. 高温花岗岩水冷破裂模式与水压裂缝扩展规律研究 [D]. 济南: 山东大学, 2020.
[78] XU Z Y, LI T B, CHEN G Q, et al. The grain-based model numerical simulation of unconfined compressive strength experiment under thermalmechanical coupling effect[J]. KSCE Journal of Civil Engineering, 2018, 22(8): 2764-2772.
[79] ZHAO Z H. Thermal influence on mechanical properties of granite: A microcracking perspective[J]. Rock Mechanics and Rock Engineering, 2016, 49(3): 747-754.
[80] 李树忱, 冯现大, 李术才, 等. 深部岩体分区破裂化现象数值模拟 [J]. 岩石力学与工程学报, 2011, 30(7): 1337-1344.

PART ONE

第一篇

高地温水工隧洞热力学参数变化及其影响

在隧洞与地下工程施工过程中，支护结构特别是初期支护与围岩的合理协调是工程建设成败的关键。初期支护是隧洞结构物中最关键的组成部分，也是多年来温度变化条件下隧洞稳定问题中的研究热点。高地温地质环境下，围岩及其支护结构的力学特性具有很大的时空变异性。究其原因，本质是围岩及其支护结构热力学参数的敏感性问题，热力学参数随温度、局部地质构造等因素的变化，直接影响着地下工程围岩的稳定性。

在高地温实际工程中，若能分析出各参数的敏感性和影响程度，有选择地对高敏感性热力学参数予以精确测定，抓住主要参数，使热力学参数的确定更为有的放矢，同时也为洞室整体布局和支护结构设计提供参数依据。因此，高地温环境下隧洞围岩及其支护结构的热力学参数变化规律是高温地质环境下隧洞工程建设的关键问题。本篇主要分析高地温水工隧洞围岩与支护结构热力学参数的变化规律，对围岩和喷层支护结构热力学参数进行敏感性分析，探讨温度变化条件下围岩参数对隧洞喷层结构温度和应力的影响，系统分析热力学参数对隧洞岩体力学特性的影响规律。

第 2 章　高地温水工隧洞围岩与喷层结构热力学参数敏感性分析

2.1　概　　述

在围岩开挖、支护结构的设计中，参数的敏感性分析作为系统研究围岩稳定、支护结构力学特性的重要方法，在岩土工程领域得到了广泛应用 [1]。在高地温复杂环境下，隧洞岩体及其复合支护结构的受力性能、稳定性与温度有显著的关系，围岩及其复合支护结构的热力学参数在高温作用下具有较强的敏感性 [2−3]。热力学参数随环境温度、岩体性质、局部地质构造等原因变化较大，对洞室围岩稳定具有较大影响，热力学参数的敏感性分析对围岩稳定、支护结构设计至关重要。

目前，获取岩体、支护结构有效热力学参数的主要途径是采用等效概化的方法，结合现场参数信息进行反分析 [4−6]。朱维申等 [7] 提出了敏感性分析方法，对影响围岩稳定的一系列参数进行了单因素敏感性分析。黄书岭等 [8] 提出基于敏感度熵权的属性识别综合评价模型，为参数敏感性分析提供了一种新的思路。李晓静等 [9] 以琅琊山地下厂房为工程背景，选取对地下洞室稳定性影响较为重要的四个参数 (变形模量、洞室埋深、主厂房高度、侧压力系数) 进行大量塑性数值模拟分析并对位移进行了参数敏感性分析。侯哲生等 [10] 利用非线性弹塑性有限元法，研究了金川二矿区某巷道围岩力学参数对变形的敏感性，得到了不同参数对变形的敏感性。聂卫平等 [11] 采用基于弹塑性有限元的洞室稳定性参数敏感性灰关联分析法对地下洞室稳定影响参数进行了敏感性分析。

通过以上分析发现，前人的研究成果主要集中在围岩力学参数的敏感性分析及其可能出现的变化对围岩稳定、变形的影响程度上。然而工程实践表明，对于地下工程的深埋地段，存在特殊的情况，如高地温、渗透水流等，影响岩体稳定、支护结构力学特性的参数较多，用有限的信息来求解众多参数的敏感性问题仍存在一定的困难。以往的研究成果都是通过类比和经验等方法来确定力学参数的取值范围 [12−14]。在温度较高时，材料的热力学参数会发生明显的变化，从而影响围岩和支护结构的应力及其稳定性。因此，开展围岩和支护结构热力学参数的变化对其应力的敏感性研究具有更重要的现实意义。

2.2 围岩与喷层结构热力学参数敏感性分析

热力学参数的敏感性分析是为了得到参数随温度变化时对喷层应力和温度的敏感性大小，分析中因应力场和温度场两场耦合的复杂性而难以求得喷层和围岩应力的显式表达式，故本章采用有限元程序计算喷层的温度场和应力场。结合新疆某水电站引水隧洞工程，选取拱顶、拱肩和侧墙中部的环向应力对热力学参数的敏感性进行分析，对比分析热力学参数的敏感程度。

2.2.1 工程概况

新疆某水电站引水隧洞，洞形为城门洞，4.60m×5.23m (宽 × 高)，直墙高 3.78m，拱顶半径 2.55m，如图 2.1 和图 2.2 所示。围岩岩石较坚硬，呈中厚层状，围岩类别为 Ⅲ 类。在引水隧洞的施工过程中，存在高地温问题，围岩开挖最高温度 105℃，而运行时的温度低至 0~5℃，围岩稳定和支护结构的设计受到温度场和应力场耦合的影响。为了研究围岩与支护结构热力学参数的变化对应力的敏感性，以水电站高地温段引水隧洞围岩热力学参数对围岩喷层环向应力的敏感性分析作为依据，结合现场监测数据进行围岩热力学参数的敏感性分析，重点分析导热系数、比热容、对流系数和线膨胀系数随温度变化对支护结构应力的敏感性，明确不同参数对支护结构应力的影响程度，为引水隧洞支护结构的设计和围岩稳定分析提供参考和理论依据。

2.2.2 敏感性分析方法

设有一个系统，其系统特性 P 主要由 n 个因素 $a=(a_1,a_2,a_3,\cdots,a_n)$ 决定，$P=f(a_1,a_2,a_3,\cdots,a_n)$ 在某一基准状态 $a^*=(a_1^*,a_2^*,a_3^*,\cdots,a_n^*)$ 下，系统特性为 P^*。分别令各因素在其各自的可能范围内变动，分析这些因素变动时，系统特性 P^* 偏离基准状态 P 的趋势和程度，这种分析方法称为敏感性分析 [15]。

敏感性分析的第一步是建立敏感分析的系统模型，即系统特性与各因素之间的函数关系 $P=f(a_1,a_2,a_3,\cdots,a_n)$。这种函数关系，尽可能用解析式表示。

建立系统模型后，需给出基准参数集。基准参数集是根据所要讨论的具体问题给出的。如果要分析某地下洞室围岩应力对其岩石热力学参数变化的敏感性，则该工程岩石热力学参数的推荐值可取为基准参数集。基准参数集确定后，就可对各参数进行敏感性分析。分析参数 a^* 对系统特性的影响时，可令其余各参数取基准值且固定不变，令 a^* 在其可能的范围内变化，则系统特性 P 表现为

$$P=f(a_1^*,a_2^*,\cdots,a_{k-1}^*,a_k^*,a_{k+1}^*,\cdots,a_n^*)=\varphi_k(a_k) \tag{2.1}$$

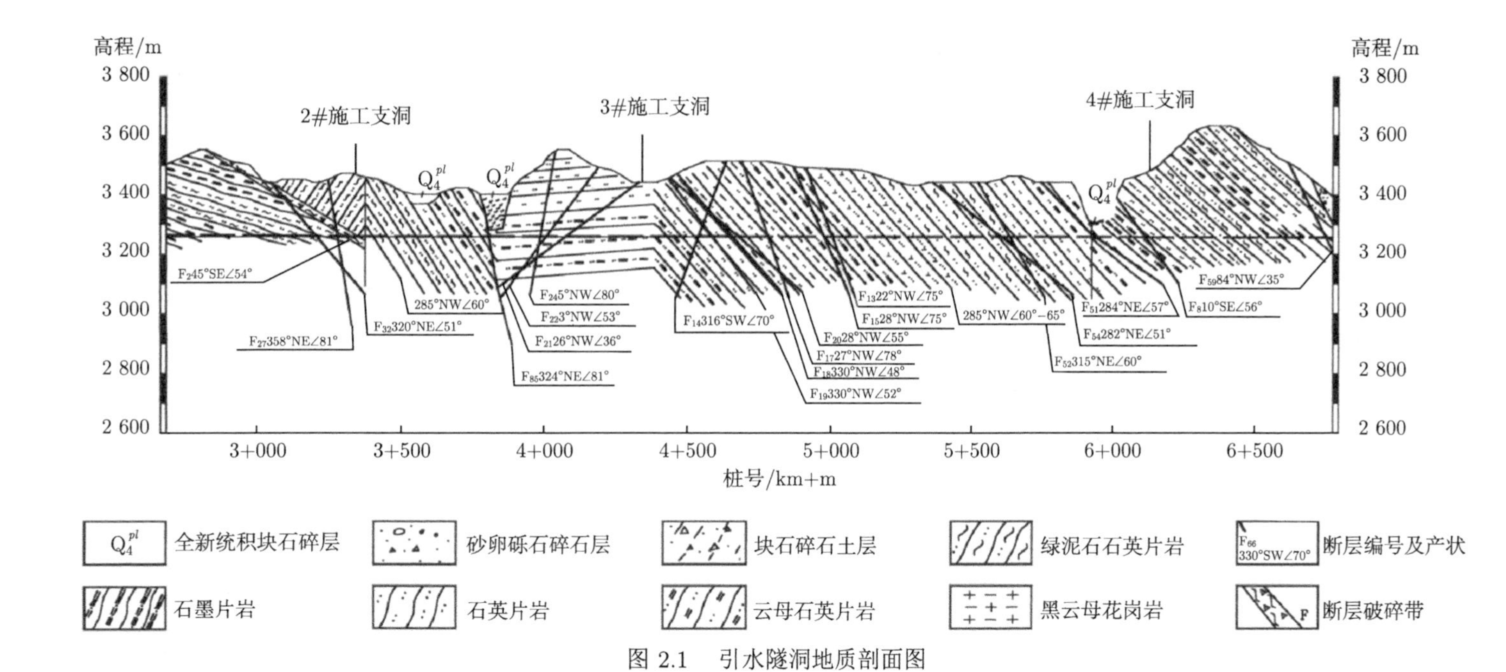

图 2.1　引水隧洞地质剖面图

隧洞沿线山势陡峻，起伏较大，地形西高东低，山顶最高海拔 4750 m，一般高程在 3500～ 5000 m。沿洞线 S-D2 地层片理发育，首段 2.21km 洞段片理产状 50°～70°NW∠60°～65°，其他洞段片理产状 270°～325°NE 或 SW∠75°～85°。沿线断裂构造较发育，其规模较大的断层有 F5、F2 和 F68-1 等三条。F2 断层：产状 40°～65°SE∠50°～55°，破碎带宽 40～ 60 m，走向与洞线夹角 34°，并沿断层带有漏水现象。F66 断层：位于花岗岩中，产状 330°，SW∠70°，破碎带宽 8 m，影响带宽约 12 m，软弱破碎。F68-1 断层：位于云母石英片岩与黑云母花岗岩接触带处，产状 315°SW∠60°～70°，断层破碎带宽 20～30m，影响带宽 10～ 20m。F104、F105、F106、F107 断层：为一组平行发育的断层，均位于花岗岩段下游与片岩接触带附近，产状 290°～300°，NE∠80°～ 85°，断层破碎带宽 0.5～ 1 m，影响带宽 3～5m

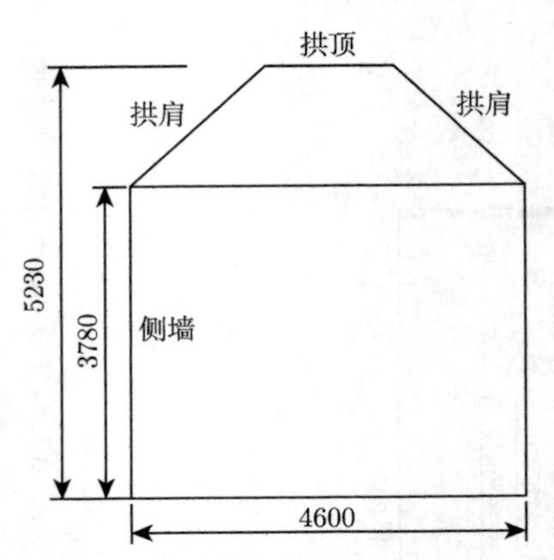

图 2.2　引水隧洞计算分析简图 (单位：mm)

利用式 (2.1) 绘制出系统特性曲线 P-a_k，通过曲线 P-a_k 可大致了解系统特性 P 对参数 a_k 变化的敏感性 [15]。

在实际系统中，决定系统特性的各参数往往是不同的物理量，凭借以上的分析，无法对各参数之间的敏感性进行比较。因此，有必要对各参数进行无量纲化的处理 [16]。即将系统特性 P^* 的相对误差 $\delta P_k=\dfrac{|\Delta P_k|}{P^*}$ 与参数 a^* 的相对误差 $\delta a_k=\dfrac{|\Delta a_k|}{a^*}$ 的比值定义为参数 a_k 的敏感度函数 $S_k(a_k)$：

$$S_k(a_k)=\left|\frac{\Delta P_k}{\Delta a_k}\right|\frac{a^*}{p^*}=\frac{\dfrac{P_k}{P^*}-1}{\dfrac{a_k}{a^*}-1},k=1,2,\cdots,n \tag{2.2}$$

在 $\dfrac{|\Delta a_k|}{a^*}$ 较小的情况下，$S_k(a_k)$ 可近似地表示为

$$S_k(a_k)=\left|\frac{\mathrm{d}\varphi_k(a_k)}{\mathrm{d}a_k}\right|\frac{a^*}{P^*},k=1,2,\cdots,n \tag{2.3}$$

由式 (2.3) 可绘制出 a_k 的敏感度函数曲线 S_k^*。借助敏感度函数曲线，取 $a_k=a_k^*$ 即可得到参数 a_k 的敏感因子 S_k^*：

$$S_k^*=S_k(a_k^*)=\left|\frac{\mathrm{d}\varphi_k(a_k)}{\mathrm{d}a_k}\right|_{a_k=a_k^*}\frac{a^*}{P^*},k=1,2,\cdots,n \tag{2.4}$$

$S_k^*(k=1,2,\cdots,n)$ 是一组无量纲的非负实数，S_k^* 值越大，表明在基准状态下，a_k 对 P 越敏感。通过对 S_k^* 的比较，就可以对系统特性 P 的各因素的敏感性进行分析。

2.2.3　参与敏感性分析的参数及分析方案

1. 参与敏感性分析的参数

由于高地温引水隧洞围岩和支护结构材料和受力的复杂性，在计算中涉及的参数比较多，不仅包括力学参数 (如弹性模量、泊松比、线膨胀系数等)，还包括热力学参数 (如导热系数、比热容、对流系数等)。从隧洞工程的设计与支护结构的设计出发，分析重要的敏感性参数是非常重要的。通过参数的敏感性分析，主要对热力学参数，如线膨胀系数、导热系数、比热容、对流系数等进行敏感性分析，从而确定出重要的敏感性参数，为洞室的稳定性分析和支护结构设计提供依据。

2. 敏感性分析方案

敏感性分析采用数值计算方法，针对隧洞温度场、应力场耦合问题进行计算分析，热力学参数由现场试验获得。表 2.1 给出了敏感性分析方案及其参数。表 2.2 给出了敏感性因素分析计算步长和计算步数，计算步数表示对某参数进行敏感性分析，当其余参数保持初值不变时，在此参数的变化范围内按其所设计的步长分析所需的计算次数。

表 2.1　敏感性分析方案及其参数

计算参数	围岩线膨胀系数 $/10^{-6}$°C^{-1}	喷层线膨胀系数 $/10^{-6}$°C^{-1}	围岩导热系数 /[W/(m·°C)]	喷层导热系数 /[W/(m·°C)]	围岩比热容 /[J/(kg·°C)]	喷层比热容 /[J/(kg·°C)]	对流系数 /[W/(m^2·°C)]
初值	6.0	10.0	10.0	1.5	1000	1000	200
变化范围	0.5~1.0，2.0~10.0	2.0~12.0	5~30	0.5~3.0	200~1400	200~1400	50~5000

注：参数计算步长中，围岩线膨胀系数的第一次取值为 5×10^{-7}°C^{-1}，第二次取值为 1×10^{-6}°C^{-1}，其余均为 2×10^{-6}°C^{-1}。

表 2.2　敏感性因素分析计算步长和计算步数

分析步	围岩线膨胀系数 $/10^{-6}$°C^{-1}	喷层线膨胀系数 $/10^{-6}$°C^{-1}	围岩导热系数 /[W/(m·°C)]	喷层导热系数 /[W/(m·°C)]	围岩比热容 /[J/(kg·°C)]	喷层比热容 /[J/(kg·°C)]	对流系数 /[W/(m^2·°C)]
计算步长	2×5	2×6	5×6	0.5×6	200×7	200×7	2×6
计算步数	7	6	6	6	7	7	6

2.3　线膨胀系数敏感性分析

根据表 2.1 的敏感性分析方案，依照线膨胀系数的计算步长分别对围岩和喷层的线膨胀系数做了喷层关键部位环向应力的敏感性分析。为了便于分析，绘制每个计算参数与应力的关系曲线进行说明。

2.3.1 围岩线膨胀系数敏感性分析

根据热力学参数敏感性分析方案，仅改变围岩线膨胀系数的取值，其他参数均采用初始值进行计算，即温度–应力耦合计算，温度场的分布直接影响应力场的分布。首先分析温度场的分布，改变围岩的线膨胀系数，对于温度场没有影响，喷层的温度不随围岩线膨胀系数的改变而改变，围岩喷层的温度根据现场实测值：内侧 6.4℃，外侧 31.7℃ 进行分析，而喷层的应力是随围岩线膨胀系数的变化而变化的，从而可分析围岩线膨胀系数变化时喷层不同部位应力的敏感性。

首先采用上述敏感性分析方法得出敏感度函数，由围岩线膨胀系数和喷层环向应力的关系曲线采用曲线拟合的方法，建立喷层拱顶环向应力 σ 与 α 的函数关系为 $\sigma = 0.0836\alpha + 5.24$，可得喷层拱顶环向应力敏感度函数为

$$S_\alpha = \frac{0.0836\alpha}{0.0836\alpha + 5.24} \tag{2.5}$$

其余参数应力敏感度函数计算方法同上，有兴趣的读者可以参考文献 [16]。

通过以上分析，可以得出围岩线膨胀系数变化时喷层拱顶、拱肩、侧墙中部环向应力的变化情况，可以分析得出围岩线膨胀系数变化时喷层不同部位应力的变化及其与敏感性的关系。

从表 2.3、图 2.3 ~ 图 2.5 中可以看出，围岩线膨胀系数从 5×10^{-7}℃$^{-1}$ 提高到 1×10^{-5}℃$^{-1}$，增大至 20 倍；喷层拱顶的环向应力从 5.37MPa 增大到 5.85MPa，增大了 8.94%；喷层拱肩的环向应力从 3.10MPa 减小到 2.96MPa，减小了 4.73%；喷层侧墙中部的环向应力从 1.42MPa 减小到 0.82MPa，减小了 42.25%。随着围岩线膨胀系数的增大，喷层拱顶环向应力呈现出线性增加的趋势，拱肩、侧墙中部环向应力都呈现出线性减小的趋势。

表 2.3　不同围岩线膨胀系数喷层关键部位环向应力　　(单位：MPa)

喷层部位	围岩线膨胀系数/10^{-6}℃$^{-1}$						
	0.5	1.0	2.0	4.0	6.0	8.0	10.0
拱顶	5.37	5.40	5.45	5.55	5.65	5.75	5.85
拱肩	3.10	3.08	3.06	3.04	3.01	2.99	2.96
侧墙中部	1.42	1.36	1.30	1.19	1.06	0.94	0.82

从敏感性分析可以得出：随着围岩线膨胀系数增大，喷层拱顶、拱肩、侧墙中部环向应力敏感度都呈现出线性增加的趋势，这说明了随着围岩线膨胀系数在 5×10^{-7}℃$^{-1}$ 到 1×10^{-5}℃$^{-1}$ 范围内增大时，喷层环向应力越来越敏感。

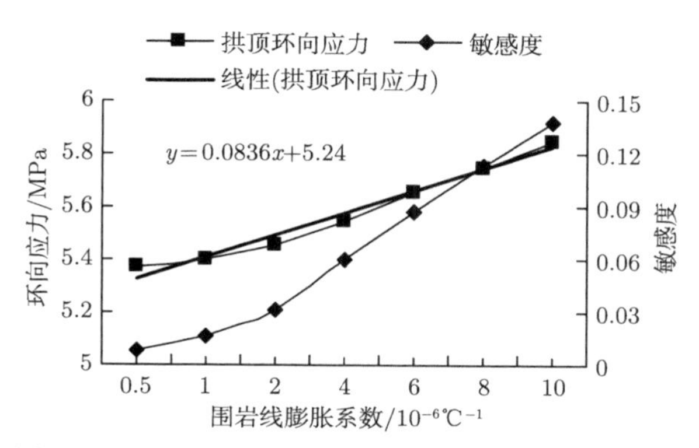

图 2.3　不同围岩线膨胀系数时喷层拱顶环向应力趋势

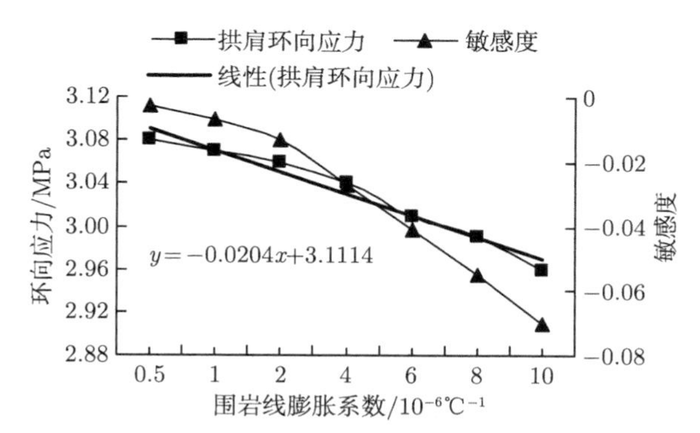

图 2.4　不同围岩线膨胀系数时喷层拱肩环向应力趋势

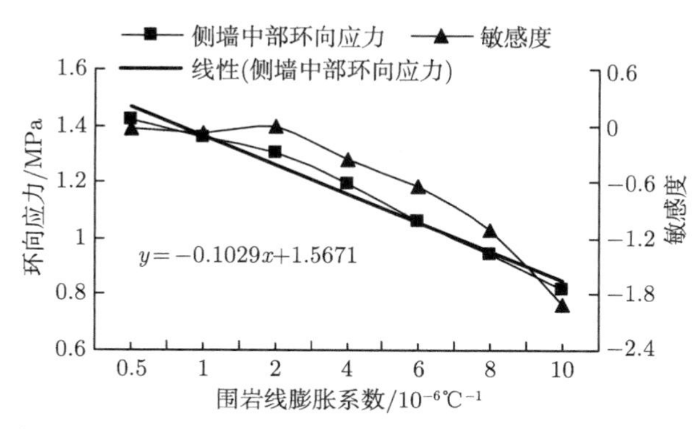

图 2.5　不同围岩线膨胀系数时喷层侧墙中部环向应力趋势

2.3.2　喷层线膨胀系数敏感性分析

根据表 2.1 所示敏感性分析方案，仅改变喷层线膨胀系数的取值，其他参数均采用初值进行计算分析。由于本节采用温度场和应力场的两场耦合计算，温度的改变对喷层结构应力场分布有显著影响，因此必须首先分析温度场的变化规律。改变的是喷层的线膨胀系数，对于温度场没有影响，喷层的温度不随喷层线膨胀系数的改变而改变，喷层的温度根据现场实测值：内侧 6.4℃，外侧 31.7℃ 进行分析，而喷层的应力是随喷层线膨胀系数的变化而变化的，从而可分析喷层线膨胀系数变化时喷层不同部位应力的敏感性。

从表 2.4 和图 2.6 ~ 图 2.8 中可以看出，喷层线膨胀系数从 2×10^{-6}℃$^{-1}$ 提高到 1.2×10^{-5}℃$^{-1}$，增大至 6 倍；拱顶的环向应力从 0.72MPa 增大到 6.87MPa，增大了 8.54 倍；拱肩的环向应力从 −1.89MPa 增大到 4.24MPa，由压应力变为拉应力；侧墙中部的环向应力从 −3.82MPa 增大到 2.29MPa，由压应力变为拉应力。随着喷层线膨胀系数的增大，喷层拱顶、拱肩、侧墙中部环向应力都呈现出线性增加的趋势。

表 2.4 不同喷层线膨胀系数喷层关键部位环向应力 (单位：MPa)

喷层部位	喷层线膨胀系数/10^{-6}℃$^{-1}$					
	2	4	6	8	10	12
拱顶	0.72	1.97	3.19	4.42	5.65	6.87
拱肩	−1.89	−0.66	0.56	1.79	3.01	4.24
侧墙中部	−3.82	−2.61	−1.38	−0.16	1.06	2.29

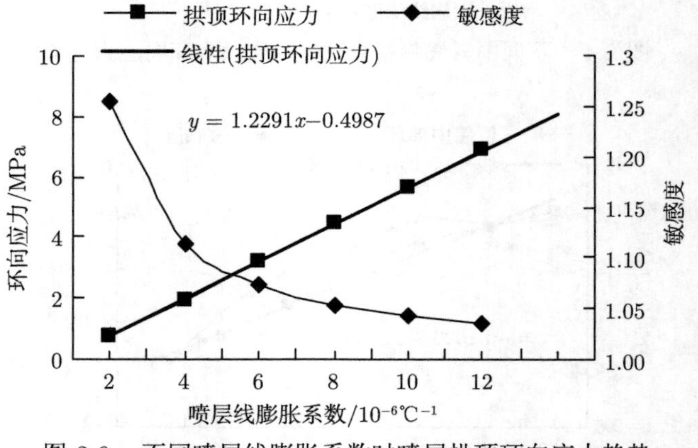

图 2.6 不同喷层线膨胀系数时喷层拱顶环向应力趋势

从敏感性角度分析可以得出：随着喷层线膨胀系数增大，喷层拱顶环向应力敏感度呈现出减小的趋势，且减小幅度越来越小，逐步趋于稳定；喷层拱肩、侧墙中部喷层环向应力敏感度随线膨胀系数增大出现突变。

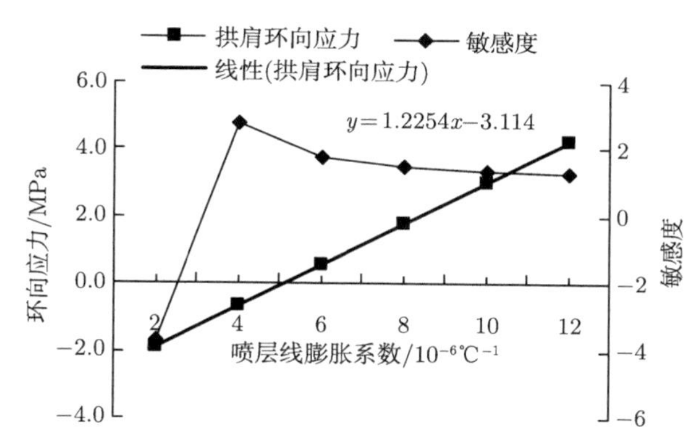

图 2.7　不同喷层线膨胀系数时喷层拱肩环向应力趋势

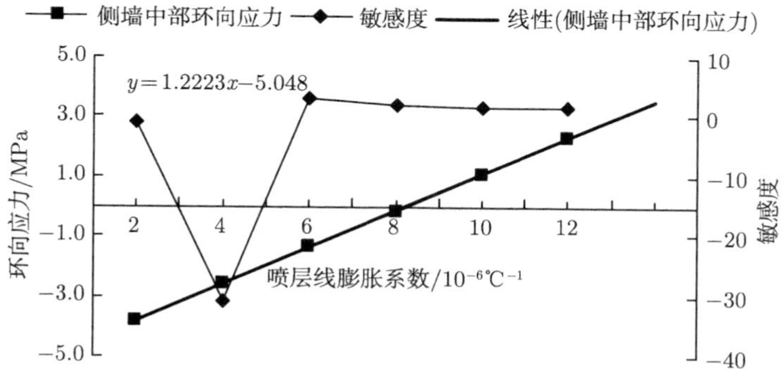

图 2.8　不同喷层线膨胀系数时喷层侧墙中部环向应力趋势

2.4　导热系数敏感性分析

2.4.1　围岩导热系数的敏感性分析

导热系数的变化将直接影响围岩及喷层结构温度场变化，从而引起结构应力的发展变化。在分析导热系数的敏感性时，将首先分析温度场对导热系数的敏感性，进一步分析围岩喷层结构应力的敏感性。

1. 温度敏感性分析

从表 2.5、图 2.9 和图 2.10 可以看出，随着围岩导热系数的增加，喷层内侧和外侧的温度都呈现上升的趋势，这是由于围岩导热系数越大，围岩传导热的能力越强，喷层在过水时散热能力就相对降低，所以喷层的温度就会增大。

围岩导热系数从 5W/(m·℃) 升为 30W/(m·℃)，围岩导热系数升高至 6 倍；喷层内侧温度从 6.30℃ 升为 7.60℃，升高了 20.6%；喷层外侧温度从 30.10℃ 升

表 2.5　围岩导热系数不同时喷层内外侧温度变化　　(单位：℃)

喷层部位	围岩导热系数/[W/(m·℃)]					
	5	10	15	20	25	30
喷层内侧	6.30	6.70	7.10	7.30	7.50	7.60
喷层外侧	30.10	38.01	44.30	48.80	52.40	55.30

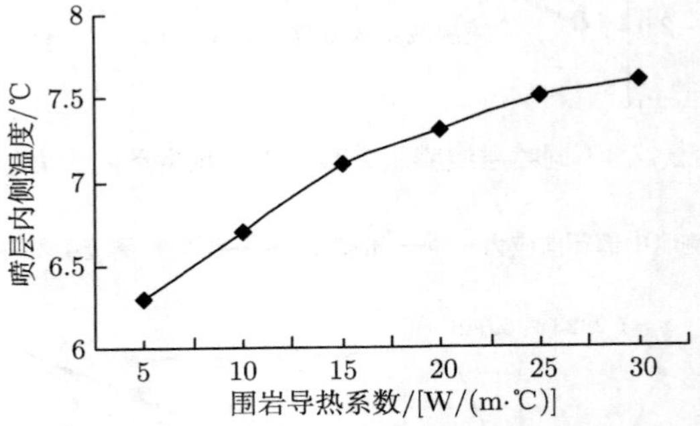

图 2.9　不同围岩导热系数喷层内侧温度趋势

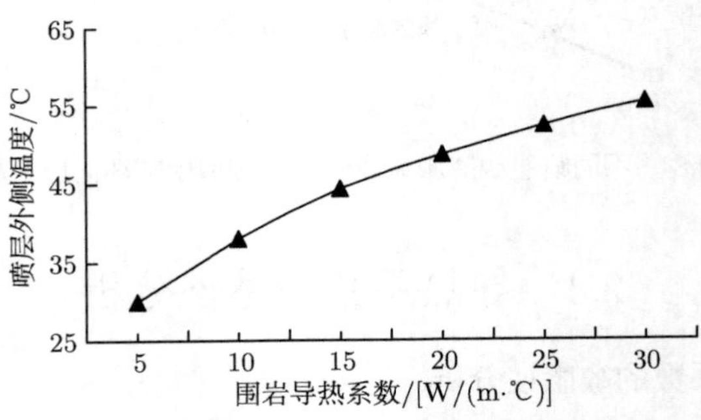

图 2.10　不同围岩导热系数喷层外侧温度趋势

高到 55.30℃，升高了 83.72%。可以看出喷层外侧的温度变化远远大于内侧，主要是喷层内侧直接过水的结果。

2. 应力敏感性分析

从表 2.6 和图 2.11 ~ 图 2.13 中可以看出，围岩导热系数从 5W/(m·℃) 升高为 30W/(m·℃)，增大至 6 倍；喷层拱顶的环向应力从 5.48MPa 增大到 6.63MPa，增大了 20.98%；喷层拱肩的环向应力从 2.95MPa 增大到 3.78MPa，增大了 28.14%；喷层侧墙中部的环向应力从 1.00MPa 增大到 1.69MPa，增大了 69.00%。喷层拱顶环向应力随着围岩导热系数的增大呈现出增加的趋势，但是其开始呈线性增加，幅度较大，后来慢慢趋于平缓，所以其敏感度呈现抛物线的形式，敏感度先增大后减小，喷层拱肩和侧墙中部的规律和拱顶相似。

表 2.6　不同围岩导热系数喷层关键部位环向应力

(单位：MPa)

喷层部位	围岩导热系数/[W/(m·℃)]					
	5	10	15	20	25	30
拱顶	5.48	5.91	6.18	6.37	6.51	6.63
拱肩	2.95	3.21	3.41	3.57	3.69	3.78
侧墙中部	1.00	1.21	1.37	1.50	1.60	1.69

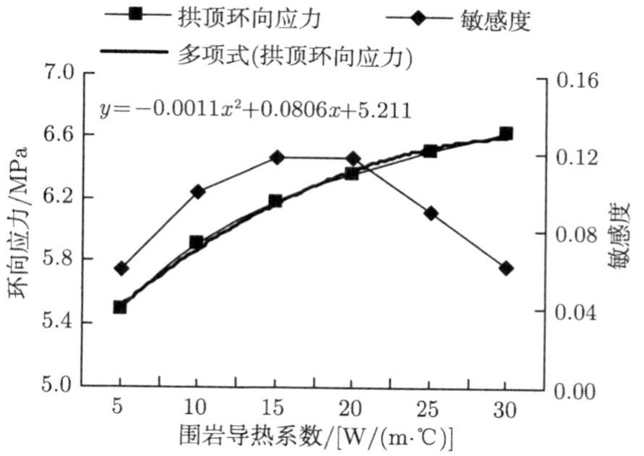

图 2.11　不同围岩导热系数时喷层拱顶环向应力趋势

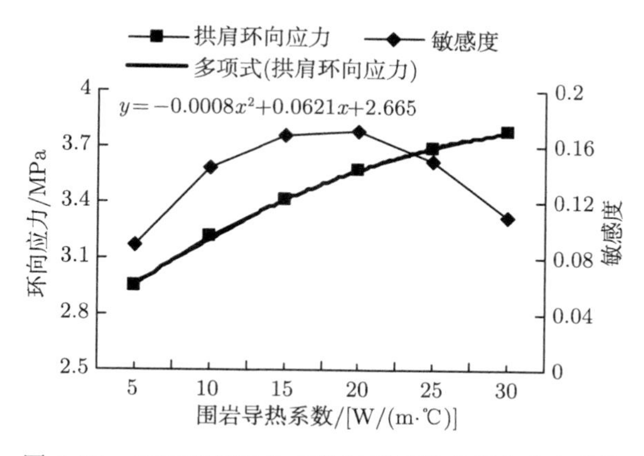

图 2.12　不同围岩导热系数时喷层拱肩环向应力趋势

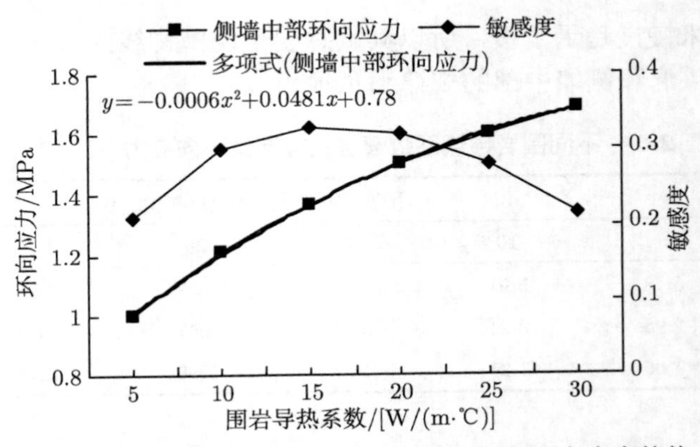

图 2.13　不同围岩导热系数时喷层侧墙中部环向应力趋势

2.4.2 喷层导热系数的敏感性分析

1. 温度敏感性分析

从表 2.7、图 2.14 和图 2.15 可以看出，随着喷层导热系数的增加，喷层外侧的温度呈现降低的趋势，这是由于喷层导热系数越大，那么喷层传导热的能力越强。当喷层的导热系数很低时，就相当于一个隔热层，喷层外侧的温度就会很高，因此喷层外侧温度随着喷层导热系数的增大而降低；对于喷层内侧，由于喷层导热系数的增加，围岩的大部分热量传递给喷层，所以喷层内侧温度升高。

表 2.7　喷层导热系数不同时喷层内外侧温度变化　（单位：℃）

喷层部位	喷层导热系数/[W/(m·℃)]					
	0.5	1.0	1.5	2.0	2.5	3.0
喷层内侧	6.10	6.50	6.70	6.90	7.0	7.10
喷层外侧	60.50	46.40	38.0	32.60	28.80	25.90

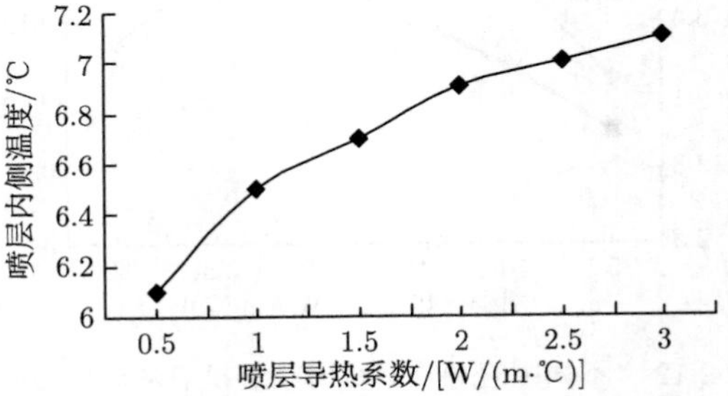

图 2.14　不同喷层导热系数时喷层内侧温度趋势

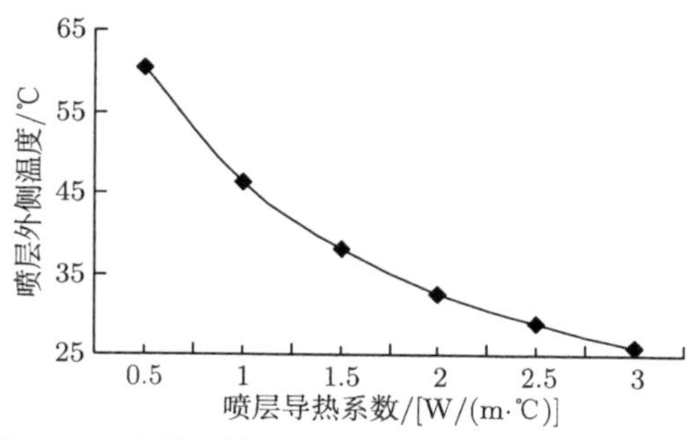

图 2.15　不同喷层导热系数时喷层外侧温度趋势

喷层导热系数从 0.5W/(m·℃) 升为 3.0W/(m·℃)，喷层导热系数升高至 6 倍；喷层内侧温度从 6.10℃ 升为 7.10℃，升高了 16.39%；喷层外侧温度从 60.50℃ 降低到 25.90℃，降低了 57.19%。可以看出喷层外侧的温度变化远远大于喷层内侧，主要是喷层内侧直接过水的结果。

2. 应力敏感性分析

从表 2.8 和图 2.16 ~ 图 2.18 中可以看出，喷层导热系数从 0.5 W/(m·℃) 升为 3.0 W/(m·℃)，增大至 6 倍，喷层拱顶的环向应力从 7.06MPa 减小到 5.31MPa，减

表 2.8　不同喷层导热系数喷层关键部位环向应力　(单位：MPa)

喷层部位	喷层导热系数/[W/(m·℃)]					
	0.5	1.0	1.5	2.0	2.5	3.0
拱顶	7.06	6.34	5.91	5.64	5.35	5.31
拱肩	4.58	3.72	3.21	2.88	2.64	2.47
侧墙中部	2.75	1.78	1.21	0.84	0.57	0.38

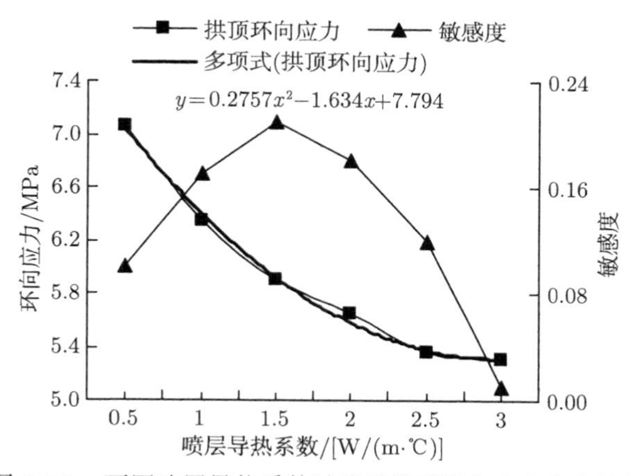

图 2.16　不同喷层导热系数时喷层拱顶环向应力变化趋势

小了 24.79%；喷层拱肩的环向应力从 4.58MPa 减小到 2.47MPa，减小了 46.10%；喷层侧墙中部的环向应力从 2.75MPa 减小到 0.38MPa，减小了 86.18%。喷层拱顶环向应力随着喷层导热系数的增大呈现出减小的趋势，但是其开始呈线性减小，幅度较大，后来慢慢趋于平缓，所以其敏感度呈现出抛物线的形式，敏感度先增大后减小；喷层拱肩和侧墙中部和拱顶相似。

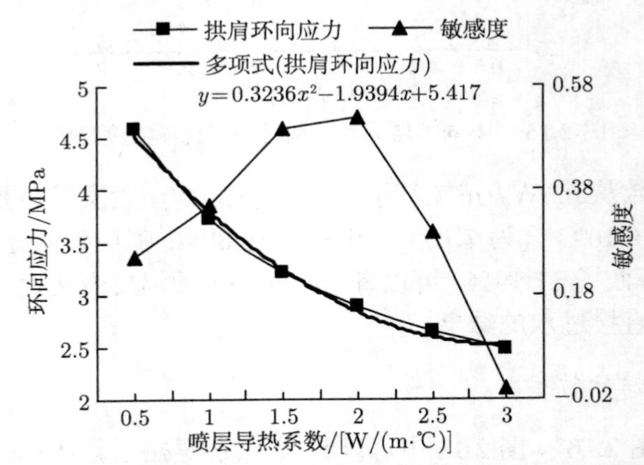

图 2.17　不同喷层导热系数时喷层拱肩环向应力变化趋势

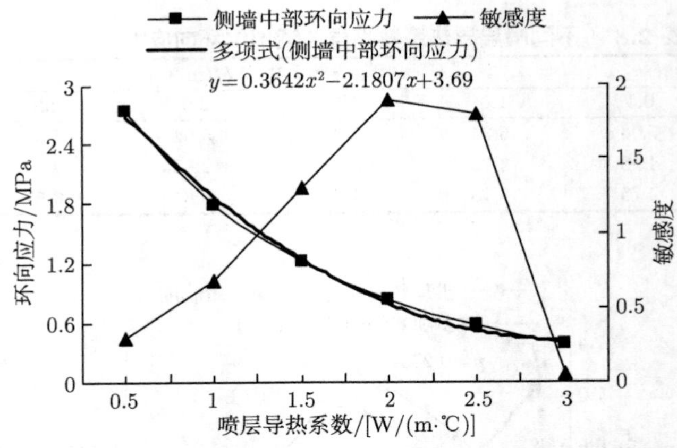

图 2.18　不同喷层导热系数时喷层侧墙中部环向应力变化趋势

2.5　比热容敏感性分析

2.5.1　围岩比热容敏感性分析

根据敏感性分析方案，按照比热容的计算步长对围岩比热容进行敏感性分析。比热容是热力学参数，从理论上讲，它主要改变的应是围岩和喷层的温度变化情况，温度的改变会影响围岩和喷层的受力，因此在计算分析中，首先看其温度变化是否合理，再看其对受力有没有影响。

1. 温度敏感性分析

从表 2.9、图 2.19 和图 2.20 可以看出，随着围岩比热容的增加，喷层内侧和外侧的温度都呈现上升的趋势。由于围岩比热容越大，围岩在降低 1℃ 时释放的热量就越多，围岩温度降低的幅度就越小，所以围岩比热容越大，围岩自身的温度越高，传递给喷层的温度就会越高。围岩比热容从 200 J/(kg·℃) 升为 1400 J/(kg·℃)，即围岩比热容升高至 7 倍时，喷层内侧温度从 6.30℃ 升为 6.90℃，升高了 9.52%；喷层外侧温度从 29.30℃ 升高到 40.40℃，升高了 37.88%。

表 2.9　围岩比热容不同时喷层内外侧温度变化　(单位：℃)

喷层部位	围岩比热容/[J/(kg·℃)]						
	200	400	600	800	1000	1200	1400
喷层内侧	6.30	6.50	6.60	6.70	6.70	6.80	6.90
喷层外侧	29.30	32.60	34.80	36.60	38.00	39.30	40.40

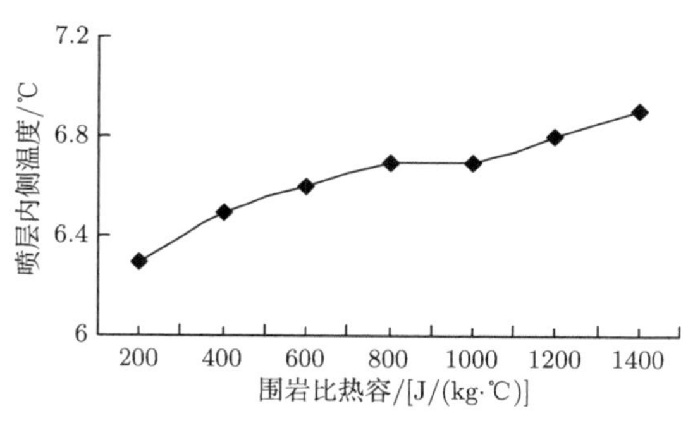

图 2.19　不同围岩比热容喷层内侧温度趋势

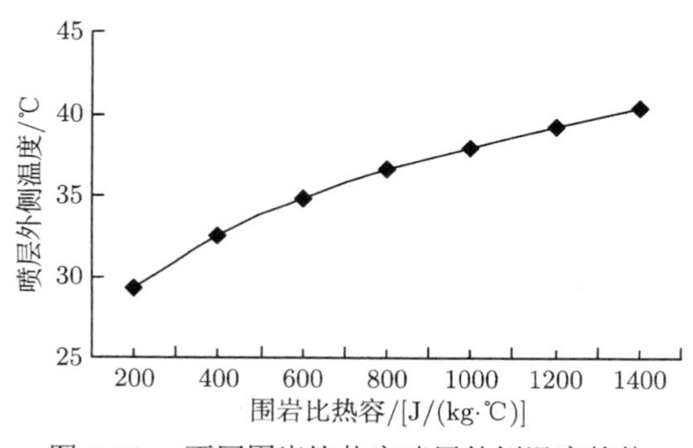

图 2.20　不同围岩比热容喷层外侧温度趋势

2. 应力敏感性分析

从表 2.10 和图 2.21 ～ 图 2.23 中可以看出，围岩比热容从 200 J/(kg·℃) 上升为 1400 J/(kg·℃)，即围岩比热容升高至 7 倍时，喷层拱顶的环向应力从 5.90MPa 增大到 6.48MPa，增大了 9.83%；喷层拱肩的环向应力从 2.73MPa 增大到 3.31MPa，增大了 21.24%；喷层侧墙中部的环向应力从 −0.01MPa 增大到 1.40MPa，从压应力转化为拉应力。喷层拱顶环向应力随着围岩比热容的增大呈现

表 2.10　不同围岩比热容时喷层关键部位环向应力　(单位：MPa)

喷层部位	围岩比热容/[J/(kg·℃)]						
	200	400	600	800	1000	1200	1400
拱顶	5.90	6.15	6.25	6.32	6.40	6.45	6.48
拱肩	2.73	2.93	3.05	3.14	3.21	3.26	3.31
侧墙中部	−0.01	0.58	0.88	1.07	1.21	1.31	1.40

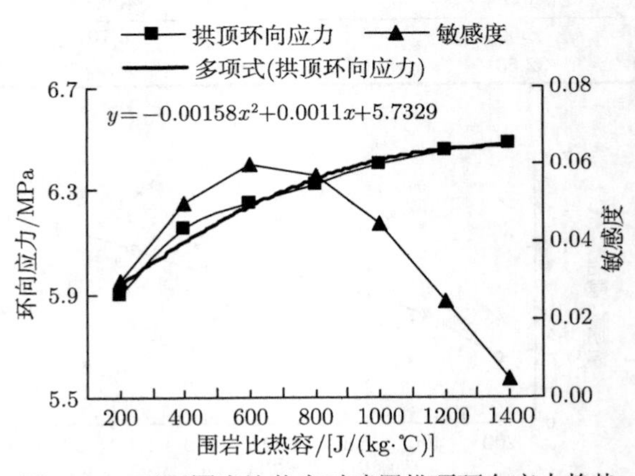

图 2.21　不同围岩比热容时喷层拱顶环向应力趋势

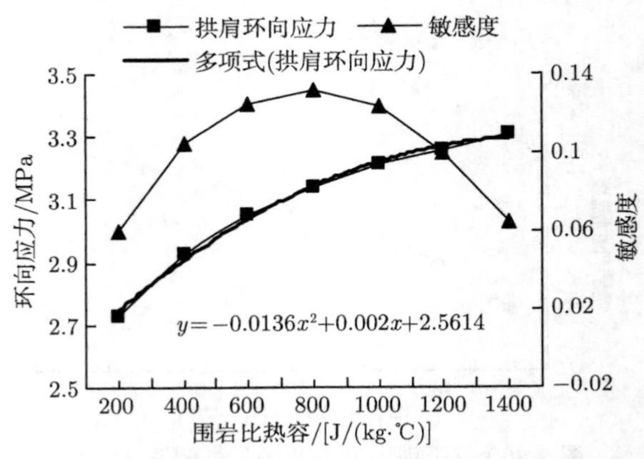

图 2.22　不同围岩比热容时喷层拱肩环向应力趋势

出增加的趋势，但是开始呈线性增加，变化幅度较大，后来慢慢趋于平缓，所以其敏感度呈现出抛物线的形式，敏感度先增大后减小；喷层拱肩规律和拱顶相似；喷层侧墙中部环向应力随着围岩比热容的增大呈现出增加的趋势，由于喷层应力出现了从压应力到拉应力的转变，所以其敏感度起始点属于突变点，但是总的来说，其敏感度逐渐降低。

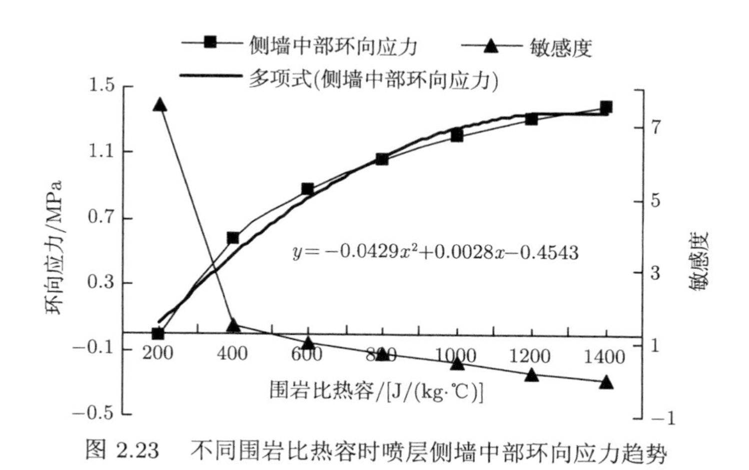

图 2.23 不同围岩比热容时喷层侧墙中部环向应力趋势

2.5.2 喷层比热容敏感性分析

本小节按照比热容的计算步长对喷层比热容进行敏感性分析。

1. 温度敏感性分析

从表 2.11 可以看出，喷层比热容从 200 J/(kg·℃) 升为 1400 J/(kg·℃)，即喷层比热容升高至 7 倍；喷层内侧温度一直为 6.70℃；喷层外侧温度从 38.00℃ 升高到 38.10℃，升高了 0.26%。可以看出喷层的内侧和外侧的温度几乎没有变，这是由于喷层特别薄，所以比热容对它的影响不明显。

表 2.11 喷层比热容不同时喷层内外侧温度变化 (单位：℃)

喷层部位	喷层比热容/[J/(kg·℃)]						
	200	400	600	800	1000	1200	1400
喷层内侧	6.70	6.70	6.70	6.70	6.70	6.70	6.70
喷层外侧	38.00	38.00	38.00	38.00	38.00	38.10	38.10

2. 应力敏感性分析

从表 2.12 中可以看出，喷层比热容从 200 J/(kg·℃) 升为 1400 J/(kg·℃)，即喷层比热容升高至 7 倍；喷层拱顶的环向应力从 5.93MPa 减小到 5.91MPa，减小了 0.34%；喷层拱肩的环向应力从 3.22MPa 减小到 3.21MPa，减小了 0.31%；喷层侧墙中部的环向应力从 1.22MPa 减小到 1.21MPa，减小了 0.82%。

表 2.12　不同喷层比热容时喷层关键部位环向应力　(单位：MPa)

喷层部位	喷层比热容/[J/(kg·℃)]						
	200	400	600	800	1000	1200	1400
拱顶	5.93	5.92	5.92	5.92	5.91	5.91	5.91
拱肩	3.22	3.21	3.21	3.21	3.21	3.21	3.21
侧墙中部	1.22	1.21	1.21	1.21	1.21	1.21	1.21

2.6　对流系数敏感性变化分析

2.6.1　温度敏感性变化分析

从表 2.13、图 2.24 和图 2.25 可以看出，随着围岩对流系数的增加，喷层的内侧和外侧的温度都呈现降低的趋势，围岩对流系数从 50 W/(m^2 · ℃) 升为 5000 W/(m^2 · ℃)，对流系数升高至 100 倍；喷层内侧温度从 11.60℃ 降为 5.10℃，降低了 56.03%；喷层外侧温度从 42.20℃ 降为 36.40℃，降低了 13.74%。这是由于围岩对流系数越大，围岩与水换热能力越强，那么喷层的温度就会降低。

表 2.13　对流系数不同时喷层内外侧温度变化　(单位：℃)

喷层部位	对流系数/[W/(m^2 · ℃)]					
	50	100	200	500	1000	5000
喷层内侧	11.60	8.40	6.70	5.70	5.30	5.10
喷层外侧	42.20	39.50	38.00	37.10	36.70	36.40

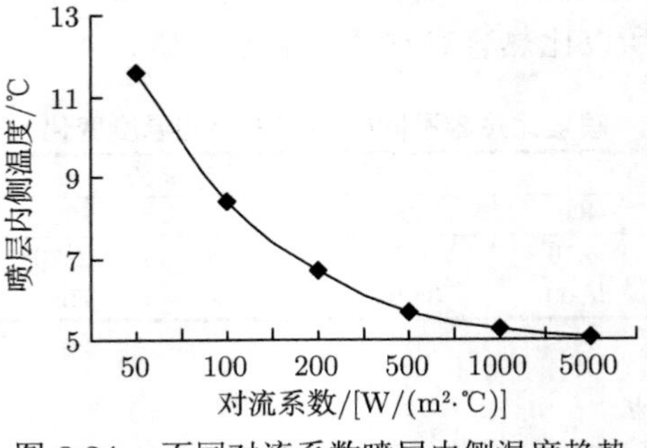

图 2.24　不同对流系数喷层内侧温度趋势

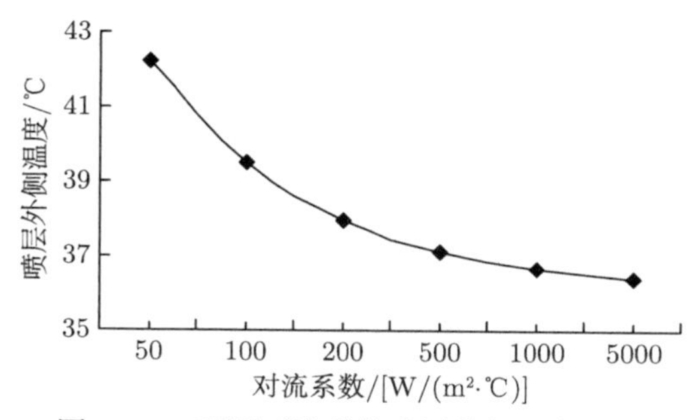

图 2.25　不同对流系数喷层外侧温度趋势

2.6.2　应力敏感性变化分析

从表 2.14 和图 2.26 ~ 图 2.28 中可以看出，对流系数的增大对喷层的环向应力影响比较明显。对流系数从 50 W/(m^2·℃) 升为 5000 W/(m^2·℃)，对流系数升高至 100 倍；喷层拱顶的环向应力从 4.57MPa 增大到 6.39MPa，增大了 39.82%；喷层拱肩的环向应力从 1.93MPa 增大到 3.65MPa，增大了 89.12%；喷层侧墙中部的环向应力从 −0.01MPa 增大到 1.62MPa，由压应力变化为拉应力。

表 2.14　不同对流系数时喷层关键部位环向应力　(单位：MPa)

喷层部位	对流系数/[W/(m^2·℃)]					
	50	100	200	500	1000	5000
拱顶	4.57	5.36	5.91	6.19	6.30	6.39
拱肩	1.93	2.78	3.21	3.47	3.56	3.65
侧墙中部	−0.01	0.81	1.21	1.45	1.54	1.62

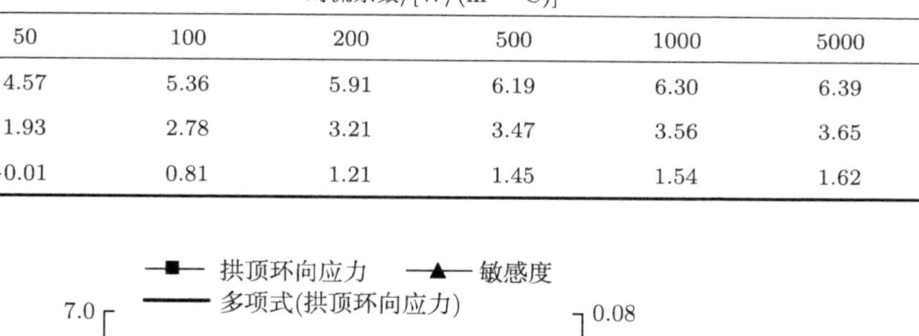

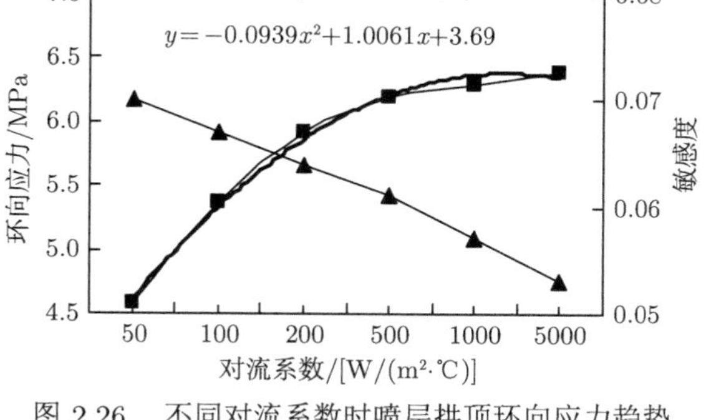

图 2.26　不同对流系数时喷层拱顶环向应力趋势

喷层拱顶环向应力随着对流系数的增大呈现出逐渐增大的趋势，对流系数在

50～1000 W/(m^2·℃) 时对喷层的环向应力影响比较大，在 1000W/(m^2·℃) 以上影响越来越小了，所以其敏感度呈现出减小的趋势，而且开始减小较快，后来慢慢趋于稳定；喷层拱肩和侧墙中部的环向应力和拱顶的变化规律相似。

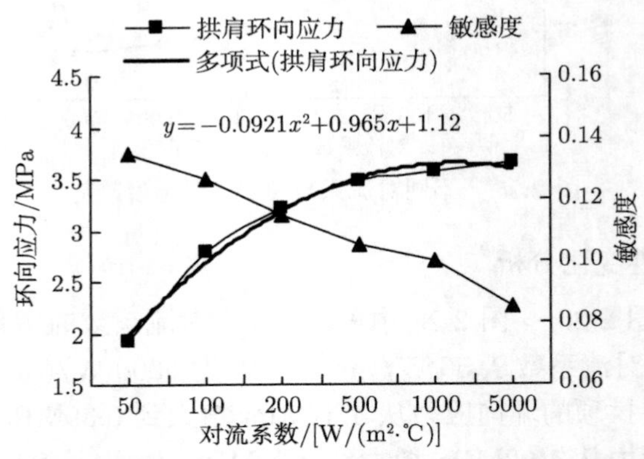

图 2.27　不同对流系数时喷层拱肩环向应力趋势

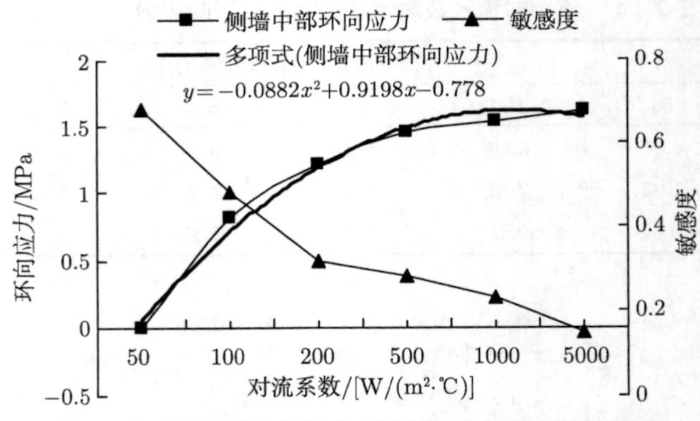

图 2.28　不同对流系数时喷层侧墙中部环向应力趋势

2.7　各参数的敏感性比较

在基准参数集的基础上，就围岩和喷层对喷层拱顶、拱肩和侧墙中部的敏感性特性分别进行了定性分析和定量分析。为了定量计算各参数的敏感度因子，将喷层拱顶环向应力设为计算分析依据。因此，这里仅对喷层拱顶环向应力的敏感度因子进行汇总，见表 2.15，以此对各参数的敏感性进行比较分析。

表 2.15　各参数的敏感度因子

参数	围岩线膨胀系数	喷层线膨胀系数	围岩导热系数	喷层导热系数	围岩比热容	喷层比热容	对流系数
敏感度因子	0.053	1.088	0.099	0.203	0.047	0.000	0.064

由表 2.15 可知，围岩和喷层的热力学参数对喷层拱顶环向应力的敏感度排序为喷层线膨胀系数＞喷层导热系数＞围岩导热系数＞对流系数＞围岩线膨胀系数＞围岩比热容＞喷层比热容。定义敏感度为 0.06 时为不敏感参数，所以认为敏感度因子小于 0.1 时，参数不敏感。由此可见，围岩线膨胀系数、围岩比热容和喷层比热容为不敏感参数。有关热力学参数敏感性分析的更多内容可参考文献 [15]。

2.8　本章小结

以新疆某水电站引水隧洞高地温段为研究背景，以现场监测获得的环向应力、温度数据为基础，对围岩和喷层结构的热力学参数 (导热系数、比热容、对流系数和线膨胀系数) 与喷层环向应力的关系进行了分析，并对影响喷层温度场和应力场的围岩和喷层热力学参数进行了敏感性分析。分析结果如下：

(1) 随着围岩线膨胀系数的增加，喷层拱顶的环向应力线性增大；拱肩和侧墙中部的环向应力呈逐渐减小的趋势；随着喷层线膨胀系数的增加，喷层拱顶环向应力线性增大，而拱肩和侧墙中部出现压应力转化为拉应力的状态；喷层拱顶环向应力敏感度随着喷层线膨胀系数的增大呈现出增大趋势。

(2) 围岩导热系数增加，喷层拱顶环向应力呈现出增大的趋势，其敏感度呈现抛物线的形式，敏感度先增大后减小，喷层拱肩和侧墙中部的规律和拱顶相似；喷层导热系数增加，喷层拱顶环向应力呈现减小的趋势，其敏感度呈现抛物线的形式，敏感度先增大后减小；喷层拱肩和侧墙中部和拱顶相似。

(3) 围岩比热容增加，喷层拱顶环向应力呈现增大的趋势，且开始呈线性增加，幅度较大，后来慢慢趋于平缓，所以其敏感度呈现抛物线的形式，敏感度先增大后减小，喷层拱肩规律和拱顶相似；侧墙中部由于出现压应力到拉应力的转变，所以其敏感度起始点属于突变点，但是总的来说，其敏感度逐渐降低。

(4) 随着对流系数增加，喷层拱顶环向应力呈现增大的趋势。对流系数在 50～1000 W/($m^2\cdot$℃) 变化时对喷层的环向应力影响比较大，1000W/($m^2\cdot$℃) 以上影响越来越小了，所以其敏感度呈现出减小的趋势，而且开始减小较快，后来慢慢趋于稳定；喷层拱肩和侧墙中部的环向应力和拱顶的相似。

(5) 通过敏感度因子的计算，围岩和喷层的热力学参数对喷层拱顶环向应力的敏感度排序为喷层线膨胀系数＞喷层导热系数＞围岩导热系数＞对流系数＞围岩线膨胀系数＞围岩比热容＞喷层比热容。本章认为敏感度因子小于 0.1 时，参数不敏感。由此可见围岩线膨胀系数、围岩比热容和喷层比热容为不敏感参数。

需要指出的是，影响围岩、喷层应力和变形的因素较多，因此本章分析得到的结论综合考虑了多种因素对应力和温度的影响。另外，现场监测数据表明支护结构的应力具有一定的变异特性，本章分析未考虑支护结构应力的变异特性，今后将在这方面做进一步的研究。

参考文献

[1] 王辉, 陈卫忠. 嘎隆拉隧道围岩力学参数对变形的敏感性分析 [J]. 岩土工程学报, 2012, 34(8): 1548-1553.

[2] BEIKI M, BASHARI A, MAJDI A. Genetic programming approach for estimating the deformation modulus of rock mass using sensitivity analysis by neural network [J]. International Journal of Rock Mechanics & Mining Sciences, 2010, 47(7): 1091-1103.

[3] 朱维申, 章光. 节理岩体参数对围岩破损区影响的敏感性分析 [J]. 地下空间, 1994, 14(1): 10-15.

[4] 冯夏庭. 智能岩石力学导论 [M]. 北京: 科学出版社, 2000.

[5] SAKURAI S, TAKEUCHI K. Back analysis of measured displacement of tunnel[J]. Rock Mechanics and Rock Engineering, 1983, 16 (3): 173-180.

[6] 杨林德, 冯紫良, 朱合华, 等. 岩土工程问题的反演理论与工程实践 [M]. 北京: 科学出版社, 1996.

[7] 朱维申, 何满潮. 复杂条件下围岩稳定性与岩体动态施工力学 [M]. 北京: 科学出版社, 1995.

[8] 黄书岭, 冯夏庭, 张传庆. 岩体力学参数的敏感性综合评价分析方法研究 [J]. 岩石力学与工程学报, 2008, 27(S1): 2624-2630.

[9] 李晓静, 朱维申, 向建, 等. 考虑参数影响的系统分析方法及其应用 [J]. 岩土工程学报, 2005, 27(10): 1207-1210.

[10] 侯哲生, 李晓, 王思敬, 等. 金川二矿某巷道围岩力学参数对变形的敏感性分析 [J]. 岩石力学与工程学报, 2005,24(3): 406-410.

[11] 聂卫平, 徐卫亚, 周先齐. 基于三维弹塑性有限元的洞室稳定性参数敏感性灰关联分析 [J]. 岩石力学与工程学报, 2009, 28(S2): 3885-3893.

[12] 高玮, 郑颖人. 岩体参数的进化反演 [J]. 水利学报, 2000, (8): 1-5.

[13] LI S H , YANG J, HAO W D, et al. Intelligent back-analysis of displacements monitored in tunneling [J].Rock Mechanics and Mining Sciences, 2006, 43(2) :1118-1127.

[14] 章光, 朱维申. 参数敏感性分析与试验方案优化 [J]. 岩土力学, 1993, 14(1):51-57.

[15] 姜海波, 吴鹏, 张军. 高地温引水隧洞围岩与喷层结构热力学参数敏感性分析 [J]. 水力发电, 2017, 43(9): 31-38, 57.

[16] 杨蒙, 谭跃虎, 李二兵, 等. 基于敏感性分析的围岩力学参数反演方法研究 [J]. 地下空间与工程学报, 2014, 10(5): 1030-1037.

第 3 章 高地温对围岩力学参数及隧洞喷层温度和应力的影响

3.1 概 述

高地温环境在地下洞室热害的形成过程中起着决定性的作用。在深部地下工程中，高地温环境下岩石的力学特征、变形稳定机制成为非常紧迫的问题，高地温环境下的岩石工程问题，已成为岩石力学发展的新方向 [1]。温度变化引起地下洞室围岩、支护结构热力学参数的变化，热力学参数随温度变化时对围岩、支护结构应力与变形的影响是显而易见的，但各参数的影响大小却存在一定的差异 [2]。

针对温度变化条件下岩石的温度特性及其应力变化规律，吴刚等 [3] 研究了高温环境下砂岩的强度损伤机制，对砂岩经历 100~1200℃ 温度作用后的力学特性进行了试验研究。许锡昌等 [4] 研究了 20~600℃ 三峡坝区新鲜细粒花岗岩单轴压缩下的主要力学参数随温度的变化规律及其演化特征。夏小和等 [5] 采用液压伺服刚性岩石力学实验系统对 100~800°C 高温作用下大理岩的强度及变形特性进行了实验研究。梁卫国等 [6] 通过试验对无水芒硝盐岩试件 60℃ 时剪切损伤，120℃ 时加热再结晶的剪切力学特性进行了试验研究。李道伟等 [7] 对不同温度下的大理岩进行了单轴压缩试验，结果表明，经过高温后大理岩的单轴抗压强度和弹性模量都大幅度降低。倪骁慧等 [8] 通过单轴压缩试验和细观损伤特征量化试验，对经历 20℃、100℃、300℃、450℃、600℃ 五种温度循环后的锦屏一级水电站大理岩试样的宏观力学性质及相应的细观损伤特征进行了研究。吴忠等 [9] 对鹤壁六矿煤层顶板砂岩试件在高温下和高温后的力学性质进行了试验研究，揭示了砂岩强度和变形特征随温度的变化规律。朱合华等 [10] 通过单轴压缩试验，对不同高温后熔结凝灰岩、花岗岩及流纹状凝灰角砾岩的力学性质进行了试验研究。

通过以上文献的分析，国内外学者对地下工程岩体随温度变化的物理力学特性及其相关问题进行了较深入的研究 [3-10]，但对高地温地下洞室混凝土喷层结构随温度变化时的力学特性及其影响因素方面的研究则比较少 [11-14]，对围岩参数随温度变化时混凝土喷层温度和应力的影响研究也鲜有涉及。为了研究围岩参数随温度变化时对混凝土喷层温度和应力的影响，本章以新疆某水电站高地温引水隧洞工程为依托，研究高地温对围岩力学参数的影响，分析围岩参数随温度变化时对混凝土喷层温度和应力的影响机制，分别就围岩和喷层的热力学参数随温度变化时对喷层的温度和应力的影响进行分析，为高地温区围岩混凝土喷层结构的设计和施工提供理论参考依据。

3.2 高地温对围岩力学参数的影响

根据相关文献资料，岩石在高温条件下的力学特性与岩石的类别有关，对于高强度的结晶岩石 (石英岩、白云岩、菱铁矿等)，温度升高使其力学性能降低；而对于强度较低的非结晶岩石，温度升高对不同的参数有不同影响 [15]。

新疆某水电站发电引水隧洞围岩类别为 Ⅲ 类，围岩岩性为云母石英片岩夹石墨片岩，岩石较坚硬，呈中厚层状。从现场监测到的温度来看，施工期岩体最高温度达到 100℃ 左右，而引水隧洞运行期的过水水温又低至 0~3℃，温度变化对围岩及其混凝土喷层温度和应力的影响是高温洞段的支护结构设计需要重点考虑的因素。

温度较高时围岩、支护结构的热力学参数和力学参数会发生明显的变化，其中变化较为明显的参数有导热系数、比热容、对流系数、线热膨胀系数和密度等。为了研究引水隧洞围岩和喷层的热力学参数随温度变化时对喷层温度和应力的影响机制，结合国内外学者对该问题的研究成果，分析温度变化范围内相关参数变化对支护结构受力的影响。

1. 高地温对围岩弹性模型的影响

通过现场监测试验，得出了几种典型岩石在不同温度下弹性模量的变化规律，如表 3.1 所示。由表 3.1 可以看出，岩石的弹性模量随温度升高逐渐减小，但减小的规律是不同的。

表 3.1 不同温度下岩石的弹性模量 (单位：10^3MPa)

岩石名称	20℃	100℃	200℃	300℃	400℃
石英岩	7.10	6.50	6.20	5.20	4.30
菱铁矿	11.80	10.80	9.70	8.50	7.40
白云岩	4.20	3.60	2.90	2.30	1.20

2. 高地温对围岩导热系数的影响

岩石的导热系数受外界环境温度、岩石孔隙率、岩石组成及含水饱和度的影响较大。根据苏联库塔斯和戈尔迪恩科的研究，在温度为 20~100℃ 时，沉积岩的导热系数与温度之间存在经验公式：

$$\lambda = \lambda_{20} - (\lambda_{20} - 1.38)\left[\exp\left(0.725 \times \frac{T-20}{T+130}\right) - 1\right] \tag{3.1}$$

式中，λ 为 T 时岩石的导热系数，单位 W/(m· ℃)；λ_{20} 为 20℃ 时岩石的导热系数，单位 W/(m· ℃)；T 为岩石的温度，单位 ℃。该水电站现场测试岩石为云母石英片岩，是由沉积岩在中级变质时期形成的。因此，岩石导热系数随温度变化的取值按照式 (3.1) 进行计算。

3. 高地温对围岩比热容的影响

根据相关文献的试验结果，岩石的比热容随温度的升高而增加，在 200℃ 以内，岩石的比热容与温度近似呈线性关系 [16]。可用式 (3.2) 表示：

$$C = C_0(1 + \psi T) \tag{3.2}$$

式中，C 为 T 时岩石的比热容，单位 J/(kg·℃)；C_0 为 0℃ 时岩石的比热容；ψ 为岩石比热容的温度影响系数，一般取 3×10^{-3}/℃。

4. 高地温对围岩线膨胀系数的影响

线膨胀系数主要受岩石类型和温度的影响，随着温度的升高近似线性增加。根据前人研究的成果，围岩线膨胀系数随温度按照斜率为 0.0448 线性增加，线膨胀系数 (LETC) 随温度变化的曲线用 $\text{LETC}=0.0448T + 4.896 \times 10^{-6}$ 来表示，常温 (15℃) 时线膨胀系数为 5.568×10^{-6} [17]。表 3.2 为围岩温度变化时各个参数按上述计算方法得出的变化。

表 3.2　围岩参数随温度变化

围岩温度/℃	弹性模量/GPa	导热系数 /[W/(m· ℃)]	线膨胀系数 /10^{-6}℃$^{-1}$	比热容 /[J/(kg· ℃)]
20	7.10	10.00	5.79	1060
35	7.00	9.40	6.46	1105
50	6.90	8.90	7.14	1150
65	6.80	8.40	7.81	1195
80	6.70	8.00	8.48	1240
95	6.50	7.60	9.15	1285

为了分析围岩参数随温度变化时喷层温度的变化规律，通过现场监测与试验，当岩石参数在整个分析过程中是恒定的情况分别进行计算，并进行对比分析。计算分析结果如表 3.3、表 3.4 所示。图 3.1 给出了围岩参数随温度变化时喷层温度变化规律，图 3.2 为围岩参数随温度变化时喷层应力的变化规律。

表 3.3　围岩参数随温度变化时喷层内外侧温度　(单位：℃)

喷层部位	所有参数都不随温度变化	围岩弹性模量随温度变化	围岩比热容随温度变化	围岩导热系数随温度变化	围岩线膨胀系数随温度变化
内侧	6.44	6.44	6.49	6.39	6.44
外侧	30.55	30.55	31.53	29.75	30.55

表 3.4　围岩参数随温度变化时喷层关键部位应力　(单位：MPa)

喷层部位	所有参数都不随温度变化	围岩弹性模量随温度变化	围岩比热容随温度变化	围岩导热系数随温度变化	围岩线膨胀系数随温度变化
拱顶	5.31	5.63	5.31	5.37	5.38
拱肩	2.77	3.30	2.82	2.72	2.73
侧墙中部	0.82	1.57	0.90	0.76	0.71

注：喷层应力以拉应力为正，压应力为负，单位都为 MPa。

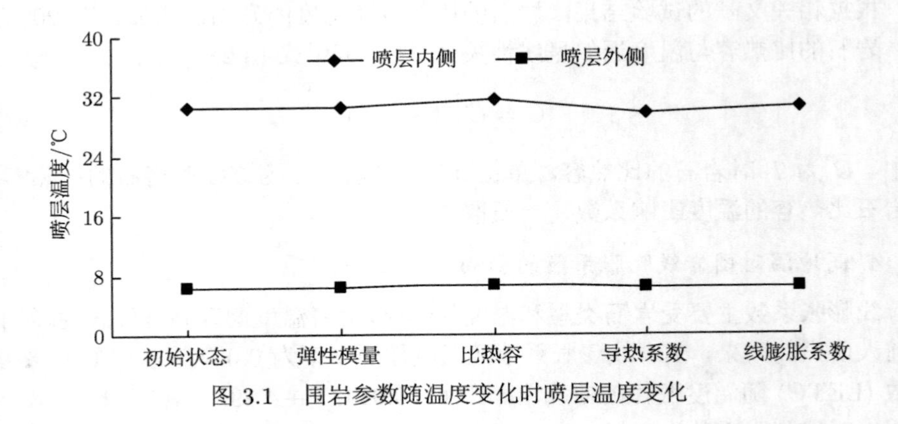

图 3.1　围岩参数随温度变化时喷层温度变化

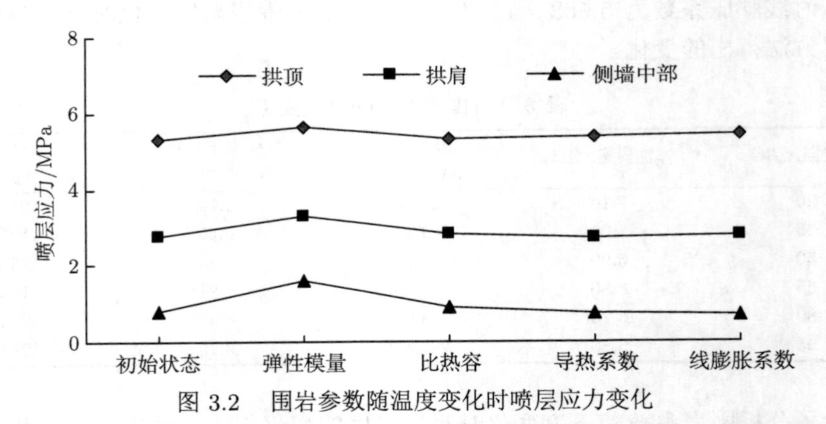

图 3.2　围岩参数随温度变化时喷层应力变化

围岩比热容随着温度升高而升高时，喷层的内侧温度相比初始状态升高了不到 1%；喷层外侧温度相比初始状态升高了 3%。围岩导热系数随着温度升高而降低时，喷层内侧温度相比初始状态降低了不到 1%；喷层外侧温度相比初始状态降低了 3%。由于导热系数的降低，围岩的热传导能力减小，围岩深部温度传递的速度减小，从而导致喷层的温度降低。围岩弹性模量及线膨胀系数仅影响自身的受力特性，对温度场无影响。

当围岩参数随温度变化时，从表 3.4 和图 3.2 中可以看出，围岩弹性模量随温度升高而减小，喷层受力增大，喷层拱顶受力比初始状态提高了 6%左右；围岩比热容随温度升高而增大，喷层拱顶受力和初始状态基本相同；围岩导热系数随温度升高而降低，喷层受力有所增大，喷层拱顶受力比初始状态降低了 1.1%左右；围岩线膨胀系数随着温度的升高而升高，拱顶的拉应力增大 1%。

3.3　高地温对围岩喷层温度和应力的影响

围岩喷层结构的主要材料为混凝土，其热力学参数主要包括热膨胀系数、导热系数、比热容及对流换热系数。热工参数是随着温度的变化而变化的，下面分析混凝土喷层热工参数随温度的变化规律。

1. 高地温对混凝土弹性模量的影响

温度升高时混凝土内部出现裂缝，使得混凝土变形增大，弹性模量降低。不同骨料对混凝土弹性模量影响较大。同济大学朱伯龙教授测得混凝土弹性模量随温度变化采用分段函数 [18]，拟合后给出的模型表达式为

$$\begin{cases} E_{cT} = \left(1.0 - \dfrac{0.3}{200}T\right), & 20℃ \leqslant T \leqslant 200℃ \\ E_{cT} = \left(0.87 - \dfrac{0.42}{500}T\right)E_c, & 200℃ < T \leqslant 700℃ \\ E_{cT} = 0.28, & 700℃ < T \leqslant 800℃ \end{cases} \tag{3.3}$$

式中，E_{cT} 为 T 时的弹性模量，单位为 GPa；T 为混凝土的环境温度，单位为℃；E_c 为混凝土的初始弹性模量，单位为 GPa。

2. 高地温对混凝土导热系数的影响

随着温度的提高，混凝土的热传导系数会逐渐减小。清华大学过镇海教授提出了一般混凝土的热传导系数计算公式 [19]：

$$\lambda_c = 1.72 - 1.72 \times 10^{-3}T + 0.716 \times 10^{-6} \times T^2 \tag{3.4}$$

式中，λ_c 为 T 时混凝土的导热系数，单位为 W/(m·℃)；T 为混凝土的环境温度，单位为 ℃。从式 (3.4) 可以得出，混凝土的导热系数随温度的升高而减小，其值在 2.0~0.5W/ (m·℃) 变化。

3. 高地温对混凝土比热容的影响

混凝土作为一种复合非线性材料，影响比热容的因素比较多，其中混凝土的比热容主要受骨料类型、配合比、含水量及外加剂等影响，其值也随着温度的升

高而缓慢增大。欧洲统一规范 Eurocode 给出了不同温度下混凝土比热容的计算式 [20]：

$$C_c = 900 + 80 \times \frac{T}{120} - 4 \times \left(\frac{T}{120}\right)^2, 20℃ \leqslant T \leqslant 1000℃ \tag{3.5}$$

式中，C_c 为 T 时混凝土的比热容，单位为 J/(kg·℃)；T 为混凝土的环境温度，单位为 ℃。

4. 高地温对混凝土线膨胀系数的影响

混凝土是热惰性材料，传热性能较差，在短时间内整个界面的温度很难达到稳定，沿喷层结构厚度方向上存在不均匀的温度场，使喷层内部受约束而不能自由膨胀。由于影响混凝土热膨胀系数的因素较多，为了简化计算，按照不考虑骨料的影响，直接给出混凝土的线膨胀系数随温度变化的关系 [21]：

$$\alpha_c(T) = (0.008T + 6.0) \times 10^{-5}, 20℃ \leqslant T \leqslant 1000℃ \tag{3.6}$$

式中，α_c 为 T 时混凝土的线膨胀系数；T 为混凝土的环境温度，单位为 ℃。

综合以上分析，表 3.5 给出了温度变化时混凝土各个参数按式 (3.3) ~ 式 (3.6) 对应的计算值。

表 3.5 混凝土参数随温度变化的计算值

喷层温度/℃	弹性模量/GPa	导热系数 /[W/(m·℃)]	线膨胀系数 /10^{-5}℃$^{-1}$	比热容 /[J/(kg·℃)]
20	30.00	1.69	6.16	913.22
35	29.55	1.68	6.28	922.99
50	29.10	1.67	6.40	932.64
65	28.88	1.66	6.52	942.16
80	28.65	1.65	6.64	951.56
95	28.43	1.64	6.76	960.83

考虑喷层参数在分析过程中是随温度变化而变化的，为了分析混凝土参数随温度变化时喷层结构温度和应力的变化规律，通过现场监测与试验，与喷层参数在整个分析过程中是恒定的分别进行比较，计算分析结果如表 3.6 和图 3.3 所示。

表 3.6 喷层参数随温度变化时喷层内外侧温度 (单位：℃)

喷层部位	参数不随温度变化	喷层弹性模量随温度变化	喷层比热容随温度变化	喷层导热系数随温度变化	喷层线膨胀系数随温度变化
内侧	6.44	6.44	6.44	6.44	6.44
外侧	30.55	30.55	30.55	30.72	30.55

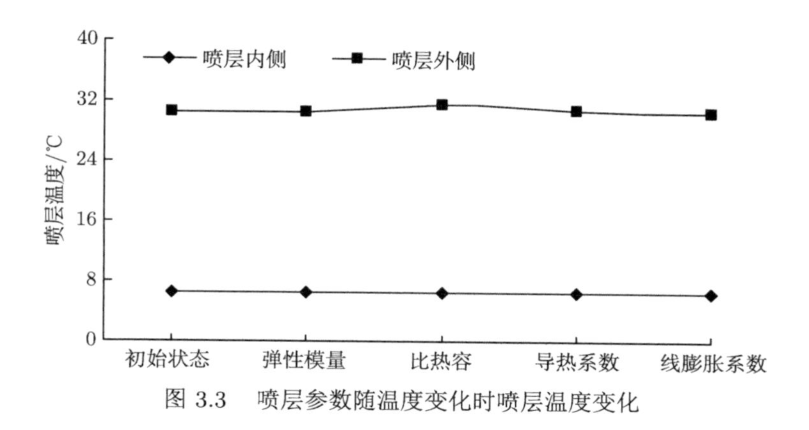

图 3.3　喷层参数随温度变化时喷层温度变化

当喷层参数随温度变化时，从表 3.7 和图 3.4 中可以看出，喷层弹性模量随温度升高而减小，喷层应力也随之减小，喷层拱顶应力比初始状态降低了 1.5%；比热容随温度升高而增大，而喷层受力几乎没有变化；导热系数随温度升高而降低，喷层应力升高，主要是因为喷层的温差增大，喷层拱顶受力比初始状态升高了 1%；喷层线膨胀系数随着温度的升高而升高，喷层拉应力增大，拱顶的拉应力比初始状态增大了 1%，感兴趣的读者可以参考文献 [22]。

表 3.7　喷层参数随温度变化时喷层关键部位应力　(单位：MPa)

喷层部位	参数不随温度变化	喷层弹性模量随温度变化	喷层比热容随温度变化	喷层导热系数随温度变化	喷层线膨胀系数随温度变化
拱顶	5.31	5.23	5.31	5.32	5.35
拱肩	2.77	2.64	2.77	2.78	2.81
侧墙中部	0.82	0.72	0.82	0.82	0.85

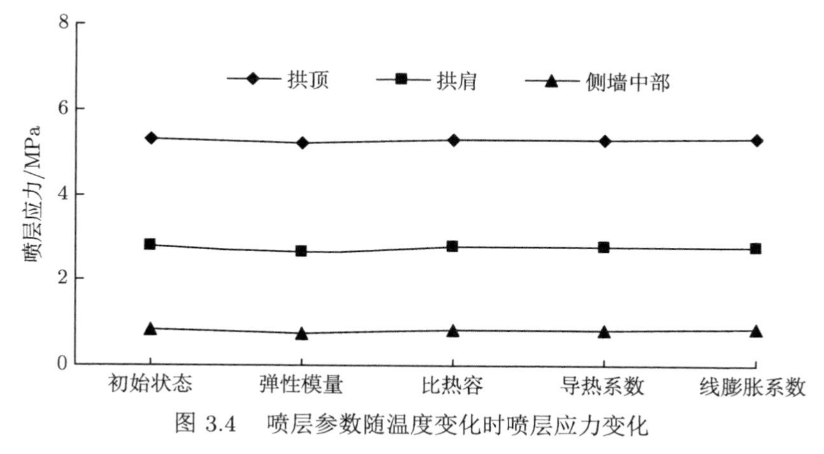

图 3.4　喷层参数随温度变化时喷层应力变化

综上所述，混凝土弹性模量、比热容、导热系数和线膨胀系数随温度变化时对喷层应力影响基本不超过 5%，主要是因为温度变化范围较小，对喷层应力影响较小，在围岩喷层结构设计时可不计其影响，详细的分析请参考文献 [23]。

3.4 本章小结

(1) 当围岩和喷层温度升高时，岩石和混凝土喷层弹性模量和导热系数会降低、线膨胀系数和比热容会升高，由于围岩和喷层的温度变化范围相对较小，所以参数变化幅度也较小，参数的变化对于喷层拱顶的环向应力的影响都不超过 5%，可以不考虑温度变化时围岩和喷层参数对喷层应力的影响。

(2) 当温度升高时，混凝土的弹性模量、比热容、导热系数和线膨胀系数等参数随温度变化时对喷层受力的影响基本不超过 5%，主要是因为喷层结构温度变化范围较小，对喷层应力的影响也较小，在围岩混凝土喷层结构设计时可不计其影响。

但由于岩石、混凝土喷层结构的复杂性，在现场监测与试验过程中很可能出现数据的离散性，岩体、混凝土喷层热力学参数的计算取值主要依靠经验公式，不能排除试样个体差异性对规律现象的干扰，因此本章结论还需要通过更多的工程实践加以论证。

参考文献

[1] 赵阳升, 万志军, 康建荣. 高温岩体地热开发导论 [M]. 北京: 科学出版社, 2004.

[2] BEIKI M, BASHARI A, MAJDI A.Genetic programming approach for estimating the deformation modulus of rock mass using sensitivity analysis by neural network [J]. International Journal of Rock Mechanics & Mining Sciences, 2010, 47 (1): 1091-1103.

[3] 吴刚, 邢爱国, 张磊. 砂岩高温后的力学特性 [J]. 岩石力学与工程学报, 2007, 26(10): 2110-2116.

[4] 许锡昌, 刘泉声. 高温下花岗岩基本力学性质初步研究 [J]. 岩土工程学报, 2000, 22(3): 332-335.

[5] 夏小和, 王颖轶, 黄醒春, 等. 高温作用对大理岩强度及变形特性影响的试验研究 [J]. 上海交通大学学报, 2004, 38(6): 996-998.

[6] 梁卫国, 徐素国, 赵阳升. 损伤岩盐高温再结晶剪切特性的试验研究 [J]. 岩石力学与工程学报, 2004, 23(20): 3413-3417.

[7] 李道伟, 朱珍德, 蒋志坚, 等. 温度对大理岩力学性质影响的细观研究 [J]. 河海大学学报 (自然科学版), 2008, 36(3): 375-378.

[8] 倪骁慧, 李晓娟, 朱珍德. 不同温度循环作用后大理岩细观损伤特征的定量研究 [J]. 煤炭学报, 2011, 36(2): 248-254.

[9] 吴忠, 秦本东, 谌论建, 等. 煤层顶板砂岩高温状态下力学特征试验研究 [J]. 岩石力学与工程学报, 2005, 24(11): 1863-1867.

[10] 朱合华, 闫治国, 邓涛, 等. 3 种岩石高温后力学性质的试验研究 [J]. 岩石力学与工程学报, 2006, 25(10): 1945-1950.

[11] 段亚辉, 方朝阳, 樊启祥, 等. 三峡永久船闸输水洞衬砌混凝土施工期温度现场试验研究 [J]. 岩石力学与工程学报, 2006, 25(1): 129-135.

[12] 王雍, 段亚辉, 黄劲松, 等. 三峡永久船闸输水洞衬砌混凝土的温控研究 [J]. 武汉大学学报 (工学版), 2001, 34(3): 32-36.

[13] 方朝阳, 段亚辉. 三峡永久船闸输水洞衬砌施工期温度与应力监测成果分析 [J]. 武汉大学学报 (工学版), 2003, 36(5): 30-34.
[14] 麦家煊. 地下钢筋混凝土罐壁温度应力与裂缝分析 [J]. 水力发电学报, 1994, 13(4): 41-50.
[15] 陈有亮, 邵伟, 周有成. 高温作用后花岗岩力学性能试验研究 [J]. 力学季刊, 2011, 32(3): 397-402.
[16] 孙强, 张志镇, 薛雷, 等. 岩石高温相变与物理力学性质变化 [J]. 岩石力学与工程学报, 2013, 32(5): 935-942.
[17] WONG T F, BRACE W F. Thermal expansion of rocks: Some measurements at high pressure [J]. Tectonophysics, 1979, 57(2-4): 95-117.
[18] 朱伯龙, 陆洲导. 高温 (火灾) 下混凝土与钢筋的本构关系 [J]. 四川建筑科学研究, 1990(1): 37-43.
[19] 过镇海. 钢筋混凝土原理 [M]. 北京: 清华大学出版社, 2013.
[20] 建筑物和土木工程结构技术委员会. 欧洲规范 2: 混凝土结构设计 [S]. BS EN 1992-1-1: 2004.
[21] 刘丰, 白国良, 柴园园, 等. 再生骨料混凝土等高变宽梁抗剪强度试验研究 [J]. 混凝土, 2010, (9): 14-16.
[22] 姜海波, 吴鹏, 张军. 温度变化下围岩参数对隧洞喷层结构温度和应力的影响 [J]. 石河子大学学报, 2017, 35(1): 46-51.
[23] 李亚坤. 引水隧洞围岩与支护结构热力学参数敏感性分析及其参数反演 [D]. 石河子: 石河子大学, 2018.

第 4 章　基于围岩泊松比变化的高地温水工隧洞受力特性分析

4.1　概　述

新疆某深埋高地温水工隧洞工程，平均埋深为 235m，洞径 $D=3\text{m}$。施工期，围岩采用 C25 混凝土进行衬砌，衬砌厚度 0.5m。工程现场监测结果显示，该工程施工过程中出现高地温洞段，隧洞内最高温度达到 100℃ 以上，而水工隧洞运行期间过水水温又低至 0~5℃，温差较大，为典型的高埋深、高地温引水隧洞。由于隧洞岩体温度较高，为了保证隧洞的稳定运行，首先需保证高地温影响下岩体的稳定性。经研究发现影响岩体稳定的因素主要可分为内因和外因两大类，影响岩体稳定的内部因素为岩土参数，而影响岩体稳定的外部因素则为岩体环境温度及地下水等。因此，可以从岩体参数对围岩稳定性的影响入手，对隧道稳定性进行深入研究。华薇 [1] 利用有限元软件模拟公路隧道的实际开挖过程，建立平面应变有限元模型，分析了岩体各参数对洞室开挖后应力场及位移场的影响；叶红 [2] 利用 FLAC3D 软件数值模拟了风化砂岩中浅埋隧道的开挖过程，研究了风化砂岩的力学参数对地表沉降的影响；刘晓云等 [3] 为了分析泊松比对巷道稳定性的影响，从泊松比测定与计算方法着手，采用金尼克假说，以巷道侧压系数为研究对象，运用 ANSYS 软件，建立典型矿山巷道锚喷支护后的数值模型，建立巷道安全稳定范围与泊松比的对应关系。

在高地温复杂环境下，围岩的热力学参数会发生变化，从而影响围岩的力学特性，而泊松比作为反映材料变形特性的基本参数之一，其在深埋高地温环境下的变化机制鲜有研究。围岩泊松比的变化在很大程度上影响着隧洞应力场的分布，在深埋高地温复杂环境下洞室中影响更加明显。因此，为了克服目前深埋高地温水工隧洞受力特性研究的不足，本章计算分析了围岩泊松比变化时深埋高地温水工隧洞围岩与衬砌结构应力场的分布规律，针对围岩泊松比变化对深埋高地温水工隧洞的受力特性进行深入系统的研究。

4.2　温度–应力耦合作用下的弹性受力分析

4.2.1　弹性荷载应力分析

隧洞围岩应力与变形不仅与开挖前岩体的初始应力状态、隧洞的形状及位置、岩体的物理力学性质等因素有关，而且与施工方法、支护时间及支护的几何特征、力学性质等因素有关。在力学处理上，考虑自重的问题在求解上可简化为不考虑自重的形式，并可简化为在外边界上均匀分布的垂直荷载和水平荷载 [4]。

本小节对比现有理论模型，采用弹性力学及复变函数相关理论，建立荷载应力计算模型 [5]，计算简图如图 4.1 所示。本模型简化后水平荷载受侧压力系数影响，而侧压力系数与泊松比有关，即泊松比影响水平荷载。同时假定衬砌是封闭的，其外半径 r_0 与隧洞开挖半径相等，衬砌与开挖同时完成并忽略衬砌与围岩间的摩擦。本模型可用于计算研究方形边界地下工程完整均匀坚硬的围岩与回填层或支护间共同作用而产生的应力及变形。

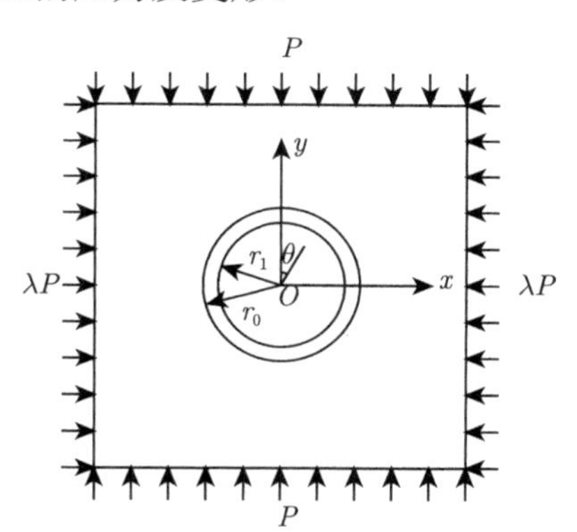

图 4.1　荷载应力模型计算简图

由图 4.1 可以得出边界条件为

$$
\begin{cases}
r = r_1 : \sigma_{cr} = 0, \tau_{cr\theta} = 0 \\
r = r_0 : \sigma_r = \sigma_{cr}, u = u_c \\
\tau_{r\theta} = \tau_{cr\theta} = 0 \\
r = \infty : \sigma_r = \dfrac{P}{2}(1+\lambda) + \dfrac{P}{2}(1-\lambda)\cos 2\theta \\
\sigma_\theta = \dfrac{P}{2}(1+\lambda) - \dfrac{P}{2}(1-\lambda)\cos 2\theta \\
\tau_{r\theta} = -\dfrac{P}{2}(1-\lambda)\sin 2\theta
\end{cases}
\tag{4.1}
$$

根据计算简图及其边界条件，围岩应力为

$$\begin{cases}\sigma_{rm}=\dfrac{P}{2}\left[(1+\lambda)\left(1-\dfrac{\gamma r_0^2}{r^2}\right)\right]+(1-\lambda)\left(1-\dfrac{2\beta r_0^2}{r^2}-\dfrac{3\delta r_0^4}{r^4}\right)\cos 2\theta \\ \sigma_{\theta m}=\dfrac{P}{2}\left[(1+\lambda)\right]\left(1+\dfrac{\gamma r_0^2}{r^2}\right)-(1-\lambda)\left(1-\dfrac{3\delta r_0^4}{r^4}\right)\cos 2\theta \\ \tau_{r\theta m}=-\dfrac{P}{2}(1-\lambda)\left(1+\dfrac{\beta r_0^2}{r^2}+\dfrac{3\delta r_0^4}{r^4}\right)\sin 2\theta\end{cases} \tag{4.2}$$

衬砌应力为

$$\begin{cases}\sigma_{crm}=(2A_1+A_2r^{-2})-(A_5+4A_3r^{-2}-3A_6r^{-4})\cos 2\theta \\ \sigma_{c\theta m}=(2A_1-A_2r^{-2})+(A_5+12A_4r^{-2}-3A_6r^{-4})\cos 2\theta \\ \tau_{cr\theta m}=(A_5+6A_4r^2-2A_3r^{-2}+3A_6r^{-4})\sin 2\theta\end{cases} \tag{4.3}$$

其中：

$$\begin{cases}\gamma=\dfrac{G\left[(\kappa_c-1)r_0^2+2r_1^2\right]}{2G_c(r_0^2-r_1^2)+G\left[(\kappa_c-1)r_0^2+2r_1^2\right]} \\ \beta=2\dfrac{GH+G_c(r_0^2-r_1^2)^3}{GH+G_c(3\kappa+1)(r_0^2-r_1^2)^3} \\ \delta=-\dfrac{GH+G_c(\kappa+1)(r_0^2-r_1^2)^3}{GH+G_c(3\kappa+1)(r_0^2-r_1^2)^3} \\ H=r_1^6(\kappa_c+3)+3r_0^4r_1^2(3\kappa_c+1)+3r_0^2r_1^4(\kappa_c+3)+r_1^6(3\kappa_c+1)\end{cases} \tag{4.4}$$

式中，u、u_c 为围岩与衬砌的径向位移；σ_θ 为环向应力；γ 为洞室半径；G、G_c 为围岩与衬砌切变模量，且 $G=\dfrac{E}{2(1-\mu)}$；$\kappa=3-4\mu$；λ 为围岩侧压力系数，$\lambda=\dfrac{\mu}{(1-\mu)}$；$P$ 为围岩压力；σ_{rm}、σ_{crm} 为围岩与衬砌的径向荷载应力；$\sigma_{\theta m}$、$\sigma_{c\theta m}$ 为围岩与衬砌的环向荷载应力；$\tau_{r\theta m}$、$\tau_{cr\theta m}$ 为围岩与衬砌的剪应力；κ_c 为对数体积模量；A_1、A_2、A_3、A_4、A_5、A_6、γ 、β、δ 为基本系数，可参照文献 [4] 进行计算。

4.2.2 弹性温度应力分析

基于热力学第二定律理论体系，凡是有温差的地方，就有热能自发地从高温物体向低温物体传递。在工程上遇到的热传递问题主要通过对热量传递速率进行计算和控制，以求出局部及平均传热速率，或者以研究对象内部温度分布为目的进行某些现象的判断、温度控制和其他热力学计算。在高地温水工隧洞中，岩体开挖后破坏了围岩的整体性，导致原岩稳定的温度场发生破坏，围岩内部开始与空气产生对流换热随即产生温降，此时围岩不仅会因开挖影响产生荷载应力，同时会由于洞内开挖通风引起温差而产生温度应力，因此在计算分析高地温围岩及衬砌应力场时还需考虑围岩内部产生的温度应力。由于现有理论无法解决热–力耦合下的围岩与衬砌结构受力特性分析，因此本节将模型简化为荷载应力与温度应力线性叠加的模型求得热–力耦合的围岩与衬砌应力场分布。

根据弹性力学理论，基于文献 [5] 的基本理论建立温度荷载计算模型，如图 4.2 所示。

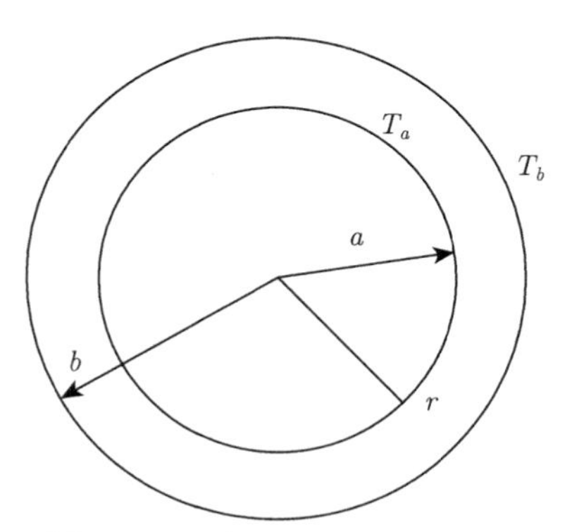

图 4.2　温度应力计算模型简图

根据计算模型简图可知，沿半径方向的温度分布如下：

$$T = T_a + (T_b - T_a)\frac{\ln\left(\dfrac{r}{a}\right)}{\ln\left(\dfrac{b}{a}\right)} \tag{4.5}$$

围岩温度应力如下：

$$\left\{\begin{aligned} \sigma_{rt} &= -\frac{E\alpha(T_b - T_a)}{2(1-\mu)}\left[\frac{\ln\left(\dfrac{b}{r}\right)}{\ln\left(\dfrac{b}{a}\right)} - \frac{\dfrac{b^2}{r^2}-1}{\dfrac{b^2}{a^2}-1}\right] \\ \sigma_{\theta t} &= -\frac{E\alpha(T_b - T_a)}{2(1-\mu)}\left[\frac{\ln\left(\dfrac{b}{r}\right)-1}{\ln\left(\dfrac{b}{a}\right)} + \frac{\dfrac{b^2}{r^2}+1}{\dfrac{b^2}{a^2}-1}\right] \end{aligned}\right. \tag{4.6}$$

衬砌温度应力如下:

$$\begin{cases} \sigma_{crt} = -\dfrac{E_c\alpha_c(T_a - T_b)}{2(1-\mu_c)}\left[\dfrac{\ln\left(\dfrac{b}{r}\right)}{\ln\left(\dfrac{b}{a}\right)} - \dfrac{\dfrac{b^2}{r^2}-1}{\dfrac{b^2}{a^2}-1}\right] \\ \sigma_{c\theta t} = -\dfrac{E_c\alpha_c(T_a - T_b)}{2(1-\mu_c)}\left[\dfrac{\ln\left(\dfrac{b}{r}\right)-1}{\ln\left(\dfrac{b}{a}\right)} + \dfrac{\dfrac{b^2}{r^2}+1}{\dfrac{b^2}{a^2}-1}\right] \end{cases} \tag{4.7}$$

式中，σ_{rt}、$\sigma_{\theta t}$、σ_{crt}、$\sigma_{c\theta t}$ 分别为围岩与衬砌的径向及切向温度应力；α、α_c、E、E_c、μ、μ_c 依次为围岩与衬砌结构的线膨胀系数、弹性模量和泊松比；a、b、r 依次为计算范围内圆环的内、外半径及任一点的径向坐标；T_a、T_b 分别为圆环内、外边界上的增温。

4.2.3 温度-应力耦合弹性总应力分析

通过分别对圆形隧洞围岩及衬砌线弹性荷载应力及温度应力的计算分析，可以将计算所得荷载应力与温度应力进行线性叠加计算，即可得到圆形隧洞围岩及衬砌弹性总应力。

圆形隧洞围岩总应力为

$$\begin{cases} \sigma_r = \sigma_{rm} + \sigma_{rt} \\ \sigma_\theta = \sigma_{\theta m} + \sigma_{\theta t} \end{cases} \tag{4.8}$$

式中，σ_r、σ_θ 为围岩径向及切向总应力；σ_{rm}、$\sigma_{\theta m}$ 为围岩径向及切向荷载应力；σ_{rt}、$\sigma_{\theta t}$ 为围岩径向及切向温度应力。

圆形隧洞衬砌结构总应力为

$$\begin{cases} \sigma_{cr} = \sigma_{crm} + \sigma_{crt} \\ \sigma_{c\theta} = \sigma_{c\theta m} + \sigma_{c\theta t} \end{cases} \tag{4.9}$$

式中，σ_{cr}、$\sigma_{c\theta}$ 为衬砌径向及切向总应力；σ_{crm}、$\sigma_{c\theta m}$ 为围岩径向及切向荷载应力；σ_{crt}、$\sigma_{c\theta t}$ 为围岩径向及切向温度应力。

4.3 温度–应力耦合作用下的弹性力学特性

4.3.1 物理力学参数的选取

为了更深入地研究新疆某工程高地温情况，基于现场工程具体情况可知基本工程情况如下：水工引水隧洞围岩为Ⅲ、Ⅳ类围岩，密度为 2600~2660 kg· m^{-3}，变形模量为 5~10GPa，黏聚力为 0.3~0.6MPa，泊松比在 0.25~0.45，计算基础泊松比取 0.28。支护结构弹性模量为 2.8×10^4 MPa，抗压强度为 11.9 MPa。综合现场测试结果，该工程地质条件较为复杂，在围岩支护结构设计中，需要综合考虑不同围岩泊松比、高地温等复杂地质环境的影响。由于围岩泊松比随温度、深度及其不同测点的变化较为离散，基于工程背景可知水工引水隧洞围岩为 Ⅲ、Ⅳ 类围岩，因此在计算中选取 5 种典型的泊松比 (0.25、0.28、0.30、0.35、0.40) 进行计算，分析高地温工况不同围岩泊松比下围岩与衬砌结构的力学特性，为支护结构的设计提供理论依据。计算分析采用的参数基于现场监测成果如表 4.1、表 4.2 所示。

表 4.1　围岩参数随温度变化

温度/℃	弹性模量/GPa	导热系数/[W/(m·℃)]	线膨胀系数/10^{-6}℃$^{-1}$	比热容/[J/(kg·℃)]
20	7.1	10.0	5.0	1060
35	7.0	9.4	5.6	1105
50	6.9	8.9	6.2	1150
65	6.8	8.4	6.9	1195
80	6.7	8.0	7.6	1240
95	6.5	7.6	8.3	1285

表 4.2　衬砌参数随温度变化

温度/℃	弹性模量/GPa	导热系数/[W/(m·℃)]	线膨胀系数/10^{-5}℃$^{-1}$	比热容/[J/(kg·℃)]
20	30.0	1.69	1.00	913
35	29.60	1.68	1.01	916
50	29.10	1.67	1.01	920
65	28.90	1.66	1.02	923
80	28.70	1.65	1.03	926
95	28.40	1.64	1.03	929

4.3.2　温度应力计算参数的选取

由于在温度应力计算公式中温度应力只与材料弹性模量、线热胀系数、泊松比及计算范围半径有关，而弹性模量及线膨胀系数在实际热传导过程中在不同温度下数值也是不同的，为方便计算，将围岩与衬砌的弹性模量及线膨胀系数考虑为与温度相关的函数，依据公式 (4.5) 计算不同半径对应的温度值，再计算围岩及衬砌的弹性模量、线膨胀系数，将热力学参数与力学参数结合起来计算可得更为准确的温度应力值。

(1) 围岩的弹性模量根据表 4.1 中数据，利用 Origin 对其进行线性拟合，得

到围岩弹性模量 (E) 与温度相关函数如下：

$$E = 7.27143 \times 10^9 - 7.61905 \times 10^6 T \tag{4.10}$$

(2) 围岩的线膨胀系数量值受岩石类型和温度的影响。综合考虑各方面影响，并参考前人研究成果，选取线膨胀系数 (α) 随温度升高按照斜率为 0.0448 线性增加，线膨胀系数随温度变化的曲线为

$$\alpha = (0.0448T + 4) \times 10^6 \tag{4.11}$$

(3) 衬砌的弹性模量。根据同济大学的陆洲导教授测得的混凝土弹性模量随温度变化进行线形拟合后给出的模型表达式近似为分段函数 [6]，表达式见式 (4.12)：

$$\begin{cases} E_{cT} = \left(1.0 - \dfrac{0.3}{200}T\right), & 20℃ \leqslant T \leqslant 200℃ \\ E_{cT} = \left(0.87 - \dfrac{0.42}{500}T\right)E_c, & 200℃ < T \leqslant 700℃ \\ E_{cT} = 0.28, & 700℃ < T \leqslant 800℃ \end{cases} \tag{4.12}$$

(4) 衬砌的线热胀系数根据表 4.2 中数据，利用 Origin 线性拟合，得到衬砌线热胀系数与温度相关函数如下：

$$\alpha = 9.91248 \times 10^{-6} + 4.30476 \times 10^{-9} T \tag{4.13}$$

4.3.3 围岩泊松比变化条件下隧洞受力特性

基于理论计算模型代入理论计算参数，计算得不同泊松比时围岩、衬砌径向及环向应力，其变化趋势见图 4.3 ~ 图 4.8。

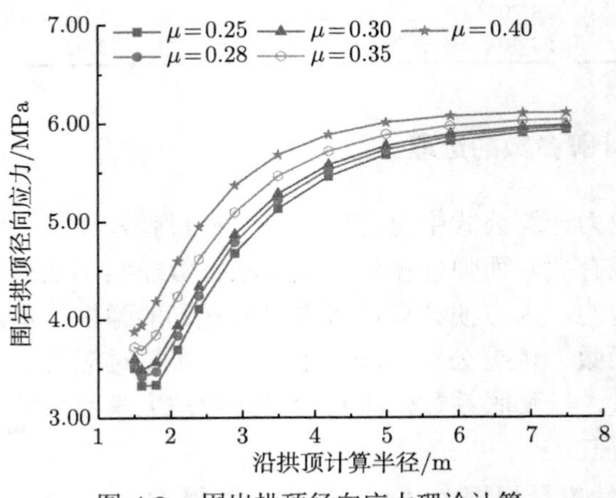

图 4.3　围岩拱顶径向应力理论计算

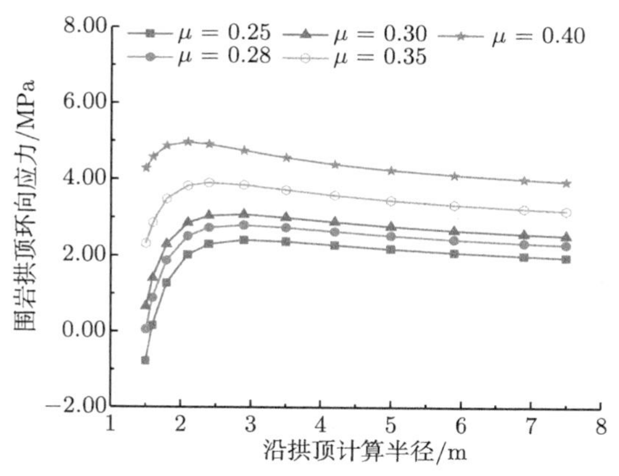

图 4.4　围岩拱顶环向应力理论计算

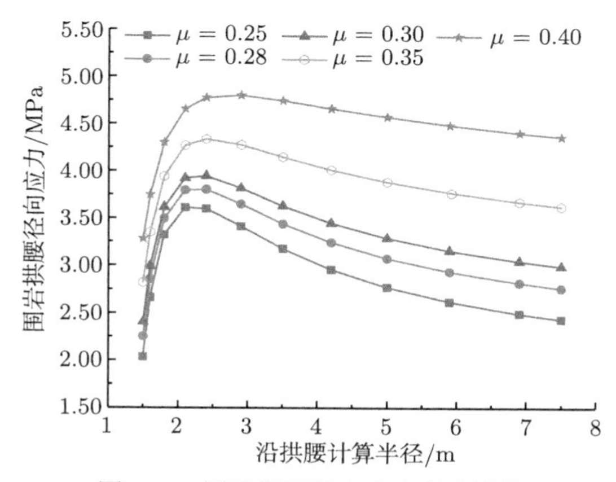

图 4.5　围岩拱腰径向应力理论计算

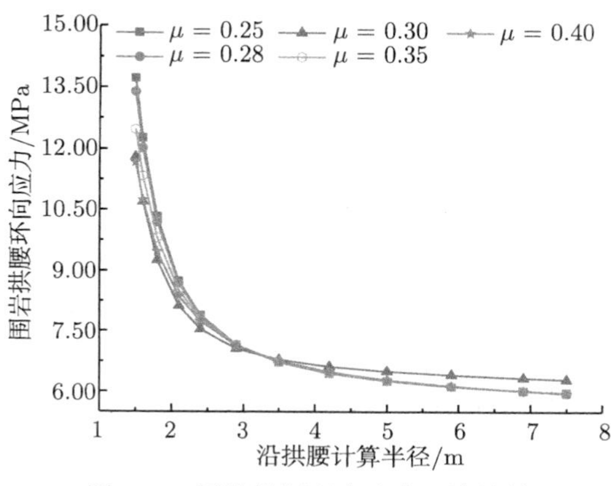

图 4.6　围岩拱腰环向应力理论计算

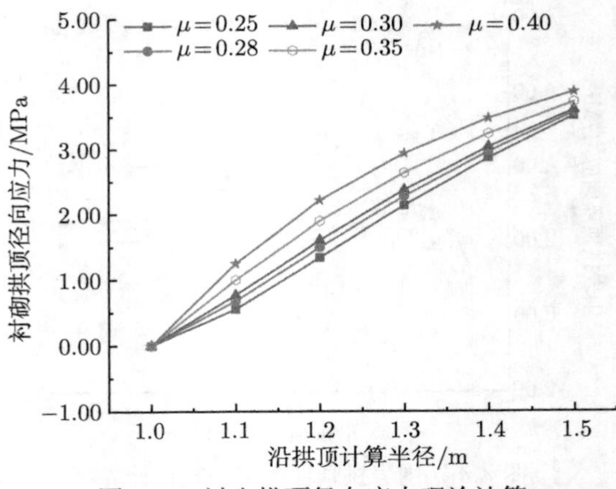

图 4.7　衬砌拱顶径向应力理论计算

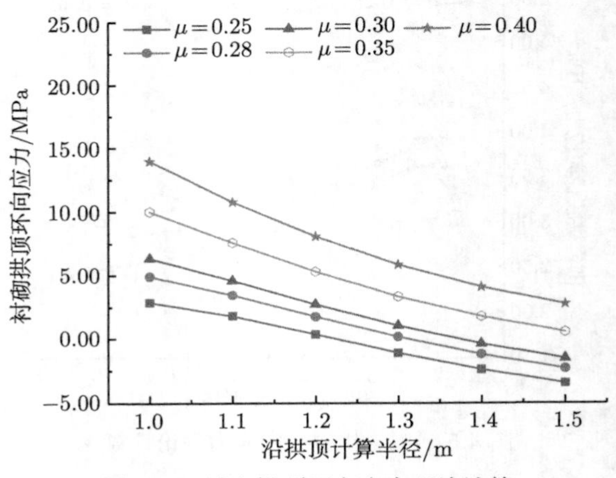

图 4.8　衬砌拱顶环向应力理论计算

(1) 根据图 4.3 和图 4.4，围岩拱顶径向应力沿计算半径呈先逐渐增大后趋于稳定的趋势，且泊松比增加，围岩拱顶径向应力也随之增加，当泊松比为 0.40 时其最大值为 6.10MPa；围岩拱顶环向应力沿计算半径呈先增大后减小的趋势，且随着泊松比的增加而增加，当泊松比为 0.40 时其最大值为 4.97MPa。

(2) 根据图 4.5 和图 4.6，围岩拱腰径向应力呈先增大后减小的趋势，且泊松比增加，围岩拱腰径向应力也随之增加，当泊松比为 0.40 时其最大值为 4.80MPa；围岩拱腰环向应力呈双曲线递减趋势，且随着泊松比的增加，围岩拱腰环向应力呈无规律波动，当泊松比为 0.25 时其最大值为 13.72MPa。

(3) 根据图 4.7 和图 4.8，衬砌拱顶径向应力在泊松比变化时趋于线性递增的趋势，且衬砌拱顶径向应力随着泊松比的增加而增加，当泊松比为 0.40 时其最大值为 3.88MPa；衬砌拱顶环向应力在泊松比变化时趋于线性递减的趋势，且衬砌拱顶环向应力随着泊松比的增加而增加，当泊松比为 0.40 时其最大值为 13.97MPa。

(4) 由计算结果可知，泊松比越大围岩与衬砌结构径向应力及环向应力越大，即泊松比越大围岩能承受的应力越大，在受力过程中产生的应力越小，使衬砌结构受力越小，且泊松比对围岩拱顶径向应力及围岩拱腰环向应力影响相对较小，泊松比对围岩拱顶环向应力及围岩拱腰径向应力影响相对较大。同时，高地温隧洞产生应力最大值位于衬砌拱顶处，此处衬砌受围岩压力较大，最大值可达到 13.97MPa，容易发生破坏导致失稳，感兴趣的读者可以参考文献 [7]。

4.4　围岩泊松比变化条件下温度–应力耦合数值模拟

4.4.1　模型选取

为了验证理论结果的正确性，确定不同泊松比情况下应力场的变化范围，依据理论计算模型，建立数值模拟温度–应力耦合模型，其基本模型参数如下：水工隧洞模型平均埋深为 235m，洞径 $D = 3$m，采用 C25 混凝土衬砌，衬砌厚度 0.5m。在水工隧洞竣工期，围岩计算边界温度为 80°C，洞内温为 20°C，不考虑地下水的作用，根据文献 [8] 和 [9] 给定的模型计算范围，以及工程地质学中常取的 3~5 倍洞径作为影响圈边界的计算域，确定出合理的围岩计算范围为 15m×15m。围岩及衬砌结构热力学、力学参数随温度变化规律见表 4.1 和表 4.2。本节数值计算模型取上部自由，左右水平约束，下部铰链约束。隧洞有限元计算模型采用弹性本构模型，围岩及衬砌网格属性均为 CPET4 四结点热耦合平面应变四边形单元，双线性位移和温度，围岩和衬砌模型网格划分如图 4.9 及图 4.10 所示。

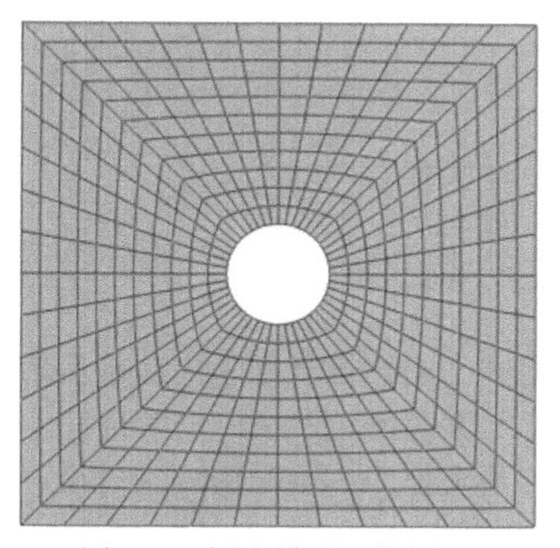

图 4.9　围岩模型网格划分

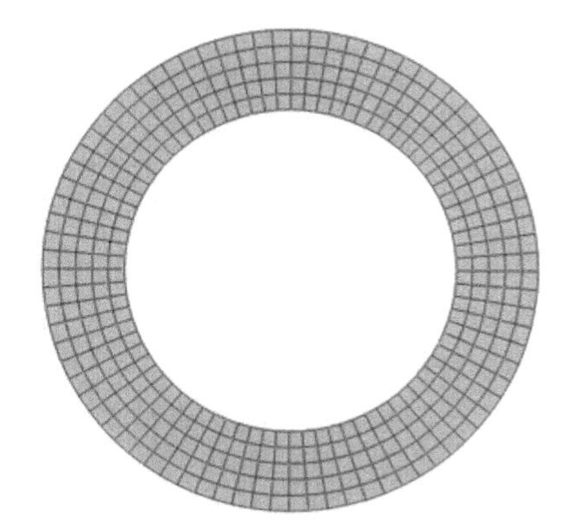

图 4.10　衬砌模型网格划分

4.4.2 数值模拟结果及分析

根据工程背景及现场监测参数，采用 ABAQUS 数值模拟可得围岩泊松比变化情况下围岩与衬砌径向应力及环向应力如图 4.11 ~ 图 4.16 所示。

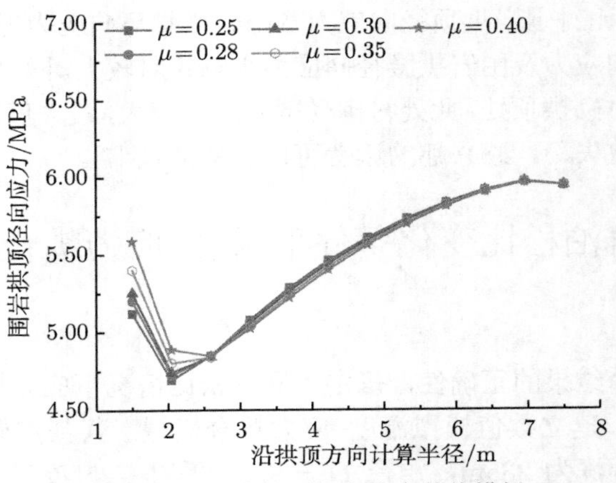

图 4.11 围岩拱顶径向应力数值模拟

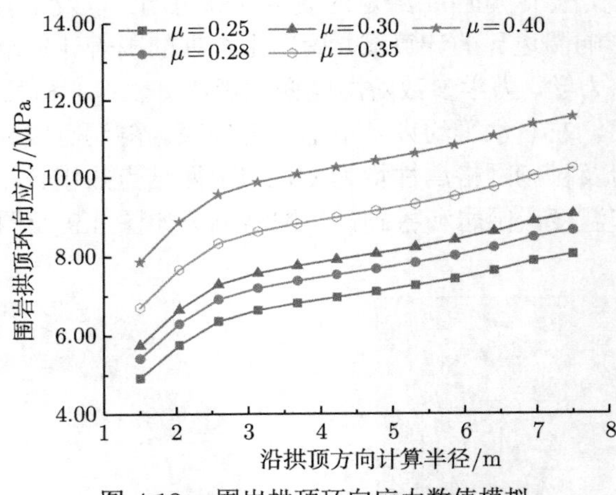

图 4.12 围岩拱顶环向应力数值模拟

(1) 分析图 4.11 和图 4.12，围岩拱顶径向应力沿计算半径呈先减小后增大的趋势，围岩拱顶径向应力在递减阶段随泊松比增大而增大，在递增阶段随泊松比增大而减小，当泊松比为 0.40 时有最大值，其最大值为 5.97MPa；围岩拱顶环向应力沿计算半径呈增大的趋势，且随着泊松比的增加而增加，当泊松比为 0.40 时其最大值为 11.53MPa。

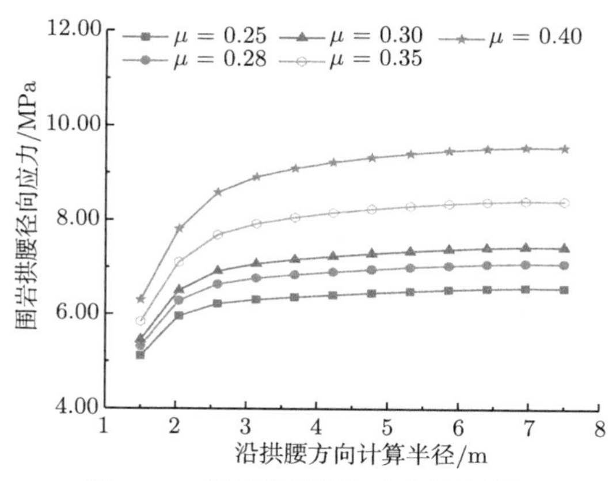

图 4.13　围岩拱腰径向应力数值模拟

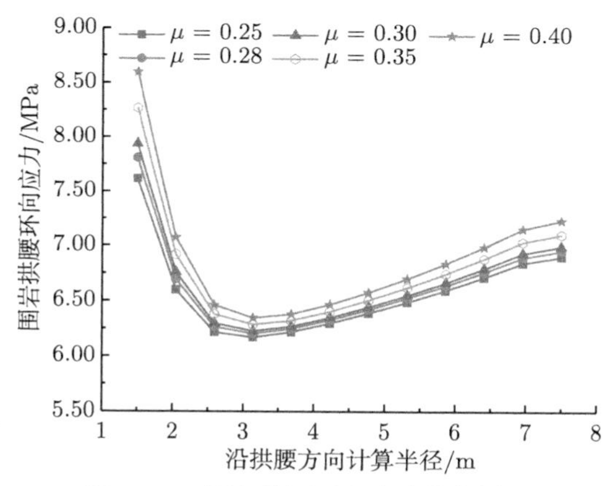

图 4.14　围岩拱腰环向应力数值模拟

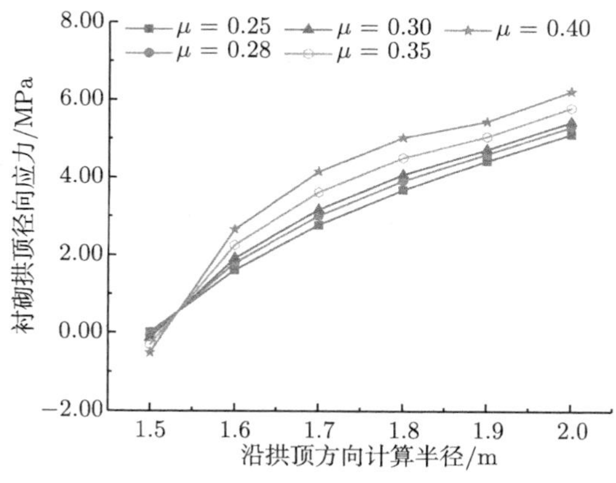

图 4.15　衬砌拱顶径向应力数值模拟

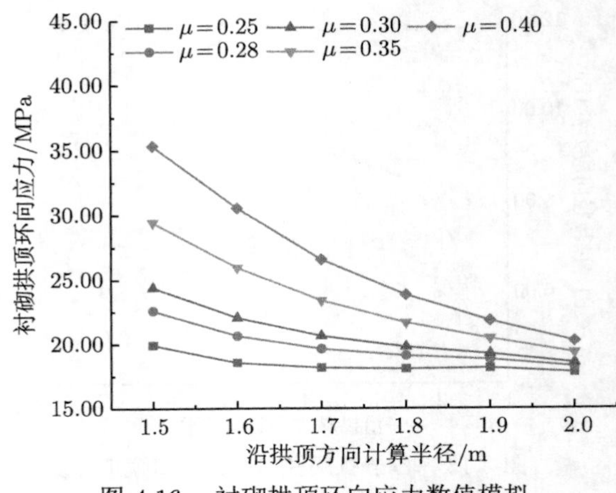

图 4.16 衬砌拱顶环向应力数值模拟

(2) 根据图 4.13 和图 4.14，围岩拱腰径向应力沿计算半径呈逐渐增大的趋势，且随着泊松比的增加，围岩拱腰径向应力也增加，当泊松比为 0.40 时其最大值为 9.56MPa；围岩拱腰环向应力沿计算半径呈先减小后增大的趋势，且随着泊松比的增加而增加，当泊松比为 0.40 时其最大值为 8.60MPa。

(3) 根据图 4.15 和图 4.16，衬砌拱顶径向应力沿计算半径呈逐渐增大的趋势，且泊松比增加，衬砌拱顶径向应力也随之增加，当泊松比为 0.40 时其最大值为 6.23MPa；衬砌拱顶环向应力沿计算半径呈逐渐减小的趋势，且随着泊松比的增加而增加，当泊松比为 0.40 时其最大值为 35.36MPa。

(4) 由模拟结果可知，泊松比对于围岩与衬砌结构应力分布的影响与理论计算结果保持一致，感兴趣的读者可以参考文献 [10]。

4.4.3 围岩泊松比变化对围岩力学特性的影响

根据 4.3 节及 4.4 节针对隧洞不同围岩泊松比影响下围岩及衬砌结构径向应力、环向应力进行的理论分析以及数值模拟，得到以下结论。

(1) 通过数值模拟及理论计算分析，在热–力耦合作用下围岩与衬砌径向应力较小而环向应力较大，围岩拱顶环向应力最大值可达 11.53MPa，围岩拱腰环向应力最大值可达 13.72MPa，衬砌拱顶环向应力最大值可达 35.36MPa。

(2) 围岩泊松比的增加引起围岩与衬砌结构应力场的增大，其中围岩拱顶环向应力受泊松比变化影响较大，在理论计算中随着泊松比的增大，围岩拱顶环向应力增加 2.56MPa，增幅为 126%；在数值模拟中随着泊松比的增大，围岩拱顶环向应力增加 3.49MPa，增幅为 43%。衬砌拱顶环向应力受泊松比变化影响较大，在理论计算中随着泊松比的增大，衬砌拱顶环向应力增加 11.08MPa，增幅为 384%；在数值模拟中随着泊松比的增大，衬砌拱顶环向应力增加 15.43MPa，增幅为 77%。

(3) 理论计算结果中围岩拱腰环向应力随泊松比增大呈无规律波动，其原因是围岩拱腰环向荷载应力随泊松比增加而减小，但围岩拱腰环向温度应力随泊松比增加而增加，两者叠加后导致围岩拱腰环向应力随着泊松比的增加呈无规律波动。

(4) 根据结果分析可知，理论计算结果与数值模拟结果在趋势上类似，但在具体数值上有差异，其原因有三点：一是理论计算模型并未考虑围岩与衬砌的接触；二是围岩温度应力计算模型简化为圆形，但实际模型为方形导致两者结果上的偏差；三是在考虑温度的影响下，理论模型为荷载应力与温度应力两场分别计算再线性叠加，而数值模拟为两场同时计算，相互影响。

4.5 本章小结

本章首先针对深埋高地温水工隧洞围岩泊松比变化影响下围岩与衬砌结构的径向应力及环向应力进行了线弹性理论计算，通过对竣工期不同围岩泊松比情况下围岩与衬砌荷载应力与温度应力的计算，得到了基于不同泊松比的围岩与衬砌应力的分布规律，同时利用有限元软件对其结果进行了验证分析，最终得到了深埋高地温水工隧洞不同泊松比影响下围岩应力与衬砌应力的分布规律，其结论如下：

(1) 随着高地温水工隧洞围岩泊松比的减小，围岩与衬砌的径向应力及环向应力减小，围岩与衬砌稳定性越高。泊松比的变化对衬砌结构环向应力影响较大，在理论计算中随着泊松比的变化，衬砌环向应力变化范围在 2.89~13.97MPa；在数值模拟中随着泊松比的变化，衬砌环向应力变化范围在 19.93~35.36MPa。

(2) 围岩泊松比越小，水工隧洞围岩与衬砌结构受力越小；围岩拱顶及衬砌结构环向应力受泊松比变化影响较大，随着泊松比的增加围岩拱顶环向应力最大增幅可达 126%，衬砌拱顶环向应力最大增幅可达 384%。围岩与衬砌接触，两者间力的传递导致衬砌拱顶环向应力较大，在实际工程中为了保证衬砌结构不被破坏应采取相应的加固措施。

(3) 由于理论计算模型为应力场与温度场线性叠加而成，且针对外边界受力及温度场模型进行了简化。数值模拟模型为应力场与温度场同时计算，两场相互影响，外边界约束更符合工程实际，所以在今后的工程模拟中，数值模拟的方法更为实用，结果更为准确。

(4) 对比分析理论计算结果及数值模拟结果可以看出岩体为 Ⅲ 类围岩泊松比为 0.25 时理论计算结果与数值模拟结论具有更好的一致性，在利用 ABAQUS 模拟岩体类别为 Ⅲ 类围岩的工程时可考虑使用泊松比为 0.25 的材料参数。

(5) 泊松比反映了材料在受载情况下横向变形和纵向变形之比，其发生变化时导致水工隧洞围岩与衬砌结构的应力场发生变化，根据本章结果分析可知，围岩泊松比越大，水工隧洞应力场也随之增大，衬砌拱顶环向应力受泊松比变化影响最大，最容易发生破坏。由于高地温水工隧洞结构存在一定的复杂性，除泊松比外，影响高地温水工隧洞整体性，引起围岩与衬砌结构失稳的因素还有很多，还需要进行深入的研究与探索。

参考文献

[1] 华薇. 岩土参数对公路隧道围岩稳定性影响的数值模拟研究 [J]. 交通科技, 2014, (4): 109-111.

[2] 叶红. 矿山浅埋隧道开挖引起的地表沉降分析 [J]. 化工矿物与加工, 2017,46(2): 43-46.

[3] 刘晓云, 叶义成, 王其虎, 等. 泊松比对巷道稳定性影响的数值模拟试验研究 [J]. 中国安全生产科学技术, 2016,12(12): 80-85.

[4] 郑颖人, 朱合华, 方正昌, 等. 地下工程围岩稳定分析与设计理论 [M]. 北京: 人民交通出版社, 2012.

[5] 徐芝纶. 弹性力学 (上册)[M]. 北京: 人民教育出版社,1980.

[6] 朱伯龙, 陆洲导, 胡克旭. 高温 (火灾) 下混凝土与钢筋的本构关系 [J]. 四川建筑科学研究, 1990, (1):37-43.

[7] 李可妮, 姜海波. 围岩泊松比对高地温水工隧洞受力特性的影响 [J]. 石河子大学学报 (自然科学版), 2017, 38(4):456-462.

[8] 李燕波. 高温热害水工隧洞支护结构受力分析数值模拟研究 [J]. 长江科学院院报, 2018, 35(2): 135-139.

[9] 李燕波. 高温热害隧洞温度场计算及隔热层选取原则 [J]. 水利科技与经济, 2017, 22(12):92-96.

[10] 李可妮. 高地温水工隧洞围岩衬砌受力特性时空演变规律研究 [D]. 石河子: 石河子大学, 2019.

PART TWO

第二篇

高地温水工隧洞力学特性及其塑性区演化特征

隧洞与地下工程围岩的工程力学行为及其变形和破坏机制在主、客观上很大程度都是随机、模糊的，具有不确定性。虽然理论分析和试验研究对于求解工程问题是必要的，但并非唯一的。正是由于隧洞工程中存在大量的不可预见因素，对隧洞进行原位量测和测试研究已越来越普遍和重要。高地温环境下，现场原位测试与现场监测对研究高地温水工隧洞力学特性显得尤为重要。

高地温水工隧洞力学特性及其塑性区演化是高地温水工隧洞围岩及其支护结构稳定、支护结构设计及其非对称支护技术的关键科学问题。本篇主要以高地温水工隧洞围岩与支护结构的温度场演化机制为切入点，探究高地温隧洞围岩与支护结构温度场的变化规律。基于高地温隧洞温度场演化机制，建立热–力耦合作用下高温岩石的损伤演化方程与损伤本构模型，采用 ABAQUS 的内核语言 Python 对损伤本构模型进行二次开发。结合高地温水工隧洞现场监测分析成果，通过用户材料子程序 UMAT 与调用 ABAQUS 内核语言 Python，并嵌入 ABAQUS 计算分析平台，实现高地温水工隧洞热–力耦合力学特性、塑性区发展及其损伤的模拟分析，探讨高地温水工隧洞开挖损伤区特征及其分布规律，研究高地温水工隧洞围岩及支护衬砌结构力学特性的时空分布规律。研究成果为高地温复杂环境下地下洞室岩体的力学特性及损伤演化机制提供理论基础。

第 5 章　高地温水工隧洞围岩与支护结构温度场演化机制

5.1　概　　述

地下工程中发现高地温现象最早可追溯到 19 世纪后半叶，连接瑞士和意大利的 Simplon 铁路隧道在修建过程中曾发生多次高温涌水事故，最高温度达 55.4℃。实际上，高地温地下工程的发现及研究大都始于国外。针对高地温地下工程的研究，国外开展较早且更为充分。国内早期关于高地温的研究很大程度上借鉴了国外的相关研究成果。

1988 年，Nils 等 [1] 根据寒区隧道的多年监测成果，得出了隧道围岩的温度场变化规律。Shcherban 等 [2] 预测了隧洞掌子面处的风温。Rybach 等 [3] 以勒奇山隧道为研究对象，对围岩的温度进行了预测，对相关施工方案提供了指导。Sandegren[4] 采用对隧道进行温度监测的方法，研究了塑料保温层的保温效果。Sherrat[5] 通过现场试验的方法，对地下巷道进行强制加热，得到了一些围岩热参数。Lai 等 [6] 给出了寒区隧道温度场近似解析解，可用于预测寒区隧道冻结过程中温度场分布规律。Zhang 等 [7] 以寒区隧道温度场为研究对象，考虑相变对瞬态温度场的影响，采用 Galerkin 方法建立了低温寒区隧道三维温度场计算分析模型。Nottort 等用数值计算的方法，分析计算了隧洞围岩的调热圈 [8]。Shao 等 [9] 建立了热–力共同作用下的二维圆筒解析解表达式，研究了其各物理场的变化分布情况。Lu 等 [10]、Prashant 等 [11] 基于对流换热边界，考虑了时间和空间对圆形断面温度场的影响，给出了基于温度随坐标变化的岩石瞬态温度场解析解。

陈尚桥等 [12] 采用数值模拟的方法对某一引水隧洞所处位置实际岩体地温场分布规律进行了研究。王贤能等 [13] 统计分析了国内外部分隧道的长度、最大埋深、地温及隧道所在地岩体成分，岩体成分、隧道埋深、地质构造和地下水作用等都会对隧道地温产生一定的影响。张智等 [14] 针对深埋长大隧道施工中出现的高地温热害问题，基于对流换热规律，推导建立了可以预测施工期隧道掌子面温度的数学模型，可通过该模型预估降低施工掌子面温度的通风量和通风温度。江亦元 [15] 对昆仑山隧道施工掌子面温度场进行了现场监测，分析了隧道内部温度场的分布规律，提出了隧道温度场的控制措施和工程措施。和学伟 [16] 针对黑白水电站引水隧洞施工中出现的高达 57℃ 的高温热水，提出了加强排水、通风、增加冷水掺入量的工程措施对洞内温度进行了控制。苏斌 [17] 基于黑白水三级电站隧洞，提出了施工降温措施和方法。杨长顺 [18] 分析了禄劝铅厂水电站引水隧洞高地温的热源，并针对工程中出现的高地温问题提出一定的工程实用措施。

针对工程中出现的高地温问题，上述学者只是提出了一定的工程降温措施和技术手段，并未对高地温隧洞的受力特性进行分析。

郭进伟等 [19] 基于某高地温引水隧洞，通过有限元模拟的方法研究了高地温隧洞衬砌结构的温度场及应力场。刘俊平 [20] 以布伦口高地温引水隧洞为工程背景，详细分析了影响隧洞围岩温度场的因素。朱振烈 [21] 针对布伦口高地温引水隧洞，采用温度–应力间接耦合方式研究了所确定典型断面处不同工程情况下隧洞围岩温度场和应力场的变化规律，分析研究了不同衬砌结构厚度、不同支护结构材料、不同埋深、不同内水压力和不同围岩初始温度对衬砌结构受力特性的影响。姚显春 [22] 对施工期、运行期和检修期高地温隧洞围岩和衬砌结构的温度场分布规律进行了研究。邵珠山等 [23] 采用理论解析的方法研究了高地温地下隧道围岩和衬砌结构的各物理场变化规律。刘乃飞等 [24] 基于热力学原理推导了圆环型界面瞬态温度场求解方程，计算分析了隧洞围岩和支护温度场随时间变化的规律。宿辉等 [25] 提出了高地温隧洞水温预测模型，对四种工况下高温引水隧洞进行了模拟。郑文等 [26] 采用平面应变模型，通过数值模拟的方法研究了某高地温引水隧洞，高地温的存在会对隧洞围岩的受力产生较大的影响，施工中采取的保温隔热措施会影响隧洞支护的受力变形。

综合国内外研究现状，高地温热害地区修建隧洞等地下洞室的相关规范及研究较为缺乏，可以用来参考的相关规定及研究成果较为匮乏。因此，高地温洞室的研究和探讨显得极具必要性。前人对降温措施的研究成果解决了高温洞室的施工难题，使施工进度及施工质量得以保证，提高了施工单位的生产效率和生产质量。由此可见，高地温隧洞的温度场研究对隧洞的施工环境及施工机械设备调整，甚至材料选择及结构设计等都有指导性意义。因此，开展高地温引水隧洞瞬态温度场数值模拟及温度效应分析的研究显得尤为必要和迫切，其研究成果可揭示高地温隧洞温度场随时间的变化规律；揭示高地温引水隧洞在不同工况下温度场对围岩及衬砌结构的温度效应，并对温度效应进行评价。研究高地温隧洞围岩及衬砌结构温度场及温度效应对工程稳定性、施工措施及工程设计等方面都有一定的指导和参考意义。

5.2　温度场研究的主要方案及其研究方法

高温热害对地下洞室的施工进度有着严重的影响，同时，高地温引水隧洞围岩在开挖后，受到洞内通风散热的影响，围岩的温度场将发生巨大且迅速的变化，其带来的附加温度应力势必影响到围岩的稳定性。因此，高地温引水隧洞围岩在施工过程中的瞬态应力分析极具必要性。

为揭示高地温水工隧洞围岩与支护结构温度场的演变规律，本章将结合新疆某水电站高地温水工隧洞为典型工程，通过现场监测与数值模拟的方法，计算分析高地温引水隧洞瞬态温度场，分析其瞬态温度分布特性。通过有限元软件模拟及现场监测成果分析温度场随时间的变化规律，模拟高地温试验洞的瞬态温度场，分析温度场的变化情况，得出瞬态温度场的分布及变化特性，对围岩及衬砌结构的温度效应进行评价。

1. 具体模拟方案

(1) 数值模拟采用顺序耦合的热力分析。顺序耦合的热力分析中应力应变场由温度场决定，但是温度场不会因应力应变场改变而有所变化。该分析类型是由 ABAQUS/Standard 主模块进行分析求解，主要思路是先对温度场进行求解分析，求得温度场后，将所求温度场作为基础，在温度场的基础上进行应力应变分析，从而得到热–力耦合分析结果。

(2) 采取非耦合传热问题模型，对高地温引水隧洞温度场进行热传导及对流换热分析求解。

运用 ABAQUS 软件通过以上基本步骤建模计算，可得出高地温引水隧洞围岩瞬态温度场云图，直观地看出围岩温度场的分布特性，同时可得到围岩不同深度各点的温度值。得出温度场后基于瞬态温度场，运用应力通用分析步，采取间接耦合方式可计算温度效应。

2. 基本假定

在高地温引水隧洞的数值模拟中做了如下基本假定：

(1) 隧洞围岩是连续均匀的，并具有各向同性。

对于隧洞洞周围岩而言，不同位置岩石的种类和结构特征的差异可导致围岩热物理性质存在差异。但围岩的不均匀性难以精准确定，因此假定围岩为连续均匀的并具有各向同性。

(2) 围岩及衬砌内表面的对流换热条件均一，参数不随位置变化。

隧洞壁面与空气及水的对流换热系数会随着流体流速、流体温度的变化而改变，同时壁面的粗糙程度也会影响对流换热。由此看来，系数的变化不定，问题会十分棘手。因此，假定围岩及衬砌内壁的对流换热参数是一致的，不随洞壁各点位置变化。

(3) 不考虑围岩及隧洞衬砌渗水对热传导的影响。

围岩中含有的渗水会对围岩的导热能力产生影响，隧洞内水压力不同，围岩内的渗水程度也不同。为简化问题、便于分析计算，不考虑围岩及隧洞衬砌渗水对热传导的影响。

(4) 不考虑水分蒸发对温度场的影响。

水的三态变化中包含了能量的改变，水在常温条件下从液态变为气态的过程称作蒸发。蒸发是吸热的过程，水分的蒸发会使得周围温度改变。假定围岩的热量只由对流换热的方式传向空气，忽略水分蒸发对温度场的影响。

(5) 不考虑衬砌结构与围岩间的接触热阻。

围岩与衬砌之间的接触有一定的接触间隙，不同位置的间隙会有所差异，热阻系数也会有所不同，这无疑会给求解过程带来很大的困难。为简化计算，不考虑衬砌与围岩之间的接触热阻对热传导的影响。

3. 弹塑性本构模型

采用弹塑性本构模型，塑性模型部分采用莫尔–库仑模型，莫尔–库仑模型的屈服准则为剪切破坏准则，其剪切屈服面函数为 [27]

$$F = R_{mc}q - p\tan\varphi - c = 0 \tag{5.1}$$

$$R_{mc} = \frac{1}{\sqrt{3}\cos\phi}\sin\left(\Theta + \frac{\pi}{3}\right) + \frac{1}{3}\cos\left(\Theta + \frac{\pi}{3}\right)\tan\varphi \tag{5.2}$$

式中，q 为塑性势函数；p 为正应力；φ 为 q-p 应力面上的莫尔–库仑屈服面倾斜角；c 为材料的黏聚力；ϕ 为内摩擦角；Θ 为极偏角，定义 $\cos(3\Theta) = (J_3)^3/q^3$，$J_3$ 为第三偏应力不变量。

若破坏准则采用受拉破坏，则采用 Rankine 准则，其表达形式为

$$F_t = R_r(\Theta)q - p - \sigma_t = 0 \tag{5.3}$$

式中，$R_r(\Theta) = (2/3)\cos(3\Theta)$；$\sigma_t$ 为材料的抗拉强度。

由于莫尔–库仑模型屈服平面存在尖角，为避免尖角影响使得尖角处出现塑性流动方向不唯一现象，采用椭圆函数作为塑性面，其函数表达式如下：

$$G = \sqrt{(\varepsilon C_0 \tan\psi)^2 + (R_{mw}q)^2} - p\tan\psi \tag{5.4}$$

式中，ψ 为材料剪胀角；C_0 为未发生塑性变形的初始黏聚力；ε 为子午面偏心率；R_{mw} 为控制塑性势面的参数，按式 (5.5) 计算：

$$R_{mw} = \frac{4(1-e^2)\cos^2\Theta + (2e-1)^2}{2(1-e^2)\cos\Theta + (2e-1)\sqrt{4(1-e^2)(\cos\Theta)^2 + 5e^2 - 4e}} R_{mc}\left(\frac{\pi}{3}, \phi\right) \tag{5.5}$$

式中，e 为 π 面上的偏心率，按式 (5.6) 计算：

$$e=\frac{3-\sin\varphi}{3+\sin\varphi} \tag{5.6}$$

4. 模拟参数的确定

围岩成分为石英岩夹有石墨，使地热得以较好地传导，导致工程存在高地温现象。因此，确定 Ⅲ 类围岩的综合导热系数是模拟精确温度场的前提与保证。根据文献 [28] 可知，采用几何平均法可确定复杂岩体的导热系数，即

$$K_S=\prod_{j=1}^{Z}k_{mj}^{xj} \tag{5.7}$$

$$\sum_{j=1}^{Z}X_j=1 \tag{5.8}$$

式中，K_S 为固体颗粒热系数；k_m 为组成矿物的各个成分的导热系数，角标 j 为第 j 种矿物，角标 x 为矿物所占的体积比。

隧洞岩体主要成分为云母、石英及石墨，各成分导热系数分别为 2.03 W/(m·℃)、7.69W/(m·℃)、129W/(m·℃)，石墨含量为 5%～35%。据此，6 种不同成分组合岩体导热系数见表 5.1。

表 5.1　不同成分组合岩体的导热系数

岩石组分	云母含量/%	石英含量/%	石墨含量/%	导热系数/[W/(m·℃)]
组合一	35	60	5	5.56
组合二	10	70	20	11.83
组合三	20	60	20	10.36
组合四	20	55	25	11.92
组合五	20	50	30	13.73
组合六	10	55	35	18.06

可以看出，围岩中石墨含量为 5%～35%时，围岩导热系数可取范围为 5.56～18.06W/(m·℃)，假定围岩均匀，取围岩导热系数为 15.0 W/(m·℃)。温度–应力耦合中，温度场对应力场的影响表现为温度场变化引起的温度应力对岩体应力的影响，以及变温对岩体的热力学、力学参数的影响。因此，根据相关文献 [29]～[34] 研究的岩石及混凝土力学参数变化规律，对围岩及混凝土的相关参数进行选取，围岩力学参数见表 5.2，衬砌力学参数见表 5.3。围岩密度 2653.1kg· m^{-3}、泊松比 0.28、抗拉强度 1.4MPa、内摩擦角 42°、黏聚力 1.1MPa。

表 5.2 不同温度下围岩力学参数

温度/℃	弹性模量/GPa	导热系数/[W/(m·℃)]	比热容/[J/(kg·℃)]	线膨胀系数/10^{-6}℃$^{-1}$
20	7.10	15.00	1060	5.00
35	7.00	14.10	1105	5.60
50	6.90	13.30	1150	6.20
65	6.80	12.50	1195	6.90
80	6.70	11.90	1240	7.60
95	6.50	11.30	1285	8.30
105	6.50	10.90	1315	8.70

表 5.3 不同温度下衬砌力学参数

温度/℃	弹性模量/GPa	导热系数/[W/(m·℃)]	比热容/[J/(kg·℃)]	线膨胀系数/10^{-6}℃$^{-1}$
20	30.00	1.69	913	6.16
35	28.16	1.66	923	6.28
50	27.38	1.64	933	6.40
65	26.59	1.61	942	6.52
80	25.80	1.59	952	6.64
95	25.01	1.56	961	6.76
105	24.49	1.55	967	6.84

5. 模拟初始条件与边界条件的确定

高地温引水隧洞埋深约 250m，隧洞设计输水水头 30m，故模型上部施加均布荷载，隧洞衬砌内壁施加水压力。力学边界条件取左右约束水平位移，底部约束竖向位移。取原岩温度为围岩钻孔实测最高温度 105℃。隧洞开挖后洞内通风，根据工程实际，模型洞壁边界为通风边界，边界条件为 Robin 条件。由现场监测得知，洞壁通风温度约为 20℃。故取开挖后围岩与空气间强制对流换热系数为 30 W/(m^2 · ℃)；混凝土与空气间强制对流换热系数为 45 W/(m^2 · ℃)。运行期通水温度为 5℃，水与混凝土衬砌结构间的对流换热系数初步确定为 100W/(m^2 · ℃)[35]。检修期空气温度为 20℃，混凝土表面空气自然对流时的换热系数取值为 4.74 W/(m^2 · ℃)[36]。

5.3 高地温水工隧洞不同工况下三维温度场数值模拟

5.3.1 模型构建及网格划分

根据实际工程及其现场监测试验成果，引水隧洞围岩实测最高温度达 105℃，工程实际在施工现场设置试验洞，监测试验洞围岩及衬砌结构的温度场，以预测主洞温度场情况。试验洞布设于主洞内，以圆形断面形式朝向引水主洞的围岩开挖，开挖深度为 11m，试验洞口 2m 处不做衬砌，洞内 9m 做 15cm 厚喷层混凝土衬砌。试验洞内共布设四个温度监测点，1 #检测点布设于掌子面中心处，2 # ～

4 #监测点布设于试验洞拱腰处，隧洞及监测点布置形式如图 5.1 所示。试验洞将模拟主洞施工期未衬砌、施工期衬砌及运行通水工况，在整个试验过程中主洞为通风条件，可参考文献 [37]。

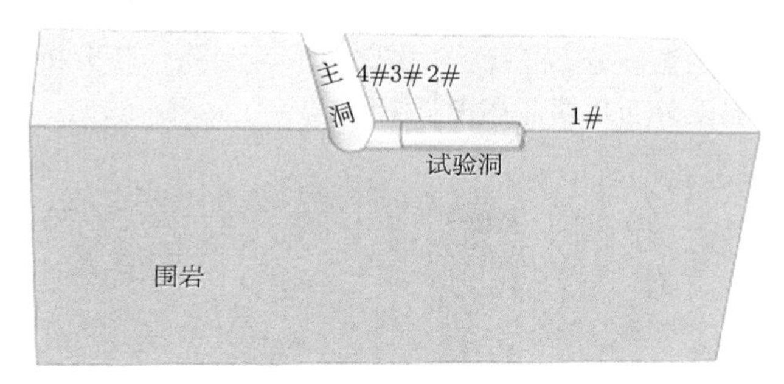

图 5.1　隧洞及监测点布置形式

根据现场试验建立模型，模拟计算围岩及衬砌结构的温度场，取衬砌结构及围岩 1 # ～4 #监测点处不同工况下的温度场进行对比，并分析其特性。

根据现场监测相关内容可知，试验洞位于主洞内，主洞会向空气传递热量，试验洞温度场一定会被主洞所影响。因此，为了使数值模拟结果更接近实际工程，建立主洞与试验洞相结合的 3D 模型。根据解析理论，取圆形隧洞周围 6 倍洞径的影响范围可满足开挖后隧洞的应力和位移实际问题。模型几何尺寸为试验洞长度 11m，试验洞直径 3m，衬砌段长度 9m，衬砌厚度 0.15m，衬砌段直径为 2.7m，主洞直径为 3.6m。模拟运行期做堵头，由于重点研究运行期通水对衬砌温度的影响，软件模拟时将堵头设于衬砌段末端。运用 ABAQUS 软件采用 DCC3D8 八结点对流扩散六面体单元对模型划分网格，共 345802 个单元，如图 5.2 所示。

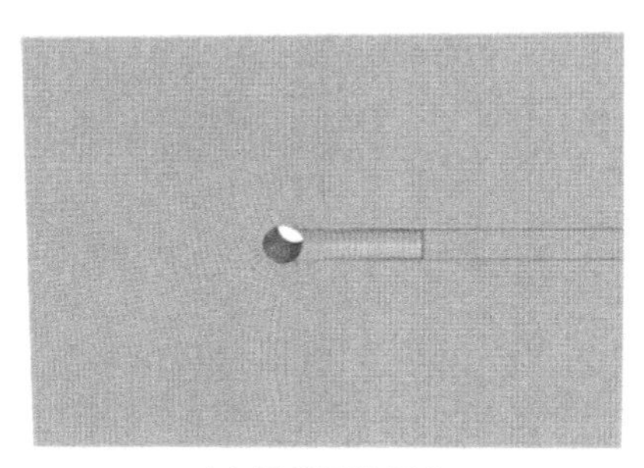

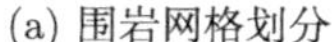

(a) 围岩网格划分　　(b) 衬砌网格划分

图 5.2　模型网格划分

5.3.2 高地温隧洞温度场有限元计算

1. 施工期末衬砌通风工况模拟

试验洞开挖完成后，对未衬砌的试验洞及主洞通风，通风温度为 20℃。数值模拟得到温度分布云图，取与现场试验监测点相对应的位置做断面，分析施工期末施加衬砌时隧洞的温度分布规律，如图 5.3 所示。进一步分析施工期末施加衬砌时不同测点的温度分布规律，如图 5.4 所示。

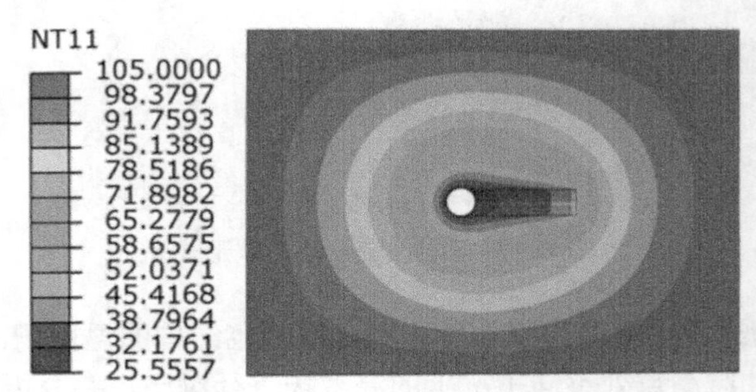

图 5.3 施工期末施加衬砌时隧洞的温度分布 (单位：℃)

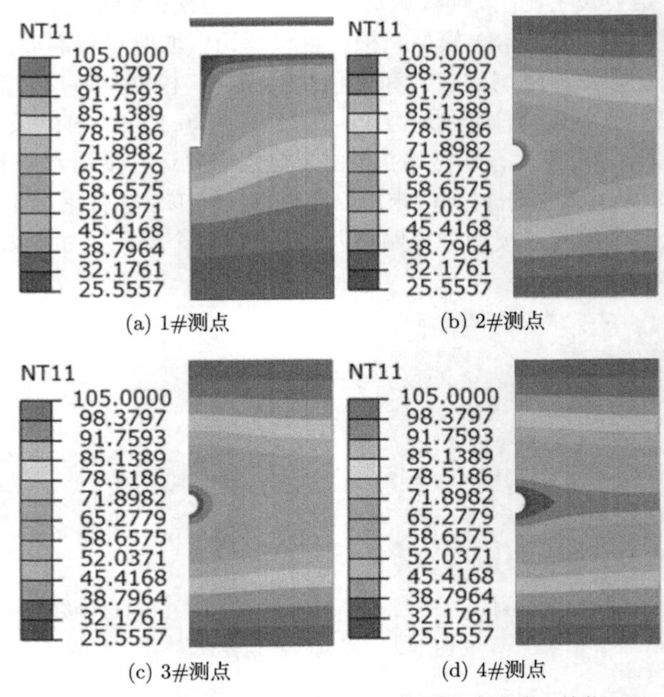

图 5.4 施工期末施加衬砌时不同测点的温度分布 (单位：℃)

2. 施工期衬砌通风工况模拟

试验洞开挖完成后，对试验洞周及其掌子面进行混凝土衬砌，衬砌长度为 9m。对试验洞及主洞通风，通风温度为 20℃。施工期施加衬砌时隧洞的温度分布如图 5.5 所示，施作衬砌通风后不同测点的温度分布如图 5.6 所示。

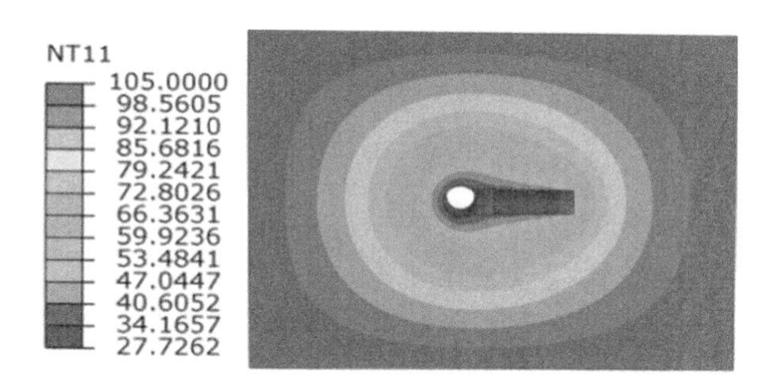

图 5.5　施工期施加衬砌时隧洞的温度分布 (单位：℃)

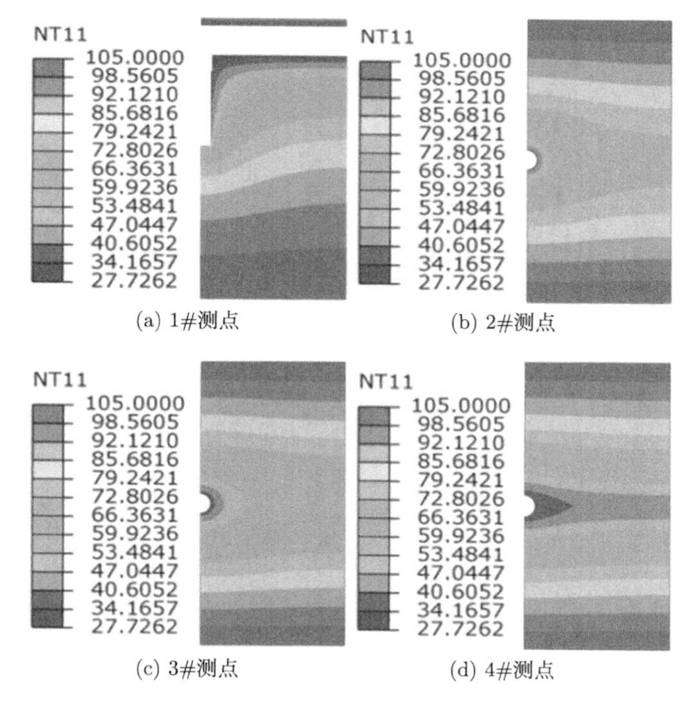

图 5.6　施作衬砌通风后不同测点的温度分布 (单位：℃)

3. 运行期衬砌通水工况模拟

隧洞衬砌完成后，对试验洞衬砌段通水模拟运行期，该阶段主洞为通风条件，风温 20℃。经数值模拟可得围岩及衬砌结构的温度分布。通水运行期隧洞的温度分布规律如图 5.7 所示，通水运行期隧洞不同测点温度分布规律如图 5.8 所示。

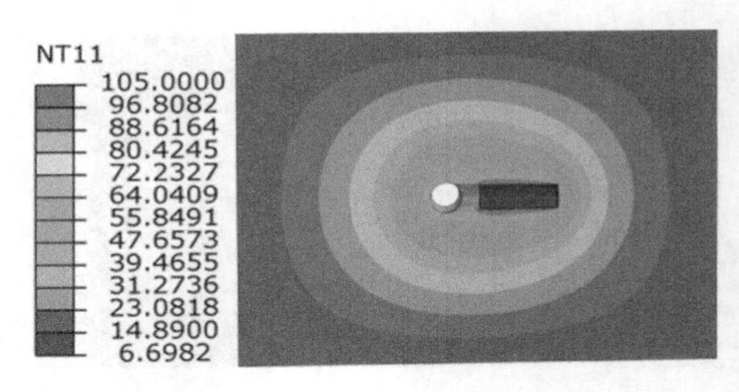

图 5.7　通水运行期隧洞的温度分布 (单位：℃)

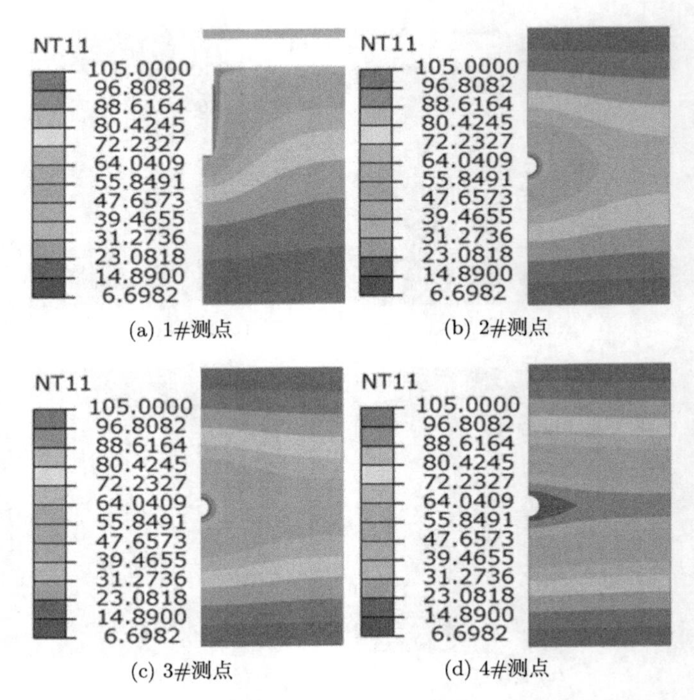

图 5.8　通水运行期隧洞不同测点温度分布 (单位：℃)

4. 不同工况下衬砌结构温度场对比分析

施工及运行工况下衬砌结构温度分布如图 5.9 所示，从该图可以看出，不论何种工况，衬砌结构在掌子面处温度较高，靠近洞口温度最低，衬砌结构拱腰处的温度比拱顶和拱底处温度低，温度最高点位于掌子面外侧拱顶处，施工期为 56.4965℃，运行期为 37.7726℃，温度最低点位于洞口内侧拱腰处，施工期为 28.3762℃，运行期为 6.6982℃。

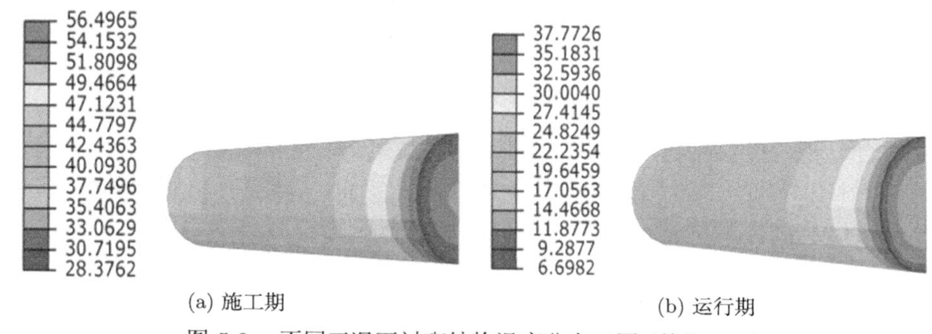

(a) 施工期 (b) 运行期

图 5.9 不同工况下衬砌结构温度分布云图 (单位：℃)

由衬砌结构温度云图可以看出，结构温度分布的变化并不是均匀的，通过后处理得到衬砌结构内表面拱腰处温度变化规律，如图 5.10 所示。通过该图可得出，衬砌温度随洞深增加而增大。经分析，洞深 8~9m 的突增是受到掌子面影响产生的。受主洞影响，试验洞拱顶温度略高于拱腰温度，图 5.11 给出衬砌结构内表面拱腰与拱顶处温差随洞深的变化图。从图中可以看出随洞深增大，主洞影响程度逐渐减小。掌子面处温差出现突变，其原因是掌子面与洞周围岩共同作用，使得该区域温度差降低。施工期与运行期相比，施工期温差较大，主洞的影响更为明显，这是运行期通水温度较低，且对流换热系数较大导致的。

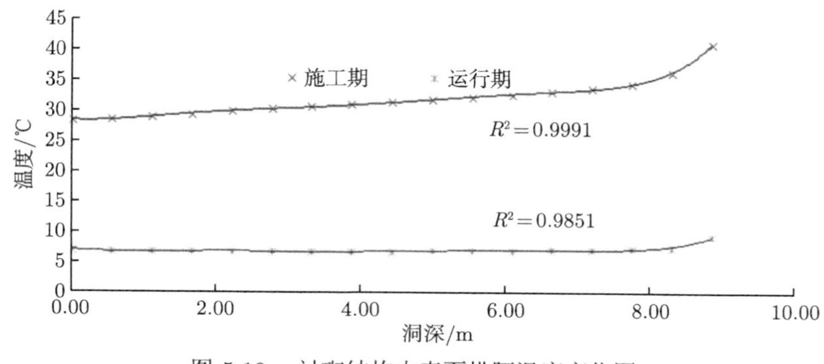

图 5.10 衬砌结构内表面拱腰温度变化图

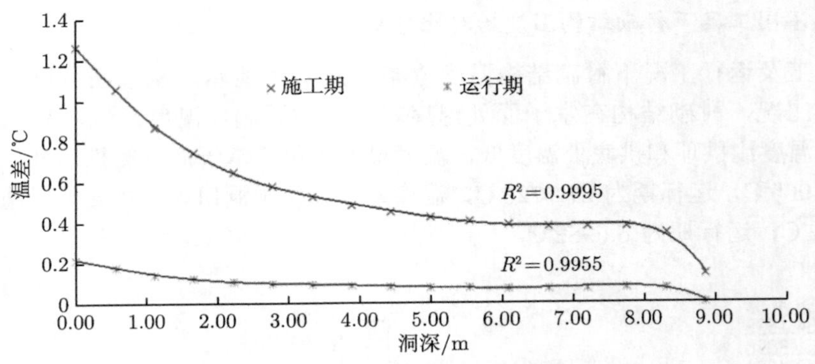

图 5.11　衬砌内表面拱腰与拱顶温差变化图

综合分析衬砌结构内、外温度变化规律，得到以下结论：

(1) 衬砌结构与围岩均表现为掌子面处温度较高，靠近洞口温度最低。由云图可分析得出从洞口到深部温度变化为非线性；衬砌拱腰与拱顶温差随轴线的变化为非线性，可用高次多项式 $y=\left(ax^6+bx^5+cx^4+dx^3+ex^2+fx+g\right)$ 表示其变化趋势，相关系数 R^2 均大于 0.9。受主洞通风及掌子面影响，洞口到深部的温度变化分为三段，洞口 0~2m 处的上升段，中部 3~7m 的平缓段，掌子面 7~9m 处的骤升段，洞口及掌子面附近温度梯度较大。衬砌拱腰内侧与拱顶内侧温差与工况有关，施工期洞口处温差最大，达 1.26℃。

(2) 由于主洞的影响，试验洞拱顶温度随围岩深度的变化与拱腰温度随围岩深度的变化有一定的差别。同一截面同一深度不同位置的温度值有所不同，拱腰温度值略低于拱顶和拱底的温度值，并且该影响随着试验洞断面距洞口的距离增大逐渐减弱。因此，在主洞内开挖试验洞预测主洞温度场时，应考虑主洞对试验洞的影响，并寻求合适的修正方法。

5.4　高地温水工隧洞不同开挖方式温度场特征

5.4.1　隧洞模型构建及网格划分

新疆某水电站工程引水发电隧洞存在高地温问题，现场温度监测得知，围岩温度达 105℃，此类超高地温在引水隧洞中极为罕见。引水隧洞高地温段围岩上覆盖层厚约为 250m。

依据工程实际建立隧洞几何模型，如图 5.12 所示。隧洞几何尺寸为：隧洞直径 3 m，围岩计算范围为 21 m×21 m。运用有限元软件对模型进行网格划分，单元类型为 CPE8，共划分 4 058 个单元，有限元计算模型如图 5.13 所示。

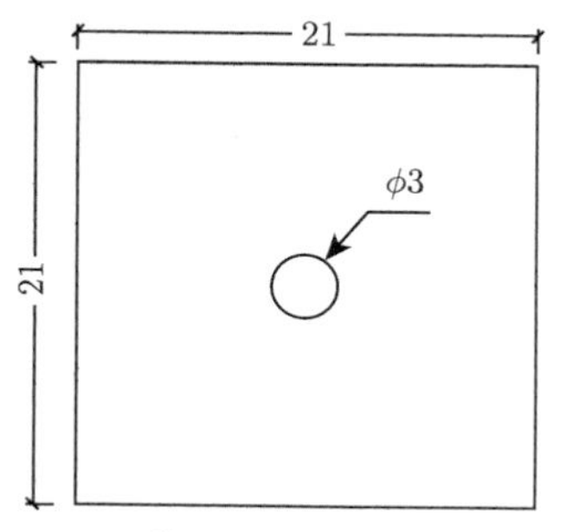

图 5.12　隧洞几何模型 (单位：m)

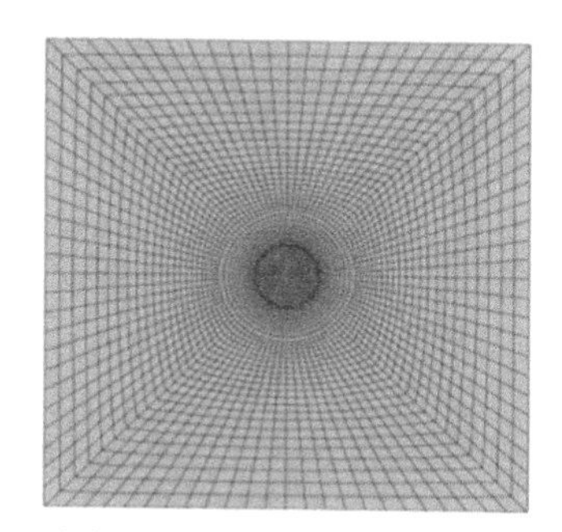

图 5.13　有限元计算模型

隧洞采用全断面和上下分层方式开挖，开挖及施作衬砌历时均为 1 天，自开挖至模拟结束共 15 天。全断面开挖方式的施工进程为第 1 天开挖，第 2 天衬砌；上下分层开挖方式的施工进程为第 1 天上层开挖，第 2 天衬砌，第 3 天下层开挖，第 4 天衬砌。有关不同开挖方式下隧洞的温度场分析，有兴趣的读者可参考文献 [38]。

5.4.2　不同开挖方式下高地温隧洞温度场模拟

1. 全断面开挖方式温度场模拟

采用全断面开挖的形式对围岩进行开挖，开挖一天后进行衬砌，计算得到的模型瞬态温度场如图 5.14 所示，全段断面开挖方式下高地温隧洞衬砌结构的温度场如图 5.15 所示。从图 5.14 及图 5.15 可以看出，全断面开挖方式下围岩温度场为环形对称分布。随开挖后时间的推移，在对流换热边界作用下，洞周原岩温度场逐渐变化，调热圈逐渐扩大。衬砌结构施作第 2 天，衬砌内侧温度为 24.19℃，衬砌外侧温度为 36.03℃。至第 15 天，在通风散热的作用下，衬砌内侧 21.97℃，衬砌外侧温度为 27.96℃。可以看出，衬砌温度及衬砌内外侧温差均有所降低。

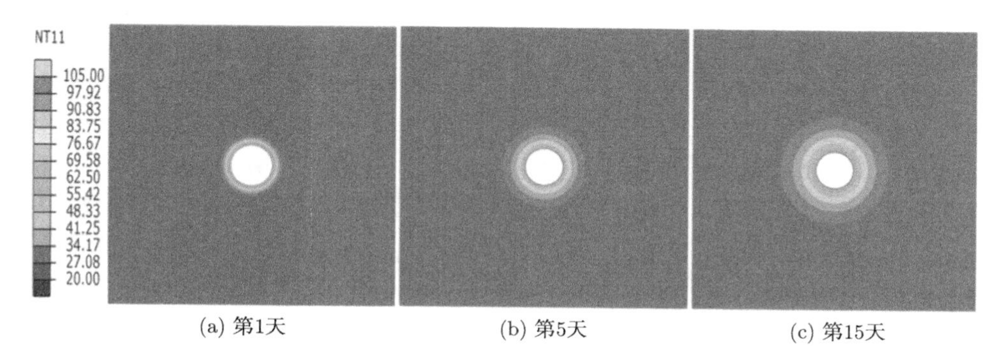

(a) 第1天　(b) 第5天　(c) 第15天

图 5.14　全段断面开挖方式下高地温隧洞围岩温度场 (单位：℃)

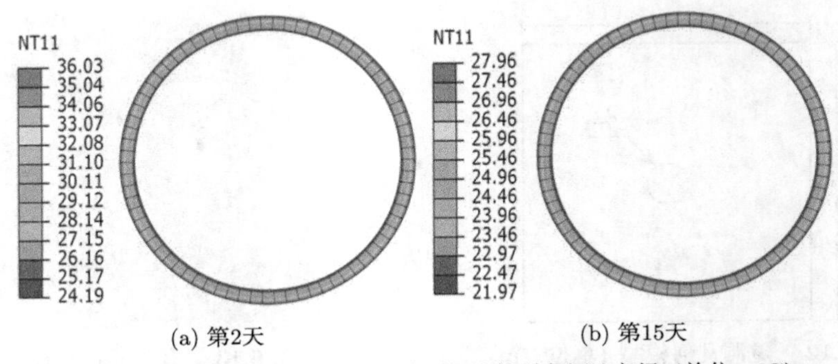

图 5.15　全段断面开挖方式下高地温隧洞衬砌温度场 (单位：℃)

图 5.16 中给出了全断面开挖围岩 50cm 深拱腰、拱底和拱顶 3 点处的温度变化曲线。从曲线中可以看出，50cm 深处拱腰、拱底和拱顶 3 点温度变化趋势完全相同，验证了隧洞全断面开挖条件下围岩温度场的对称性。第 1 天开挖后，50cm 处围岩温度下降速率较快，仅 1 天就下降了 17℃。第 2 天衬砌施作后，衬砌的隔热性使得围岩温度略有上升，随后继续下降。

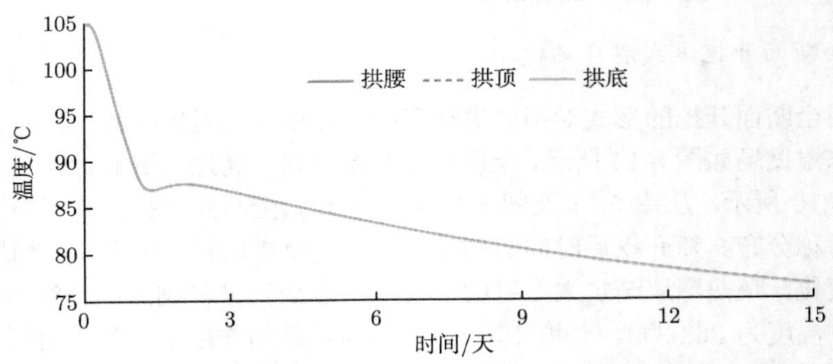

图 5.16　全断面开挖方式围岩 50cm 深温度变化图

2. 分层开挖方式温度场模拟

采用上下台阶法对围岩进行开挖，上台阶开挖 1 天后进行衬砌，第 3 天再进行下部开挖。分层开挖方式下高地温隧洞围岩、衬砌结构温度场规律分别如图 5.17、图 5.18 所示。从图 5.17 和图 5.18 可以看出，分层开挖方式下围岩温度场与全断面开挖方式下围岩的温度场不同，该温度场受开挖工序影响极为显著。由于上部衬砌的保温作用，下部围岩温度较上部低，温度场在空间上呈现上下的不对称性。从第 4 天下部衬砌施作至第 15 天，围岩温度场逐渐趋于圆环状。上部衬砌结构施作第 2 天，衬砌内侧温度为 27.98℃，衬砌底边的角点温度最高，为 66.37℃。第 4 天下部衬砌施作后，在通风条件下，衬砌内侧温度为 25.47℃，衬砌外侧温度上下不同，云图中可明显看出，下部衬砌外侧温度较高，最高为 67.45℃。

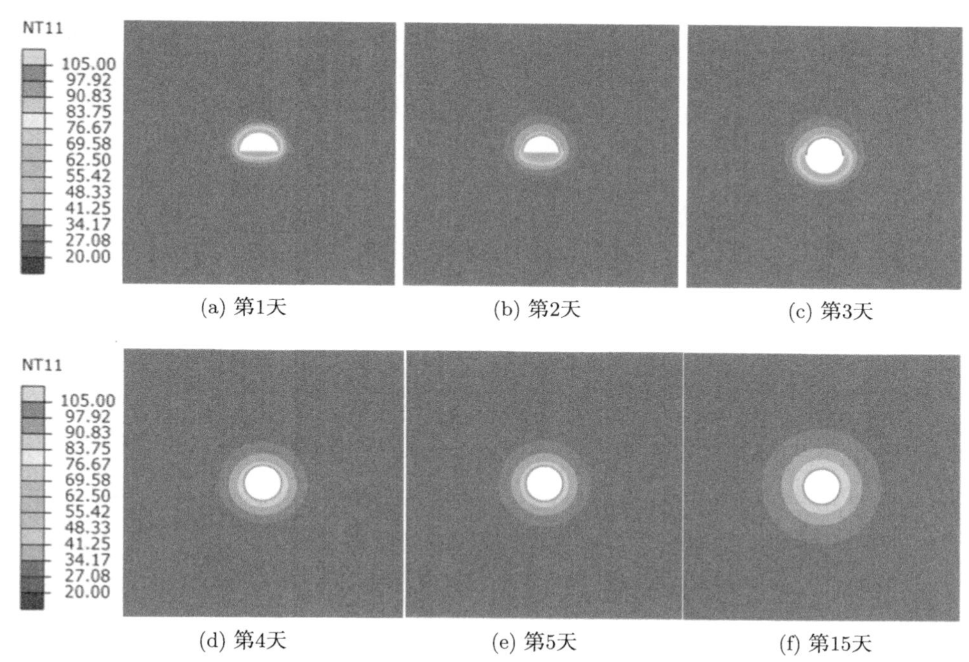

图 5.17 分层开挖方式下高地温隧洞围岩温度场 (单位：℃)

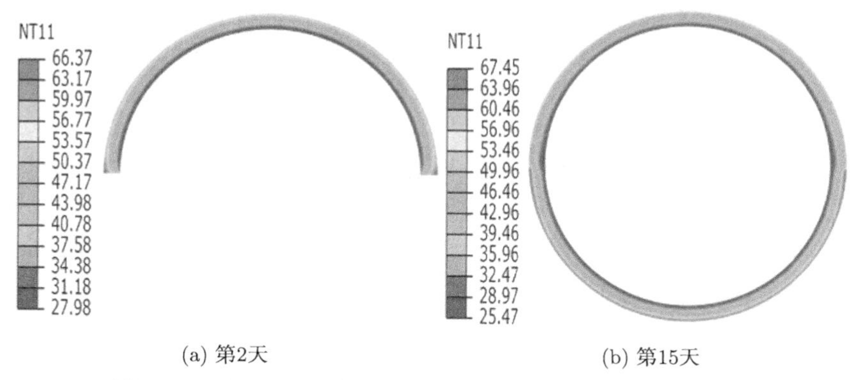

图 5.18 分层开挖方式下高地温隧洞衬砌温度场 (单位：℃)

图 5.19 中给出了分层开挖围岩 50cm 深处围岩拱腰、拱底和拱顶 3 点处的温度变化曲线。从曲线中可以看出，50cm 深处拱腰、拱底和拱顶 3 点温度变化并不相同，第 1 天上部开挖后，50cm 深处围岩拱顶温度下降速率较快，拱腰处对应点

在底边的影响下，温度下降略差，而拱底处对应点温度未发生明显变化。第 2 天衬砌施作后，50cm 深处围岩拱顶及拱腰对应点因衬砌的保温作用温度有所回升，而拱底处对应点在散热作用下温度有所降低。第 3 天下部开挖，拱顶处 50cm 深处围岩未受到明显影响。拱腰和拱底相应点温度急速下降，且拱底处变化更为显著。从曲线中可看出，第 7 天后，围岩温度场变为对称圆环状。

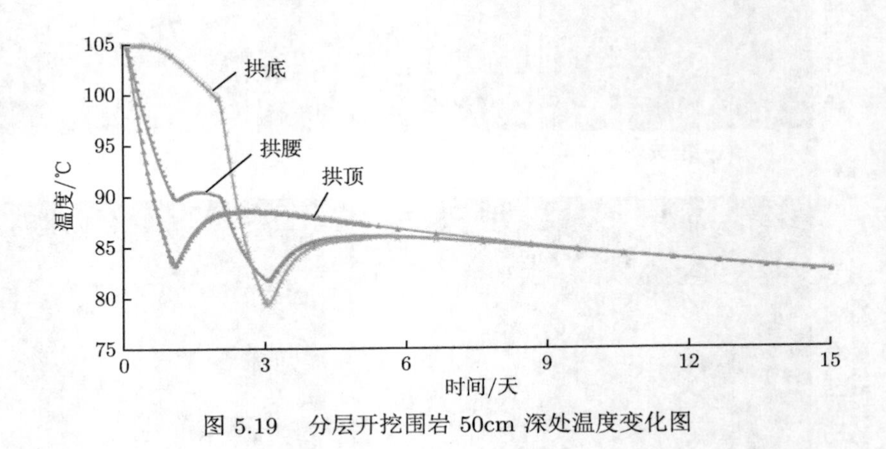

图 5.19　分层开挖围岩 50cm 深处温度变化图

综合分析不同开挖方式对隧洞围岩、衬砌结构温度场的影响，得出以下 3 点结论：

(1) 分层开挖方式下围岩温度场与全断面开挖方式下围岩的温度场不同，隧洞温度场变化受开挖工序影响极为显著。

(2) 由于上部衬砌的保温作用，分层开挖方式围岩下部温度较上部低，温度场在空间上呈现上下的不对称性。从第 4 天下部衬砌施作至第 15 天，围岩温度场逐渐趋于圆环状。

(3) 上部衬砌后，在上部衬砌底角处温度较高，第 2 天达 66.37℃，衬砌局部温差较大。因此，局部可能产生较大温度应力。

5.5　高地温水工隧洞全生命周期温度场规律

5.5.1　全生命周期的定义与计算方法

新疆某水电站工程发电引水隧洞属典型高地温地下洞室，该类洞室显著特点为高地温条件不仅影响施工进度及施工质量，还可能会影响岩体的力学特性甚至工程稳定性。据现场温度监测，围岩温度高达 105℃，此类超高地温在引水隧洞中极为罕见。因此，对该高地温工程围岩的研究意义重大。

通过工程实践，高地温引水隧洞全生命历程具有周期性。为便于分析与计算，本节将引水隧洞全生命周期划分为四个阶段：施工阶段、运行阶段、检修阶段及废弃阶段，如图 5.20 所示。定义运行阶段及检修阶段为一个基本周期；施工阶段、运行阶段及检修阶段为一个基本生命周期，在隧洞全生命历程中，以基本周期为“最小周期”重复延续。新疆某水电站高地温引水隧洞为深埋地下隧洞，岩体所受到的初始地应力较大，同时，在 105℃ 的超高地温作用下，围岩受温度–地应力共同作用下的应力状态变得极为复杂。另外，在原岩温度及原地应力的初始条件下，受开挖施工及第一次通水运行影响，围岩温度场及应力场变化剧烈。因此，研究隧洞基本生命周期下高地温引水隧洞围岩的受力特性具有较强代表性。

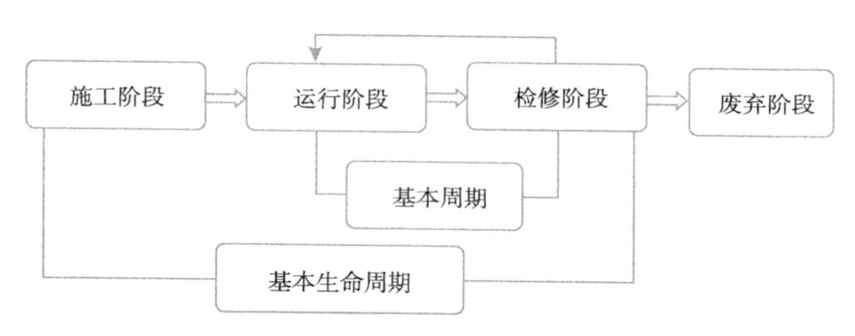

图 5.20　隧洞全生命周期及基本生命周期示意图

本节将以新疆某水电站高地温引水隧洞工程为依托，基于弹塑性本构模型，采用莫尔–库仑准则，运用大型有限元软件对高地温引水隧洞基本生命周期进行数值模拟，研究高地温环境下引水隧洞基本生命周期围岩的 TM 耦合，从而得到围岩在全生命周期中 TM 耦合下的温度场、应力场及塑性分布的时空效应，旨在为高地温隧洞提供相关指导，详细分析请参考文献 [39]。

5.5.2　数值模拟模型

模拟引水隧洞高地温段围岩为 Ⅲ 类，隧洞上覆盖层厚度约为 250m，引水隧洞通水运行时水头 30m。隧洞采用全断面方式开挖，隧洞断面开挖后第 2 天进行 C30 混凝土衬砌，施工期共计 180 天，隧洞运行通水期为 360 天，检修期 60 天，再度运行通水及检修所需时长与前度相同。依据工程实际建立引水隧洞几何模型，如图 5.21 所示。隧洞模型几何尺寸为隧洞直径 3m，围岩计算范围 21m×21m。运用有限元软件对模型进行网格划分，单元类型为 CPE8，共划分 4058 个单元。对应的有限元计算模型如图 5.22 所示。

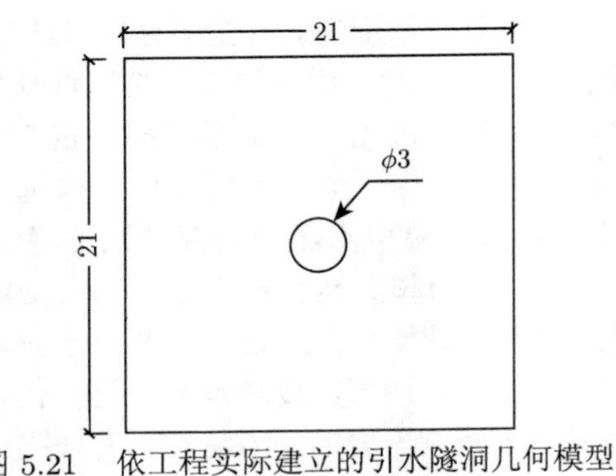

图 5.21　依工程实际建立的引水隧洞几何模型（单位：m）

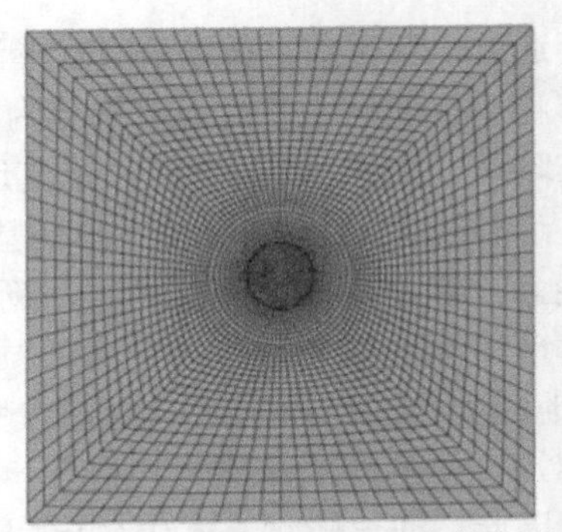

图 5.22　建立的几何模型对应的有限元计算模型

5.5.3 温度场数值模拟结果

从图 5.23 可看出，隧洞开挖后调温圈迅速增大，施工期受强制通风影响温

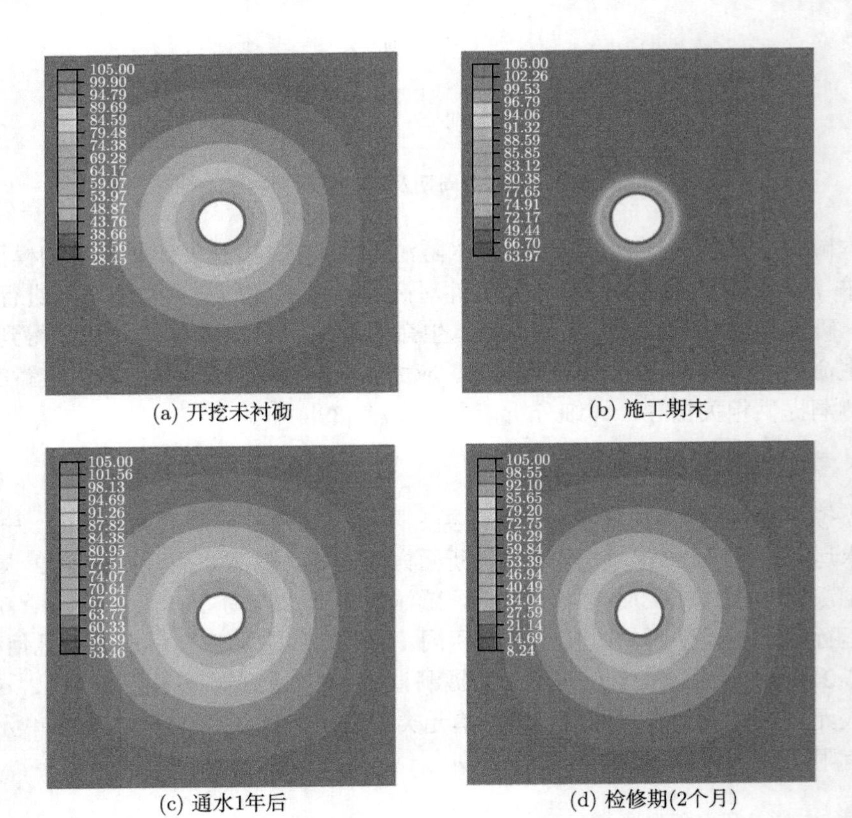

(a) 开挖未衬砌　(b) 施工期末

(c) 通水1年后　(d) 检修期(2个月)

图 5.23　高地温引水隧洞围岩全生命周期温度场 (单位：℃)

度场发生巨大变化。施工期末隧洞衬砌温度值约 30.97°C，围岩边壁约为 63.97°C。在通水冷却作用下，围岩温度进一步降低，通水一年后衬砌表面温度约为 9.33°C，围岩边壁温度约为 53.46°C。在 2 个月的检修期下，受边界条件影响下，围岩温度有所回升，衬砌温度回升至 58.64°C。

从 5.24 可看出，第 2 天隧洞衬砌后，衬砌内侧温度为 36.28°C，外侧温度为 78.58°C，温差为 42.30°C。第 180 天施工期末，衬砌内侧温度为 30.97°C，外侧温度为 59.36°C，温差为 28.39°C。运行通水 1 年后，衬砌内侧温度为 9.33°C，外侧温度为 46.23°C，温差为 36.90°C。通水后检修，检修期 2 个月后衬砌内侧温度为 58.64°C，外侧温度为 74.74°C，温差为 16.10°C。因此，施工期衬砌内外温差最大，可能出现较大的温度应力。

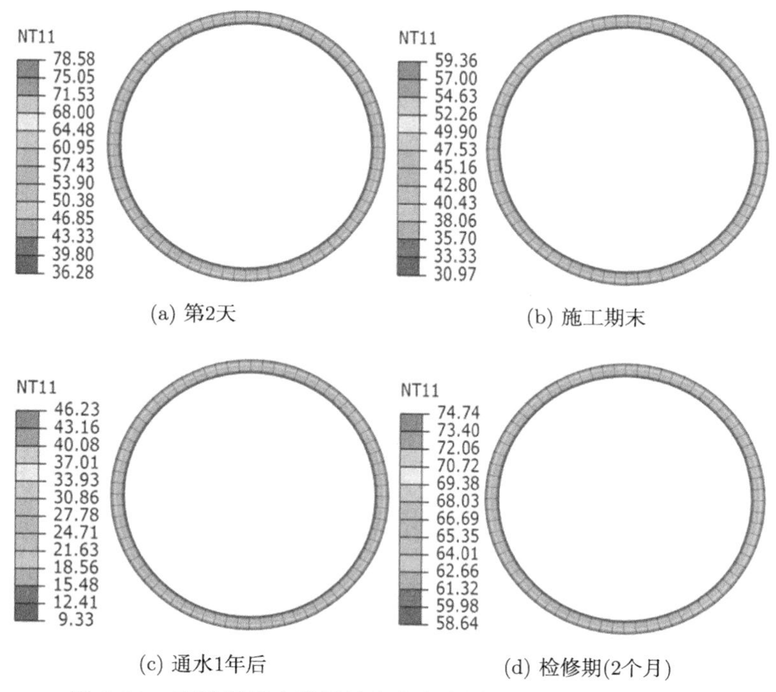

(a) 第2天　(b) 施工期末

(c) 通水1年后　(d) 检修期(2个月)

图 5.24　高地温引水隧洞衬砌全生命周期温度场 (单位：°C)

图 5.25(a) 给出围岩拱腰处深度为 0.16m、0.34m、0.74m、1.20m、2.37m、3.95m、6.09m 各点 (下同) 在第 1~1020 天的温度变化曲线。从图中可以明显看出，空间上温度值围岩随深度呈递减趋势；时间上围岩温度受工况变化影响较为剧烈，该影响随围岩深度增加逐渐减弱；两个基本周期内围岩温度场变化特性及数值基本一致，在全生命周期中温度场以基本周期为单元重复延续，证实了本章

的周期性定义。据此，基本生命周期是隧洞全生命周期的集中体现，研究基本生命周期下的围岩各项特性极具代表性。

图 5.25(b) 给出隧洞开挖施工期围岩温度变化图 (第 0~180 天)。从图中可以看出，由于衬砌导热效果较围岩差，施加衬砌后衬砌的保温作用使得围岩温度骤然升高，深度为 0.16m 处的温度一天内由 72.5℃ 上升至 85.4℃，上升了 12.9℃，上升了 17.79%，温度日变化率为 17.79%/天。越靠近围岩边壁处，该影响越明显。随着时间推移，围岩温度逐渐下降并趋于稳定，与现场试验所得温度场变化趋势较为吻合。

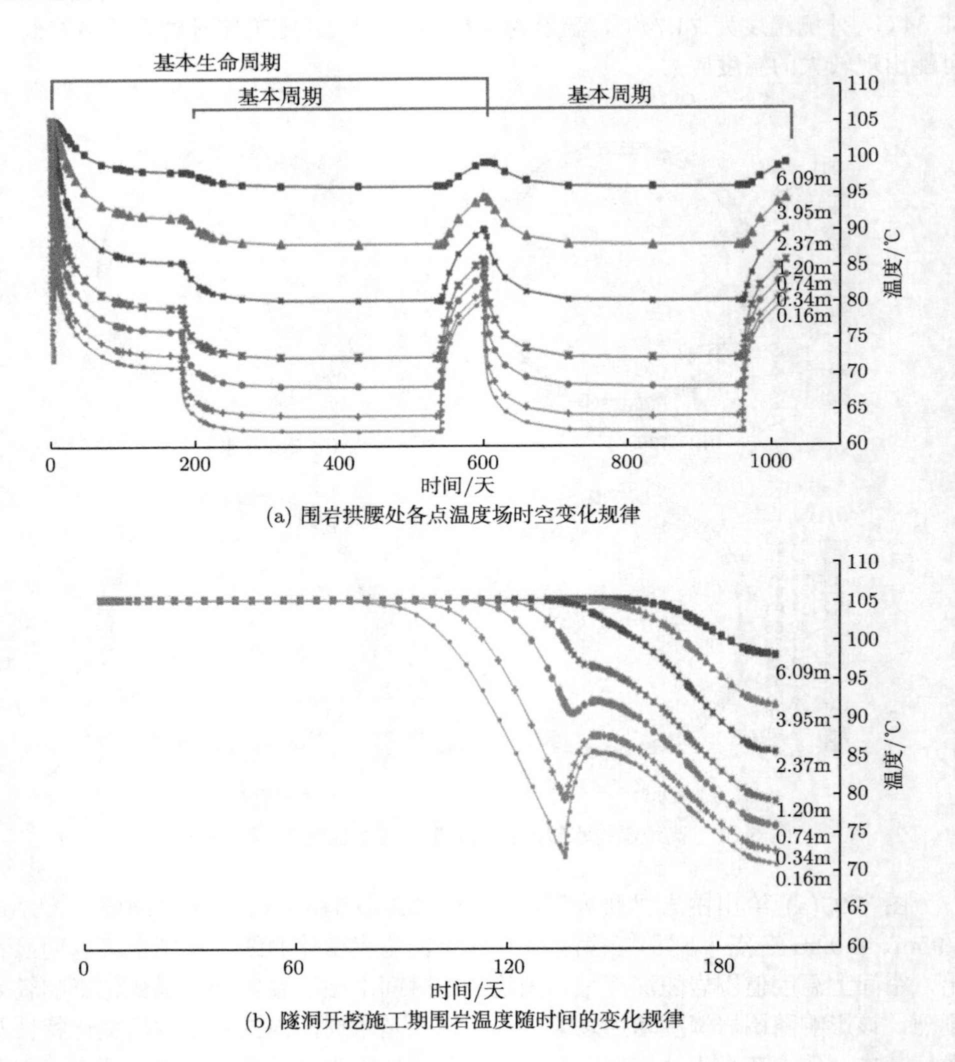

(a) 围岩拱腰处各点温度场时空变化规律

(b) 隧洞开挖施工期围岩温度随时间的变化规律

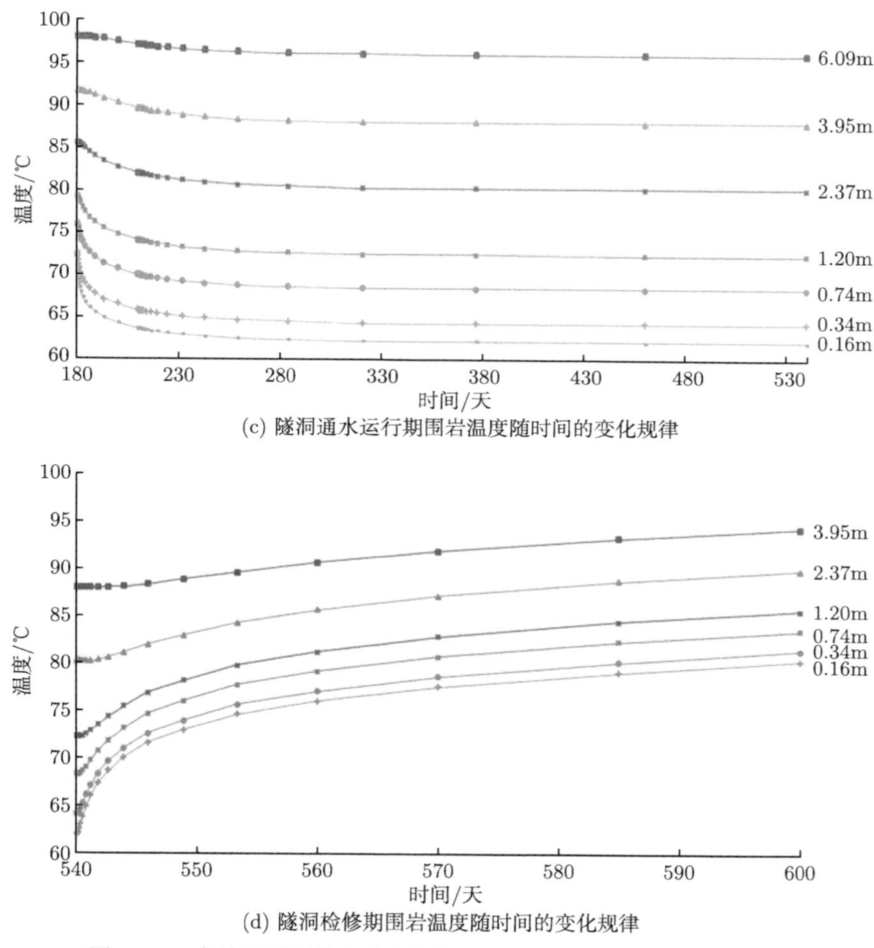

(c) 隧洞通水运行期围岩温度随时间的变化规律

(d) 隧洞检修期围岩温度随时间的变化规律

图 5.25　高地温隧洞基本生命周期下不同拱腰深度处温度变化规律

图 5.25(c) 给出隧洞通水运行期围岩温度变化图 (第 180~540 天)。从图中可以看出围岩温度在通水作用下逐渐降低并趋于稳定。围岩温度于通水 60 天后 (第 240 天) 达到稳定水平，0.16m 深度处的温度由 70℃ 下降至 62℃，下降了 8℃，下降了 11.4%，温度日变化率为 0.032%/天。

图 5.25(d) 给出隧洞检修期围岩温度变化图 (第 540~600 天)。从图中可以看出由于检修时隧洞内自然对流换热，围岩温度骤然回升，回升速率逐渐下降，15 天后 (第 555 天)0.16m 深度处的温度由 62℃ 上升至 75℃ 并趋于稳定，温度上升了 13℃，上升了 20.97%，温度日变化率为 0.35%/天。

基本生命周期下围岩温度场日变化率较大的工况为施工期及检修期，分别为 17.79%/天和 17.33%/天。温度场变化较大的工况依旧是施工期及检修期，分别为 12.9℃ 和 13℃。即在该全生命周期内该工况温度场变化剧烈，其温度附加应力最大。

5.6 本章小结

运用以上基本技术并依托新疆某高地温引水隧洞采用有限元软件对不同工况下试验洞的三维温度场、不同开挖方式下高地温引水隧洞的瞬态温度场及全生命周期尺度下的瞬态温度场进行了数值模拟，揭示高地温引水隧洞瞬态温度场的变化规律。

(1) 试验洞衬砌结构与围岩均表现为掌子面处温度较高，靠近洞口温度最低，从洞口到深部温度变化为非线性。由于主洞的影响，同截面同一深度拱腰温度值略低于拱顶和拱底的温度值，并且该影响随着试验洞断面距洞口的距离增大逐渐减弱。

(2) 分层开挖方式下围岩温度场与全断面开挖方式下围岩的温度场不同，该温度场受开挖工序影响极为显著。由于上部衬砌的保温作用，分层开挖方式围岩下部温度较上部低，温度场在空间上呈现上下的不对称性。随后，围岩温度场逐渐趋于圆环状。上部衬砌后，在上部衬砌底角处温度较高，第 2 天达 66.37℃，衬砌局部温差较大。因此，局部可能产生较大温度应力。

(3) 高地温引水隧洞温度场以基本周期为单位周期性变化。其基本生命周期是该隧洞全生命周期温度场的缩影。高地温隧洞围岩全生命周期内施工期及检修期工况温度场变化剧烈，日变化率分别为 17.79%/天和 17.33%/天，其温度附加应力可能较大。

参考文献

[1] NILS I J, SCOTT L H, NOLAN B A. Alaska's CRREL permafrost tunnel[J]. Tunneling and Underground Space Technology, 1988, 3(1): 19-24.

[2] SHCHERBAN A N. Aerodynamic and Thermal Conditions at the Faces of Blind Mine Workings[C]. VarnaBulgaria: The International Conference on Safety in Inesresearch, 1977.

[3] RYBACH L, WILHELM J, GORHAM H. Geothermal Use of Tunnel Waters-A Swiss Speciality[C]. Reykjavik: International Geothermal Conference, 2003.

[4] SANDEGREN E.Insulation against Ice Railroad Tunnels[J]. Transportation Research Record 1987, 43-48.

[5] SHERRAT A F C. Calculation of thermal constants of rocks from temperature data[J]. Colliery Guardian, 1967, 214(5539): 668-672.

[6] LAI Y M, LIU S Y,WU Z W, et al. Approximate analytical solution for temperature fields in cold regions circular tunnels[J]. Cold Regions Science and Technology, 2002,34(1): 43-49.

[7] ZHANG X F, LAI Y M, YU W B, et al. Forecast analysis of the refreezing of Kunlun mountain permafrost tunnel on Qinghai-Tibet railway in China [J]. Cold Regions Science and Technology, 2004, 39: 19-31.

[8] 常剑. 高温巷道围岩调热圈温度场及隔热支护结构调热降温机制 [D]. 阜新: 辽宁工程技术大学, 2009.
[9] SHAO Z S. Mechanical and thermal stresses of a functionally graded circular hollow cylinder with finite length[J]. International Journal of Pressure Vessels and Piping, 2005, 82(3): 155-163.
[10] LU X, VILJANEN M. An analytical method to solve heat conduction in layered spheres with time-dependent boundary conditions[J]. Physics Letters A, 2006, 351(4-5): 274-282.
[11] PRASHANT K J, SUNEET S, RIZWAN U. Analytical solution to transient asymmetric heat conduction in a multilayer annulus[J]. Journal of Heat Transfer, 2009, 131(1): 1-7.
[12] 陈尚桥, 黄润秋. 深埋隧洞地温场的数值模拟研究 [J]. 地质灾害与环境保护, 1995, 6(2): 30-36.
[13] 王贤能, 黄润秋, 黄国明. 深埋长大隧道中地下水对地温异常的影响 [J]. 地质灾害与环境保护, 1996, 7(4): 24-28.
[14] 张智, 胡元芳. 深埋长大隧道施工掌子面温度预测 [J]. 世界隧道, 1998, (6): 33-36.
[15] 江亦元. 昆仑山隧道施工温度控制及施工措施 [J]. 现代隧道技术, 2002, (6): 56-58.
[16] 和学伟. 高温高压热水条件下的引水隧洞施工 [J]. 云南水力发电, 2003,(S1): 59-61.
[17] 苏斌. 黑白水三级电站隧道高温高压热水降温技术 [J]. 山西建筑, 2007, (1): 286-287.
[18] 杨长顺. 高地温隧道综合施工技术研究 [J]. 铁道建筑技术, 2010, (10): 39-46.
[19] 郭进伟, 方焘, 卢祝清. 高地温隧洞热—结构耦合分析 [J]. 铁道建筑, 2010, (6): 77-79.
[20] 刘俊平. 布仑口引水隧洞围岩及衬砌结构温度分布与受力特性分析 [D]. 西安: 西安理工大学，2013.
[21] 朱振烈. 布仑口高温隧洞围岩与支护结构的温度应力数值仿真研究 [D]. 西安: 西安理工大学，2013.
[22] 姚显春. 高温差下隧洞围岩衬砌结构热应力特性研究 [D]. 西安: 西安理工大学, 2013.
[23] 邵珠山, 乔汝佳, 王新宁. 高地温隧道温度与热应力场的弹性理论解 [J]. 岩土力学, 2013,34(1): 1-8
[24] 刘乃飞, 李宁, 余春海, 等. 布仑口水电站高温引水发电隧洞受力特性研究 [J]. 水利水运工程学报, 2014,(4):14-21.
[25] 宿辉, 马超豪, 马飞. 基于高地温引水隧洞的温度场数值模拟研究 [J]. 水利水电技术, 2016,47(4): 34-37.
[26] 郑文, 刘乃飞, 刘小平. 高地温隧洞支护结构受力特性 [J]. 煤田地质与勘探,2018, 46(6): 138-143, 149.
[27] 费康, 张建伟. ABAQUS 在岩土工程中的应用 [M]. 北京: 中国水利水电出版社,2010.
[28] 肖衡林, 吴雪洁, 周锦华. 岩土材料导热系数计算研究 [J]. 路基工程, 2007, (3): 54-56.
[29] 康永华, 耿德庸, 等. 煤矿井下工作面突水与围岩温度场的关系 [M]. 北京: 煤炭工业出版社.1996.
[30] Г.А. 切列缅斯基. 实用地热学 [M]. 赵羿, 陈明, 译. 北京: 地质出版社.1982.
[31] 钮宏, 陆洲导, 陈磊. 高温下钢筋与混凝土本构关系的试验研究 [J]. 同济大学学报, 1990, 18(3): 287-297.
[32] 过镇海, 时旭东. 钢筋混凝土的高温性能及其计算 [M]. 北京: 清华大学出版社,2003.
[33] 董军, 刘海亮, 郑霄, 等. 高温作用下钢筋混凝土板导热分析 [J]. 西南林学院学报, 2006,26(4): 72-75.
[34] LIE T T, DENHAM E M A. Factors Affecting the Fire Resistance of Circular Hollow Steel Columns Filled with Bar-reinforced Concrete[R]. Ottawa: NRC- CNRC, 1993.
[35] 姚显春. 高温差下隧洞围岩衬砌结构热应力特性研究 [D]. 西安：西安理工大学,2013.
[36] 张建荣, 刘照球, 刘文燕. 混凝土表面自然对流换热系数的实验研究 [J]. 四川建筑科学研究, 2007,33(5): 143-146.
[37] 貊祖国. 高地温引水隧洞瞬态温度场数值模拟及温度效应研究 [D]. 石河子: 石河子大学, 2020.
[38] 貊祖国, 姜海波, 后雄斌. 不同开挖方式下高地温引水隧洞围岩瞬态温度–应力耦合分析 [J]. 水力发电, 2019, 45(2): 58-63.
[39] 貊祖国, 姜海波, 后雄斌. 高地温隧洞温度场三维数值模拟分析 [J]. 水利水电技术, 2017, 48(11): 57-62.

第 6 章 高地温水工隧洞围岩热–力耦合数值模拟

6.1 概述

过高的地温会对地下工程的施工及安全稳定性产生严重的影响，通常情况下，这种影响是热–力耦合作用下诱发的岩体热损伤及热破坏引起的。例如，大型水利工程建设中大块体积混凝土浇筑时产生的高温可能会在大坝内部及大坝坝底与基岩接触面附近引起微裂纹、微孔隙，这将会成为大坝最为严重的安全隐患；对于地处高温区的水工隧洞，其衬砌会在过水前后较大温差产生的拉应力作用下产生裂缝，这种长时间反复拉应力作用势必会缩短隧洞的正常使用寿命；对于放射性核废料存储库，其中高放废料在衰变过程中产生的热会使存储库周边岩体内部产生热应力，当热应力达到一定程度时会在周边岩体内引起微裂隙，这些微裂隙很大程度上会造成地下核废料的泄露；对于地下二氧化碳封存来说，当存储地温度过高时，同样也会因高温诱发的热应力产生微观通道，最终造成二氧化碳气体的泄露。因此，研究地处高温段岩石所特有的属性及温度荷载作用下的热力学响应问题，对于解决和预防地下工程实际施工运行中高地温所带来的各类问题具有重要的意义。

岩体的破坏是渐进式的，在其成岩的基础上，本身内部就会赋存一定的微观缺陷，这些微观缺陷大多处于未“成熟”状态，具有尺度小、不集中、分布不连续的特点。地处微缺陷的岩体受到人类活动或环境作用的持续干扰后，其内部已存在的原有微小不连续裂纹就会逐渐扩展、不断变宽、甚至连通，随着时间的累积，当这种渐进式扩展达到一定程度时，岩体就会产生大面积的破坏。地处温度较高环境下的地下洞室周边岩体的破坏，不仅与地应力、岩体本身的特性有关，而且受到高温的影响，其破坏是高温与荷载共同作用诱发损伤引起的。因此，高温岩体渐进持续损伤演变过程的揭示对于研究高地温地下洞室周边岩体的力学特性和受力破坏过程至关重要。

6.2 热–力耦合数值模拟及相关参数

6.2.1 工程概况

某工程位于新疆帕米尔高原的盖孜河上，是盖孜河流域梯级开发的唯一控制性水利枢纽，为大 (2) 型二等工程，并具有发电、防洪、灌溉和改善生态环境等综合利用效率。该工程水工发电隧洞从进口至 9.8km 处，岩体为半坚硬的各类石英片岩，占总洞长的 61.2%; 9.8~15.5km 处，岩体为完整坚硬的黑云母花岗岩，占总洞长的 35.6%；15.5~16.01km 处，岩体为坚硬半坚硬的石英片岩占总洞长的 3.2%。据现有勘测资料可知，水工发电隧洞穿越断层构造带，带宽 200 余米，共计 60 多米长，共占洞长的 1.25%。据该工程施工支洞开挖揭露，发电水工隧洞前段存在高地温，存在高地温洞段总长约 4111m，桩号从 2km+688m 到 6km+799m，位于 2 #、3 #及 4 #施工支洞上下游洞段。在掘进过程中，掌子面最高环境温度达 67℃，孔内最高温度达到 105℃ 以上，而运行期过水水温又低至 0~5℃，围岩岩性均为云母石英片岩夹石墨片岩，个别裂隙中有水蒸气冒出，而三条支洞内干燥，也未见地下水出露。据有关勘测资料表明，该工程各段埋深差别较大，且遇到的地温是不均匀热传导导致的，其不仅温度高而且范围广，在国内外实属罕见。高地温水工隧洞地质剖面如图 2.1 所示。

6.2.2　与温度有关的围岩物理力学参数取值

高地温隧洞围岩温度场和应力场之间相互影响 [1]，岩石物理力学参数随温度显著变化，不考虑温度对岩石物理力学特性影响的数值模拟是不可靠的 [2]。为确保分析结果的可靠性、准确性，就必须要考虑温度对岩石力学性能的影响；对于混凝土支护结构来说，温度对其热力学参数影响较小，故研究过程中不考虑温度的影响。

依据《水利水电工程地下建筑物设计手册》《水工混凝土设计规范》(DL/T5057—2009)，结合文献 [3]~[5] 所提供的工程实测及反演资料，最终确定出隧洞支护结构弹性模量、容重、泊松比、线膨胀系数、热传导系数分别为 $E = 28\text{GPa}$、$\gamma = 25\text{kN/m}^3$、$\mu = 0.167$、$\alpha = 1 \times 10^{-7}℃^{-1}$、$\lambda = 1.54\text{W/(m·℃)}$。考虑温度效应下的围岩物理力学及热力学参数 [4] 如表 6.1 所示。

表 6.1　围岩的力学及热力学参数

材料	温度/℃	弹性模量/GPa	线膨胀系数/$10^{-6}℃^{-1}$	比热容/[J/(kg·℃)]	导热系数/[W/(m·℃)]	容重/[kN·m^{-3}]
Ⅲ 类围岩	60	7.5	5.3	1200	2.4	26
	70	8.0	6.2		2.3	
	80	8.0	7.5		2.2	
	90	8.0	8.4		2.1	

6.2.3　数值计算模型及边界条件

根据工程背景，选取施工期的圆形隧洞进行分析，洞径大小 $D = 8.6\text{m}$，实际埋深 280m。支护结构厚 30cm，不考虑地下水作用。隧洞有限元计算模型采用弹性模型，隧洞开挖与支护通过有限元软件中的单元生死控制实现。采用有限元软件 ABAQUS 进行地应力平衡时，可通过软件自带分析步 Geostatic 计算初始应力场，仅在 Geostatic 分析步中施加重力荷载 (gravity) 或体积力荷载 (body load)；然后将计算得到的初始应力场保存为一个文本文件，将该文本文件按一定的要求处理后通过 Edit keywords 在分析步 *STEP 语句前添加 *initial conditional, type=stress, input=(处理后的文本文件)，重新提交分析就可实现初始应力场的平衡。对于水平地表、水平方向岩土体材料大致相同的情况，可通过更为简单的方法实现地应力的平衡，只需要给定研究范围内岩体上下两个竖向应力值及其对应的坐标值，岩体其他部位的竖向应力值通过插值便可得到，而水平方向地应力则可通过侧压力系数计算得到。

据现场实测资料，围岩初始温度 80℃，施工期通风温度 30℃，运行期过水温度 5℃，故洞内环境温度依次取 5℃、10℃、20℃、30℃，围岩深部温度稳定值依次取 60℃、70℃、80℃、90℃，隧洞埋深取 280m 进行模拟。后续为比较高温与常温情况分别对隧洞的工程影响，特取 20℃ 为作为常温参考值与高地温 80℃ 下围岩温度、位移、应力分布加以比较，以此来研究高地温对工程的影响。计算模型取上部自由，模型左右水平约束，下部铰链约束。

6.2.4　热-力耦合作用下的围岩合理计算范围确定

深埋地下洞室可视为无限域或半无限域问题，在应用有限元技术求解时，单元划分范围的确定是非常棘手的问题 [6-7]。就这一问题，不同学者提出的围岩计算范围各有不同。但根据圆形隧洞开挖后的解析解可知，隧洞开挖后仅会对距离开挖边界 $3D \sim 5D$ 范围内的岩体应力产生影响，超过此边界可忽略开挖对岩体应力的影响。

上述围岩范围确定只考虑了隧洞开挖的影响，一旦开挖过程中存在高地温现象，开挖将会破坏原岩温度场的分布致使边界范围发生改变，因而在确定围岩合理计算范围时应着重考虑如下两个方面：第一，岩体开挖后，引起应力场重分布的围岩最大影响半径；第二，对于温度场最大影响半径确定的围岩合理计算范围，可参考文献 [8]，即隧洞开挖引起的温度变化仅存在于一定的范围内，且隧洞内部环境温度与原岩深部温度均保持恒定不变，这样就使得围岩内边界和支护外边界接触面温度趋于恒定，当支护与围岩接触面处温度恒定时所对应的围岩半径，即由温度变化所确定的围岩计算半径。

结合岩土力学的有关知识，采用数值模拟的方法依次模拟围岩计算半径 R 在 4.5m、5m、7m、8.5m、10m、12m、15m、18m、21m、24m、28m、33m、40m、48m、60m 下的隧洞围岩温度分布情况，并将围岩与衬砌结构接触面温度提取出来研究围岩合理计算半径取值问题，可参考文献 [9]。

图 6.1 为围岩外边界温度变化对衬砌与围岩接触面温度分布的影响。由图 6.1 可知，衬砌与围岩接触面温度随围岩外边界温度的增大呈线性递增的关系，围岩

计算范围越大时，衬砌结构与围岩接触面温度就越低。这表明围岩计算半径范围取值越大、围岩外边界温度越低时，衬砌与围岩结构接触面温度也就越低。

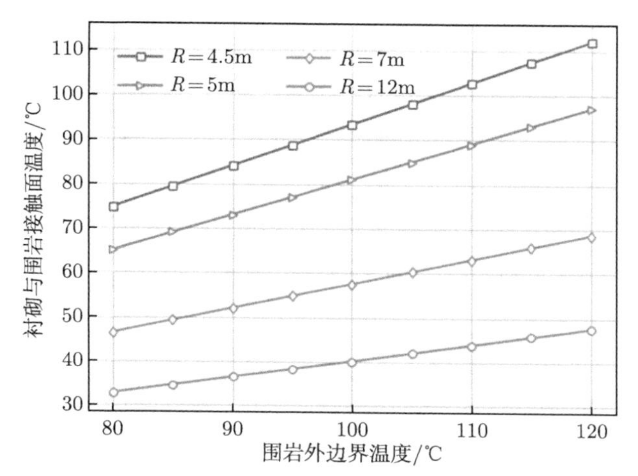

图 6.1　不同围岩计算半径下围岩外边界温度变化对接触面温度的影响

图 6.2 为不同围岩计算半径下的围岩温度分布图。由图 6.2 可知，计算模型内外边界温度一致，当围岩计算半径范围取值越小时，围岩温度梯度就越大，温度变化曲线就越陡峭。这说明在数值计算时，应选取合理的围岩计算范围以保证较小的温度梯度，从而降低由较大温差引起的热应力。

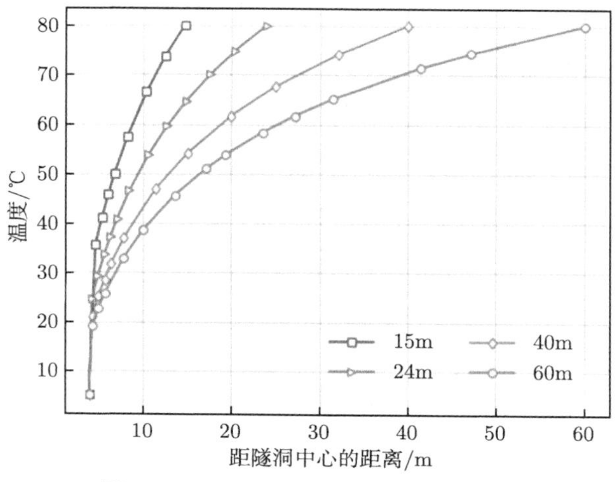

图 6.2　不同围岩计算半径下温度分布

图 6.3 为隧洞围岩与衬砌结构接触面处温度随不同围岩计算半径的变化情况。由图 6.3(a)、(b) 可知，围岩外边界温度越高时，衬砌结构和围岩接触面的温

度就越大，且随着围岩计算半径 R 的不断增大，围岩和衬砌结构接触面温度 T 整体呈下降趋势，围岩计算半径取值 24m 以内时，接触面温度随着围岩计算半径的增大剧烈下降，围岩计算半径大于 24m 时，这种下降趋势逐渐趋于平缓，此时曲线斜率为 −0.149。图 6.3 结果与文献 [8] 解析所得结果具有较好的一致性，因而从一定程度上说明了数值方法计算结果的可靠性。综上，结合隧洞开挖后围岩位移和应力受开挖影响范围的解析解取值，最终可确定出最佳的围岩计算半径，即 R_0 =24m。

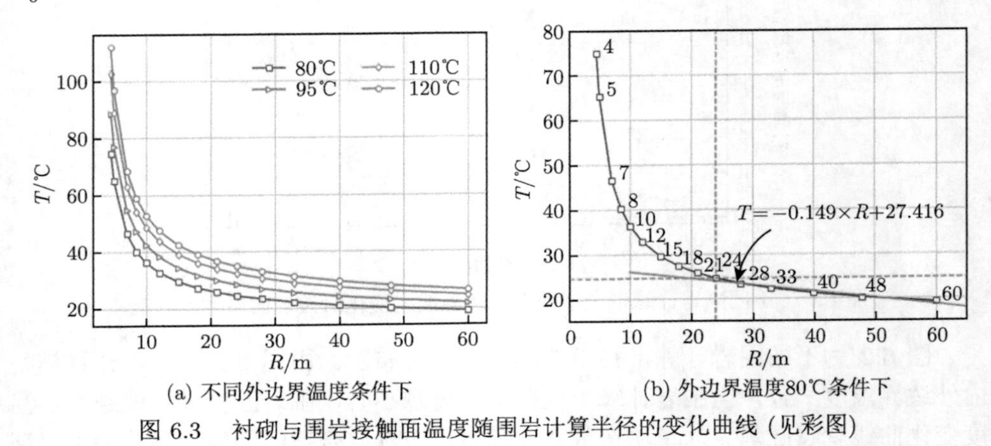

(a) 不同外边界温度条件下　(b) 外边界温度80℃条件下

图 6.3　衬砌与围岩接触面温度随围岩计算半径的变化曲线 (见彩图)

6.3　热–力耦合数值模拟计算

结合理论分析和数值模拟计算结果，最终可确定出合理的围岩计算范围为 48m×48m，即围岩计算半径 R = 24m。隧洞有限元计算模型网格划分如图 6.4 所示，总共 1440 个单元，1489 个节点，单元类型为四节点平面应变实体减缩积分单元 (CPE4R)。

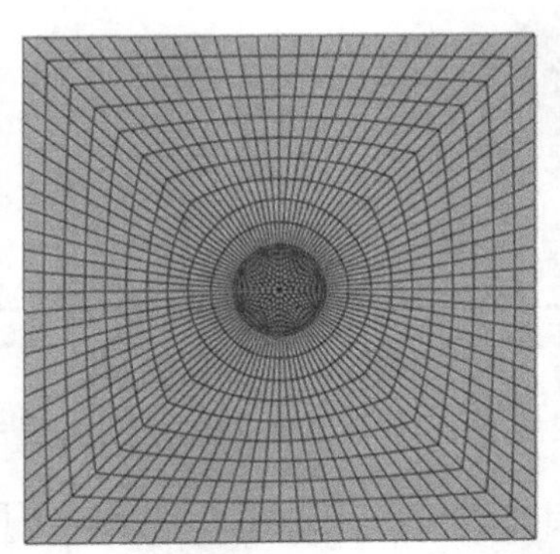

图 6.4　隧洞有限元计算模型网格划分

6.3.1　隧洞围岩温度场分析

1. 围岩温度变化情况

图 6.5 反映了围岩温度在空间上的分布情况，图 6.6 则为围岩温度 T 随围岩计算半径的变化曲线，该变化曲线沿围岩厚度方向呈非线性递增变化。结合图 6.5、图 6.6 分析可知，离洞心距离越远，越靠近围岩深处，围岩温度就越高；相反，离洞心越近，越接近支护，围岩温度就越低。

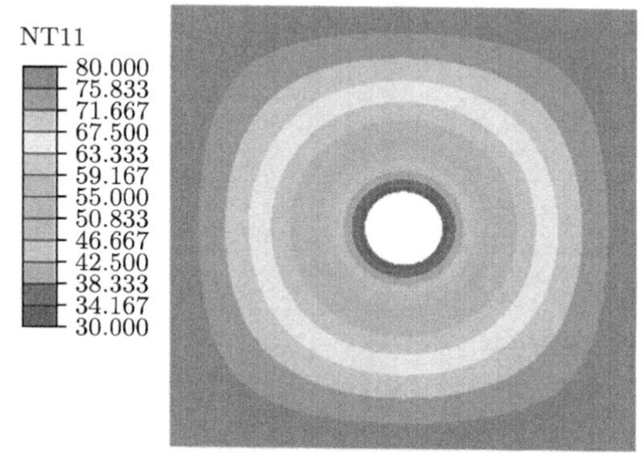

图 6.5　围岩温度分布云图 (单位：℃)

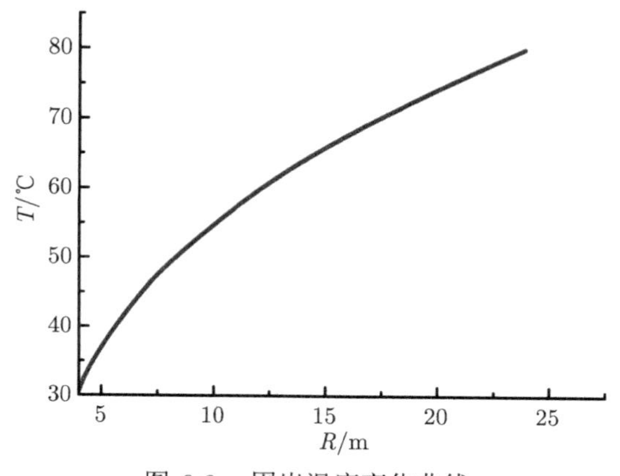

图 6.6　围岩温度变化曲线

2. 不同温度边界条件下的围岩温度变化情况

由图 6.7(a) 和 (b) 可知，无论是改变原岩温度还是洞内环境温度，围岩温度总是呈现出一种非线性递增的趋势，原岩温度越高对应温度变化曲线越陡峭，相反，洞内环境温度越高时对应变化曲线越平缓；此外，围岩温度分布情况与洞内环境温度、围岩初始温度密切相关，即无论是原岩温度发生改变还是洞内环境温度发生改变，均会对隧洞围岩温度分布产生影响，因而在隧洞工程建设中应严格控制洞内环境温度，以防止其大幅变化引起围岩温度重分布，从而造成应力重分布。

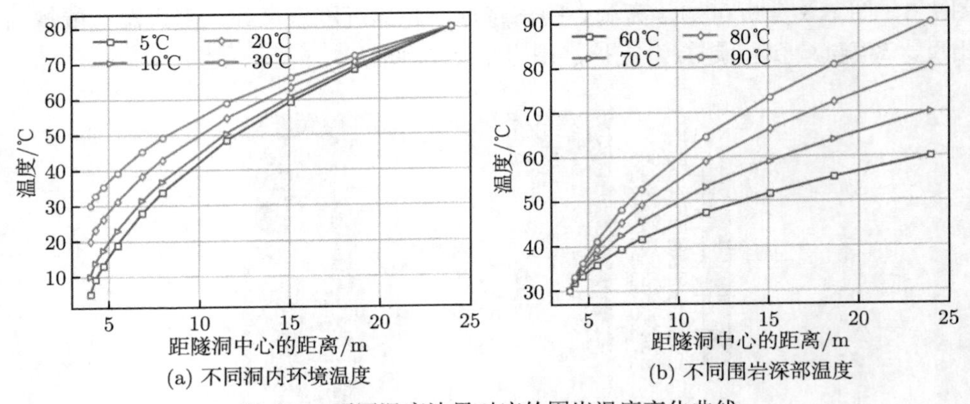

(a) 不同洞内环境温度　　(b) 不同围岩深部温度

图 6.7　不同温度边界对应的围岩温度变化曲线

6.3.2 围岩计算应力与位移在两种耦合机制下的比较分析

多场耦合是指两个及两个以上物理力学过程之间的相互作用，包括直接耦合和间接耦合过程。直接耦合分析考虑了各物理场之间相互作用、相互依赖的情况，需要特定的单元类型，往往是非线性的。间接耦合属单向耦合分析过程，即按特定的次序求解单个物理场的过程，并将前一次分析的结果作为后续分析的已知边界进行施加，故又称序贯耦合分析。

采用热–力 (TM) 耦合模式进行分析，其耦合作用机制可具体表示为：岩体热力学参数随温度的变化过程和由温度变化诱发的热应力引起的岩体应力场变化 [2]，两种耦合机制下隧洞计算结果如图 6.8 所示。

由图 6.8 可知，两种耦合机制下最大主应力、最小主应力和最大竖向位移出现的位置均相同，其分别对应于隧洞底部、中部和上部。就其应力值来说，直接耦合分析最大主应力值大于间接耦合分析，两者相差 0.13MPa；最小主应力和位移间接耦合分析均较直接耦合分析结果大，其差值分别为 0MPa、0.005cm。通过对两种耦合机制结果的对比可知，直接耦合和间接耦合分析计算结果相差甚小，因而对于某些不考虑中间非线性变化、不需要特定单元类型的分析，可直接采用间接耦合进行相关分析，这样不仅可以加快计算速率，而且可以保证一定的计算精度。

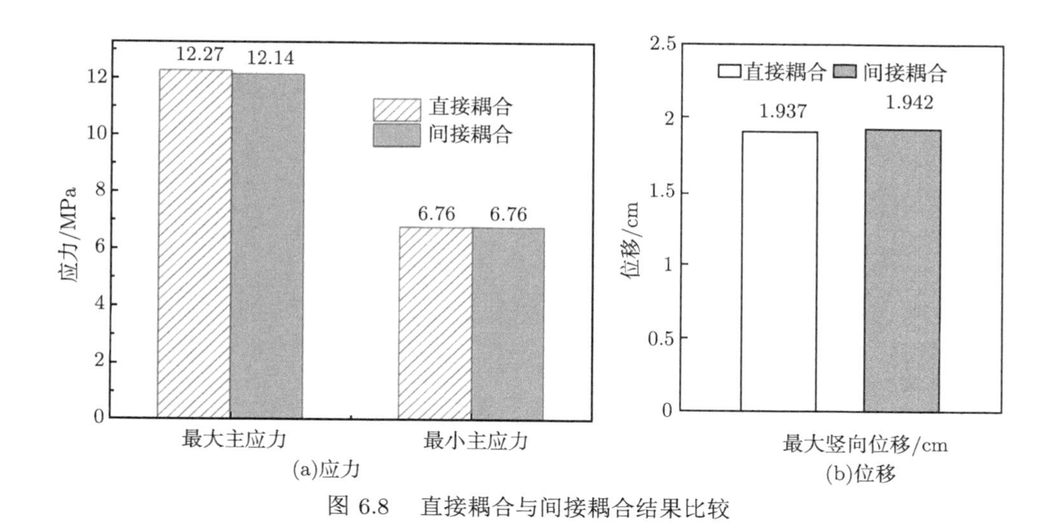

(a)应力　(b)位移

图 6.8　直接耦合与间接耦合结果比较

6.3.3　温度、结构应力 (位移) 与耦合应力 (位移) 之间的关系

在自然状态下，高温区岩体在初始温度和应力作用下处于平衡状态。人类在岩体表面或内部开挖隧洞后，将会使原岩应力、温度状态发生变化。为保证开挖后围岩的稳定性，根据现场围岩变形情况，在开挖完成一定时间后需设置支护。支护结构的存在又会使围岩的应力、温度再次发生变化。岩体的温度、应力变化并非单独进行的，两者之间往往相互影响。

本章研究了开挖和温度单独作用下围岩应力和位移的分布情况，并将研究结果和考虑两者相互耦合作用下的结果进行对比，对比结果如表 6.2 所示。由表 6.2 可知，高地温隧洞施工完成后，耦合应力最大可达 11.83MPa，出现在拱底位置；耦合位移最大可达 1.72cm，出现在拱顶位置。各关键部位叠加应力与耦合应力相差较大，约为 9.4%；叠加位移和耦合位移几乎一致，其结果与文献 [5] 所得结果具有较好的一致性。

表 6.2　围岩关键部位应力和位移的分布情况

名称	最大主应力/10MPa				最大竖向位移/cm			
	温度应力	结构应力	叠加应力	耦合应力	温度位移	结构位移	叠加位移	耦合位移
拱顶	−8.24	−2.53	−10.77	−11.69	2.72	−4.43	−1.71	−1.72
拱腰	3.90	−13.51	−9.61	−10.96	2.19	−3.28	−1.09	−1.10
拱底	−8.26	−2.63	−10.89	−11.83	1.66	−2.15	−0.49	−0.49

6.3.4　常温与高温情况下围岩计算应力和位移的对比分析

由图 6.9 可知，在不考虑高地温对隧洞的影响下，隧洞围岩最大主应力全为压应力。拱腰位置应力最大，约为 13.5MPa；当考虑高地温对隧洞的影响时，洞周围岩拱顶及拱底处均出现了拉应力，其值分别为 3.02MPa、2.99MPa，而最大主压应力为 13.3MPa，出现在拱腰位置，相比常温情况的最大主应力减小了 1.5%。

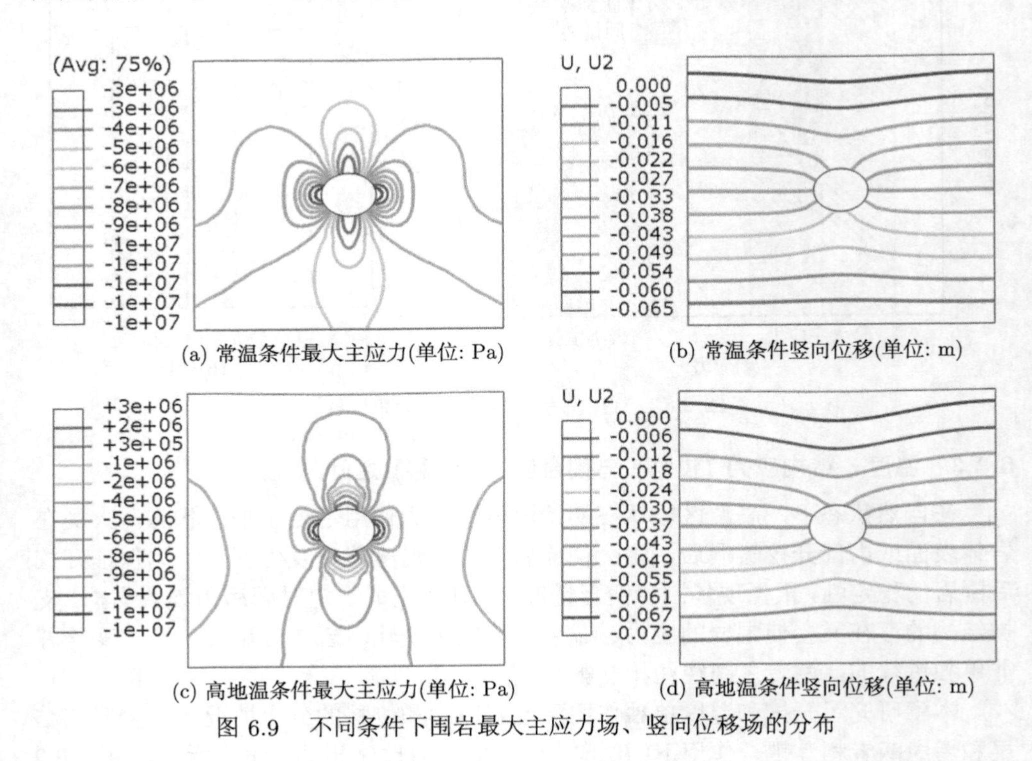

(a) 常温条件最大主应力(单位: Pa)　　(b) 常温条件竖向位移(单位: m)

(c) 高地温条件最大主应力(单位: Pa)　　(d) 高地温条件竖向位移(单位: m)

图 6.9　不同条件下围岩最大主应力场、竖向位移场的分布

考虑高地温情况下，隧洞围岩整体竖向位移较一般情况下大，就最大值来说，相差约 1cm。另外，通过比较一般情况和高地温情况下隧洞各关键部位的位移值可以发现，一方面，高地温的存在可使隧洞周边岩体变形增加，这种扩张变形的方法可有效降低隧洞周边岩体的应力，从而一定程度上改善岩体的受力情况；然而，另一方面，高地温的存在又会使隧洞周边岩体产生拉应力，拉应力值相对压应力值较小，但对岩体这种弹塑性材料，抗拉强度总体较低，因而高地温的存在将会对围岩的受力产生不利的影响。在隧洞建设工程中，为提高围岩整体的稳定性应采取一定工程技术手段来增强岩体抗拉性能。

图 6.10 为高温情况下围岩最大主应力增量在空间沿不同路径 (拱顶以上、拱腰以右及拱底以下) 的变化曲线。拱顶和拱底的最大主应力增量变化大致相同，均呈现出下降的趋势；拱腰位置的最大主应力增量却表现出上升的趋势，且靠近洞壁处最大主应力增量反而为负值，这表明高地温的存在将会使拱腰位置的最大主应力减小，拱顶和拱底的最大主应力增加。

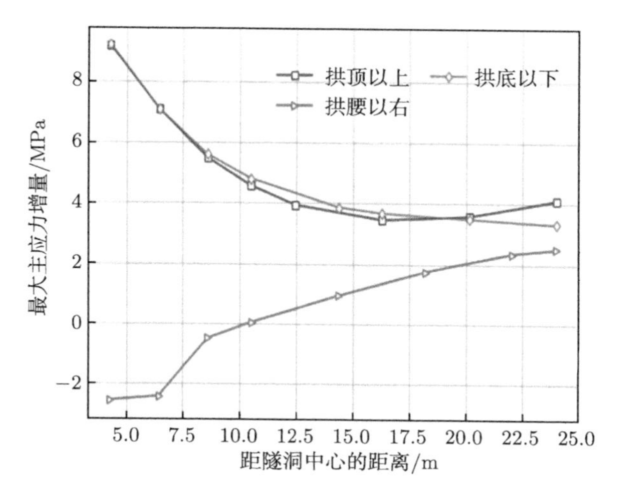

图 6.10　围岩最大主应力增量变化趋势

图 6.11 为高温情况下围岩竖向位移减量在不同路径 (拱顶以上、拱腰以右及拱底以下) 的变化曲线。拱顶、拱腰和拱底的竖向位移增量均为负值，表明高地温的存在将会使这三个位置的位移均呈现出不同程度的递减。拱顶和拱底位移减量呈现出相反的变化趋势，且关于拱腰位移减量曲线对称，拱腰位置位移减量曲线近似一条水平线，感兴趣的读者可参考文献 [10]。

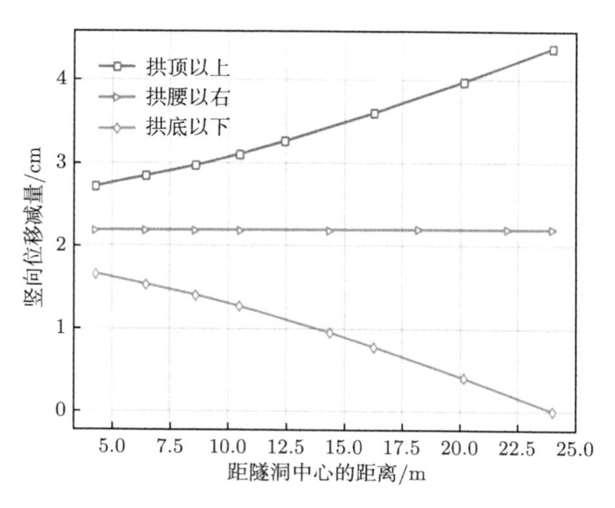

图 6.11　围岩竖向位移减量变化趋势

6.4 本章小结

(1) 隧洞内外边界温度发生变化时均会对围岩温度场产生影响。无论是原岩温度发生变化还是洞内环境温度发生变化，围岩温度总是呈现出一种非线性递增的趋势。

(2) 直接耦合和间接耦合分析计算结果相差甚小。因而，对于某些不考虑中间非线性变化、不需要特定单元类型的分析，可直接采用间接耦合进行相关分析，这样不仅可以加快计算速率，而且可以保证一定的计算精度。

(3) 高地温隧洞施工完成后，耦合应力最大可达 11.83MPa，出现在拱底位置；耦合位移最大可达 1.72cm，出现在拱顶位置。各关键部位叠加应力与耦合应力相差较大，约为 9.4%；叠加位移和耦合位移几乎一致。

参考文献

[1] 赵国斌, 徐学勇, 刘顺萍. 喀喇–昆仑山区引水发电洞高地温现象及成因探讨 [J]. 工程地质学报, 2015, 23(6): 1196-1201.
[2] 李连崇, 杨天鸿, 唐春安, 等. 岩石破裂过程 TMD 耦合数值模型研究 [J]. 岩土力学, 2006, 27(10): 1727-1732.
[3] 张岩, 李宁. 多因素对高温隧洞稳定性的影响 [J]. 西北农林科技大学学报 (自然科学版), 2012, 40(2): 219-234.
[4] 王亚南. 高地温地下洞室围岩稳定及支护结构受力数值试验研究 [D]. 西安: 西安理工大学, 2011.
[5] 姚显春. 高温差下隧洞围岩衬砌结构热应力特性研究 [D]. 西安: 西安理工大学, 2013.
[6] 朱永全. 隧道稳定性位移判别准则 [J]. 中国铁道科学, 2001, 22(6): 81-84.
[7] 童宏纲, 刘佑荣, 杜时贵. 公路隧道围岩质量评价系统初步研究 [J]. 地质科技情报, 2000,19(3): 81-86.
[8] 邵珠山, 乔汝佳, 王新宇. 地温隧道温度与热应力场的弹性理论解 [J]. 岩土力学, 2013,34(S1): 1-8.
[9] 后雄斌. 地下洞室岩石热–力–损伤应变软化模型及数值模拟研究 [D]. 石河子: 石河子大学, 2019.
[10] 后雄斌, 姜海波, 貊祖国. 高地温引水隧洞围岩热–应力耦合分析 [J]. 水利水电技术, 2017, 48(7): 43-48.

第 7 章　高地温作用下岩石损伤演化本构模型及耦合数值模拟

7.1　概　　述

高地温环境下，隧洞与地下洞室周边岩体的损伤破坏不仅与地应力、岩体本身及其结构面分布有关，而且还受到高温环境的影响。因此，高温岩体渐进持续损伤演变过程的揭示对于研究高地温地下洞室周边岩体的力学特性和受力破坏过程至关重要。

徐燕萍等 [1] 引入了塑性变形的屈服准则，基于宏观损伤变量 (损伤) 和塑性变形同时出现的假设，建立了岩石三维热弹塑性耦合模型。张玉军 [2] 在 Barton-Bandis(BB) 模型的基础上，采用有关裂隙的张量理论，对裂隙岩体进行了多场耦合分析。张平等 [3] 建立了能够反映岩石材料软化和硬化过程的局部渐进破损模型。曹瑞琅 [4] 对岩体的残余强度特征进行了研究，并建立了修正的残余强度的岩石损伤本构模型。黄书岭 [5] 基于流变、渗流、弹塑性力学，建立了高应力作用下脆性岩石本构模型，提出了地下工程围岩开挖扰动的扩容安全分区。曹文贵等 [6] 建立了能够反映岩石变形全过程的损伤本构模型，弥补了前人在模型中对残余强度阶段变形特征反映的不足。郭运华 [7] 基于多层次非平衡统计理论，建立了岩石张拉损伤模型。龚哲等 [8] 考虑了温度对黏土物理力学性质的影响，研究了 Boom 黏土不同温度和不同围压下的力学响应特性，推导了关于黏土材料的非线性本构关系。周广磊等 [9] 建立了温度–应力耦合岩石蠕变模型，借助 COMSOL MULTIPHYSICS 平台实现了该模型的二次开发，并结合有关实验数据对建立的模型进行了验证。张德等 [10] 对 Mohr-Coulomb 强度准则进行了修正，建立了能够反映冻土介质材料在低围压下剪胀特性和高围压下剪缩特性的损伤模型。王军祥等 [11] 对已有的岩石非线性损伤模型进行了程序开发，并对编写的求解程序进行了验证。陈松等 [12] 基于 Mohr-Coulomb 强度准则，结合断裂、损伤力学基本理论，建立了考虑岩石宏细观缺陷的损伤模型，研究了节理倾角对裂隙岩体宏观损伤速度的影响。郭璇等 [13] 通过引入 3 对独立的内变量和 4 种热力学能量函数，建立了能够反映岩石结构的塑性本构模型。

建立真实可靠、方便实用的岩石本构关系对于研究地下工程围岩变形破坏过程、指导工程设计和施工至关重要。依照不同地下工程背景建立的岩石本构模型可以用来综合评价岩体在特定外界环境作用下的响应问题。描述岩石力学特性的应力–应变关系曲线可以集中反映荷载作用下岩石强度与变形的问题，因而一直以来是岩土工作者研究的重点。虽然目前已经建立了很多的岩石本构关系，但是在针对具体工程实际情况时这些模型往往较为局限，不能很好反映岩石在特定荷载作用下的强度和应变之间的真实情况。地下洞室周边的高温环境会使岩体内部产生热损伤，同时，岩体还会因周围岩体的压力作用而产生损伤。因此，建立能够恰当反映岩石在高温和荷载作用下的岩石损伤本构模型对于处理高地温地下洞室周边岩体的变形破坏过程极其重要。针对高地温地下工程，建立考虑温度荷载诱发损伤的岩石本构模型，以及采用数值模拟研究考虑高地温诱发损伤的水工隧洞热–力耦合特性，对于高地温地下洞室工程建设施工至关重要。

7.2　岩石损伤基础

7.2.1　岩石损伤基本理论

岩石是一种天然的不均匀复杂地质材料，在外部荷载及环境 (温度、腐蚀、风化等) 作用下，岩石内部薄弱部位会产生一定的微观裂纹，这些微观裂纹及新生裂纹在外界因素作用下不断扩张、聚合、贯通，从而引起岩石材料力学性能的劣化。岩石材料的损伤是其内部材料力学性能在外界因素作用下渐进劣化累积的不可逆过程，期间伴随着能量的转化。为研究外界因素作用下岩石材料内部微观裂纹的演变发展过程，岩石损伤力学应运而生。

损伤力学起源于 20 世纪 70 年代，最初由 Rabotnov[14] 提出的损伤这一概念引出，在许多学者研究的基础上逐渐建立并发展起来 [15−22]。岩石损伤力学将材料内部不可见的微观缺陷的发展演变通过试验、连续介质力学、热力学的方法反映到可见的材料变形破坏这一物理宏观层面上，可以实现岩石材料从微观向宏观的过渡。因而，采用损伤力学的基本理论来研究岩石等含有微观缺陷的材料是一种极为有效的手段。

岩石损伤力学的研究方法可分为唯象学方法 (宏观层面)、金属物理学方法 (细观层面) 及统计学方法三种。

(1) 唯象学方法：唯象学方法是通过引入一个可以表征岩石材料损伤状态 (损伤变量) 的变量，应用不可逆热力学和连续介质力学方法建立岩石材料的损伤演化方程和本构关系的一种方法。该种方法可以从宏观层面上对岩石材料的力学劣化过程进行定量的解释，但是其无法从细观层面上考察岩石材料损伤的物理形态和变化过程。

(2) 金属物理学方法：金属物理学方法借助计算机断层扫描术 (CT)、扫描电镜 (SEM)、透射电子显微镜 (TEM) 等先进技术手段对岩石材料内部微观缺陷的分布变化特征进行分析研究，并与宏观层面上岩石材料的变形破坏相结合，为研究岩石材料损伤演化机制提供科学依据。

(3) 统计学方法：统计学方法通常以某一随机函数来表征岩体的非均匀性特征。该种方法是在细观层面考察研究个体损伤状态的基础上，结合统计学的方法对不均匀岩石材料整体的损伤情况进行研究，实现了岩石材料强度和缺陷不均匀分布的概化。

上述任何一种方法在研究岩石材料的损伤演化过程时，都需要一个度量岩石材料损伤状态的量——损伤变量。对于仅有温度和外力作用的岩体，从造成损伤的外因出发，通常分为热损伤和力学损伤。针对某一种具体损伤度量方法的选择上，可从两个方面出发：一方面从宏观层面上选择表征岩石损伤劣化程度的量，如岩石材料的强度、刚度和密度等；另一方面从微观层面上选择描述岩石损伤程度的微观缺陷数量比、面积比、体积比等作为损伤变量。根据研究岩石材料损伤目的的不同，应选择不同的损伤变量度量方法。若要建立外界荷载及环境作用下岩石材料损伤与变形之间的关系，可选择宏观层面上岩石损伤的度量方式；若要研究岩石材料损伤演变的实质性规律，可从微观层面上选择度量损伤程度的方法。

7.2.2　岩石破坏损伤基础

岩石作为一种存在初始损伤的复杂天然地质材料，其内部结构的非均匀性会使岩石各微元强度分布存在差异。在荷载、温度等外界环境作用下，岩石内部因初始微观裂纹扩展和新微裂纹萌生、扩展产生损伤。当岩体内部产生的损伤累积到一定程度时，岩石就会被破坏，其破坏过程往往是由内向外的、由微观不可见破坏形式向宏观可见破坏形式发展。岩石常规三轴压缩试验表明，岩石内部微元破坏后，还具有承受一定外部荷载作用的能力，通常可以表述为岩石仍具有一定的残余强度，即岩石因围压和摩擦的影响仍能够传递部分剪应力和压应力。近些年来，连续介质理论和损伤统计理论的提出为描述上述岩石变形破坏全过程开辟了一条全新的路径，可采用连续介质统计损伤理论建立岩石损伤本构模型，但是否可以很好地描述岩石变形破坏的全过程，还涉及如下三个关键性问题：一是在模型中如何描述岩石的不均匀性；二是应选择什么样的岩石微元强度度量方法来综合反映岩石应力状态；三是如何考虑岩石峰后残余强度。

首先，如何考虑岩石内部强度分布不均的问题。对于一整块岩体，其内部各处强度往往是不一致、不均匀的，其中较为完整的部分强度较大，而含有一定缺陷的部位往往强度较小，因此岩石微元强度在空间分布上是存在差异的，但对岩石整体而言，岩石材料在宏观层面上可能又显现出一定的均质性。研究岩石材料单个微元体强度对岩石整体力学性能的影响是没有任何意义的。因而，将岩石强度按随机性分布的统计方法进行描述可有效解决岩石材料不均匀分布的问题。常见岩石微元强度随机分布的模型主要包括正态分布、对数正态分布、Weibull 分布等 [23](表 7.1)。其中，正态分布经过一定的处理后才可以模拟结构抗力的分布，求解精度低，对数正态分布计算结果较为保守，Weibull 分布应用最为广泛，较对数正态分布更能真实反映岩石微元强度随机分布的特点，对材料试验数据适应性最强，是目前研究岩石损伤本构关系中最常用的模型。

表 7.1　常见岩石微元强度随机分布表

分布类型	密度函数	分布函数
正态分布	$p(x)=\dfrac{1}{\sqrt{2\pi}\sigma}\exp\left[-\dfrac{(x-\mu)^2}{2\sigma^2}\right]$	$P(x)=\dfrac{1}{\sqrt{2\pi}\sigma}\int_{-\infty}^{x}\exp\left[-\dfrac{(t-\mu)^2}{2\sigma^2}\right]\mathrm{d}t$
对数正态分布	$p(x)=\dfrac{1}{\sqrt{2\pi}\sigma x}\exp\left[-\dfrac{(\ln x-\mu)^2}{2\sigma^2}\right]$	$P(x)=\dfrac{1}{\sqrt{2\pi}\sigma x}\int_{0}^{x}\exp\left[-\dfrac{(\ln t-\mu)^2}{2\sigma^2}\right]\mathrm{d}t$
Weibull 分布	$p(x)=\dfrac{m}{n}\left(\dfrac{x}{n}\right)^{m-1}\exp\left[-\left(\dfrac{x}{n}\right)^{m}\right]$	$P(x)=1-\exp\left[-\left(\dfrac{x}{n}\right)^{m}\right]$

其次，关于岩石微元强度合理度量的选择上，唐春安 [24]1993 年就以轴向应变作为衡量其强度的基本标准，虽然在一定程度上表征了本构关系，但该种做法缺乏对岩石在外界荷载作用下所处实际状态的考虑。在此之后，曹文贵等 [25-26] 对已有的模型进行了改进，从现有的岩石破坏强度准则出发，在描述岩石强度非均匀性随机分布的函数中引入破坏准则，从而使得岩石在外界荷载作用下的实际应力状态有了明确的表征办法。目前，用以度量岩石材料破坏的强度准则具体表达式见表 7.2，且各强度准则在度量岩石微元强度时都有着各自的优缺点，如 Mohr-Coulomb 准则无法反映中间主应力对岩石微元强度的影响，且不能解释在静水压力作用下岩石微元也可能会发生屈服或破坏的现象；Hock-Brown 准则是基于经验的强度破坏准则，相较理论的强度准则更贴合工程实际，应用较为广泛，但由于是基于经验的强度准则，有些参数的选择具有一定的随机性；Drucker-Prager 准则是在 Mise 准则和 Mohr-Coulomb 准则的基础上加以推广得到的，相对于其他强度准则较为保守，但计入了中间主应力对岩石微元强度的影响，而且还考虑了静水压力的作用 [22,27]。

表 7.2　常见岩石材料破坏强度准则

名称	表达式
Mohr-Coulomb 准则	$f=\dfrac{1}{3}I_1\sin\varphi+\left(\cos\theta_\sigma-\dfrac{1}{\sqrt{3}}\sin\theta_\sigma\sin\varphi\right)\sqrt{J_2}-c\cos\varphi=0$
Drucker-Prager 准则	$f=\dfrac{\sin\varphi}{\sqrt{3}\sqrt{3+\sin^2\varphi}}I_1+\sqrt{J_2}-\dfrac{\sqrt{3}c\cos\varphi}{\sqrt{3+\sin^2\varphi}}=0$
Hock-Brown 准则	$f=m\sigma_c\dfrac{I_1}{3}+4J_2\cos^2\theta_\sigma+m\sigma_c\sqrt{J_2}\left(\cos\theta_\sigma+\dfrac{\sin\theta_\sigma}{\sqrt{3}}\right)-s\sigma_c^2=0$

最后，对于在模型中如何考虑岩石峰后残余强度的研究，目前主要存在如下两方面的不足：一是由于所建立的损伤统计本构模型 [25,27-30] 是基于 Lemaitre 应变等价性假设 [31] 的，尽管可以反映岩石应变软化特性，但却不能描述岩石峰后残余强度阶段的变形特征，更无法反映岩石损伤的力学本质；二是所建立的模型虽在一定程度上表明了残余应力的存在，可仍存在一定的不足。针对上述 Lemaitre 应变等价性假设 [31] 存在的不足，曹文贵等 [25] 提出了新型岩石统计损伤本构模型，该模型认为作用在岩石材料上的荷载由两部分共同承担，一部分由岩石损伤材料承担，另一部分由岩石未损伤材料承担。但该模型却无法准确反映岩石变形全过程中峰后残余强度特征。为此，曹文贵又进一步通过将轴向残余应力强度引入模型，从而克服上述新型模型存在的不足之处。另外一种考虑岩石峰后残余强度的方法是通过在模型中引入损伤修正参数，其经历了如下发展：早在 2002 年，徐卫亚等 [28] 在建立岩石损伤统计本构模型时，就已通过引入一个 0~1 的系数来反映峰后残余强度对岩石应力应变关系的影响，其所建立的模型虽然在一定程度上更好地拟合了岩石在荷载作用下发生破坏后应力随应变的变化规律，但其参数需要不断地试选直至能够很好反映岩石峰后残余强度阶段的应力应变变化特征为止。后来，曹瑞琅等 [29] 在建立损伤统计本构模型时，对考虑峰后残余强度损伤变量修正系数的取值进行了具体化，即以残余强度与峰值强度比值的二分之一次方作为损伤变量的修正系数，其相比徐卫亚引入的损伤变量修正系数，物理意义更加明确，且能够很好反映岩石峰后残余强度的特征。尽管上述两位学者在模型中通过引入损伤修正系数很好地解决了如何描述岩石峰后残余强度变化特征的问题，但由此所建立的模型在反映岩石峰后残余强度变化规律时存在着一定的误差，仍需做进一步的研究。

7.3　荷载单独作用下的岩石损伤演化及本构方程

7.3.1　岩石损伤演化方程

岩石的损伤是由外界环境作用下内部非均匀分布的微元体破裂造成的，根据连续介质损伤力学基本理论，假定岩石是由一个一个的微小单元体组成，将其内部所有的微小单元体总数目记为 N，外界荷载持续作用下最终导致岩体内部完全破坏的微小单元体数目记为 N_{d}。因此，由荷载引起的损伤，其损伤变量 [32] D_σ 可定义为

$$D_\sigma = \frac{N_{\mathrm{d}}}{N} \tag{7.1}$$

假定岩石微元强度服从某种概率随机分布，当岩石微元强度 S 在某一应力水

平区间 [33] $[S(\sigma), S(\sigma)+\mathrm{d}S(\sigma)]$ 时，则该岩石微元的破坏概率密度为

$$f = f(S)\mathrm{d}S \tag{7.2}$$

式中，$f(S)$ 为岩石微元强度所服从的概率密度。

假设岩石内有 N 个微元，在某一应力水平区间 [10] $[S(\sigma), S(\sigma)+\mathrm{d}S(\sigma)]$ 内，岩石中微元的破坏数目 $\mathrm{d}N_\mathrm{d}$ 为

$$\mathrm{d}N_\mathrm{d} = Nf(S)\,\mathrm{d}S \tag{7.3}$$

对式 (7.3) 在区间 $[-\infty, S(\sigma)]$ 上积分，可得岩石应力水平 S 达到某一值 $S(\sigma)$ 时岩石中微元总的破坏数目 [27,34] N_d 为

$$N_\mathrm{d} = \int_{-\infty}^{S(\sigma)} Nf(S)\,\mathrm{d}S = N\int_{-\infty}^{S(\sigma)} f(S)\,\mathrm{d}S = NP(F) \tag{7.4}$$

式中，$P(F)$ 为岩石微元强度概率密度分布函数。

式 (7.4) 化简整理可得

$$P(F) = \frac{N_\mathrm{d}}{N} \tag{7.5}$$

结合式 (7.1) 和式 (7.5) 可得

$$D_\sigma = P(F) \tag{7.6}$$

当岩石微元强度服从 Weibull 分布时，岩石微元强度概率密度分布函数 $P(F)$[35-36] 为

$$P(F) = 1-\exp\left[-\left(\frac{F}{S_0}\right)^n\right] \tag{7.7}$$

式中，F 为岩石微元强度；S_0 和 n 分别为用来反映岩石宏观统计平均强度大小和微元强度分布集中程度的参数 [29,37]（n 又称“岩石材料的均值度系数”)。

与式 (7.7) 对应的概率密度为

$$P(S) = \frac{n}{S_0}\left(\frac{F}{S_0}\right)^{n-1}\exp\left[-\left(\frac{F}{S_0}\right)^n\right] \tag{7.8}$$

将式 (7.7) 代入式 (7.6)，可得荷载单独作用下的岩石损伤演化方程为

$$D_\sigma = 1-\exp\left[-\left(\frac{F}{S_0}\right)^n\right] \tag{7.9}$$

采用 Drucker-Prager 准则来衡量岩石微元强度 [25,26,38]，即

$$F = k = \alpha_0 I_1 + \sqrt{J_2} \tag{7.10}$$

式中，α_0 为与岩石材料有关的参数，$\alpha_0 = \dfrac{\sin\varphi}{\sqrt{3}\sqrt{\left(3+\sin^2\varphi\right)}}$；$I_1$ 为球应力张量第一不变量；J_2 为偏应力张量第二不变量。用有效主应力表示的 I_1 与 J_2 分别为

$$I_1 = \sigma_1^* + \sigma_2^* + \sigma_3^* \tag{7.11}$$

$$J_2 = \frac{1}{6}\left[\left(\sigma_1^* - \sigma_2^*\right)^2 + \left(\sigma_2^* - \sigma_3^*\right)^2 + \left(\sigma_3^* - \sigma_1^*\right)^2\right] \tag{7.12}$$

上述基于 Drucker-Prager 准则的岩石微元强度度量方法虽能直接反映岩石应力状态对岩石微元强度的影响 [25,26,39]，但仍存在如下不足之处：一是岩石微元强度并未给定一个初值，即认为一旦岩石材料受力或产生位移就会发生损伤，而实际情况是当岩石材料的受力或变形达到一定程度时才会产生损伤；二是该种度量方法认为岩石初始损伤存在于岩石应力–应变曲线峰值点处，而实际情况是发生在损伤阈值点处。

岩石损伤存在阈值，当应力小于损伤阈值点处的应力时，内部不产生损伤 [40]，岩石材料处于线弹性变形阶段，损伤变量为零；当应力超过损伤阈值点处的应力时，岩石内部裂纹就会扩展，从而引发损伤，即损伤变量大于零，岩石应力不再随应变呈线性变化。因此，在建立岩石损伤演化方程时，就必须要考虑损伤阈值对岩石损伤演化过程的影响。因此，有必要对上述岩石微元强度度量方法进行修正。经修正可得如下度量岩石微元强度的方法，即

$$F'(\sigma) = F - c = \alpha_f I_1 + \sqrt{J_2} - c \tag{7.13}$$

式中，$\alpha_f = \dfrac{\sin\varphi_f}{\sqrt{3}\sqrt{\left(3+\sin^2\varphi_f\right)}}$，$\varphi_f$ 为岩石屈服时的内摩擦角；c 为岩石初始损伤时所具有的强度，可通过损伤阈值点处的取值求得。

比较式 (7.10) 和式 (7.13)，可以发现岩石微元强度 F 是岩石达到屈服时的强度，另外还需减去一个岩石达到初始损伤时的强度值 c，即岩石的损伤是从岩石微元应力达到损伤阈值点处的应力时开始的。因而，采用此种岩石微元强度度量方法可以通过损伤阈值点将损伤过程分为未损伤阶段 ($\varepsilon < \varepsilon_d$) 和损伤阶段 ($\varepsilon \geqslant \varepsilon_d$)。显然，该种岩石微元强度度量方法相较前人 [28] 所采用的方法更为合理。

将式 (7.13) 代入式 (7.9)，可建立如下考虑损伤阈值的荷载作用下的岩石统计损伤演化方程：

$$D_\sigma = \begin{cases} 0, & \varepsilon < \varepsilon_d \\ 1 - \exp\left[-\left(\dfrac{\alpha_f I_1 + \sqrt{J_2} - c}{S_0}\right)^n\right], & \varepsilon \geqslant \varepsilon_d \end{cases} \tag{7.14}$$

7.3.2　岩石损伤本构模型

基于 Lemaitre 应变等价性假设 [31] 建立的岩石名义应力 σ 和有效应力 σ^* 之间的关系，以及引入损伤变量修正系数 δ[28-30] 后改进的岩石名义应力 σ 和有效应力 σ^* 之间的关系分别为

$$\sigma = \sigma^*(1 - D) \tag{7.15}$$

$$\sigma = \sigma^*(1 - \delta D) \tag{7.16}$$

依据式 (7.15) 和式 (7.16) 所建立的岩石损伤本构模型不能合理反映岩石峰后残余强度的变化特征，鉴于此，曹文贵在基于一定假设的基础上提出了新的能够反映岩石残余变形的统计损伤本构模型 [41]，即认为作用在岩石材料上的应力由岩石材料未损伤和损伤的部分共同承担，模型受力简图如图 7.1 所示，具体力学表达式如下

$$\sigma_1 N = \sigma_1' N_1 + \sigma_1^r N_\mathrm{d} \tag{7.17}$$

式中，σ_1 为岩石宏观轴向名义应力；σ_1' 为岩石微元未损伤部分所承受的微观轴向应力；σ_1^r 为岩石微元损伤部分所承受的微观轴向应力 [42-43]；N_1、N_d 和 N 分别为岩石材料内部未损伤微元数目、损伤微元数目和总微元数目，且三者满足如下关系：

$$N = N_1 + N_\mathrm{d} \tag{7.18}$$

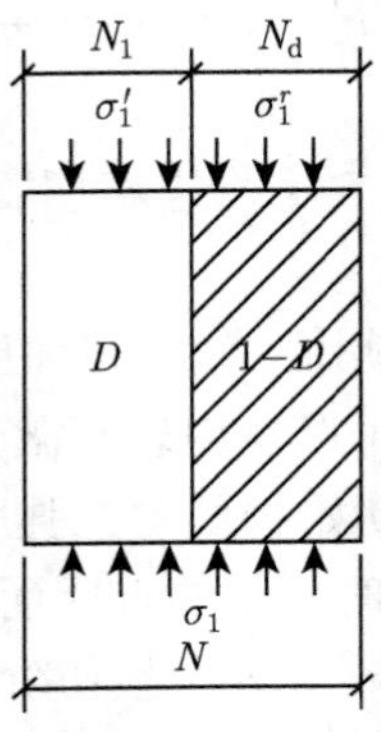

图 7.1　岩石材料微观轴向受力图

将式 (7.1) 和式 (7.18) 代入式 (7.17)，整理可得如下反映岩石峰后残余强度的岩石损伤本构模型 [42,44]：

$$\sigma_1 = \sigma_1'(1-D) + \sigma_1^r D \tag{7.19}$$

为了得到满足三轴压缩试验条件下的岩石损伤本构模型，现做如下几条基本假设：

(1) 岩石微元未损伤部分仍服从广义胡克定律 [45]，即

$$\sigma_1' = E\varepsilon_1 + \mu(\sigma_2' + \sigma_3') \tag{7.20}$$

(2) 外界荷载和环境作用下岩石材料仅在轴向产生损伤，无任何侧向损伤，即

$$\begin{cases} \sigma_2 = \sigma_2' \\ \sigma_3 = \sigma_3' \end{cases} \tag{7.21}$$

(3) 岩石材料完全由未损伤部分和损伤部分组成，故在外部荷载和环境作用下，岩石整体满足变形协调条件，即

$$\varepsilon_1 = \varepsilon_1' = \varepsilon_1^r \tag{7.22}$$

(4) 岩石峰后残余强度满足 Mohr-Coulomb 准则 [42]，即

$$\sigma_1^r = \frac{(1+\sin\varphi_r)\sigma_3 + 2c_r\cos\varphi_r}{1-\sin\varphi_r} \tag{7.23}$$

将式 (7.20) ~ 式 (7.23) 代入式 (7.19)，得到可以反映岩石残余强度的本构关系，即

$$\sigma_1 = E\varepsilon_1(1-D) + B_1 D + \mu(\sigma_2+\sigma_3) \tag{7.24}$$

式中，参数 B_1 为

$$B_1 = \frac{(1+\sin\varphi_r)\sigma_3 + 2c_r\cos\varphi_r}{1-\sin\varphi_r} - \mu(\sigma_2+\sigma_3) \tag{7.25}$$

综上所述，依据广义胡克定律，可得考虑损伤阈值和残余变形的荷载单独作用下的岩石统计损伤应变软化方程，即

$$\sigma_1 = \begin{cases} E\varepsilon_1 + \mu(\sigma_2+\sigma_3), & \varepsilon < \varepsilon_d \\ E\varepsilon_1 + \mu(\sigma_2+\sigma_3) + (B_1 - E\varepsilon_1)\left\{1-\exp\left[-\left(\dfrac{\alpha_f I_1 + \sqrt{J_2} - c}{S_0}\right)^n\right]\right\}, & \varepsilon \geqslant \varepsilon_d \end{cases} \tag{7.26}$$

7.3.3 模型验证

结合文献 [26] 所提供的砂岩试验数据和本构模型参数 B_1、D_t、F'_t、S_0、n 和 c 的表达式，得到各围压条件下岩石本构模型中的各参数值，如表 7.3 所示；并依次绘制 0MPa、3MPa、5MPa、8MPa 围压条件下的岩石应力–应变全过程曲线，同时，将所得模型曲线与 Yumlu 实验测试结果和文献 [26]、[28] 的模型结果进行对比分析。

表 7.3 不同围压下岩石本构模型参数取值

围压 / MPa	峰值应力 /MPa	峰值应变 /10^{-3}	起裂应力 /MPa	起裂应变 /10^{-3}	B_1	D_t	F'_t	S_0	n	c
0	83.1	4.3	1.9	37.6	11.2	0.19	46.9	78.4	2.99	35.0
3	107.4	6.1	2.3	48.3	25.6	0.19	71.5	110.2	3.61	44.1
5	131.8	7.5	2.8	59.3	35.2	0.26	82.6	132.8	2.53	54.8
8	157.1	9.1	3.2	70.7	49.7	0.34	110.2	170.1	2.05	61.6

图 7.2 给出了上述各围压条件下的砂岩理论曲线和试验曲线的对比结果。

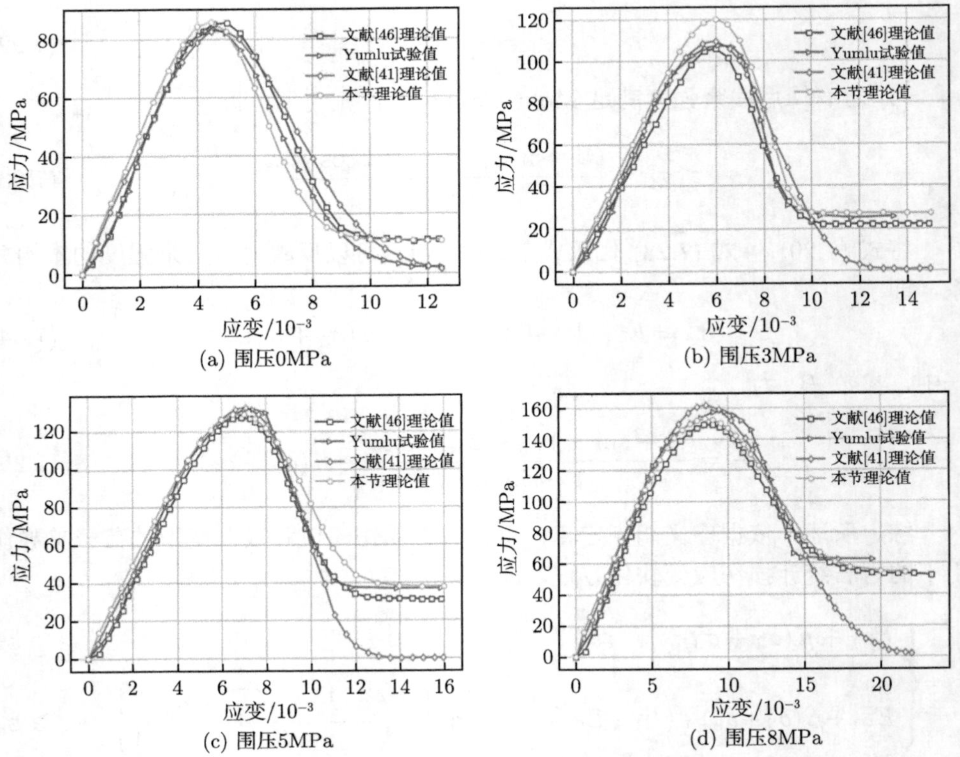

应力/MPa
0 20 40 60 80
0 2 4 6 8 10 12
应变/10^{-3}
文献[46]理论值
Yumlu试验值
文献[41]理论值
本节理论值

(a) 围压0MPa

应力/MPa
0 20 40 60 80 100 120
0 2 4 6 8 10 12 14
应变/10^{-3}
文献[46]理论值
Yumlu试验值
文献[41]理论值
本节理论值

(b) 围压3MPa

应力/MPa
0 20 40 60 80 100 120
0 2 4 6 8 10 12 14 16
应变/10^{-3}
文献[46]理论值
Yumlu试验值
文献[41]理论值
本节理论值

(c) 围压5MPa

应力/MPa
0 20 40 60 80 100 120 140 160
0 5 10 15 20
应变/10^{-3}
文献[46]理论值
Yumlu试验值
文献[41]理论值
本节理论值

(d) 围压8MPa

图 7.2 不同围压作用下理论曲线和试验曲线对比

(1) 所建模型能够很好地反映不同围压条件下的岩石应力–应变变化全过程，且与试验曲线吻合良好；同时考虑了岩石损伤阈值的影响，还可以很好地描述较小应变状态下的岩石应力应变变化规律 [47]。

(2) 文献 [28] 所建立模型虽然可以反映岩石应变软化全过程，但对岩石峰后残余强度的表征与 Yumlu 试验曲线相差较大，而本节模型不仅能够充分表征岩石峰后残余强度特征 [29]，而且还能使理论确定的模型曲线更加贴近试验所得的曲线。

(3) 在较低围压情况下，相对于岩石峰值强度，岩石峰后残余强度较小，岩石表现为明显的脆性；随着围压的不断提高，岩石峰后残余强度迅速增大 [29,48]，而岩石峰值强度增幅较小，岩石表现为脆性削弱、延性增强的特性 [46,49]。

图 7.3 为各围压条件下的岩石应力–损伤、应变–损伤关系曲线。

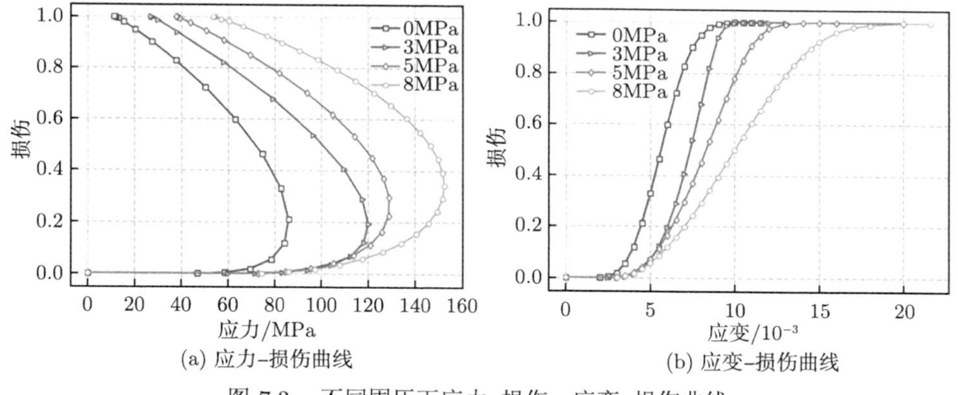

图 7.3　不同围压下应力–损伤、应变–损伤曲线

(1) 所建立模型能很好反映岩石损伤阈值对岩石峰前应变硬化特征的影响，同时还能全面表述岩石损伤演化与所受应力应变状态密切相关的特性。

(2) 当应力应变未达到损伤阈值点时，岩石初始损伤值几乎为零且增加缓慢，此时可近似认为岩石处于线弹性阶段，不发生损伤，即损伤 $D\equiv 0$。此外，在这一阶段围压对岩石损伤影响极小，此种情况更符合岩石损伤破坏规律。

(3) 各围压条件下岩石损伤演化曲线均随着应变的增加而增加。初始损伤值为 0，最终增加至 1 保持恒定，即岩石进入了峰后残余强度阶段。

(4) 各围压条件下岩石损伤演化曲线随应力的变化均不再呈单调递增变化趋势，而是随着损伤的累积岩石强度先增大后减小，具体表现为峰值强度前增加较快，峰值强度后下降较慢 (此种变化趋势与文献 [26] 一致)，即反映了岩石的峰后应变软化特性，且围压越大，曲线下降越平缓，岩石脆性特征愈发明显；同时当累积损伤变量为 1 时，岩石达到峰后残余强度稳定阶段，岩石强度几乎恒定不变，围压越大，峰后残余强度越大。

7.3.4 模型参数确定

依据岩石三轴试验条件全应力–应变曲线的几何条件可确定出建立模型中的所有参数。在岩石常规三轴试验中可测得名义应力 σ_1、σ_2、$\sigma_3(\sigma_2=\sigma_3)$ 和应变 ε_1，基于 Lemaitre 应变等价性假设，可以建立如下三维各向同性损伤的有效应力 σ^* 和名义应力 σ 之间的关系：

$$\begin{cases} \sigma_1^* = \dfrac{\sigma_1}{1-D} \\ \sigma_2^* = \sigma_3^* = \dfrac{\sigma_3}{1-D} \end{cases} \tag{7.27}$$

岩石微元体在发生破坏前，应力–应变服从广义胡克定律 [50]，即

$$\varepsilon_1 = \frac{1}{E}\left[\sigma_1^* - \mu\left(\sigma_2^* + \sigma_3^*\right)\right] \tag{7.28}$$

综合式 (7.27) 和式 (7.28)，可求得常规三轴试验下由名义应力表示的岩石各有效应力，即

$$\begin{cases} \sigma_1^* = \dfrac{\varepsilon_1 E}{\sigma_1 - 2\mu\sigma_3}\sigma_1 \\ \sigma_2^* = \sigma_3^* = \dfrac{\varepsilon_1 E}{\sigma_1 - 2\mu\sigma_3}\sigma_3 \end{cases} \tag{7.29}$$

将式 (7.29) 代入式 (7.11) 和式 (7.12)，可得用名义应力表示的球应力第一不变量 I_1 和偏应力第二不变量 $\sqrt{J_2}$，即

$$\begin{cases} I_1 = \dfrac{E\left(\sigma_1 + 2\sigma_3\right)}{\sigma_1 - 2\mu\sigma_3}\varepsilon_1 \\ \sqrt{J_2} = \dfrac{1}{\sqrt{3}}\dfrac{E\left(\sigma_1 - \sigma_3\right)}{\sigma_1 - 2\mu\sigma_3}\varepsilon_1 \end{cases} \tag{7.30}$$

将式 (7.30) 代入式 (7.13) 可得度量岩石微元强度的参数 F'，即

$$F' = \alpha_f I_1 + \sqrt{J_2} - c = A\varepsilon_1 - c \tag{7.31}$$

式中，$A = \dfrac{\left(\alpha_f\sqrt{3}+1\right)\sigma_1 + \left(2\alpha_f\sqrt{3}-1\right)\sigma_3}{\sqrt{3}}\dfrac{E}{\sigma_1 - 2\mu\sigma_3}$。

式 (7.31) 两边对 ε_1 求导，得

$$\frac{\partial F'}{\partial \varepsilon_1} = A \tag{7.32}$$

假定岩石全应力–应变曲线上损伤阈值点的坐标为 $(\varepsilon_d, \sigma_d)$，且在损伤阈值点处损伤变量 D 为零，由 $F' \geqslant 0$，得

$$
\begin{aligned}
c &= \lim_{\substack{\varepsilon_1 \to \varepsilon_d \\ \sigma_1 \to \sigma_d}} \alpha_f I_1 + \sqrt{J_2} \\
&= \lim_{\substack{\varepsilon_1 \to \varepsilon_d^+ \\ \sigma_1 \to \sigma_d^+}} \frac{\left(\alpha_f \sqrt{3}+1\right)\sigma_1 + \left(2\alpha_f\sqrt{3}-1\right)\sigma_3}{\sqrt{3}} \frac{E}{\sigma_1 - 2\mu\sigma_3}\varepsilon_1 = A_d \varepsilon_d
\end{aligned} \tag{7.33}
$$

式中，$A_d = \dfrac{\left(\alpha_f \sqrt{3}+1\right)\sigma_d + \left(2\alpha_f\sqrt{3}-1\right)\sigma_3}{\sqrt{3}} \dfrac{E}{\sigma_d - 2\mu\sigma_3}$。

假定岩石全应力–应变曲线上峰值点的坐标为 $(\varepsilon_t, \sigma_t)$，且在峰值点处满足 $\dfrac{\partial \sigma_1}{\partial \varepsilon_1}\Big|_{(\varepsilon_t, \sigma_t)} = 0$，即

$$
\frac{\partial \sigma_1}{\partial \varepsilon_1} = E\left(1 - D_t\right) + \frac{\partial D}{\partial \varepsilon_1}\left(B_1 - E\varepsilon_t\right) = 0 \tag{7.34}
$$

将式 (7.34) 进行移项后整理，得

$$
\frac{\partial D}{\partial \varepsilon_1} = -\frac{E\left(1 - D_t\right)}{\left(B_1 - E\varepsilon_t\right)} \tag{7.35}
$$

式中，D_t 为峰值强度对应的累积损伤量。

式 (7.14) 两边分别对 ε_1 求导，得

$$
\frac{\partial D}{\partial \varepsilon_1} = -\exp\left[-\left(\frac{F'}{S_0}\right)^n\right]\left[-n\left(\frac{F'_t}{S_0}\right)^{n-1}\right]\frac{1}{S_0}\frac{\partial F'}{\partial \varepsilon_1} \tag{7.36}
$$

由式 (7.14) 变形得 $\exp\left[-\left(\dfrac{F'}{S_0}\right)^n\right] = 1 - D$，$\left(\dfrac{F'}{S_0}\right)^{n-1} = -\dfrac{S_0}{F'}\ln\left(1 - D\right)$，并结合式 (7.32) 和式 (7.36)，得

$$
n = \frac{EF'_t}{A_t\left(B_1 - E\varepsilon_t\right)\ln\left(1 - D_t\right)} \tag{7.37}
$$

当岩石达到峰值 $(\varepsilon_t, \sigma_t)$ 时，其微元强度参数 $F'_t\,(F'_t > 0)$ 为

$$
F'_t = \frac{\left(\alpha_t \sqrt{3}+1\right)\sigma_t + \left(2\alpha_t\sqrt{3}-1\right)\sigma_3}{\sqrt{3}} \frac{E}{\sigma_t - 2\mu\sigma_3}\varepsilon_t - c \tag{7.38}
$$

式中，$\alpha_t = \dfrac{\sin\varphi_t}{\sqrt{3}\sqrt{(3+\sin^2\varphi_t)}}$。

将式 (7.38) 代入式 (7.36) 可解得 S_0，即

$$S_0 = F_t'\left[-\ln(1-D_t)\right]^{-\frac{1}{n}} \tag{7.39}$$

将峰值点坐标 $(\varepsilon_t, \sigma_t)$ 代入式 (7.24) 可解得 D_t，即

$$D_t = \frac{(\sigma_t - E\varepsilon_t) - 2\mu\sigma_3}{B_1 - E\varepsilon_t} \tag{7.40}$$

为确定上述各模型参数，还需得到岩石峰值点处的应力、应变，参考文献 [26]、[41] 中峰值应力 σ_t、应变 ε_t 的确定方法，依据如下公式对其计算，即

$$\sigma_t = \frac{(1+\sin\varphi_t)\,\sigma_3 + 2c\cos\varphi_t}{1-\sin\varphi_t} \tag{7.41}$$

$$\varepsilon_t = b + a\sigma_3 \tag{7.42}$$

岩石损伤始于裂纹的起裂与扩展，裂纹起裂应力 (损伤阈值应力) 作为是否产生损伤的判据，关系着岩石内部裂纹的起裂与扩展，但其在岩石应力–应变曲线上不易获得。鉴于此，国内外学者对损伤阈值应力的确定进行了研究，如 Martin 等研究花岗岩时，确定出花岗岩的损伤阈值应力为峰值强度的 40%[51]；张连英 [52] 在研究高温作用下泥岩的损伤演化过程时，将损伤阈值应力取为峰值应力的 36%；李天斌等 [30] 在研究热–力作用下花岗岩的本构关系时，取峰值应力的 40%作为岩石的损伤阈值应力。黄书岭 [53] 在研究锦屏一级水电站隧洞大理岩时，认为单轴应力条件下大理岩的损伤阈值应力为峰值强度的 45%。由此可见，目前各学者对岩石损伤阈值应力的研究尚存在着不确定性，结合文献 [30]、[52]~[54] 拟取 45%($\sigma_d = 45\%\sigma_t$) 的峰值强度作为岩石损伤的阈值应力，以此来确定模型中的未知参数 c。

7.3.5 模型参数物理意义探讨

基于 Weibull 分布建立的岩石本构模型见式 (7.26)。由式 (7.26) 可知，Weibull 分布函数的参数 S_0 和 n 将以某种方式影响岩石的损伤本构模型，且参数 S_0 和 n 在岩石应力–应变关系中有着一定的物理意义。图 7.4 给出了围压 3MPa 时不同模型参数 S_0 和 n 条件下的岩石应力–应变关系。

(1)Weibull 分布参数 S_0 和 n 对岩石本构模型的影响主要集中在岩石应力–应变曲线的峰后应变软化阶段和峰后残余强度阶段 [29,48]，而对岩石应力–应变曲线的峰前上升阶段几乎不产生影响。

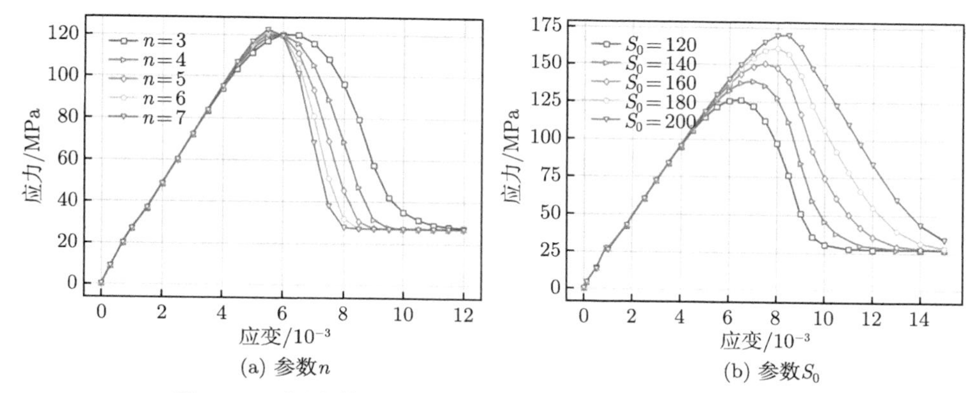

(a) 参数n　(b) 参数S_0

图 7.4　不同参数 n 和 S_0 取值下的岩石应力–应变关系曲线

(2) 随着参数 n 的逐渐增大，岩石应力–应变曲线峰后软化段逐渐变得陡峭 [51]，但岩石峰后残余强度一直保持为一个恒定不变的值。岩石应力–应变曲线峰后应变软化段越陡，表明与此对应的岩样越脆、岩样微元强度越为集中分布。因此，岩石损伤本构关系中的模型参数 n 可用来表征岩石的微元强度集中分布程度和硬脆性特征。

(3) 随着参数 S_0 的不断增大，不同参数 S_0 对应下的岩石应力–应变曲线近似呈平行状态不断向右上方偏移；参数 S_0 越大，岩石峰值应力就越大，且与峰值应力对应的峰值应变也不断地增大，但岩石峰后残余强度始终保持为一个恒定不变的值。由此可知，模型参数 S_0 在岩石应力–应变曲线中主要是用来表征宏观层面上岩石统计平均强度。

7.4　高温诱发岩石损伤演化及本构方程

7.4.1　应变软化本构方程

岩石作为一种存在初始缺陷的天然地质材料，在高温和外界荷载共同作用下，内部会产生大量的微裂纹，这些微裂纹在荷载和温度的持续作用下不断延伸扩展，使得岩石内部损伤不断加剧、强度不断劣化。除了荷载作用下引起的力学损伤外，还包括高温引起的热损伤。因此，本小节旨在前人研究的基础上，结合 7.3 节所建立的荷载单独作用下的岩石损伤演化模型，在损伤演化方程中引入温度产生的热损伤，建立综合考虑温度和荷载作用的岩石损伤本构模型。

当岩石内部及周围温度发生变化时，就会产生热应力 [55-56]。热应力的存在会使岩石内部产生大量的微裂纹，微裂纹随着温度的升高会逐渐扩展，在岩石内部引起损伤，致使岩石材料力学性质发生改变。有关研究表明，岩石弹性模量是温度的函数，且随温度的升高而降低。因此，弹性模量可作为热损伤变量来研究

高温对岩石材料力学性能的影响，热损伤变量 D_T 可定义为

$$D_T = (E_0 - E_T)/E_0 \tag{7.43}$$

式中，E_T 为与温度有关的弹性模量；E_0 为室温条件下岩石的弹性模量。

岩石在温度–应力共同作用下产生的损伤包括由温度应力引起的热损伤和由外界荷载引起的力损伤。结合式 (7.15) 则有

$$\sigma = \sigma^* (1 - D) = \sigma^* (1 - D_T) (1 - D_\sigma) \tag{7.44}$$

式中，D 为岩石在温度–应力共同作用下的总损伤；σ 为各向同性损伤的名义应力；σ^* 为各向同性损伤的有效应力。

由式 (7.44) 可得，温度–应力共同作用下的岩石的总损伤为

$$D = D_\sigma + D_T (1 - D_\sigma) \tag{7.45}$$

将式 (7.14) 和式 (7.43) 代入式 (7.45)，温度–应力共同作用下的岩石损伤演化方程可以表示为

$$D = D_\sigma + D_T (1 - D_\sigma) = 1 - \frac{E_T}{E_0} \exp\left[-\left(\frac{\alpha_f I_1 + \sqrt{J_2} - c}{S_0}\right)^n\right] \tag{7.46}$$

岩石微小单元体未发生破坏时，由广义胡克定律可得

$$\varepsilon_1 = \frac{1}{E}\left[\sigma_1^* - \mu\left(\sigma_2^* + \sigma_3^*\right)\right] \tag{7.47}$$

将式 (7.15) 代入式 (7.47) 可得

$$\varepsilon_1 = \frac{1}{E(1-D)}\left[\sigma_1 - \mu\left(\sigma_2 + \sigma_3\right)\right] \tag{7.48}$$

将式 (7.46) 代入式 (7.48)，可得温度–应力共同作用下的岩石损伤本构模型，即

$$\sigma_1 = \begin{cases} E_0\varepsilon_1 + \mu\left(\sigma_2 + \sigma_3\right), & \varepsilon < \varepsilon_d \\ E_T\varepsilon \exp\left[-\left(\dfrac{\alpha_f I_1 + \sqrt{J_2} - c}{S_0}\right)^n\right] + \mu\left(\sigma_2 + \sigma_3\right), & \varepsilon \geqslant \varepsilon_d \end{cases} \tag{7.49}$$

7.4.2　参数确定及模型验证

1. 参数确定

对于单轴压缩试验，有 $\sigma_1=\sigma$、$\sigma_2=\sigma_3=0$，故式 (7.49) 和式 (7.10) 依次可以简化为

$$\sigma=E_0(1-D)\varepsilon=\begin{cases}E_T\varepsilon, & \sigma<\sigma_d\\ E_T\varepsilon\exp\left[-\left(\dfrac{\alpha_f I_1+\sqrt{J_2}-c}{S_0}\right)^n\right], & \sigma\geqslant\sigma_d\end{cases}\tag{7.50}$$

$$F=\alpha_f I_1+\sqrt{J_2}=E_T\varepsilon\left(\alpha_f+1\Big/\sqrt{3}\right)\tag{7.51}$$

损伤阈值点 (ε_d,σ_d) 处，岩石损伤变量 D 为零，可以确定出决定初始损伤的参数 c，即

$$c=\lim_{\substack{\varepsilon\to\varepsilon_d\\ \sigma\to\sigma_d}}\alpha_0 I_1+\sqrt{J_2}=\lim_{\substack{\varepsilon\to\varepsilon_d^+\\ \sigma\to\sigma_d^+}}E_T\varepsilon\left(\alpha_f+1\Big/\sqrt{3}\right)=E_T\varepsilon_d\left(\alpha_f+1\Big/\sqrt{3}\right)\tag{7.52}$$

岩石应力–应变曲线在峰值点 (ε_t,σ_t) 处斜率为零，因而有

$$\begin{aligned}\frac{\mathrm{d}\sigma}{\mathrm{d}\varepsilon}\Big|_{(\varepsilon_t,\sigma_t)}=&E_T\exp\left[-\left(\frac{E_T\varepsilon\left(\alpha_f+1/\sqrt{3}\right)-c}{S_0}\right)^n\right]\\ &+E_T\varepsilon_t\exp\left[-\left(\frac{E_T\varepsilon_t\left(\alpha_f+1/\sqrt{3}\right)-c}{S_0}\right)^n\right]\\ &\times n\left[-\left(\frac{E_T\varepsilon_t\left(\alpha_f+1/\sqrt{3}\right)-c}{S_0}\right)^{(n-1)}\right]\frac{E_T\left(\alpha_f+1/\sqrt{3}\right)}{S_0}=0\end{aligned}\tag{7.53}$$

由式 (7.50) 可以得到峰值点 (ε_t,σ_t) 处的损伤变量 D_t，即

$$D_t=1-\frac{\sigma_t}{E_T(1-D_T)\varepsilon_t}\tag{7.54}$$

对式 (7.53) 移项整理得

$$\left(\frac{E_T\varepsilon_t\left(\alpha_f+1/\sqrt{3}\right)-c}{S_0}\right)^{(n-1)}=-\frac{S_0}{E_T\varepsilon_t\left(\alpha_f+1/\sqrt{3}\right)-c}\ln(1-D_\sigma)\tag{7.55}$$

$$S_0 = \left[E_T\varepsilon_t\left(\alpha_f + 1\big/\sqrt{3}\right) - c\right]\left[-\ln\left(1 - D_\sigma\right)\right]^{-1/n} \tag{7.56}$$

将式 (7.55) 代入式 (7.53) 化简整理得

$$n = -\frac{E_T\varepsilon_t\left(\alpha_f + 1/\sqrt{3}\right) - c}{E_T\varepsilon_t\left(\alpha_f + 1/\sqrt{3}\right)\ln\left(1 - D_\sigma\right)} \tag{7.57}$$

本节对模型参数 S_0 和 n 的物理意义进行明确说明，S_0 为尺度参数，度量岩石宏观统计平均强度大小；n 为形状参数，主要反映岩石的脆性度及内部微元强度的集中分散度；c 为位置参数，反映岩石在外界环境作用下开始出现裂纹的起始点位置；上述各参数并非相互独立，两两之间相互影响、相互依赖，与岩石材料热物理力学性质密切相关。

2. 模型可靠性验证

为保证建立模型的可靠性，取文献 [57] 大理岩单轴应力状态 100℃、200℃、400℃、600℃ 高温条件下的试验资料进行模型验证。除弹性模量、内摩擦角外，其他岩石热物理力学参数，如黏聚力、线膨胀系数、导热系数、比热容等在模型建立过程中均未直接涉及，这是由于模型建立过程中高温对岩石产生的影响是以热损伤的形式加以考虑的。为在本构关系中能全面考虑热损伤对岩石的影响，对参数 n 进行修正，修正值为 $n/(1-D_T)$。不同温度下岩石模型参数取值如表 7.4 所示，将表 7.4 模型参数代入式 (7.14)、式 (7.46) 和式 (7.50)，可得岩石在各高温条件下的应力–应变全过程曲线，如图 7.5 所示。

表 7.4　不同温度下的岩石模型参数取值

温度/℃	弹性模量/GPa	内摩擦角/(°)	峰值应力/MPa	峰值应变/10^{-3}	c/MPa	S_0/MPa	n	修正系数 n'
20	17.74	45	60.25	4.59	—	—	—	—
100	13.78	45	75.25	5.89	20.11	59.18	9.13	11.75
200	11.00	45	62.54	6.45	17.59	59.04	1.96	2.52
400	12.17	45	71.39	7.19	21.68	72.58	2.11	2.71
600	9.65	45	64.59	7.85	18.78	61.19	1.34	1.72

高温岩石应力–应变全过程曲线大致可分为三段：峰前上升段、峰后软化段以及残余强度段。由图 7.5 可知，理论曲线峰前上升段和峰后软化段与文献 [58] 试验曲线吻合度极高，而残余强度段吻合度较低。

从整体上看，模型可以很好地反映岩石在高温条件下的变形破坏全过程。相较于文献 [58] 理论结果，本节理论结果在计算的过程中引入了岩石破坏强度准则，

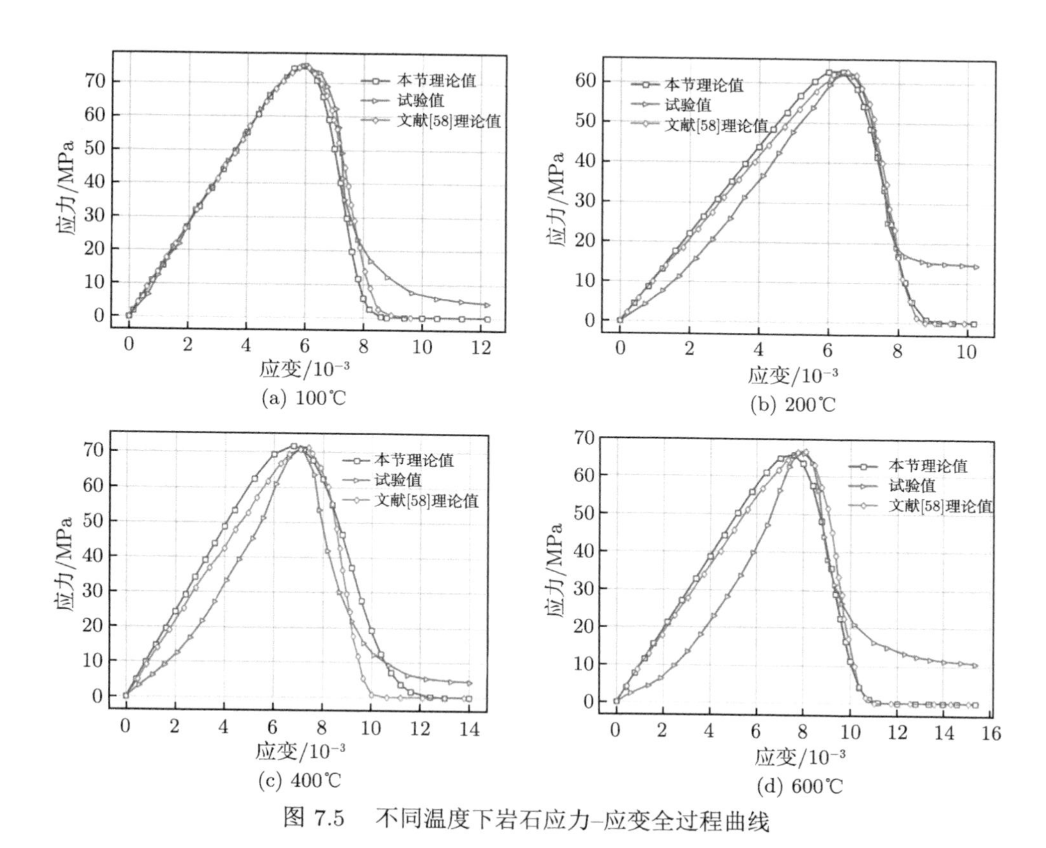

图 7.5　不同温度下岩石应力–应变全过程曲线

考虑了岩体实际的应力状态情况，因而在一定程度上更加符合现场实际。

7.4.3　受损机制分析

结合岩石应力–应变全过程曲线和损伤演化曲线 (图 7.6)，可将岩石的损伤演化过程分为三个阶段，即初始段、过渡段、稳定段，其分别对应于岩石应力–应变全过程曲线上的峰前上升段、峰后软化段、残余强度段。

由图 7.6 可知，对于初始段，仅由荷载引起的损伤 (力学损伤) 为零，岩石损伤受高温影响显著，且温度越高岩石内部损伤越大，由 100℃、200℃、400℃、600℃ 高温引起的初始总损伤依次约为 0.2、0.3、0.35、0.4；对于过渡段，岩石损伤受高温和荷载共同作用的影响，岩石总损伤演化曲线较荷载单独作用下的平缓，且温度越高损伤演化曲线越平缓，完全损伤时岩石应变就越大；对于稳定段，岩石损伤受高温和荷载影响较小，且不再随岩石应变发生显著变化，始终保持为 1，但温度越高达到初始稳定时所对应的岩石应变就越大。

因此，从总体上来说，高温对岩石应力–应变曲线峰前上升段的损伤影响较为

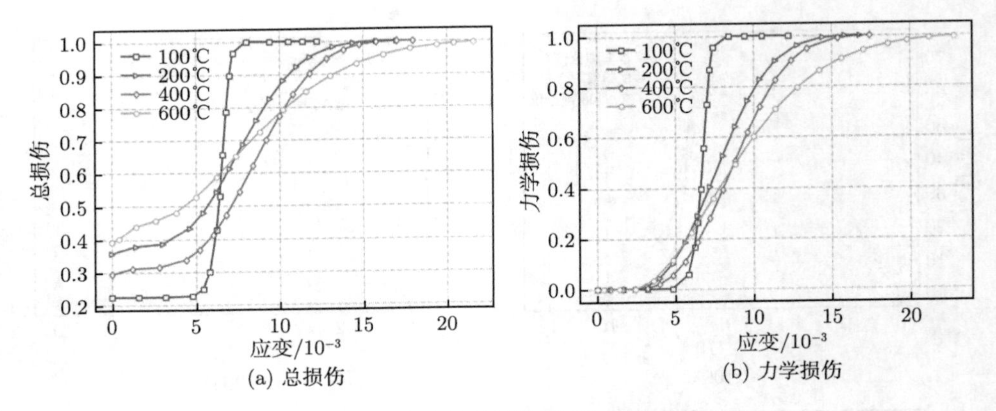

(a) 总损伤 (b) 力学损伤

图 7.6 不同温度下岩石损伤演化曲线

显著，对岩石应力–应变曲线峰后软化段的损伤影响较小，而对岩石应力–应变曲线残余强度段的损伤几乎不产生影响；荷载是造成岩石损伤的主要原因，岩石损伤累积的最终结果集中体现在岩石应力–应变曲线峰后软化段。

岩石统计损伤本构关系的建立关键在于岩石微元强度度量方法的选择，对于文献 [57] 给出的理论曲线，在模型中仅考虑了应变对损伤的影响，未能将岩石的应力强度引入模型中，因而无法在模型中表征外界荷载和温度作用下的岩石应力状态。本节在建立损伤模型时，在模型中引入 D-P 准则，从而使得模型在一定程度上可以反映岩石在高温和荷载下更加详细真实的损伤破坏情况。

本节理论曲线和文献 [57] 曲线对岩石峰后残余强度段试验曲线的拟合存在着一定的误差，岩石应力–应变峰后残余强度段本身和试验压力机的刚度等因素有关，测得的试验数据具有很大的随意性。因此，理论模型建立的关键在于能否很好地描述外界荷载作用下应力应变关系破坏以前上升段和破坏以后下降段，至于岩石加载到一定程度剩余强度的考虑，则应依据具体工程情况做进一步可靠研究。

7.5 基于损伤应变软化模型的水工隧洞热–力耦合数值模拟

由于岩石热–力耦合问题的特殊性 (高温、高压)、复杂性 (多场耦合)，加上试验设备所限，多数研究仅考虑温度对岩石力学特性的影响，很少考虑力学损伤、温度及热力学诱发的损伤对岩石热力学特性的影响，所建立的数学模型未能实现真正意义上的完全耦合。本节以热力学、弹塑性理论和损伤力学为基础，建立考虑热–力耦合的岩石弹塑性损伤模型及其损伤演化方程，并以某泥岩高放废物处置库工程为背景，利用有限元法对隧洞开挖施工问题进行了数值模拟研究。

岩石的热–力–损伤耦合分析是一个强非线性问题。基于此，在已有成果的基础上发展了一种用于岩石热–力–损伤耦合分析的算法，将借助 ABAQUS 二次接口对第本章建立的模型进行 UMAT 开发，并使用 Aitken-Δ^2 方法来加速连续迭代的收敛性。模型经编译、调试后，将所建立的岩石损伤 UMAT 子程序接入 ABAQUS/Standard 接口，最后完成对高温水工隧洞热–力耦合特性的数值模拟，有兴趣的读者可参考文献 [59]。

7.5.1　ABAQUS 用户材料子程序

ABAQUS 用户材料子程序 (简称“UMAT”) 主要用来根据 ABAQUS 主程序传入的应变增量更新应力增量和状态变量，并为 ABAQUS 提供雅可比矩阵进行求解。UMAT 用户子程序可用于 ABAQUS/Standard 中任何力学行为的分析，可与其他材料参数一起使用，且可用于任何具有位移自由度的单元。UMAT 子程序被调用过程如图 7.7 所示。

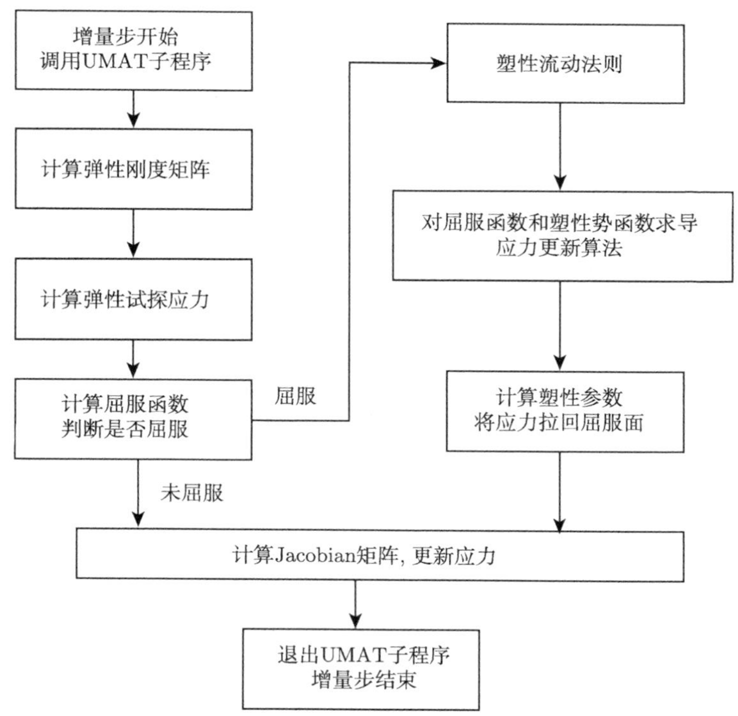

图 7.7　ABAQUS 调用 UMAT 子程序流程图

编写用户子程序时所涉及的主要参变量及其含义：

(1) NDI 为直接应力分量个数，NSHER 为剪应力分量个数，NTENS=NDI+

NSHER 为总应力分量个数；

(2) DDSDDE(NTENS，NTENS) 是一个 NSHER×NSHER 维的方阵–雅克比矩阵；

(3) STRAIN(NTENS) 为增量步开始时的应变张量数组 (包括弹性应变和塑性应变)，DSTRAN(NTENS) 为应变增量数组；

(4) STRESS(NTENS) 为应力张量数组，在增量步开始时 ABAQUS 中通过此数组可将预先定义好的初始应力场传入 UMAT 子程序，增量步结束时，在 UMAT 中更新为增量步结束时的值；

(5) STATEV(NSTATV) 用于存储状态变量的矩阵，通常用来储存塑性变量、硬化参数或其他有关的模型参数，这些参数随求解过程更新，NSTATV 是状态变量的维数；

(6) NPT 为当前积分点号，COORDS 为当前积分点的坐标数组，NOEL 为当前单元编号，KSTEP 为当前分析步次序编号，KINC 为当前增量步次序编号；

(7) NROPS 为材料参数数组。

7.5.2 岩石损伤应变软化本构模型的 UMAT 实现

ABAQUS 在求解非线性问题时采用逐级加载的方式。开始计算时先调用 UMAT 子程序形成初始刚度矩阵，然后根据初始刚度矩阵和微小荷载计算出初始增量步结束时的位移值和与此对应新的刚度矩阵及位移修正值，紧接着通过新的刚度矩阵和位移值计算得到物体所受到的内力，从而计算求得残值。在某一增量步中，物体在荷载作用下是否平衡，可结合如下两个条件进行判断：① 当物体内部每一个节点上的荷载残值都为零时，则说明在微小荷载作用下物体处于静力平衡状态。实际计算非线性问题的过程中，其值往往不为零，但 ABAQUS 中一般规定只要荷载残值小于平均内力的 0.5%，则可认为物体处于平衡。② 当某一增量步结束时，位移修正值相对于物体的位移变化值为一小量，则可认为物体在荷载作用下处于平衡。ABAQUS 迭代计算时调用 UMAT 流程图如图 7.8 所示。

建立的岩石热–力–损伤本构方程，在损伤阈值点前，应力应变关系呈线性，在损伤阈值点后，应力应变关系就表现出明显的非线性。对于非线性问题的求解，一般采用迭代法，最常用的有直接迭代法、Newton-Raphson 法和切线刚度法等。其中，直接迭代法又称常刚度法，相较后两种方法，求解较为简单，适用于非线性程度不高的本构方程；后两种求解方法与直接迭代法不同的是，其不再采用初始的固定不变的刚度，而在每一步求解过程中按照一定的规定对刚度进行修正，相较常刚度法在求解精度和效率方面有着较大的优势。本章计算将选用切线刚度法。采用切线刚度法求解时的程序设计如下。

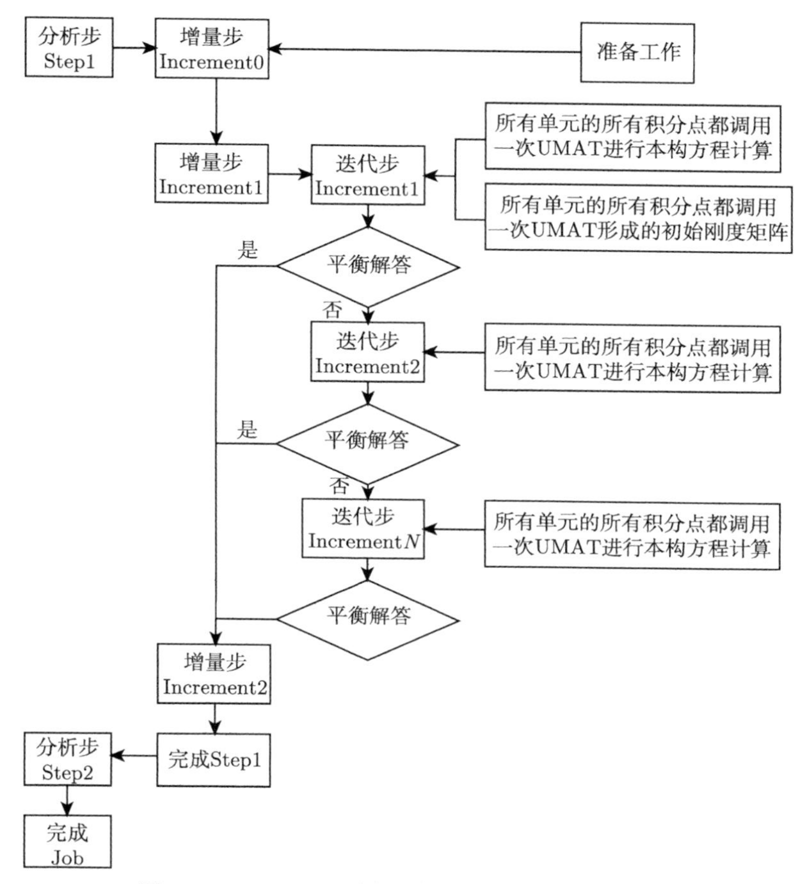

图 7.8　ABAQUS 迭代计算时调用 UMAT 流程图

(1) 定义常数及参变量，主要有材料参数、模型相关常数、中间变量、状态变量和更新变量等，总共 8 个，UMAT 材料参量如表 7.5 所列。

(2) 读取第一步中定义的材料参数及状态变量，确定相关中间变量。

平均 (球) 应力：

$$\sigma_a = (\sigma_x + \sigma_y + \sigma_z)/3 \tag{7.58}$$

偏应力：

$$\begin{cases} \sigma_x^p = \sigma_x - \sigma_a\ , \quad \tau_{xy}^p = \tau_{xy} \\ \sigma_y^p = \sigma_y - \sigma_a\ , \quad \tau_{yz}^p = \tau_{yz} \\ \sigma_z^p = \sigma_z - \sigma_a\ , \quad \tau_{zx}^p = \tau_{zx} \end{cases} \tag{7.59}$$

表 7.5　UMAT 材料参量

项目	1	2	3
STATEV	1~6	7~12	13
变量意义	弹性应变	塑性应变	等效塑性应变

Mises 等效应力：

$$\sigma_{\mathrm{M}}=\sqrt{\frac{2}{3}\left\{\left[\left(\sigma_x^p\right)^2+\left(\sigma_y^p\right)^2+\left(\sigma_z^p\right)^2\right]+2\left[\left(\tau_{xy}^p\right)^2+\left(\tau_{yz}^p\right)^2+\left(\tau_{zx}^p\right)^2\right]\right\}} \tag{7.60}$$

(3) 定义 Jacobian 矩阵，计算弹性刚度矩阵 D_e。

$$D_e=\begin{bmatrix}\lambda+2G & \lambda & \lambda & & & \\ \lambda & \lambda+2G & \lambda & & & \\ \lambda & \lambda & \lambda+2G & & & \\ & & & G & & \\ & & & & G & \\ & & & & & G\end{bmatrix} \tag{7.61}$$

式中，$\lambda=\dfrac{E\mu}{(1+\mu)(1-2\mu)}$ 为拉梅常量；$G=\dfrac{E}{2(1+\mu)}$ 为切变模量。

(4) 计算弹性试探应力，按照弹性理论更新应力。

$$\sigma'=\sigma+D_e\Delta\varepsilon_e=\sigma+\Delta\sigma_e \tag{7.62}$$

式中，σ' 为弹性试探应力；$\Delta\sigma_e$ 为弹性盈利增量 [58]。

(5) 判断材料是否进入塑性阶段。当计算得到的应力小于损伤阈值应力，则认为岩石材料仍处于弹性阶段，此时，继续按照式 (7.61) 和式 (7.62) 计算；否则，转向下一步。

(6) 根据定义本构方程计算切线模量，更新状态变量，计算塑性应变增量，按照塑性理论更新应力 [60]。

① 切线模量按式 (7.61) 确定。

② 等效塑性应变增量为

$$\begin{aligned}\mathrm{d}\bar{\varepsilon}_p=&6G\sigma_{\mathrm{M}}\left[\left(\sigma_x^p\right)^2,\left(\sigma_y^p\right)^2,\left(\sigma_z^p\right)^2,\left(\tau_{xy}^p\right)^2,\left(\tau_{yz}^p\right)^2,\left(\tau_{zx}^p\right)^2\right]\div\Big\{2\sigma_{\mathrm{M}}^2E'\\&+9G\left[\left(\sigma_x^p\right)^2+\left(\sigma_y^p\right)^2+\left(\sigma_z^p\right)^2+2\left(\tau_{xy}^p\right)^2+2\left(\tau_{yz}^p\right)^2+2\left(\tau_{zx}^p\right)^2\right]\Big\}\mathrm{d}\varepsilon\end{aligned} \tag{7.63}$$

③ 塑性应变增量为

$$\mathrm{d}\varepsilon_p = \frac{\partial \sigma_{\mathrm{M}}}{\partial \sigma}\mathrm{d}\bar{\varepsilon}_p = \frac{3}{2\sigma_{\mathrm{M}}}\left[\left(\sigma_x^p\right)^2, \left(\sigma_y^p\right)^2, \left(\sigma_z^p\right)^2, \left(\tau_{xy}^p\right)^2, \left(\tau_{yz}^p\right)^2, \left(\tau_{zx}^p\right)^2\right]\mathrm{d}\bar{\varepsilon}_p \tag{7.64}$$

(7) 完成计算。

7.5.3　水工隧洞热-力耦合实例分析

1. 应变软化本构关系的数值模型

根据工程背景及其工程概况，采用第 6 章选取的模型参数、围岩的合理计算范围及所建立的分析模型、边界条件等，基于第 7 章中的研究结果，选用间接耦合方式完成高温诱发岩石损伤应变软化本构关系的数值，并依据 7.5.2 小节中编写的 UMAT 子程序，完成高地温水工隧洞施工期围岩温度场、应力场、位移场及损伤塑性区分布规律的研究，以及不同边界条件下隧洞围岩受力变形特征的研究。

有限元实际分析计算过程，模型的创建、计算范围的选择、荷载的施加及边界条件的确定均同第 8 章所设定的，不同之处在于本构关系的选择，其不同点具体体现在创建 Job 模块用户子程序文件选项中，需浏览选择预先编写好的 UMAT 子程序，然后确定完成后提交 Job 即可运行计算。但由于 ABAQUS 软件中用户材料子程序 UMAT 必须先要通过 ABAQUS Verification 的验证，其主要在于检测 ABAQUS 软件是否与 Fortran 编译器配置成功，配置成功后方可在 ABAQUS 中调用 Fortran 语言编写的 Subroutine 子程序。有关调用 UMAT 与 ABAQUS 内核语言 Python 并嵌入 ABAQUS 平台实现热–力耦合算法的阐述，有兴趣的读者可参考文献 [59]。

由于所建立的有限元计算模型的几何形状、位移和温度边界条件及所受荷载均左右对称，故为研究隧洞围岩不同方向部位处的应力分布，取图 7.9 所示的应力路径进行分析。

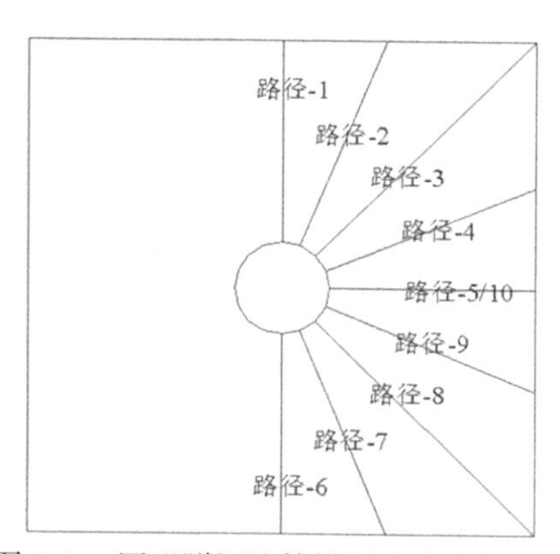

图 7.9　圆形隧洞计算模型应力路径选择

2. 各物理场变化规律

1) 围岩温度场研究

图 7.10 可知，稳态计算结果下的围岩温度场较为均匀，且相邻区域范围内的温度场平滑过渡，而不同区域范围内的温度场存在着一定的温度梯度。当隧洞环境温度及围岩深部温度恒定 (洞内温度低于围岩深部温度) 时，距离隧洞开挖面越远，围岩温度就越高。不同围岩半径处温度变化曲线与 6.3 节中图 6.6、图 6.7 有着相同的变化趋势，呈现出一定的非线性特征。

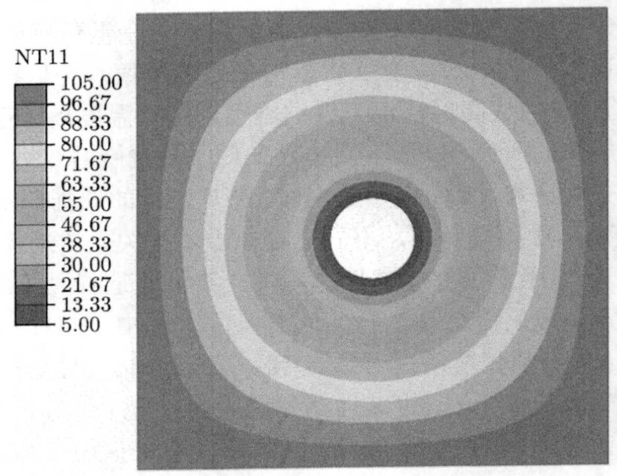

图 7.10　围岩温度场 (单位:℃)

2) 围岩应力场分布规律研究

由图 7.11 可知，围岩最大主应力分布云图左右对称，隧洞开挖面及其附近最

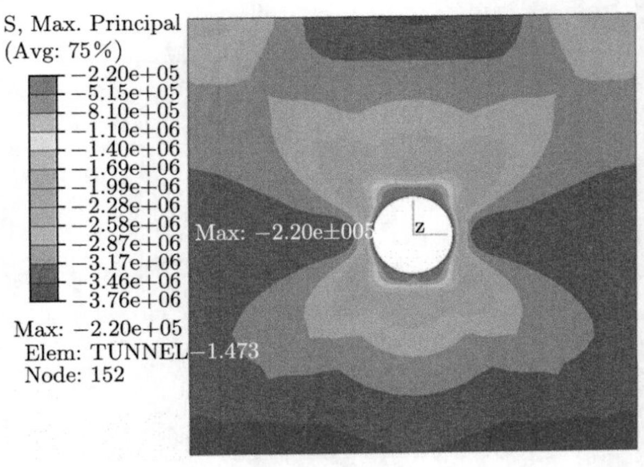

图 7.11　围岩最大主应力 (单位:Pa)

大主应力相较围岩其他部位较小，其最小值为 0.22MPa。从图 7.12、图 7.13 可以看出，围岩最小主应力云图和 Mises 应力云图左右对称，围岩拱腰处 Mises 应力和最小主应力均达到最大值，其值分别为 17MPa、15.1MPa，而两者在拱顶处同时取得最小值，其值分别为 1.36MPa、2.19MPa。

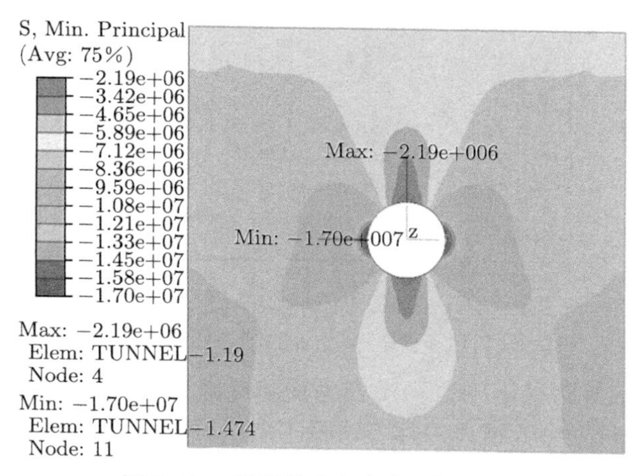

图 7.12　围岩最小主应力 (单位:Pa)

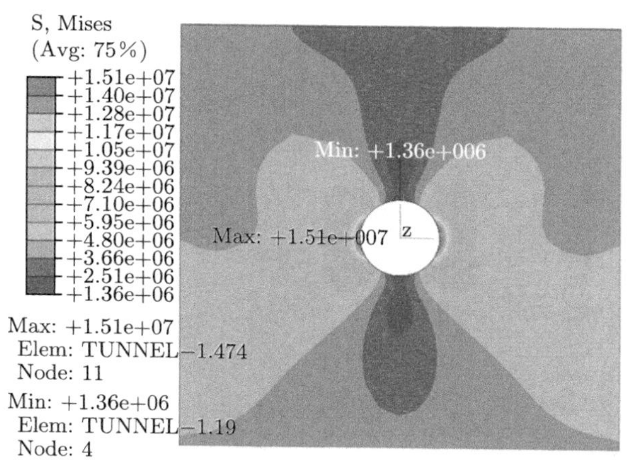

图 7.13　围岩 Mises 应力 (单位:Pa)

由图 7.14 可知，从整体上来看，距离洞壁围岩同一深度处，拱腰环向应力最大，拱顶及拱底环向应力最小，拱顶及拱腰环向应力关于拱腰左右对称；不同围岩半径处，围岩环向应力不同，洞壁处环向应力最小，离洞壁越远拱腰附近围岩环向应力就越小，拱顶和拱腰围岩环向应力就越大，但变化幅度小于拱腰处。

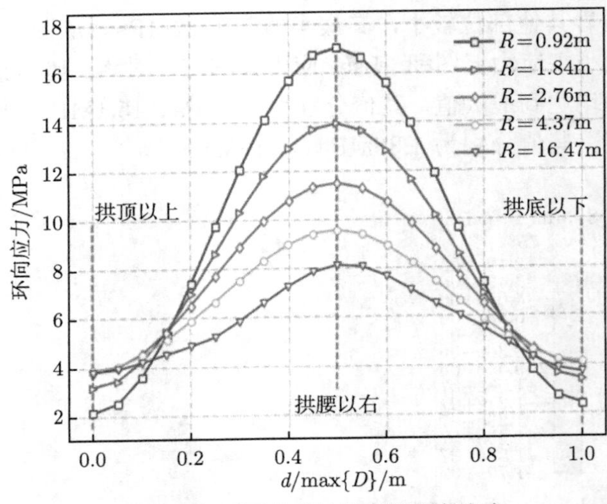

图 7.14　不同半径处的围岩环向应力

图 7.15 所示各路径下围岩径向应力变化曲线表现出相同的趋势，距离开挖断面越远围岩径向应力就越大，且各路径下隧洞开挖面处径向应力均为零。对于不同应力路径下的径向应力变化曲线，越靠近拱顶和拱底，其应力变化越为明显，径向应力变化曲线斜率较大，而拱腰及其相邻路径处的径向应力变化曲线在距离洞壁一定距离处逐步开始变得较为平缓，拱腰处尤为显著，整个隧洞围岩径向应力关于隧洞拱腰上下对称。

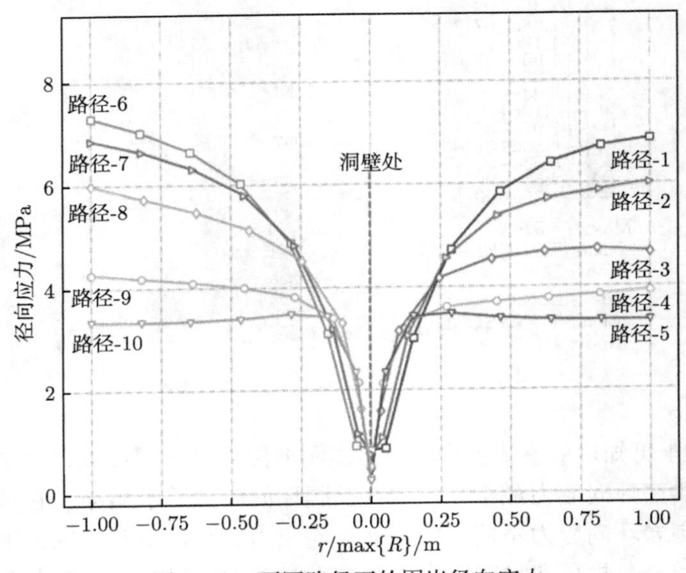

图 7.15　不同路径下的围岩径向应力

3) 围岩位移场分布规律研究

由图 7.16 可知，围岩水平位移 (数值大小) 及竖向位移关于隧洞竖向中心线左右对称，水平位移整体上小于竖向位移。水平位移最大值为 0.96cm，且位移较大区域呈“X”形分布；竖向位移分布区呈“葫芦”状，拱顶及其以上部分竖向位移向下，最大值位于洞壁处，其值为 6.34cm，拱底及其以下部分竖向位移向上，最大值位于洞壁处，其值为 6.43cm，而拱腰及其水平向左 (右) 部分位移为零。

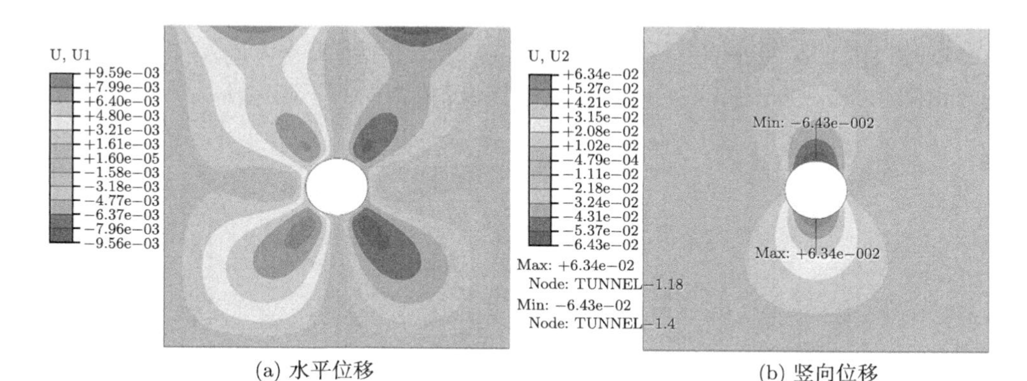

(a) 水平位移　(b) 竖向位移

图 7.16　围岩位移分布情况 (单位:m)

由图 7.17 可知，隧洞围岩位移矢量图关于隧洞竖向中心线左右对称，计算范围内位移矢量箭头总体上指向开挖断面，离开挖断面越近，位移矢量分布密度越大；隧洞开挖面各点位移相较其他部位较大。就某一部位来说，拱腰及其左右位移小，而拱顶及拱底附近位移较大。从整体上看，高地温隧洞施工完成后，拱腰以上岩体向下发生较大沉陷，且沉陷幅度随着距洞壁距离的增加而不断地减小，而

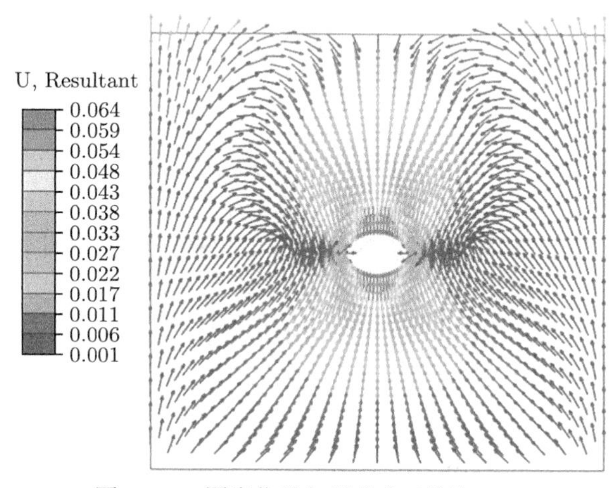

图 7.17　围岩位移矢量分布 (单位：m)

拱腰及下部岩体向拱底隆起，越靠近洞周这种变化幅度就越为明显，距拱底越远，隆起幅度就越小。

由图 7.18 可知，离洞壁越近隧洞围岩位移就越大，拱顶及拱底位移关于拱腰对称，同一围岩半径处拱顶及拱底处位移最大，拱腰处位移最小。距洞壁 0.92m、2.76m、4.37m、6.79m 及 9.21m 处的围岩：最大位移依次分别为 6.43cm、5.08cm、4.16cm、3.27cm 和 2.68cm，最小位移依次为 0.63cm、0.04cm、0.04cm、0.10cm 和 0.13cm。从整体上看，洞壁顶部及底部沿围岩深部位移最大，其最大值为 6.43cm，洞壁拱腰沿围岩深部处位移最小，为 0.04cm；洞壁以外围岩不同深部，拱腰位移基本相同，约为 0.40cm，拱顶及拱底位移随深度增加而不断减小。

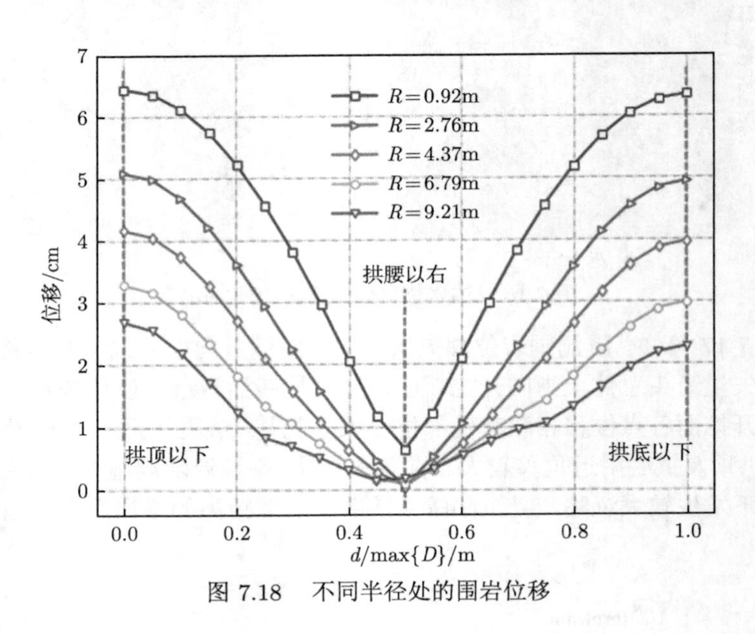

图 7.18 不同半径处的围岩位移

4) 围岩塑性区扩展

由图 7.19 可以看出，高温水工隧洞在开挖完成后，洞壁及其附近围岩在岩体荷载和温度作用下形成塑性区，在迭代计算初始阶段，围岩塑性区分布范围较小，随着迭代计算的进行，围岩塑性区不断扩张，向隧洞围岩深部发展，受侧压力系数影响，塑性区发生畸变，逐渐形成“蝶形”。

综合温度、应力、位移场和塑性区发展的分析结果可知，热–力耦合作用下的圆形隧洞围岩，洞壁处应力明显集中，隧洞拱腰位置应力相比洞壁其他部位较大，其最小主应力为 17MPa。隧洞开挖面及其附近岩体向洞内空间发生明显位移，在拱顶处位移取得最大值，而拱腰部位位移几乎为零。荷载及温度作用下的周边岩体塑性区最终延伸扩展为稳定的“蝶形”分布。因此，在高地温隧洞的设计与施

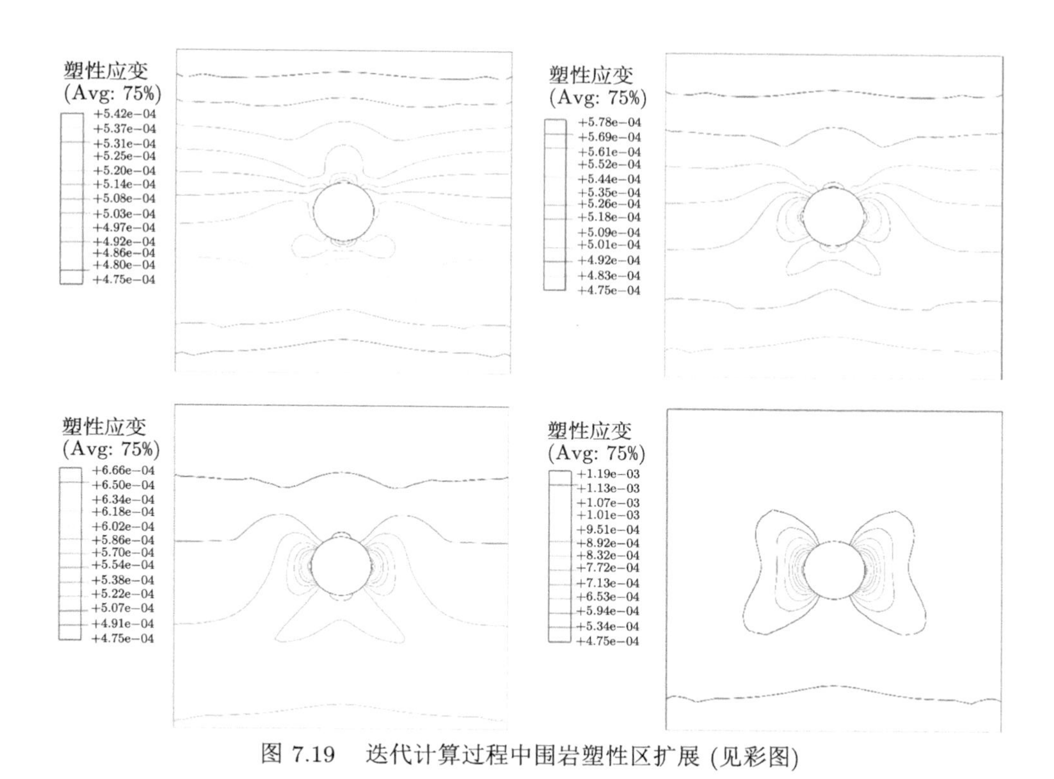

图 7.19　迭代计算过程中围岩塑性区扩展 (见彩图)

工中，应严格控制拱顶围岩的沉降和拱底围岩的向上隆起，以及洞壁拱腰处的应力最大值。

7.6　不同条件下高温水工隧洞受力变形特性

高地温隧洞围岩稳定性与隧洞所处地段原岩温度、施工期洞内温度、运行期过水温度及隧洞施工期的开挖卸荷密切相关。由开挖卸荷及开挖后引起的隧洞温度场变化产生的温度应力会造成围岩应力的二次重分布，当重分布的应力超过隧洞周边岩体的承载强度或隧洞某些部位发生了较大的变形，都会使得围岩产生失稳。地应力场的分布情况、隧洞的施工开挖情况及隧洞温度场的分布情况决定了应力重分布会不会引起围岩失稳。因此，研究不同温度边界条件及不同地应力条件对高地温隧洞围岩受力变形及其稳定性的影响是很有必要的。基于第 6 章采用的有限元模型，通过改变隧洞内部温度和围岩深部温度的变化来模拟各种不同工况条件下围岩的受力变形情况；对于地应力的研究，则是通过改变埋深和侧压力系数的大小来实现的，隧洞埋深越深表现为垂直应力越大，侧压力系数越小，水平应力就越小。

7.6.1　不同温度边界

结合第 6 章中洞内环境温度及围岩深部温度稳定值的选定原则，考虑到现场实测孔内最高温度达到 105℃ 以上的情况，洞内环境温度依次取 5℃、10℃、20℃、30℃，围岩深部温度稳定值依次取 60℃、70℃、80℃、100℃、105℃。

由图 7.20 可知，温度对洞壁环向应力影响很小，环向应力关于拱腰所在轴线上、下对称，且隧洞拱腰部位环向应力最大，其值为 17.54MPa，顶部和底部最小，其值分别为 1.60MPa、1.84MPa。当隧洞围岩深部温度保持恒定，洞内温度依次取 5℃、10℃、20℃、25℃、30℃ 时，洞壁环向应力整体上保持不变，而在拱顶、拱腰及拱底附近随着温度的升高呈现出较小的上升趋势，相较于拱腰，拱顶、拱底增大幅值更大且基本一致，为 0.25MPa，而拱腰为 0.01MPa；同样，当隧洞内部温度保持恒定，围岩温度依次取 60℃、70℃、80℃、100℃、105℃ 时，洞壁环向应力整体上保持不变，而在拱顶、拱腰及拱底附近随着温度的升高，相较于拱顶、拱底，拱腰环向应力降低了 0.55MPa，而拱顶和拱底分别增加了 0.52MPa 和 0.53MPa。

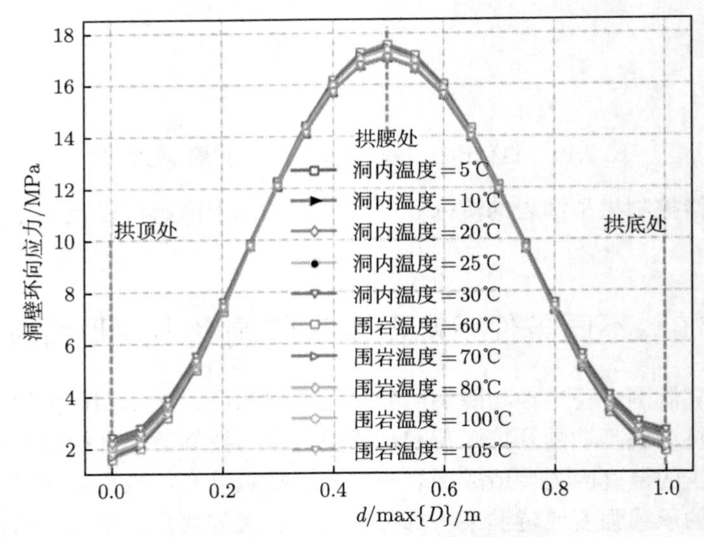

图 7.20　不同温度边界下的洞壁环向应力

在地下同一高温段隧洞施工时，洞内环境温度变化整体上对洞壁环向应力影响较小，因此可忽略洞内环境温度变化对洞壁环向应力的影响。由于围岩深部温度变化对拱顶、拱腰及拱底环向应力的影响较洞内温度变化影响小，所以在地下不同高温地段施工时，应考虑隧洞围岩深部温度对洞壁顶部、腰部及底部环向应力的影响。

根据图 7.21(a) 和 (b)，洞内环境温度变化对洞壁位移影响不明显，而围岩温度的变化对洞壁位移的影响较为显著。由图 7.21(a) 可知，洞壁位移关于拱腰所在轴线呈上、下对称，从拱顶到拱腰、从拱底到拱腰沿着洞壁方向上，洞壁位移逐渐减小，洞壁拱顶及拱底处位移最大且基本相等，其值约为 6.50cm，拱腰处位移最小，为 0.60cm。由图 7.21(b) 图可知，围岩温度由 60℃ 逐步升高至 105℃ 的过程中，拱顶以下、拱腰以上处洞壁位移呈现出一定的减小趋势，即围岩温度越高洞壁位移就越小，而拱腰以下、拱底以上处洞壁位移呈现出增大的趋势，即围岩温度越高洞壁位移就越大。从拱顶到拱腰沿洞壁走向，洞壁位移呈现出减小趋势，拱顶处洞壁位移最大，为 8.05cm，偏离拱腰以下 66cm 处位移最小，为 0.39cm；从拱腰到拱底沿洞壁走向，洞壁位移呈现出增大趋势，拱底处洞壁位移相比拱腰处较大，最大值为 6.34cm。

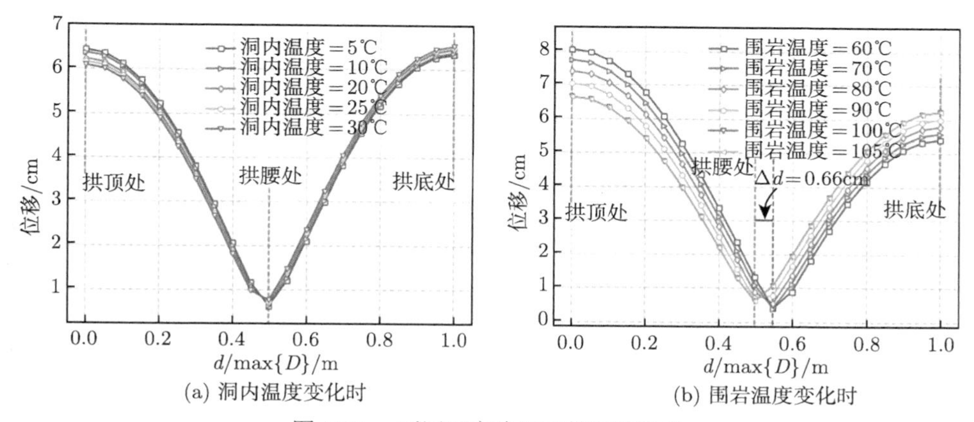

(a) 洞内温度变化时　　(b) 围岩温度变化时

图 7.21　不同温度边界下的洞壁位移

综合以上分析，温度对洞壁位移的影响集中体现在围岩温度的变化，围岩温度较低时，拱腰以上这种影响反而更明显，特别是对拱顶位移的影响。

7.6.2　不同埋深

根据高地温段隧洞剖面图可知，高温段隧洞最大埋深约为 420m，最小埋深约为 57m，依次取 100m、200m、280m、350m 及 500m 埋深进行研究。模拟过程中对不同埋深的考虑，具体做法是通过改变施加在模型上边界对应的均布荷载。

由图 7.22 可知，隧洞埋深对洞壁环向应力影响十分显著，洞壁环向应力关于拱腰所在轴线左右对称，拱腰处环向应力最大，从拱腰分别到拱顶、拱底，环向应力逐渐减小，在拱顶或拱底处达到最小值。

由图 7.23 可知，拱腰附近位移受埋深影响较小，拱顶、拱底附近洞壁位移受埋深影响较为显著，随着隧洞埋深的增加，拱顶及拱底处洞壁位移也在不断增大；当埋深不大于 280m 且在同一埋深下，拱顶及拱底洞壁位移基本关于拱腰所在轴

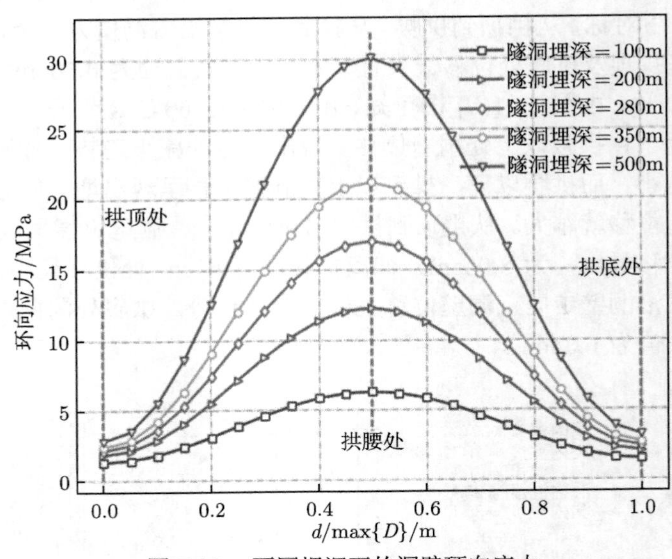

图 7.22 不同埋深下的洞壁环向应力

线左右对称，有着相同的变化趋势，但当埋深大于 280m 时，拱顶处洞壁位移变化趋势明显比拱底处位移变化趋势剧烈，当埋深达到 500m 时，拱顶发生洞壁位移超过拱底 2cm。由此可知，不同埋深情况下的隧洞围岩，应注意埋深增加时拱腰及其附近环向应力的大小及分布情况，以及拱顶、拱底和附近处洞壁位移的大小及分布规律，特别是拱顶位置。

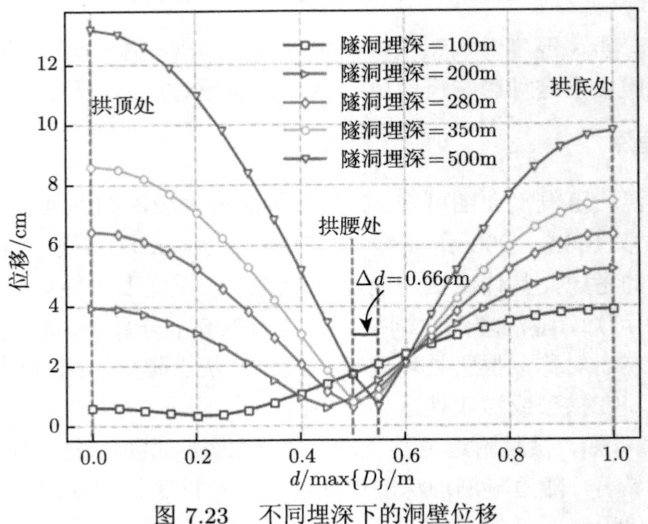

图 7.23 不同埋深下的洞壁位移

7.6.3　不同侧压力系数

在模拟计算分析过程中，仅考虑了地应力场中水平应力不大于竖向应力的情况，侧压力系数依次取 0.10、0.30、0.50、0.75 和 1.00，不同侧压力系数的考虑是通过改变分析软件中荷载模块，预定义地应力场下横向系数大小来实现的。

由图 7.24 可知，随着侧压力系数的增大，洞壁各点环向应力均呈现出不同的增幅，拱顶、拱底处变化更为剧烈，但拱腰及其附近变化较小，与拱顶、拱底呈现出相反的趋势，即随着侧压力系数的增加，拱腰处环向应力反而减小；不同侧压力系数下拱顶和拱底的环向应力关于拱腰对称，侧压力系数为 1.00 时，洞壁各处环向应力基本一致，在拱腰位置达到最小值。

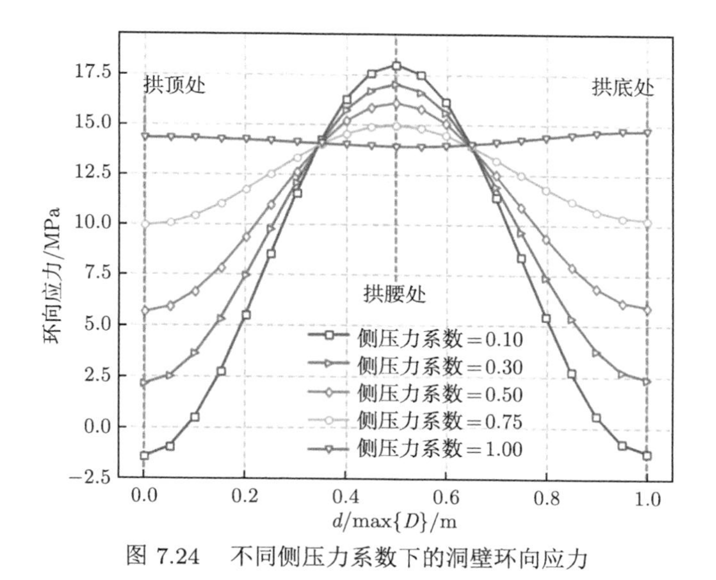

图 7.24　不同侧压力系数下的洞壁环向应力

由图 7.25 知，不同侧压力系数下的拱腰附近洞壁位移关于拱腰对称，且随侧压力系数的增大，拱腰处洞壁位移也在不断地增大。拱腰以下至拱底以上洞壁位移随着侧压力系数的增加而增加，但单位长度的增幅不断变小，且不同侧压力系数下的位移在拱底位置达到几乎相同的最大值。拱顶以下至拱腰以上洞壁位移，当侧压力系数大于 0.90 时，沿洞壁越靠近拱腰处洞壁位移就越大，相反，当侧压力系数不大于 0.90 时，沿洞壁越靠近拱腰处洞壁位移就越小。将拱腰以上 45° 位置作为临界点，拱顶至该临界点洞壁位移随着侧压力系数的增大而呈现出不同程度的减小，而该临界点至拱腰的洞壁位移随着侧压力系数的增大而增加。由此可见，侧压力系数对拱顶及拱底处的环向应力和拱腰及其附近洞壁位移的影响较为严重。

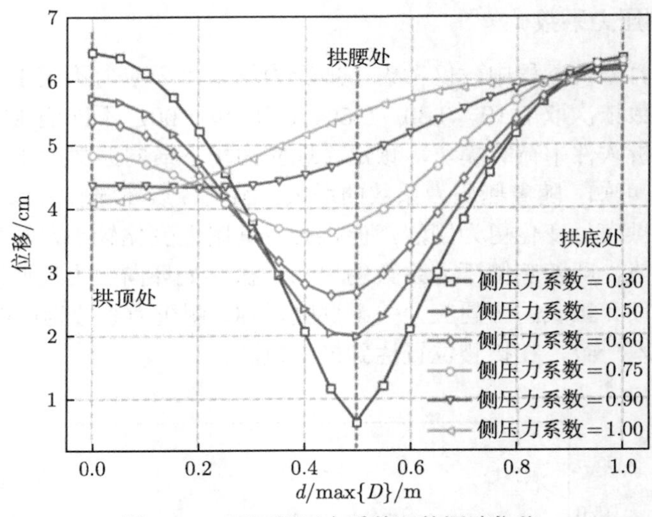

图 7.25　不同侧压力系数下的洞壁位移

7.7　本 章 小 结

本章基于连续介质损伤力学，引入 Weibull 分布描述岩体材料的非均匀性，以 D-P 准则表征岩石微元介质材料的强度，根据 Lemaitre 应变等价性假设建立了不同围压 (0MPa、3 MPa、5 MPa、8 MPa) 作用下的岩石力学损伤本构模型，并结合有关实验数据对本章所建立模型进行了验证。进一步考虑了高温在岩石内部诱发的损伤对本构模型的影响，通过引入热损伤变量建立了考虑温度和荷载共同作用下的岩石损伤本构方程，并结合有关试验数据进行了验证；对岩石材料在高温和荷载共同作用下的损伤演化过程进行了详细分析，研发了一种用于岩石热–力–损伤耦合分析的算法，对高地温水工隧洞热–力耦合特性进行了数值模拟。

(1) 荷载单独作用下岩石的损伤本构方程既能反映岩石在损伤阈值点前低应力水平下的线弹性变形特征，又能反映岩石在峰后残余强度阶段的变形损伤特征，从而使得岩石统计本构模型在一定程度上可以更全面地描述岩石应力应变变化全过程。此外，模型还能够直接反映岩石应力状态对岩石微元强度的影响，且随着围压的增大岩石应力–应变曲线峰后段越为平缓，表现为岩石延性增强、脆性减弱的趋势。

(2) 考虑温度和荷载共同作用下岩石的损伤本构方程，模型结果与试验结果吻合度较高，能够很好反映高温条件下岩石全应力–应变变化过程；高温和荷载共同作用下岩石损伤演化过程可分为初始段、过渡段、稳定段，其依次对应于岩石本构模型的峰前上升段、峰后软化段及残余强度段；高温诱发的热损伤主要发生于岩石应力–应变曲线的峰前上升段，但荷载造成的力学损伤贯穿于岩石应力–应变变化全过程，岩体的最终破坏是高温–荷载共同作用下岩石损伤累积的结果。

(3) 高温对岩石应力–应变曲线峰前上升段的损伤影响较为显著，对岩石应力–应变曲线峰后软化段的损伤影响较小。岩石损伤累积的最终结果主要集中体现于岩石应力–应变曲线峰后软化段。

(4) 考虑损伤本构模型下的隧洞围岩稳态温度场较为均匀，洞内环境温度的变化不会对洞壁环向应力和位移产生影响，同样，围岩深部温度变化也不会对围岩环向位移产生影响，但会影响围岩洞壁位移。

(5) 隧洞埋深对洞壁环向应力和洞壁位移的影响特别显著。隧洞埋深越深，洞壁环向应力和位移就会越大，拱腰处环向应力变化趋势最为明显，而洞壁位移的变化速率所处位置与洞壁环向应力完全表现出相反的情况。

(6) 侧压力系数对拱顶及拱底处的环向应力和拱腰及其附近位移的影响较为严重。侧压力系数增大时，洞壁各点环向应力均呈现出不同的增幅，拱顶、拱腰处变化更为剧烈，但拱腰及其附近变化较小。不同侧压力系数下的拱腰附近位移基本关于拱腰对称，且随着侧压力系数的增大，拱腰位移也在不断地增大，而拱顶处洞壁位移随着侧压力系数的增大反而减小，拱底基本不变。

参考文献

[1] 徐燕萍, 刘泉声, 许锡昌. 温度作用下的岩石热弹塑性本构方程的研究 [J]. 辽宁工程技术大学学报 (自然科学版), 2001, 20(4): 527-529.

[2] 张玉军. 裂隙岩体的热–水–应力耦合模型及二维有限元分析 [J]. 岩土工程学报, 2006, 28(3): 288-294.

[3] 张平, 李宁, 贺若兰. 含裂隙类岩石材料的局部化渐进破损模型研究 [J]. 岩石力学与工程学报, 2006, 25(10): 2043-2050.

[4] 曹瑞琅. 考虑残余强度和损伤的岩体应力场–渗流场耦合理论研究及工程应用 [D]. 北京: 北京交通大学,2013.

[5] 黄书岭. 高应力下脆性岩石的力学模型与工程应用研究 [D]. 武汉: 中国科学院研究生院 (武汉岩土力学研究所), 2008.

[6] 曹文贵, 赵衡, 李翔, 等. 基于残余强度变形阶段特征的岩石变形全过程统计损伤模拟方法 [J]. 土木工程学报, 2012,45(6): 139-145.

[7] 郭运华. 岩石破裂过程的统计损伤模型及裂隙岩体渐进破坏数值模拟 [D]. 济南: 山东大学,2014.

[8] 龚哲, 陈卫忠, 于洪丹, 等. Boom 黏土热–力耦合弹塑性损伤模型研究 [J]. 岩土力学, 2016,37(9): 2433-2442, 2450.

[9] 周广磊, 徐涛, 朱万成, 等. 基于温度–应力耦合作用的岩石时效蠕变模型 [J]. 工程力学, 2017, 34(10): 1-9, 25.

[10] 张德, 刘恩龙, 刘星炎, 等. 基于修正 Mohr-Coulomb 屈服准则的冻结砂土损伤本构模型 [J]. 岩石力学与工程学报, 2018,37(4): 978-986.

[11] 王军祥, 姜谙男. Lemaitre 等向硬化弹塑性损伤耦合本构模型积分算法及程序实现 [J]. 工程力学, 2015, 32(2): 12-19, 30.

[12] 陈松, 乔春生, 叶青, 等. 基于摩尔–库仑准则的断续节理岩体复合损伤本构模型 [J]. 岩土力学, 2018, 39(10): 3612-3622.

[13] 郭璇，张顶立，赵成刚，等. 岩石结构超塑性损伤本构理论及热力学框架 [J]. 岩石力学与工程学报, 2016, 35(4): 658-669.

[14] RABOTNOV Y N. On the equations of state for creep[J]. In:Progress in Applied Mechanics,1963,307-315.

[15] LEMAITRE J. Damage Measurements Engineering Fracture Mechanics[M]. Hyannis: Engineering Fracture Mechanice, 1987.

[16] KAEHANOV L M. Introduetion to Continuum Damage Mechanics[M]. Dordrecht: Martinus Nijhoff Publishers, 1986.

[17] MURAKAMI S, OHNO N. A creep damage tensor for microscopic cavities[J]. A.JSME.1980, 46: 940-946.

[18] DOUGILL J W, LAU J C, BURT N J. Towards a theoretical model for progressive failure and softening in rock[J]. Concrete and Similar Materials. Mech. In Engineering, ASCE-EDN, 1976: 335-355.

[19] DRAGON A, MROZ Z A continuum model for plastic-brittle behavior of rock and concrete[J]. International Journal of Engineering Science,1979,17(2): 121-137.

[20] 胡光辉, 徐涛, 陈崇枫, 等. 基于离散元法的脆性岩石细观蠕变失稳研究 [J]. 工程力学, 2018, 35(9): 26-36.

[21] YUMLU M, OZBAY M U. A study of the behaviour of brittlerocks under plane strain and triaxial loading conditions[J]. International Journal of Rock Mechanics and Mining Science & Geomechanics Abstracts, 1995,32(7): 725-733.

[22] 伍永平，杨永刚，来兴平，等. 巷道锚杆支护参数的数值模拟分析与确定 [J]. 采矿与安全工程学报，2006, 23(4): 398-401.

[23] 王菲. 基于三轴压缩试验的岩石统计损伤本构模型研究 [D]. 北京: 清华大学, 2013.

[24] 唐春安. 岩石破裂过程中的灾变 [M]. 北京: 煤炭工业出版社, 1993.

[25] 曹文贵, 方祖烈, 唐学军. 岩石损伤软化统计本构模型之研究 [J]. 岩石力学与工程学报, 1998, 17(6): 628-633.

[26] 曹文贵, 赵衡, 张玲, 等. 考虑损伤阈值影响的岩石损伤统计软化本构模型及其参数确定方法 [J]. 岩石力学与工程学报, 2008, 27(6): 1148-1154.

[27] 游强, 游猛. 岩石统计损伤本构模型及对比分析 [J]. 兰州理工大学学报, 2011,37(3): 119-123.

[28] 徐卫亚, 韦立德. 岩石损伤统计本构模型的研究 [J]. 岩石力学与工程学报, 2002,21(6): 787-791.

[29] 曹瑞琅, 贺少辉, 韦京, 等. 基于残余强度修正的岩石损伤软化统计本构模型研究 [J]. 岩土力学, 2013, 34(6): 1652-1660.

[30] 李天斌, 高美奔, 陈国庆, 等. 硬脆性岩石热–力–损伤本构模型及其初步运用 [J]. 岩土工程学报, 2016, 39(8): 1-8.

[31] LEMAITRE J. How to use damage mechanics[J]. Nuclear Engineering and Design,1984,80(2): 233-245.

[32] 徐燕萍, 刘泉声, 许锡昌. 温度作用下的岩石热弹塑性本构方程的研究 [J]. 辽宁工程技术大学学报 (自然科学版), 2001, 20(4): 527-529.

[33] 平洋. 峰后岩体宏细观破裂过程数值模拟方法及应用研究 [D]. 济南: 山东大学, 2015.

[34] 王凯, 蒋一峰, 徐超. 不同含水率煤体单轴压缩力学特性及损伤统计模型研究 [J]. 岩石力学与工程学报, 2018, 37(5): 1070-1079.

[35] 刘新荣, 王军保, 李鹏, 等. 芒硝力学特性及其本构模型 [J]. 解放军理工大学学报 (自然科学版), 2012, 13(5): 527-532.

[36] 刘坚. 考虑水岩耦合作用的水电站边坡岩石损伤模型 [J]. 水利科技与经济, 2017, 23(2): 74-78.

[37] 钟卫. 高地应力区复杂岩质边坡开挖稳定性研究 [D]. 成都: 西南交通大学, 2009.

[38] 石崇, 蒋新兴, 朱珍德, 等. 基于 Hoek-Brown 准则的岩石损伤本构模型研究及其参数探讨 [J]. 岩石力学与工程学报, 2011, 30(S1): 2647-2652.

[39] 张梁. 酸性环境干湿交替作用下泥质砂岩宏细观损伤特性研究 [D]. 重庆: 重庆大学, 2014.

[40] 龚囱. 循环加卸载条件下充填体损伤与声发射特性研究 [D]. 赣州: 江西理工大学, 2011.

[41] 曹文贵, 王江营, 翟友成. 考虑残余强度影响的结构面与接触面剪切过程损伤模拟方法 [J]. 土木工程学报, 2012,45(4): 127-133.

[42] 曹文贵, 赵衡, 李翔, 等. 基于残余强度变形阶段特征的岩石变形全过程统计损伤模拟方法 [J]. 土木工程学报, 2012,45(6): 139-145.

[43] 戴笠. 高应力条件下岩石变形全过程统计损伤模拟方法 [D]. 长沙: 湖南大学, 2016.
[44] 唐皓. 大理岩瞬时及流变力学特性与本构模型研究 [D]. 西安: 长安大学, 2014.
[45] 李星. 真三轴应力条件下层状复合岩石力学及渗流特性理论与试验研究 [D]. 重庆: 重庆大学, 2017.
[46] 陈庆敏, 张农, 赵海云, 等. 岩石残余强度与变形特性的试验研究 [J]. 中国矿业大学学报, 1997, 26(3): 44-47.
[47] 谢发. 基于摩尔库伦准则岩石材料 UMAT 子程序二次开发 [D]. 哈尔滨: 哈尔滨工业大学, 2014.
[48] 曹瑞琅. 考虑残余强度和损伤的岩体应力场–渗流场耦合理论研究及工程应用 [D]. 北京: 北京交通大学,2013.
[49] 黄景琦. 岩体隧道非线性地震响应分析 [D]. 北京：北京工业大学,2015.
[50] 李明. 高温及冲击载荷作用下煤系砂岩损伤破裂机理研究 [D]. 徐州: 中国矿业大学,2014.
[51] 张义. 遇水冷却的高温大理岩和石灰岩力学与波动特性研究 [D]. 福州: 福州大学, 2015.
[52] 张连英. 高温作用下泥岩的损伤演化及破裂机制研究 [D]. 徐州: 中国矿业大学, 2013.
[53] 黄书岭, 冯夏庭, 张传庆. 脆性岩石广义多轴应变能强度准则及试验验证 [J]. 岩石力学与工程学报, 2008, 27(1): 124-134.
[54] QIN B, CHEN Z H, FANG Z D, et al. Analysis of coupled thermo-hydro-mechanical behavior of unsaturated soils based on theory of mixtures ?[J]. Applied Math Ematicsand and Mechanics (English Edition), 2010,31(12): 1561-1576.
[55] 梁冰, 高红梅, 兰永伟. 岩石渗透率与温度关系的理论分析和试验研究 [J]. 岩石力学与工程学报, 2005, 24(12): 2009-2012.
[56] 高红梅. 高温作用下岩石渗透规律的研究 [D]. 阜新: 辽宁工程技术大学,2005.
[57] LIU S, XU J Y. Analysis on damage mechanical characteristics of marble exposed to high temperature[J]. International Journal of Damage Mechanics, 2015, 24(8): 1180-1193.
[58] 谢发. 基于摩尔库伦准则岩石材料 UMAT 子程序二次开发 [D]. 哈尔滨: 哈尔滨工业大学, 2014.
[59] 后雄斌. 地下洞室岩石热–力–损伤应变软化模型及数值模拟研究 [D]. 石河子: 石河子大学, 2019.
[60] 李宁. 超高压泵头体自增强后的残余应力与疲劳寿命研究 [D]. 武汉: 武汉科技大学, 2015.

第 8 章　高地温水工隧洞温度效应及其施工优化

8.1　概　　述

温度–应力 (TM) 耦合表现为两方面 [1]：一方面，温度场影响应力场，温度变化产生的温度应力对围岩应力场的影响及温度变化对围岩热力学参数的影响；另一方面，应力场影响温度场，围岩应力变化使得岩体骨架的空隙结构改变，从而引起岩体温度特性 (导热系数) 的改变，进而影响温度场，同时，岩体内部变形耗散产热使得围岩温度场变化。在力学耦合机制上，温度场和应力场通过某种力学作用进行耦合；在参数耦合机制上，温度场对岩体物性参数的影响及围岩不同时间、不同温度下围岩热物理性质的改变影响温度场而表现出耦合作用。然而，温度场的变化对应力场的影响较大，应力场的变化在弹性变形范围内对温度场的影响极其微弱，可忽略不计。因此，本章耦合策略采取简化耦合，即考虑温度场对应力场的影响，忽略由应力场使岩体孔隙改变对温度场的影响。

在求解策略上采用间接耦合方法：① 进行瞬态温度场计算，求解单元温度分布；② 计算模型初始地应力；③ 将瞬态温度场结果嵌入，采用生死单元技术求解隧洞开挖过程中围岩的瞬态应力变化。围岩热力学参数受温度影响产生变化，温度场对应力场的耦合效应不仅体现在温度变化所带来的膨胀应力或收缩应力上，该温度应力作为节点荷载以体积力或表面力的形式作用在节点上，还体现在温度荷载对围岩刚度矩阵的削弱上。这样保证了各耦合参数在全部单元内随着计算步准确传递，也保证了计算的准确性，请参考文献 [2] 和文献 [3]。

根据第 7 章相关数值模型，对高地温引水隧洞围岩及衬砌结构进行温度–应力耦合数值计算，通过分析得出高地温引水隧洞的温度效应。

8.2　不同开挖方式下高地温水工隧洞温度–应力场耦合数值模拟

8.2.1　全断面开挖方式下温度–应力耦合数值模拟结果

图 8.1 为全断面开挖方式温度–应力耦合下最大主应力和最小主应力分布，表 8.1 为全断面开挖方式隧洞围岩在 0.5 m 深度处不同位置的应力值 (正为拉

应力，负为压应力，下同)。分析可知，围岩最小主应力最大部位并非位于洞壁处，而位于围岩拱腰 0.5~1m 深处；对比第 1 天和第 15 天围岩应力的结果可以知，第 15 天围岩拱顶及拱底受拉区厚度增大了 150%，同时拉应力值增大了 11.1%；拱腰最小主应力最大值位于围岩拱腰 0.4m 深处；最大压应力出现于围岩 0.4 m 深而非壁面处，是壁面处围岩出现塑性区导致的。隧洞开挖并衬砌第 15 天与开挖第 1 天相比，围岩拱腰最大主应力及最小主应力均有所增大。

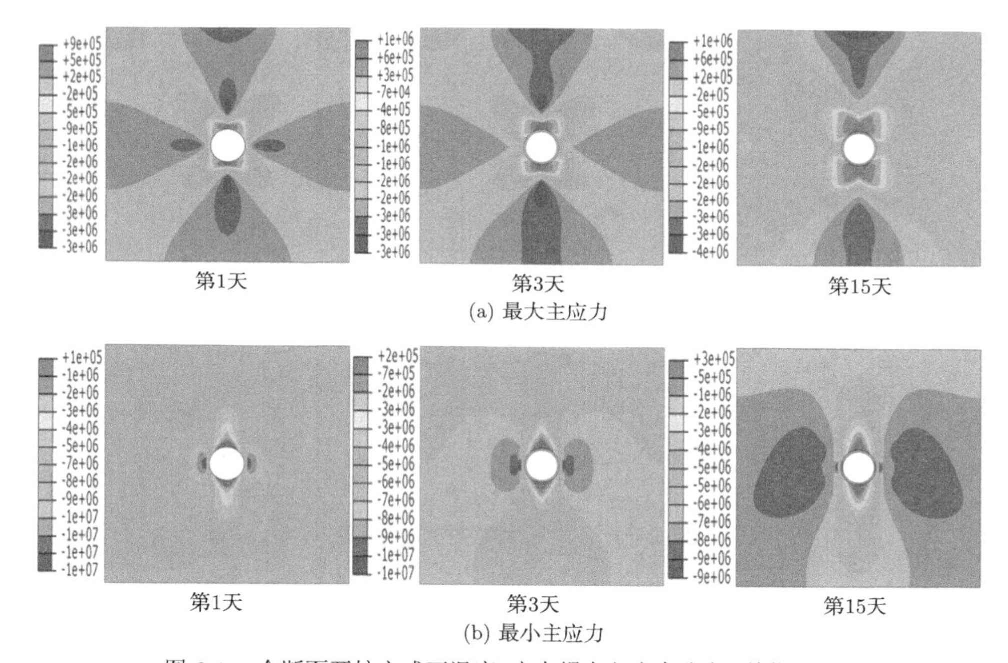

图 8.1 全断面开挖方式下温度–应力耦合主应力分布 (单位：Pa)

表 8.1 全断面开挖方式隧洞围岩在 0.5m 深度处不同位置的应力 (单位：MPa)

部位	第 1 天主应力		第 3 天主应力		第 15 天主应力	
	最大值	最小值	最大值	最小值	最大值	最小值
拱顶	0.9	0.1	0.9	0.1	1.0	0.3
拱腰	−1.0	−10.0	−2.0	−1.0	−2.0	−9.0
拱底	0.9	0.1	0.9	0.1	1.0	0.3

图 8.2 给出了全断面开挖方式下衬砌结构的最大主应力和最小主应力云图。衬砌施作后在温度–应力耦合作用下，衬砌内表面拱顶及拱腰处呈受拉状态，第 2 天最大主应力为 0.0343MPa。至第 15 天，最大拉应力为 0.0515 MPa。衬砌两侧

拱腰呈受压状态，第 2 天最小主应力为 5.66MPa，逐渐增大，至第 15 天最大压应力为 8.98 MPa。

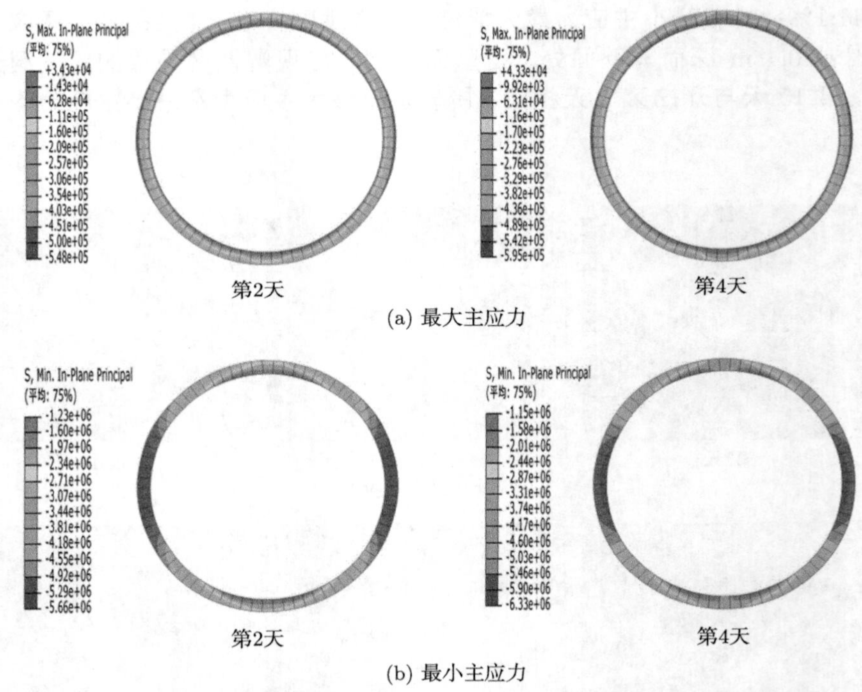

(a) 最大主应力

(b) 最小主应力

图 8.2　全断面开挖方式下衬砌结构应力云图 (单位：Pa)

全断面开挖方式下温度–应力耦合围岩等效塑性应变云图见图 8.3。由图 8.3 可知，第 1 天洞壁周围均出现塑性区，其中，围岩拱腰处塑性应变较大，塑性区厚度约为 0.4m，塑性应变值最大为 0.01。同时，塑性区由拱腰向上下两端有所延

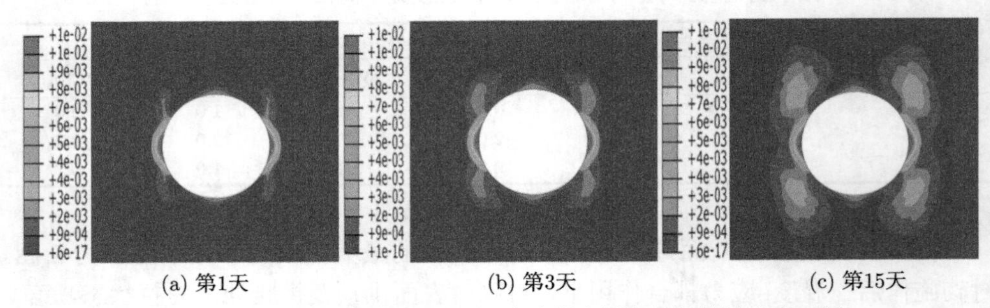

(a) 第1天　　(b) 第3天　　(c) 第15天

图 8.3　全断面开挖方式下温度–应力耦合围岩等效塑性应变云图

伸。开挖衬砌 3 天后，塑性区进一步扩大，其中，上下两端扩展区域变化较为明显，塑性区厚度约为 0.5m，最大等效塑性应变位于拱腰处，为 0.01。15 天后，围岩拱腰处的塑性应变依旧最大，塑性应变最大值为 0.01，塑性区厚度约 0.6m。综上，随时间推移，围岩塑性区向上下两端有所扩展，围岩塑性区范围变大，但塑性应变值无大的变化。

8.2.2　分层开挖方式下温度–应力耦合数值模拟结果

图 8.4 为分层开挖方式下温度–应力耦合最大主应力和最小主应力分布，表 8.2 为分层开挖方式隧洞围岩在 0.5m 深度处不同位置的应力值。围岩底边 0.6m 深度范围出现拉应力，底边与拱脚交界处应力值较大。隧洞开挖后于第 2 天进行上部喷混凝土衬砌，第 3 天进行下部开挖。与第 1 天相比，第 3 天围岩拱腰 0.6m 深度处压应力区域增大，最大压应力值减小了 50%。第 4 天对隧洞下部进行衬砌完成施工。对比第 15 天和第 3 天应力分布可知，拱顶处第 15 天拉应力区域较第 3 天有所增大，最大拉应力为 2.0MPa。

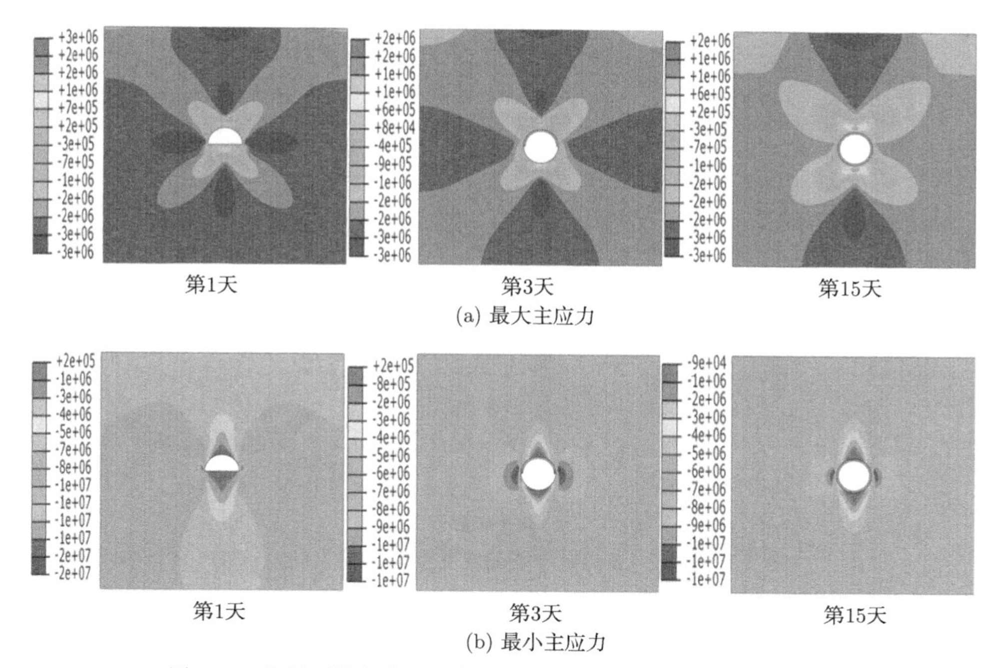

图 8.4　分层开挖方式下温度–应力耦合主应力分布 (单位：Pa)

分层开挖方式下衬砌结构的最大主应力和最小主应力分布如图 8.5 所示。从图中可以看出，上部衬砌施作后，在温度–应力耦合作用下，上部衬砌底角处出现应力集中现象，下部衬砌施作后，在上下部衬砌接触部位依旧出现应力集中现

表 8.2　分层开挖方式隧洞围岩在 0.5m 深度处不同位置的应力 (单位：MPa)

部位	第 1 天主应力		第 3 天主应力		第 15 天主应力	
	最大值	最小值	最大值	最小值	最大值	最小值
拱顶	0.6	−1	0.4	−0.65	0.9	−1
拱腰	−3	−20	−1	−10	−2	−10
拱底	3	0.2	0.9	0.1	0.9	−1

象。第 2 天施作衬砌后，上部衬砌底角拉应力值最大，为 0.583MPa。下部衬砌施作后，应力集中有所缓解，最大主应力为 0.0433MPa。第 15 天后该值变化不大，为 0.497MPa。

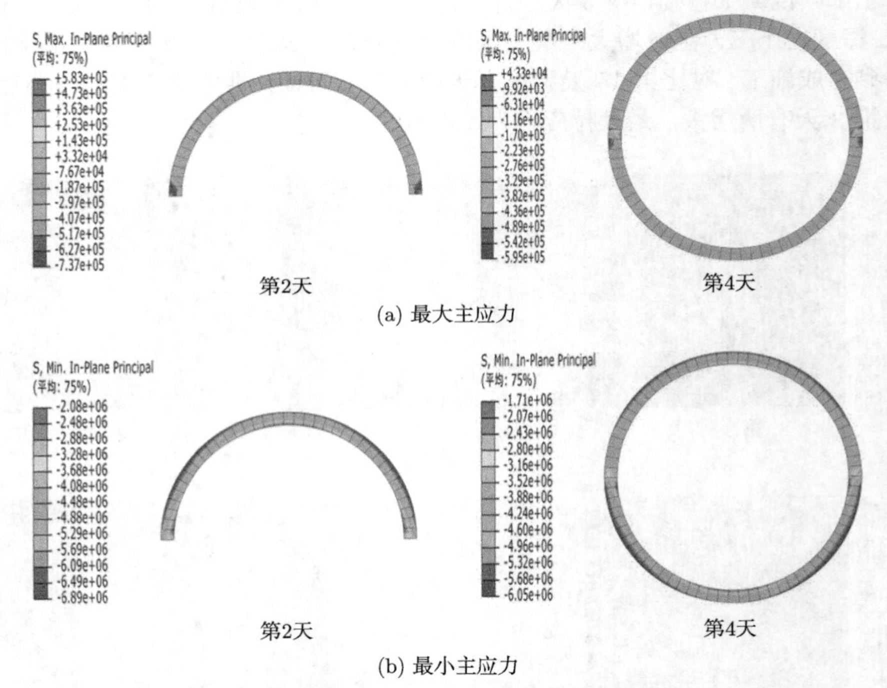

图 8.5　分层开挖方式下衬砌结构应力云图 (单位：Pa)

分层开挖衬砌最小主应力分布与全断面开挖方式下所得云图分布特性不同，第 2 天最小主应力为 6.89MPa，最大值位于拱顶两侧，下部衬砌施作后，其最小主应力分布特征与上部相似，亦位于拱底两侧，随后逐渐减小，至第 15 天最小主应力为 5.83MPa。

温度–应力耦合围岩等效塑性应变云图见图 8.6。开挖第 1 天，围岩拱脚及底边处出现塑性区，塑性应变最大处位于底边靠近拱脚处，为 0.09。随着施工的进行，出现最大塑性应变的围岩被挖除，围岩拱腰下部继续出现塑性区。第 3 天围岩下层开挖后，拱腰下侧出现塑性区，同时围岩塑性区向上下扩展，但在拱腰处表现出塑性区的不连续。第 15 天围岩拱腰处最大塑性应变为 0.03，塑性区较第 3 天有微小的增大，最大厚度约为 0.4m。

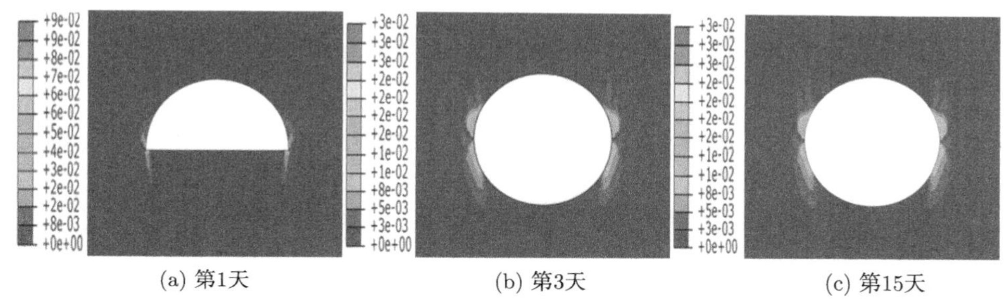

(a) 第1天　(b) 第3天　(c) 第15天

图 8.6　分层开挖下温度–应力耦合围岩等效塑性应变云图

8.2.3　温度–应力耦合数值模拟结果分析

全断面开挖方式围岩拱腰的塑性区连续分布，且向上下两端延伸，塑性区长度约为 2 倍洞径，塑性区厚度约为 0.6m，等效塑性应变在 0.002~0.010；分层开挖方式围岩塑性区于拱腰处不连续，塑性区向上下两端延伸发育，塑性区长度约为 1 倍洞径，塑性区厚度约为 0.4m，等效塑性应变在 0.005~0.030。鉴于高地温引水隧洞全断面开挖方式比分层开挖方式塑性区范围大 2 倍，故在高地温隧洞开挖过程中，为追求工程稳定，宜尽可能考虑分层开挖方式。

全断面开挖第 1 天围岩拱腰处最小主应力为 10MPa，第 15 天为 9MPa，减小了 10%；分层开挖第 1 天围岩拱腰处最小主应力为 20MPa，第 15 天为 10MPa，减小了 50%。由此可以看出，开挖后围岩应力的重分布对围岩稳定性有利，在围岩开挖卸荷后的短暂时间内寻求适当的支护结构进行支护可防止围岩变形过大。上述分析可知，围岩压应力最大值位于拱腰 0.4m 深度处。围岩的塑性变形使得围岩内的能量释放，表现为应力的减小，压应力最大区域向围岩内部移动。因此，应针对拱腰塑性区围岩提早进行加固处理。

图 8.7 给出了拱腰处第 15 天最小主应力随围岩深度变化曲线。温度–应力耦合条件下，围岩最小主应力在 0.4m 深度处达到最大值，0.4m 后逐渐降低并趋于平稳。分层开挖方式下，围岩最小主应力于 0.1m 处出现转折点，同时分层开挖方式围岩拱腰处深度为 0~2m 的最小主应力大于全断面开挖方式的相应值。分析可知，出现这一现象的原因是全断面开挖方式围岩拱腰的塑性区为连续的，而分层开挖方式围岩塑性区于拱腰处不连续。围岩的塑性变形使围岩内的能量释放，表现为应力的减小；在 0.4m 处，温度–应力耦合作用下该应力值有所降低。

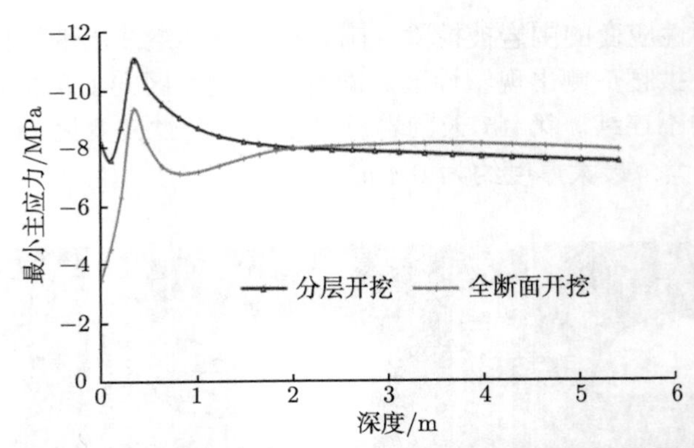

图 8.7　拱腰处第 15 天最小主应力随围岩深度变化曲线

综合分析不同开挖方式下围岩及衬砌结构的温度–应力耦合计算过程，得到以下 2 点结论：

(1) 不同开挖方式围岩塑性区不同。全断面开挖方式工况下，塑性区长度约为 2 倍洞径，塑性区厚度为 0.6m；分层开挖方式工况下，塑性区长度约为 1 倍洞径，塑性区厚度为 0.4m。鉴于高地温引水隧洞全断面开挖方式比分层开挖方式塑性区大 2 倍，故分层开挖方式优于全断面开挖方式。

(2) 隧洞开挖后随时间增长，围岩拱腰处压应力逐渐减小，高应力区自洞壁逐渐向深处移动。全断面开挖第 1 天围岩拱腰处最小主应力为 10MPa，第 15 天拱腰处最小主应力为 9MPa，减小了 10%；分层开挖第 1 天围岩拱腰处最小主应力为 20MPa，第 15 天拱腰处最小主应力为 10MPa，减小了 50%。因此，开挖后围岩应力的重分布对围岩稳定性有利，在围岩开挖卸荷后的短暂时间内寻求适当的支护结构进行支护可防止围岩变形过大。

8.3　高地温水工隧洞全生命周期温度–应力耦合数值模拟

考虑到衬砌结构强度随龄期逐渐增强，将衬砌结构的强度增长近似分为 4 个阶段，即衬砌施加的第 $0\sim3$ 天为 0.3 倍设计强度；第 $3\sim10$ 天为 0.5 倍设计强度；第 $10\sim20$ 天为 0.8 倍设计强度；第 20 天后为设计强度，进而在瞬态分析中近似模拟混凝土强度的增长过程。

8.3.1　应力场数值模拟结果

图 8.8 为高地温隧洞生命基本周期温度–应力耦合下最大主应力及最小主应力分布图。开挖第 1 天未施作衬砌时，围岩拱顶及拱底处出现了矩形拉应力区，宽度为 2.1m，高度为 0.37m，拉应力最大值为 0.867MPa。围岩拱腰一定深度处压应力最大，最大值为 11.5MPa。

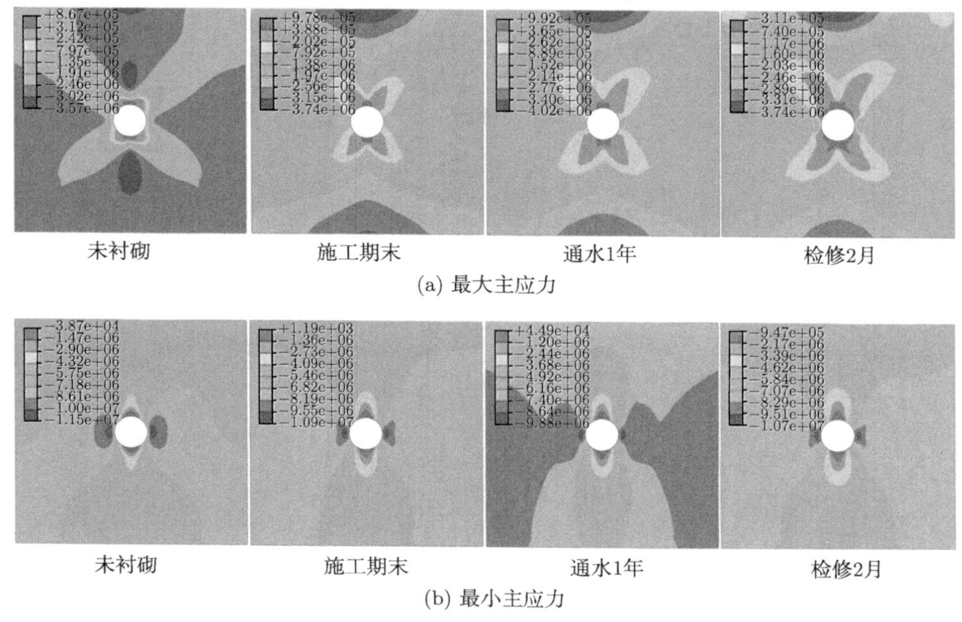

图 8.8　高地温隧洞围岩全生命周期应力场云图 (单位：Pa)

施工期围岩拱顶与拱底处拉应力区发育，至施工期末 (第 180 天) 拉应力区为马鞍形，即中间低两边高。其宽度为 2.57m，最大高度为 1.56m，最小高度为 0.5m。拉应力最大值为 0.978MPa，拉应力最大值较第 1 天增大了 12.8%。围岩拱腰一定深度处压应力值最大为 10.9MPa，较第 1 天减小了 5.21%。

通水 1 年后，拉应力区继续发育，其宽度为 2.95m，最大高度为 2.15m，最小高度为 0.62m，最大拉应力值为 0.992MPa，最大拉应力值较施工期末增大了 1.43%。围岩拱腰一定深度处压应力值最大为 9.88MPa，较施工期末减小了 9.36%。

检修 2 月后，围岩最大主应力值均为负，即围岩全断面受压，拉应力区消失，最大压应力位于围岩拱腰一定深度处，最大压应力值为 10.7MPa。检修期隧洞内自然通风条件使得围岩温度回升，甚至超过施工期温度值，岩体的热膨胀作用消除了围岩单元之间的拉应力，进而表现为围岩全断面受压。经分析，最大压应力出现于围岩一定深度而非壁面处。

分析图 8.9 可知，施加衬砌后 (第 2 天)，因衬砌结构所受温度场突变，进而在温度–应力耦合作用下，衬砌结构于 0.3 倍设计强度下最大主应力极值为 0.317MPa。180 天施工期末衬砌最大主应力极值为 0.593MPa，位于拱腰外侧。通水 1 年后，衬砌结构的最大主应力极值降低为 0.0665MPa。检修 2 月后，衬砌结构外侧在温度–应力耦合作用下最大主应力极值达 1.2MPa。

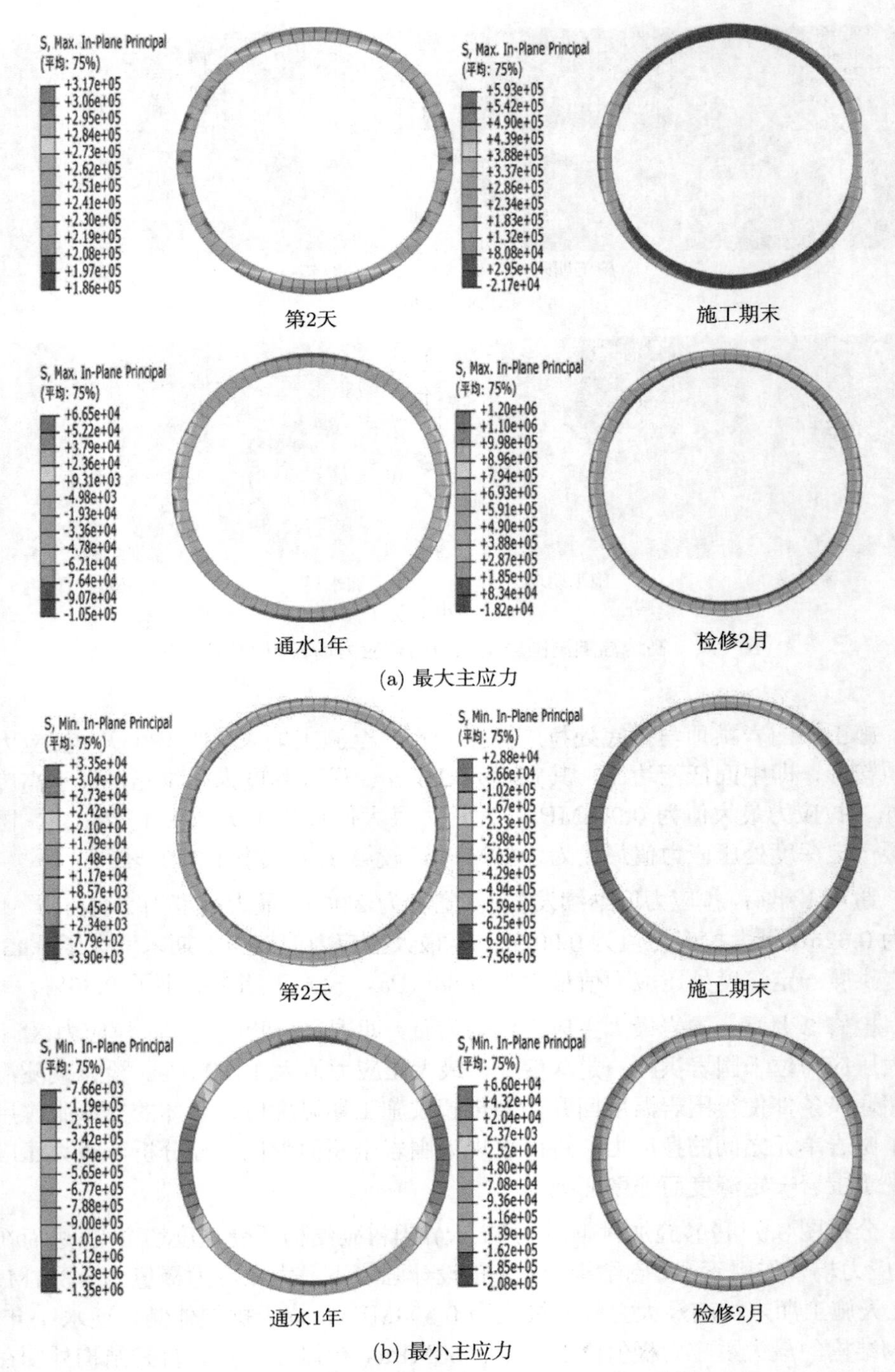

(a) 最大主应力

(b) 最小主应力

图 8.9　高地温隧洞衬砌全生命周期应力场云图 (单位：Pa)

上述分析可见，衬砌结构所受拉应力较大，衬砌结构可能出现不同程度受拉所致裂缝。因此，衬砌结构需采取相关措施提升抗拉强度，同时，应采取相关保温措施降低衬砌结构的温度应力，进而提升衬砌结构的稳定性。

高地温隧洞生命基本周期温度–应力耦合下围岩拱腰处及拱顶处应力时空分布特性为：在时间上，围岩各点随生命周期工况变化而变化，应力增减性质一致；在空间上，围岩各点应力随深度增加而减小，深度越大，应力受工况影响越小，如图 8.10(a) 所示。

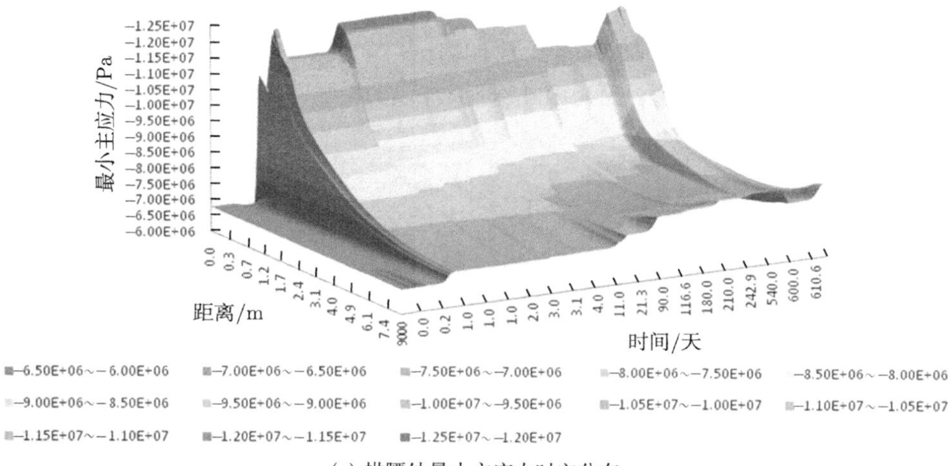

(a) 拱腰处最小主应力时空分布

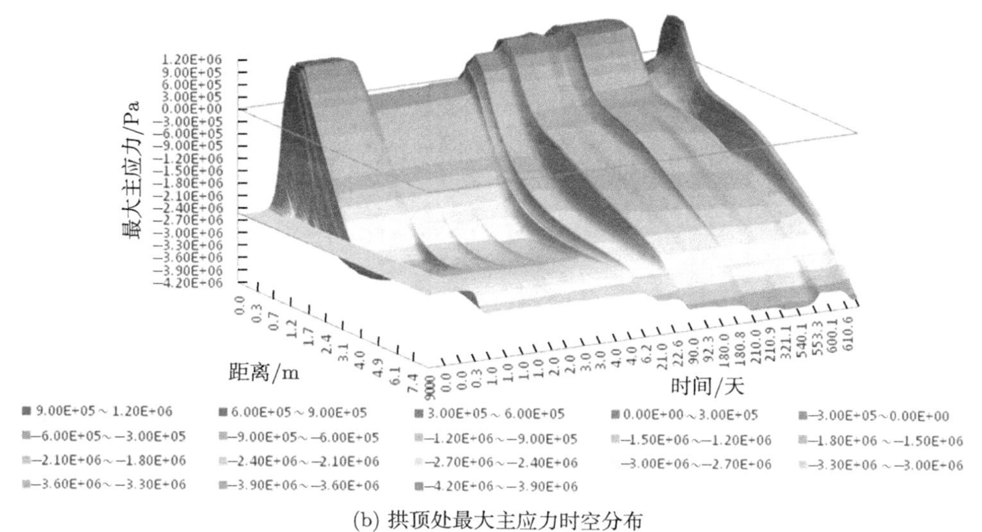

(b) 拱顶处最大主应力时空分布

图 8.10　高地温隧洞基本生命周期下拱腰、拱顶应力曲线 (见彩图)

图 8.10(b) 为高地温隧洞生命基本周期温度–应力耦合下围岩拱顶处最大主应力时空分布图，从图中可以看出围岩拱顶处在开挖后最大主应力发生突变，最大主应力由压应力转变为拉应力，第 2 天施加衬砌后，围岩拱顶处拉应力突然减小，随隧洞通风散热，在温度场的影响下围岩拱顶处拉应力值略有增大。运行通水期在通水冷却的作用下，拱顶拉应力进一步增大达最大值。检修期围岩拱顶处最大主应力由拉应力转变为压应力。再通水围岩拱顶处最大主应力特性与第一次通水几乎一致。

8.3.2 塑性区数值模拟结果

图 8.11 为高地温隧洞生命基本周期温度–应力耦合下围岩塑性区发展情况，从图中可以看出：开挖第 1 天为施加衬砌时围岩拱腰两侧处出现塑性区，塑性区

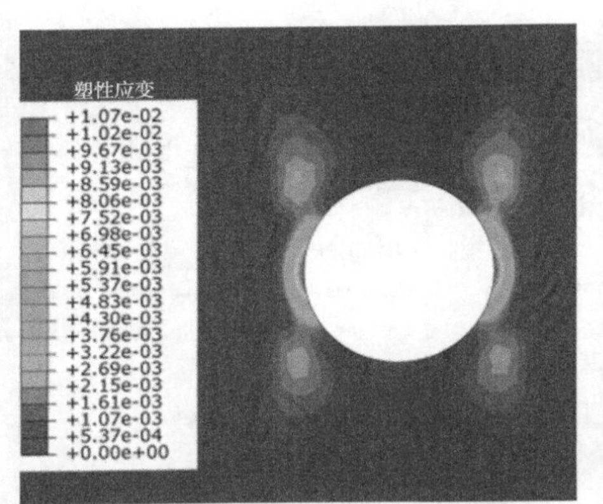

(a) 开挖未衬砌塑性区

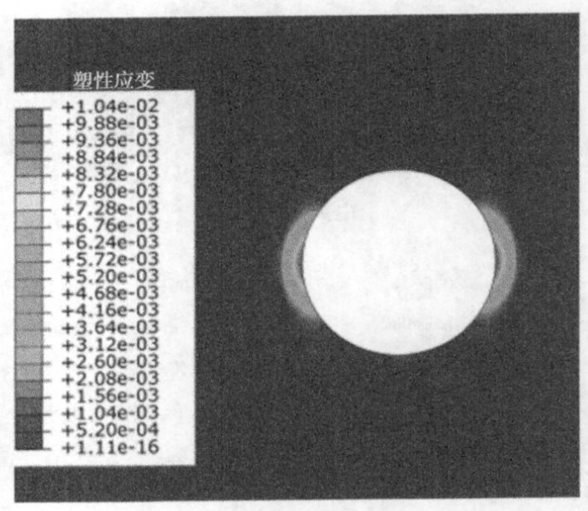

(b) 施工期末塑性区

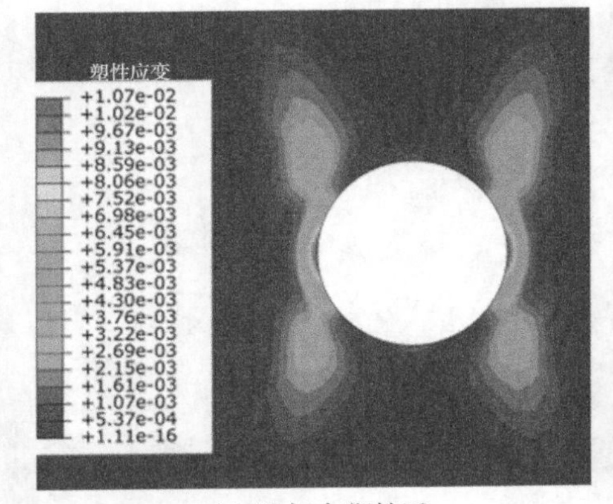

(c) 通水1年塑性区

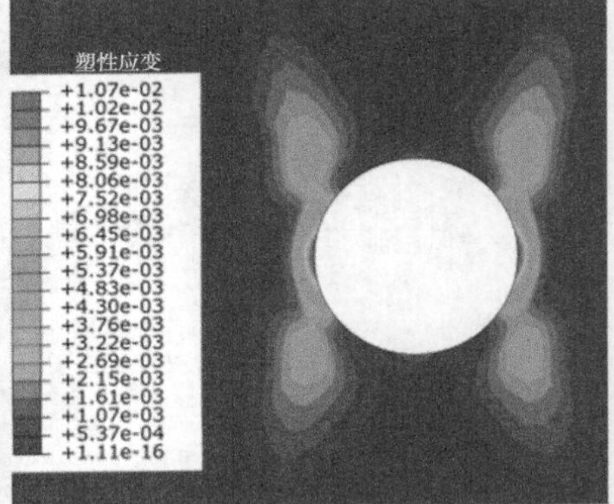

(d) 检修2月塑性区

图 8.11 高地温隧洞全生命周期塑性区分布云图

宽度为 0.46m，高度为 3.1m。至施工期末围岩拱腰处塑性区宽度无大变化，塑性区自拱腰向上下两侧发育，大致呈蝴蝶状。其宽度为 1.38m，高度为 5.85m。通水 1 年后塑性区继续发育，依旧呈蝴蝶状，塑性区整体较施工期末进一步发育，而拱腰处塑性区相对变化较小。上下两侧塑性区宽度为 2.02m，塑性区高度为 7.18m。经 2 个月检修后，塑性区发育较小，再度通水后塑性区几乎不变。

综上，自开挖后塑性区从拱腰处开始发育，经施工通风塑性区向上下两侧发育呈蝴蝶形，通水 1 年后塑性区蝴蝶状进一步发育，检修期塑性区整体发育，再度通水围岩塑性区发育不明显，故 TM 耦合作用下围岩塑性区发育速度先快后慢，即基本生命周期内塑性发育较快，后续使用过程发育较缓慢。此结论再度论证了基本生命周期的代表性。

对高地温引水隧洞全生命周期 TM 耦合作用的计算过程，其时效力学特性具有以下特点：

(1) 高地温隧洞全生命周期温度–应力耦合下围岩塑性区发育呈先快后慢的特性。因此，在工程中应重点考虑施工期及第一个基本周期围岩及衬砌的力学特性。

(2) 高地温隧洞全生命周期温度–应力耦合下围岩拱腰处塑性应变值最大，应考虑该处围岩是否会发生脱落及裂缝。

8.4　高地温水工隧洞温度效应

8.4.1　温度效应分析

本小节基于不同开挖方式下引水隧洞数值模拟实例，对引水隧洞进行温度–应力耦合数值模拟和单纯应力场数值模拟计算，通过对比数值模拟所得结果，进而得出温度效应。图 8.12 给出了单纯地应力条件下 (分层开挖/全断面开挖) 及温度–应力耦合条件下 (温度–应力耦合条件下分层开挖/温度–应力耦合条件下全断面开挖)，不同开挖方式第 15 天隧洞拱腰处最小主应力随围岩深度的变化曲线。

分析温度–应力耦合数值模拟计算结果，不考虑温度影响下分层开挖方式下围岩最小主应力于 0.3m 处出现转折点，同时分层开挖方式围岩拱腰处深度为 0~0.3m 的最小主应力大于全断面开挖方式的相应值。围岩深度大于 1m 后，两种开挖方式围岩的最小主应力大小及变化趋势基本相同，说明不同开挖方式对围岩应力的影响范围约为 $1/3R$。

不考虑温度影响下，全断面开挖方式下拱腰处围岩最小主应力最大值为 14.97MPa，分层开挖方式下拱腰处围岩最小主应力最大值为 14.54MPa，两种开挖方式下拱腰处围岩压应力相近。温度–应力耦合条件下全断面及分层开挖最小主

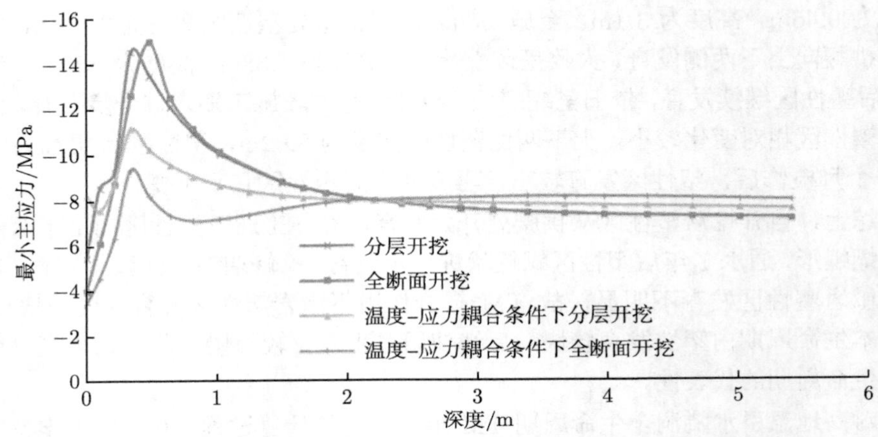

图 8.12 拱腰处第 15 天最小主应力随围岩深度变化曲线

应力最大值分别为 9.38MPa 及 11.13MPa，即全断面开挖温度–应力耦合用下围岩最小主应力比分层开挖温度–应力耦合作用下围岩的最小主应力小 15.7%。这表明原岩温度场的降低使得围岩应力下降，对于围岩级别较差的情况下，更有利于围岩稳定，该数值的变化直观地体现出了高地温引水隧洞围岩的温度效应。

8.4.2 温度效应机制

围岩温度降低后，其力学参数的变化会使其应力变化，另外，不同开挖方式导致围岩温度场差异较大，进而影响围岩应力场。围岩开挖后，围岩初始温度场被扰动，围岩温度大幅降低，围岩洞壁处各个单元在冷缩的影响下体积减小，使得相邻单元边界及节点处出现相互分离的趋势，进而产生节点处的拉应力。节点处拉应力与原有的压应力相互抵消，表现为围岩压应力的减小。全断面开挖较分层开挖围岩温度场降低较快，相同深度处围岩温度较低，故出现应力值差异的现象。综合以上分析，对于高地温及高地应力并存的隧洞工程，加强散热有利于降低围岩拱腰的压应力，可参考文献 [2]。

8.5 本 章 小 结

本章依托新疆某高地温引水隧洞，对不同开挖方式下及全生命周期尺度下的高地温引水隧洞温度–应力耦合作用进行了数值模拟分析，得到了围岩及衬砌结构的瞬态应力场、塑性区分布。经计算分析得出了围岩及衬砌结构的瞬态应力场和塑性区的分布及发展特性，进而挖掘出温度效应。为相关高地温隧洞工程的设计及施工提供参考依据。

(1) 不同开挖方式对围岩塑性区的影响不同。从围岩塑性区发展来分析，分层开挖方式优于全断面开挖方式。隧洞开挖后，围岩拱腰处压应力逐渐减小，高应力区自洞壁逐渐向深处移动，开挖后围岩应力的重分布对围岩稳定性有利。

(2) 高地温隧洞全生命周期温度–应力耦合作用下围岩塑性区发育呈先快后慢的特性。在全生命周期内，围岩拱腰处塑性应变值最大，应重点给予关注。

(3) 不考虑温度影响，分层开挖方式下围岩最小主应力于 0.3m 处出现转折点，围岩拱腰处深度为 0~0.3m 的最小主应力大于全断面开挖方式的相应值。分层开挖方式围岩塑性区在拱腰处不连续。围岩深度大于 1m 后，两种开挖方式围岩的最小主应力大小及变化趋势基本相同，说明不同开挖方式对围岩应力的影响范围约为 $1/3R$。

参 考 文 献

[1] 贺玉龙. 三场耦合作用相关试验及耦合强度量化研究 [D]. 成都: 西南交通大学, 2003.

[2] 貊祖国. 高地温引水隧洞瞬态温度场数值模拟及温度效应研究 [D]. 石河子: 石河子大学, 2019.

[3] 貊祖国, 姜海波, 后雄斌. 不同开挖方式下高地温引水隧洞围岩瞬态温度–应力耦合分析 [J]. 水力发电, 2019, 45(2): 58-63.

第 9 章　高地温水工隧洞开挖损伤区特征及分布规律研究

9.1　概　　述

在隧洞工程穿越复杂地质条件时对围岩稳定性进行准确评价是工程设计施工的首要任务。在隧洞工程的施工中，围岩开挖卸荷引起应力重分布，开挖洞周出现一定程度的节理裂隙，节理断面有效面积的减少会造成同一断面实际受力面积上应力增大，使围岩应力重分布无法达到平衡状态，从而导致岩体破坏失稳，引发工程事故。这种受开挖卸荷影响导致围岩应力、应变及位移场发生明显扰动且部分岩体力学性质产生明显变化的区域称为围岩松动区或开挖损伤区。由于岩石损伤为岩石微裂纹的萌生、扩展或演变，体积元的破坏，宏观裂纹的形成、扩展直至失稳的全过程，因此开展开挖损伤区产生机制及减少开挖损伤区范围的研究在隧洞工程设计施工中尤为重要。

目前，开挖损伤区的研究主要从实验测试、理论研究及数值模拟三大方面开展。在实验测试方面，开挖过程中破坏了围岩的整体性，导致岩体微裂纹的产生并且随着开挖的不断深入微裂纹会不断扩展。受开挖影响，岩体的声波波速、水力传输性能都会下降，同时声发射次数与裂纹密度、裂纹长度等都有一定的关系，因而在实际研究中可以通过测量这些参数的改变来确定开挖扰动的范围。目前，对于开挖损伤区的测试已经形成了微震监测网络、声波测试、地震波、地质雷达、钻孔弹性模量、原位液压测试、模型实验等多种手段组成的测试方法。其中，由于声波波速随岩体节理裂隙的发育、岩体密度的降低、声阻抗的增大而降低，随岩体密度的增大而增大，其测试机制较为完善，测试技术较为成熟，测试方式较为简便，测试结果较易分析，在实际工程中应用最为广泛。在理论研究方面，早在 1970 年国内就有学者对开挖扰动区进行了研究，提出并论述了松动圈支护理论、松动圈围岩分类方法和描喷支护机制 [1]。目前，对于开挖损伤区的理论研究主要通过塑性区这一概念进行计算分析，塑性区的理论研究与开挖损伤区的计算密切相关，一般可基于弹塑性理论通过假定岩石或岩体的本构关系，并相应地给出岩石或岩体发生破坏的屈服准则进行求解，最终得到开挖卸荷后岩体扰动应力场和位移场的理论解。芬纳和卡斯特纳基于莫尔–库仑屈服准则，将岩石视为理想弹塑性材料，得到了平面应变轴对称圆形隧洞应力场的弹塑性理论解，即芬纳方程以及修正芬纳方程，这一解答在围岩稳定性研究及围岩开挖损伤区方面得到了广泛的应用，同时也证明了莫尔–库仑原理在岩体开挖损伤区研究中的适用性。在数值模拟方面，对于开挖损伤区的研究主要分为基于数值模拟软件对开挖损伤区进行定性定量分析，以及通过数值模拟软件对开挖损伤区进行理论模型研究两个方面，不仅能够通过软件对开挖损伤区范围及应力场、位移场进行模拟计算，还可以基于数值模拟软件对开挖损伤模型进行分析改进。通过数值模拟的手段能够弥补理论模型在计算上的不足，更方便快捷地解决岩体开挖损伤问题。

基于以上对岩体开挖损伤区的研究可知，目前国内外关于深埋长大隧洞开挖损伤及围岩稳定性研究已有较多成果，其理论及测试手段已发展成熟，但对于一些不良地质条件下围岩受开挖影响发生破坏机制的研究仍旧有所欠缺。因此，本章基于新疆某高地温水工隧洞现场监测成果，通过对现场监测成果的位移场及声波测试结果的研究分析，同时利用 ABAQUS 有限元模拟软件基于莫尔–库仑理论对开挖塑性区进行计算分析，综合分析了该工程水工隧洞高地温洞段开挖损伤区分布规律。

9.2 高地温水工隧洞开挖损伤区现场监测分析

9.2.1 工程现场监测方案

新疆某水电工程是一项具有灌溉、发电、防洪和改善生态环境等综合利用效益的大 (2) 型二等工程。工程由拦河坝、导流兼泄洪冲砂洞、开敞式溢洪道、发电引水洞、电站厂房、尾水等主要建筑物组成。发电引水隧洞位于盖孜河左岸，隧洞长达 18km，最大埋深近 1700m。进口位于 Ⅷ 坝线上游约 240m 处，向北东穿过 Q_{1gl} 山包、过比克塔日尕克沟，沿盖孜河左岸高山区 (其中穿过海拔 5000m 的花岗岩体) 向下游延伸至 314 国道 1600km 里程碑处，总长 17.93km。沿线山势陡峻，基岩多裸露，一般高程 3500~5000m，河谷狭窄，谷坡陡峻，地形总趋势西高东低。

结合工程地质特点，针对该工程水工隧洞高地温洞室段开挖爆破问题，采用温度监测、位移监测与声波测试等手段对围岩稳定性的判断及开挖损伤区的分布提供基础数据，对施工安全起到指示作用。结合现场实际情况布设监测点，与施工队进行协商，共同保护好监测点，立牌警示。

岩体位移监测主要借助四点式多点位移计，在拱顶沿隧洞纵向每 3m 布设一组 (4 个) 测点，对距离隧洞洞壁 0m(洞口)、2m、5m、15m 位置位移变化进行监测，共布设 8 个观测组，侧墙沿隧洞纵向每 3m 布设一组 (3 个) 测点，对距离隧洞洞壁 0m(洞口)、5m、15m 位置位移变化进行监测，共布设 8 个观测组。声波测试主要采用钻孔法单孔测试，根据现场实际情况考虑，沿隧洞纵向 3m 布设一个测试断面，每个断面布置 2 个测孔，位于隧洞拱顶与侧墙，共布设 7 个观测组，钻孔深度为 18m。各监测点布置图见图 9.1。

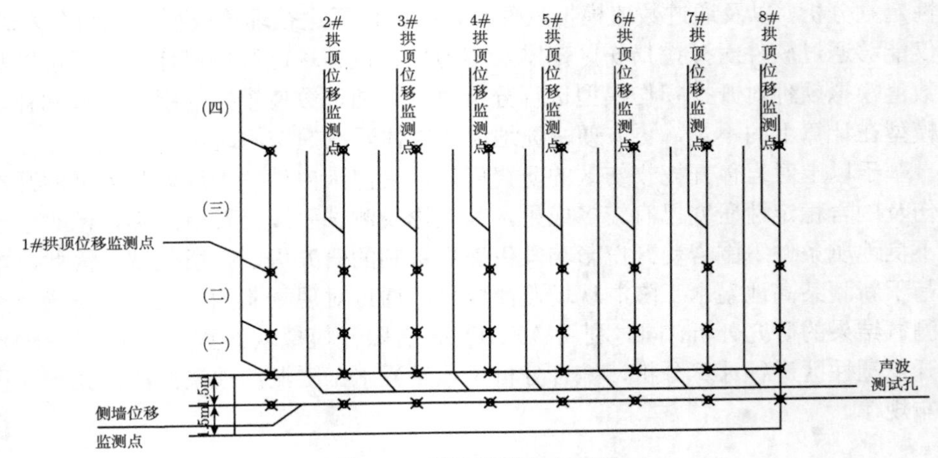

图 9.1　现场监测点布置图

由图 9.1 可知，由于隧洞开挖过程中，隧洞洞口为完整岩体与隧洞边界位置，最先受开挖影响发生破坏，此处岩体最先开始进行应力重分布，同时在高地温情况下最先开始通风，岩体温度随之发生变化，即隧洞洞口处最先开始产生荷载应力与温度应力，且此处在岩体开挖后衬砌前须保持稳定，不发生破坏时间最长，较为特殊，因此本章选取隧洞洞口断面处作为特征点对高地温深埋水工隧洞围岩开挖位移场变化规律及开挖损伤区的分布范围进行研究，详细的方案布置与数据监测请参考文献 [2]。

9.2.2　现场监测数据分析

1. 位移监测数据分析

依据监测结果，对隧洞洞口处监测点 130 天位移监测数据进行分析，其位移监测结果见图 9.2、图 9.3。

依据图 9.2 可知，隧洞拱顶围岩洞口处位移最大，且位移随着时间的增加而增加，围岩拱顶 15m 处位移最小。围岩拱顶 5~15m 在位移变化趋于稳定之后位移量较接近，可知围岩拱顶从 5m 开始向围岩深部受开挖影响较小。依据图 9.3 可知围岩侧墙洞口处位移最大并随着时间的增加而增加，而围岩侧墙 15m 处位移最小，且围岩侧墙 15m 处位移随时间变化较平稳，可知围岩拱顶从 15m 开始向围岩深部受开挖影响较小。

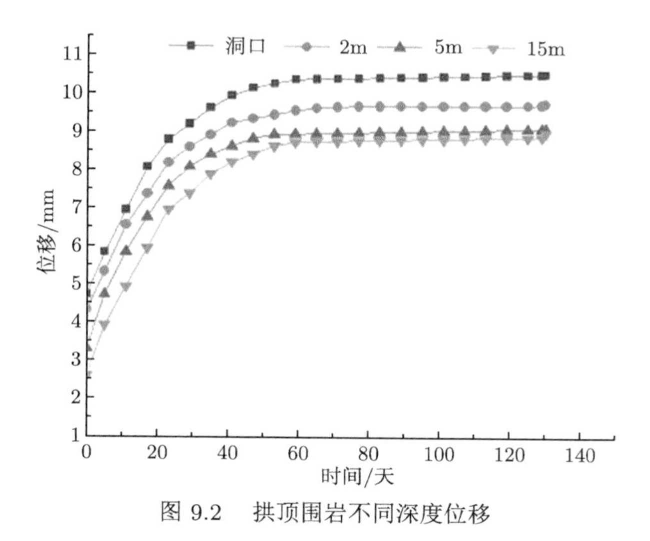

图 9.2　拱顶围岩不同深度位移

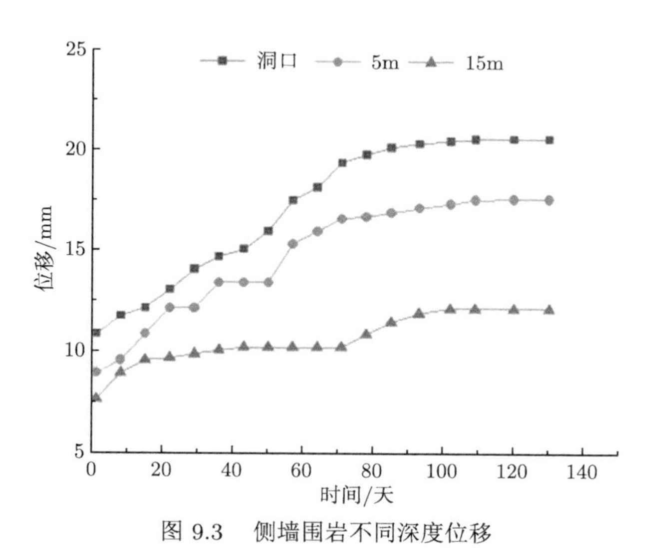

图 9.3　侧墙围岩不同深度位移

从图 9.3 可知，隧洞拱顶及侧墙位移随时间的变化基本保持一致，其位移大小沿隧洞洞口至围岩深部呈逐渐减小的趋势，其中隧洞洞口处发生的变形最大。位移变化主要发生在围岩开挖第 1 天至第 70 天，并在 70 天之后趋于稳定。侧墙多点位移计变化量也受隧洞开挖影响，开挖卸荷在不同程度上破坏围岩整体性。因此，若不严格控制开挖进尺、减小爆破对岩体损伤、及时跟进支护，随着隧洞的持续开挖，侧墙围岩变形将会继续发展。

2. 声波测试数据分析

图 9.4 及图 9.5 给出了开挖 130 天后隧洞洞口剖面附近典型声波测试曲线。依据《水电工程物探规范》NB/T 10227–2019 中的相关要求对数据进行处理、分析、解释。

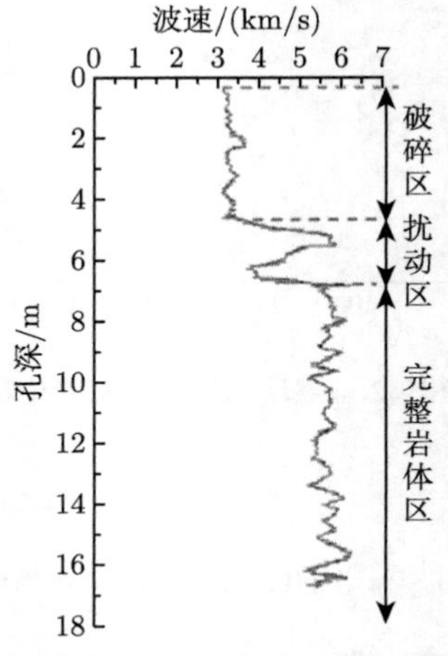

图 9.4　隧洞侧墙岩体典型声波测试曲线

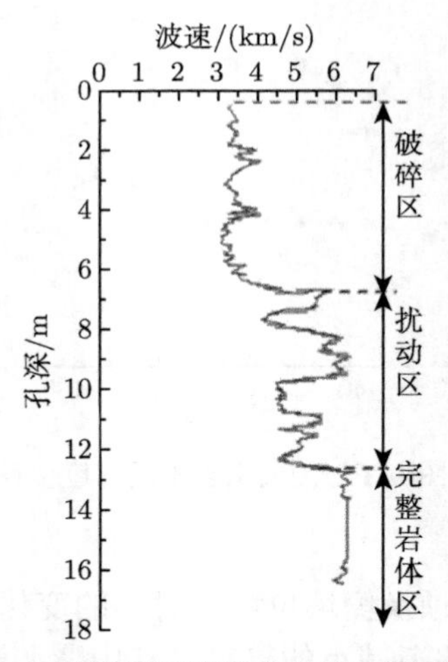

图 9.5　隧洞拱顶岩体典型声波测试曲线

图 9.4 为隧洞侧墙岩体典型声波测试曲线。在孔口至孔深 4m 范围内岩体纵波波速较低，其数值约为 3200m/s，可见岩体松弛深度较大，此处为开挖扰动的破碎区，开挖后完整岩体受到破坏，引起围岩浅层岩体裂隙发育，导致岩体损伤，

从而使纵波波速显著下降。在孔深 4～7m，岩体纵波波速出现起伏，平均波速为 4100m/s，此处岩体内部受开挖扰动影响，岩体发生轻微破碎，但岩体较完整，为岩体破碎区和开挖损伤过渡区。孔深 7m 之外的范围，纵波波速波动较小，波速集中在 5500m/s 上下浮动，说明该区段岩体完整，在一定区域内岩体力学性质较为接近，属于完整岩体区。

图 9.5 为隧洞拱顶岩体典型声波测试曲线，可以看出声波测试曲线与图 9.4 变化规律类似，在隧洞拱顶洞口处 7m 范围内岩体声波波速较低，平均波速约为 3200m/s，与侧墙处相比岩体破碎区纵深更大。损伤区段范围为孔深 7～9m，与侧墙相比岩体拱顶破碎程度较大。

综合图 9.4、图 9.5 结果分析可知，可将开挖后岩体状态大致分为三个区，分别为破碎区、扰动区和完整岩体区。根据工程地质勘查及声波测试结果分析，隧洞完整岩体区声波波速位于 5500～6200m/s，开挖扰动区岩体声波波速在 3800～5400m/s，声波波速衰减率为 13%～31%；破碎区岩体声波波速在 3500m/s 以下，声波波速衰减率为 8%～35%。依据图 9.2、图 9.3 检测结果综合分析可知，隧洞内部各测点产生的位移主要出现在孔深 5～9m，而图 9.5 中声波测试结果显示其开挖损伤区范围与位移测试结果基本保持一致。随着隧洞施工的进行，开挖的不断掘进，拟采取的支护方案不恰当，没有施工应急预案，围岩裂隙不断发展到达临界值时会导致隧洞围岩大面积变形甚至引起岩体宏观上大规模坍塌，对施工人员安全产生极大威胁。

9.3　高地温水工隧洞开挖损伤区分布规律分析

由于隧洞工程本身具有复杂性，同时围岩具有较强的离散性，因而在隧洞工程的设计施工中数学解析方法遇到了无法克服的困难，这一客观现实促进了隧道设计施工问题的数值模拟研究。随着计算机技术的不断进步及科学家们对岩土本构关系研究的进展，隧洞工程的计算方法进入以有限元为代表的数值分析方法时代。近年来，数值分析方法不断更新发展，有限差分法 (FDM)、边界单元 (BEM)、离散单元 (DEM)、半解析法、块体理论等也在隧洞的力学分析中逐渐得到了广泛的应用。随着计算机技术的发展，由于有限单元法以固体理论力学为理论基础，以数值方法为计算手段，能更快捷方便地处理各种非线性问题，且能灵活地模拟岩土工程中复杂的施工问题，因而成为岩土力学领域中应用最广泛的数值分析方法。该方法以弹塑性力学作为理论基础，通过求解弹塑性力学方程，计算岩土在一定环境条件下的应力场和变形场，然后根据岩体的破坏准则判断岩体在各个相应部位应力作用下所处的状态，并据此对整个结构的稳定性做出定量的评价。

9.3.1 模型参数的选取

由于工程高地温程度较大，为了对高地温水工隧洞开挖损伤区特征进行更深入的研究，本节基于工程实际情况利用有限元软件，通过数值模拟的手段对水工隧洞开挖过程进行了模拟，模型参数依据现场监测成果及工程基本资料，围岩等级为 Ⅲ 类，基于第 2 章研究结论选取围岩泊松比参数为 0.25 进行数值计算，围岩开挖及静置时间为 130 天，开挖长度为 50m，围岩埋深为 370m，不考虑上覆岩体地下水的作用，隧洞洞径为 3.0m，由于开挖对岩体的影响范围大致在 3~5 倍洞径，因此围岩取计算范围为 33m×33m，高地温隧洞平面尺寸见图 9.6。

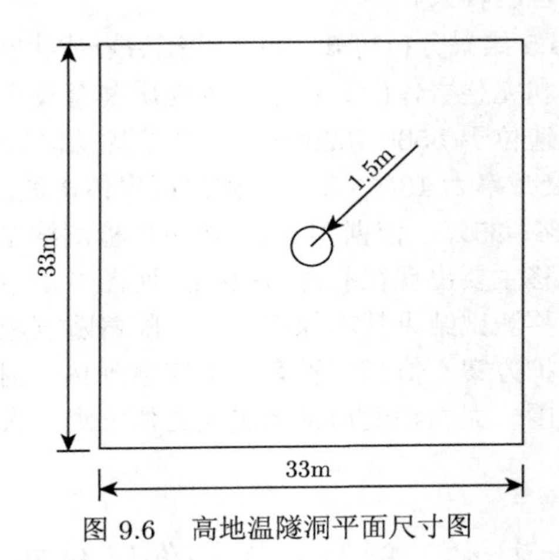

图 9.6　高地温隧洞平面尺寸图

依据现场实际工程，模型顶部为上覆岩体自重应力，力学边界条件取左右水平位移约束，前后轴向位移约束，底部竖向位移约束。数值模拟模型采用理想弹塑性模型，屈服准则采用 Mohr-Coulomb 强度准则。模拟计算过程主要可分为三步：① 根据工程现场条件施加初始应力计算至平衡状态，得到原岩初始地应力场；② 隧洞进行开挖通风模拟，应力进行重分布；③ 设置岩体每 3m 一个开挖步长，共计 30 个计算分析步，最后结合温度边界条件将开挖应力场与温度场叠加计算得到高地温引水隧洞开挖位移场及塑性区分布情况。高地温引水隧洞模型采用瞬态温度–位移耦合模型，运用直接耦合的方式对高地温岩体开挖进行模拟，温度边界条件依据现场监测成果，由于原岩温度为 100℃，围岩开挖后通风，洞壁通风温度约为 25℃，故取围岩温度边界条件为 100℃，开挖后围岩与空气间强制对流换热系数为 30W/(m^2·℃)，开挖后环境温度为 25℃，网格采用 C3D8T 八结点热耦合六面体单元。基于第 2 章的研究，由于围岩为 Ⅲ 类围岩，因此围岩泊松比参数选取 0.25 进行模拟计算。围岩热力学参数基于现场实测资料，具体数值如表 9.1 所示，隧洞围岩网格划分见图 9.7。

表 9.1　围岩力学及热力学参数

温度/℃	弹性模量/GPa	导热系数/[W/(m·℃)]	线膨胀系数/10^{-6}℃$^{-1}$	比热容/[J/(kg·℃)]	泊松比	内摩擦角/(°)	黏聚力/MPa
20	7.1	10	5.0	1060	0.25	42	1.1
35	7.0	9.4	5.6	1105	0.25	42	1.1
50	6.9	8.9	6.2	1150	0.25	42	1.1
65	6.8	8.4	6.9	1195	0.25	42	1.1
80	6.7	8.0	7.6	1240	0.25	42	1.1
95	6.5	7.6	8.3	1285	0.25	42	1.1

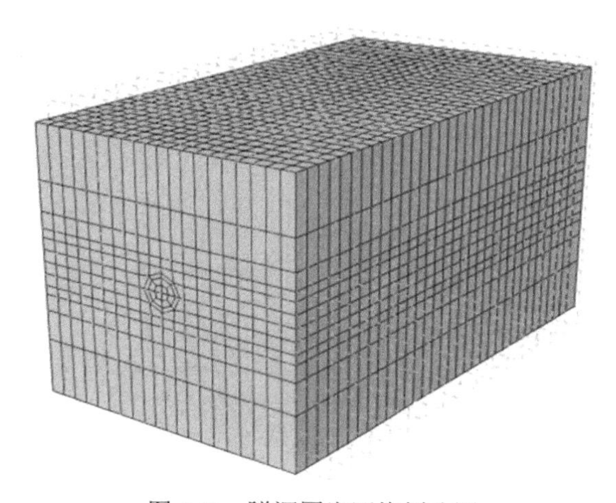

图 9.7　隧洞围岩网格划分图

9.3.2　现场监测与数值模拟成果分析

依据数值模拟结果可得围岩拱顶与侧墙不同深度处围岩开挖位移随时间的变化趋势如图 9.8、图 9.9 所示，不同深度不同时间拱顶开挖位移现场监测与数值模拟对比见表 9.2。

由图 9.8、图 9.9 可知，隧洞拱顶及侧墙各深度的变形趋势随时间的增加而增加，变形的大小由洞口向围岩深部逐渐减小，隧洞洞口处位移最大，位移变化主要发生在围岩开挖第 1 天至第 50 天，并在 50 天之后趋于稳定。由此可知，在水工隧洞开挖初期，位移扩展较快，增加较明显，而后随着时间的增加趋于平缓，最后在某一固定值保持稳定不变。由表 9.2 可知围岩拱顶位移数值模拟结果与现场监测成果基本保持一致，随着孔深的增加位移逐渐减小。侧墙数值模拟结果仅趋势与现场监测成果保持一致，数值上差距较大，是由于实际工程中岩体破坏机制更为复杂，数值模拟仅选取了 50m 的开挖距离，在一定时间后隧洞开挖贯通而实际工程中隧洞较长，开挖破坏会对围岩侧墙产生更为持久的影响。

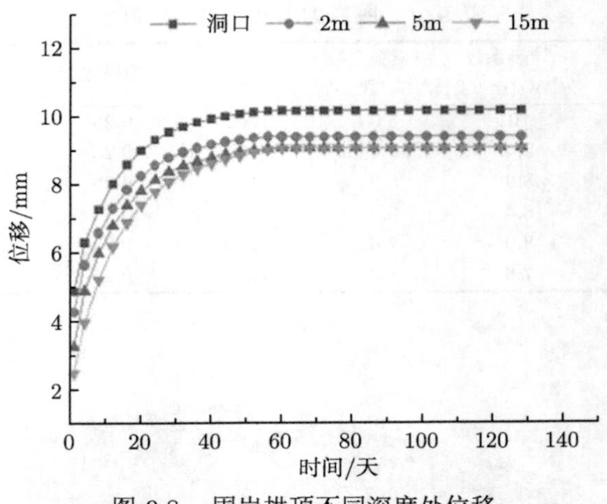

图 9.8　围岩拱顶不同深度处位移

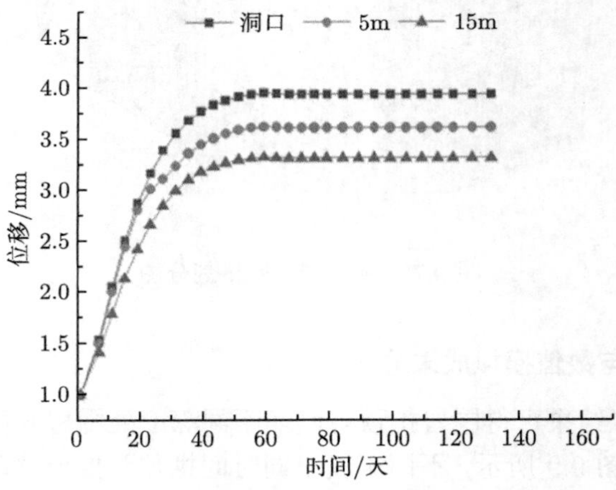

图 9.9　围岩侧墙不同深度处位移

表 9.2　不同深度不同时间拱顶开挖位移现场监测与数值模拟对比表

孔深/m	拱顶开挖 1 天位移/mm		拱顶开挖 40 天位移/mm		拱顶开挖 70 天位移/mm		拱顶开挖 130 天位移/mm	
	现场监测	数值模拟	现场监测	数值模拟	现场监测	数值模拟	现场监测	数值模拟
0	4.72	4.86	9.92	9.89	10.37	10.12	10.50	10.12
2	4.32	4.26	9.23	9.13	9.63	9.36	9.72	9.36
5	3.32	3.23	8.61	8.76	8.95	9.03	9.07	9.03
15	2.61	2.48	8.20	8.59	8.74	9.01	8.98	9.02

9.3.3　高地温岩体塑性区数值模拟成果分析

由于塑性区形态可作为开挖扰动区范围的参考依据 [3]，因此可基于数值模拟结果对围岩开挖塑性区扩展进行分析，围岩开挖塑性区变化情况见图 9.10。由图可知，围岩开挖塑性区为“蝶形”分布，开挖第 1 天围岩最大塑性应变位于拱腰处，数值为 0.0011，塑性区长度约为 3.5m；开挖第 25 天最大塑性应变增至 0.0018，增长率为 63.6%，塑性区长度增至 6.3m；开挖第 70 天最大塑性应变为 0.0021，增长率为 16.7%，塑性区长度约为 7.5m；第 130 天最大塑性应变为 0.0022，增长率为 4.5%，塑性区长度约为 9.0m；在后期对围岩进行支护设计时可以参考以上数据以减小开挖扰动区范围，保持围岩稳定。

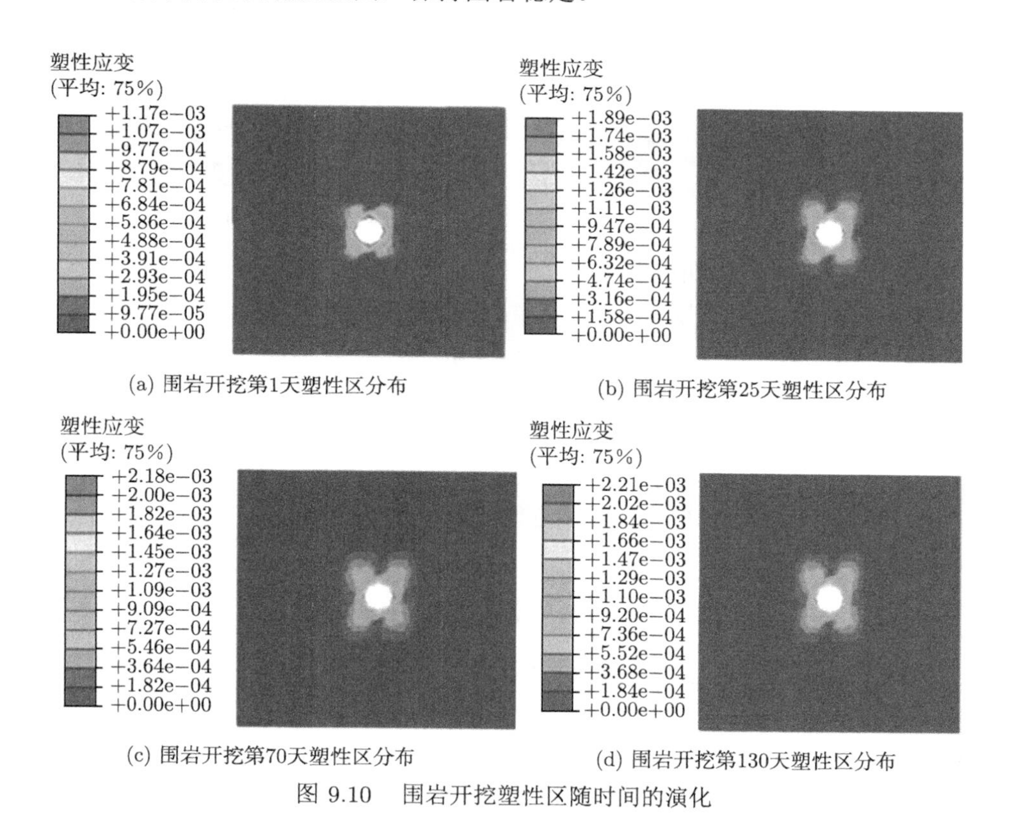

(a) 围岩开挖第1天塑性区分布　(b) 围岩开挖第25天塑性区分布

(c) 围岩开挖第70天塑性区分布　(d) 围岩开挖第130天塑性区分布

图 9.10　围岩开挖塑性区随时间的演化

围岩孔口处受开挖影响较明显，塑性应变较大，塑性区随着掘进的深入不断向围岩深部扩展，且根据最大塑性应变增长率可知塑性区在开挖第 20~70 天发育较快，在开挖 70 天之后塑性区扩展速度趋于平缓，而围岩的开挖扰动随时间的增长慢慢减弱是由于岩体随着开挖后应力重分布的完成达到新的临界状态，开始维持新的平衡。

9.3.4 高地温对岩体塑性区影响性分析

基于本章对高地温开挖损伤区的分析，为了深入探究高地温对深埋水工隧洞围岩塑性区分布的作用机制，本小节分别对岩体开挖 130 天，岩体温度为 100℃、50℃、30℃ 时，隧洞拱顶处塑性区扩展规律进行了数值模拟研究并对其结果进行了分析，其塑性区分布规律见图 9.11。

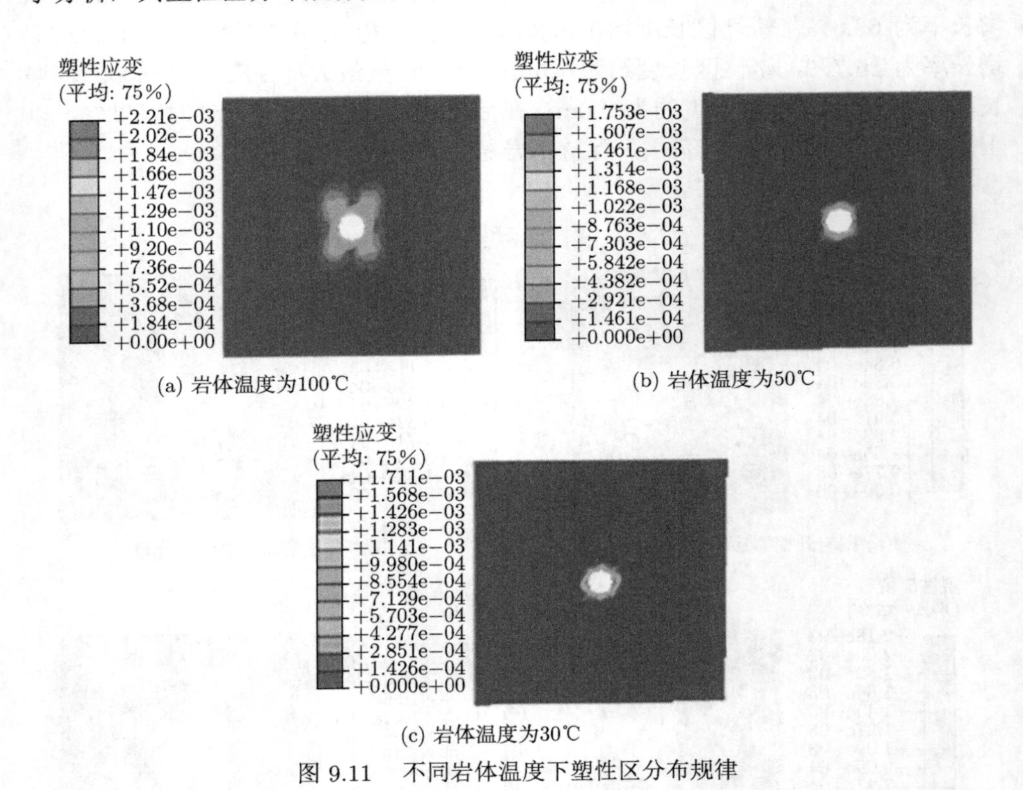

(a) 岩体温度为100℃ (b) 岩体温度为50℃ (c) 岩体温度为30℃

图 9.11 不同岩体温度下塑性区分布规律

根据图 9.11 可知，温度越高塑性区越大，塑性应变也越大；岩体开挖 130 天后，在岩体温度为 100℃ 时塑性区为“蝶形”分布，最大塑性应变为 0.00221；在岩体温度为 50℃ 时塑性区近似“圆形”分布，最大塑性应变为 0.00175；在岩体温度为 100℃ 时塑性区为“圆形”分布，最大塑性应变为 0.00171。由此可知高地温对岩体位移场及塑性区影响较大，在隧洞开挖时应注意通风散热，减小高地温对岩体开挖的影响。

9.4 围岩衬砌受力特性时间分布规律

高温热害现象作为一种不良地质现象严重危害到了水工隧洞工程施工人员安

全，对工程设计施工造成了严峻的考验。本节分别对平面模型下的围岩与衬砌结构受力特性，以及三维模型下深埋高地温水工隧洞开挖损伤区进行计算分析的研究成果，以新疆某深埋高地温隧洞工程为研究工程背景，针对深埋高地温水工隧洞围岩与衬砌受力特性时空演变规律进行研究，为了更全面地研究其时空演变规律，本节依据工程实际情况，利用有限元软件建立三维模型，对水工隧洞施工期施工全过程进行了模拟研究，同时为了了解水工隧洞施工期内应力场、位移场及塑性应变的温度效应，以原岩温度为 100℃ 为研究基准，分别对原岩温度为 30℃、70℃ 两个温度影响下围岩及衬砌结构受力特性进行了研究分析，最终得到了高地温引水隧洞围岩衬砌受力特性时空分布规律，以及高地温引水隧洞围岩衬砌受力特性温度效应，为高地温水工隧洞的相关研究提供参考依据。

9.4.1　模型及参数选取

本小节基于 9.3 节的计算分析，对新疆某工程深埋高地温水工隧洞时空演变规律进行研究，围岩模型参数及模型尺寸选取与 9.3 节保持一致，围岩等级为 Ⅲ 类，隧洞开挖及静置时间为 130 天，施工开挖长度为 50m，埋深为 370m，不考虑上覆岩体地下水的作用，隧洞洞径为 3.0m，围岩模型取计算范围为 33m×33m，隧洞围岩模型尺寸见图 9.12。衬砌采用 C25 混凝土衬砌，衬砌厚度为 0.5m，衬砌模型平面尺寸见图 9.13，施工过程采用开挖与衬砌同时进行的方式。

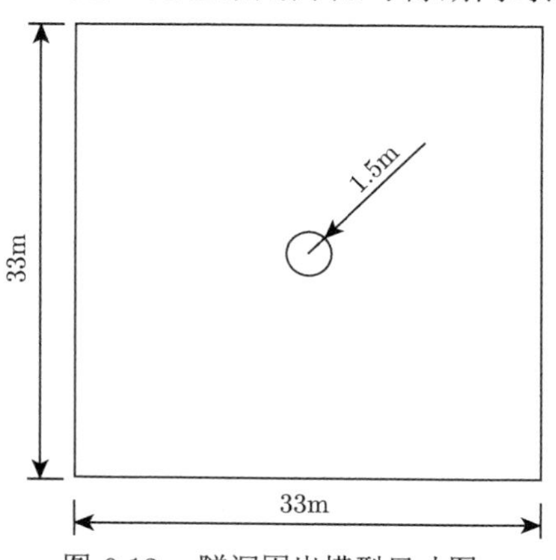

图 9.12　隧洞围岩模型尺寸图

考虑水工隧洞出现高地温洞段，高地温引水隧洞模型采用瞬态温度–位移耦合模型，运用直接耦合的方式对高地温岩体施工过程进行模拟，温度边界条件依据现场监测成果，由于原岩温度为 100℃，围岩开挖后通风，洞壁通风温度约为 25℃，故取围岩温度边界条件为 100℃，开挖后围岩与空气间强制对流换热系数为 $30\mathrm{W/(m^2\cdot ℃)}$，混凝土与空气间强制对流换热系数为 $45\mathrm{W/(m^2\cdot ℃)}$。岩体开挖同

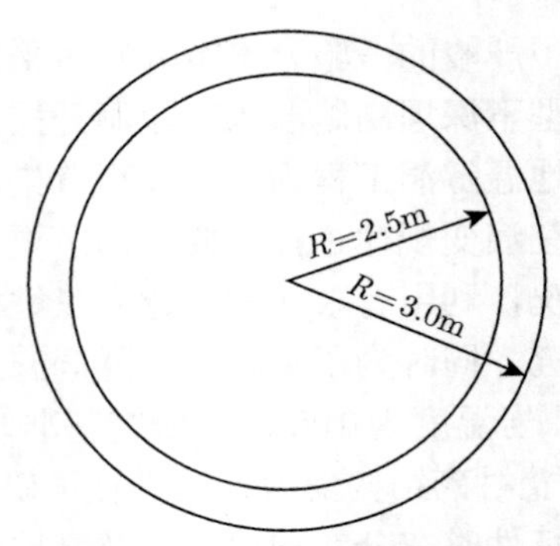

图 9.13 衬砌模型平面尺寸图

时对岩体进行通风降温，岩体环境温度为 25℃，在对岩体施加衬砌的过程中不考虑混凝土水化热对岩体的影响，且施加衬砌时持续对隧洞进行通风，衬砌环境温度为 20℃。围岩网格属性采用 C3D8T 八结点热耦合六面体单元，网格单元数目为 8848 个，围岩热力学参数如表 9.3 所示，隧洞围岩及衬砌结构网格划分见图 9.14。衬砌结构三维模型网格划分如图 9.15 所示。衬砌网格属性采用 C3D8T，网格单元数目为 1872 个，衬砌热力学参数如表 9.4 所示。

表 9.3 围岩热力学参数

温度/℃	弹性模量/GPa	导热系数/[W/(m·℃)]	线膨胀系数/10^{-6}℃$^{-1}$	比热容/[J/(kg·℃)]	泊松比	内摩擦角/(°)	黏聚力/MPa
20	7.10	10	5.00	1060	0.25	42	1.1
35	7.00	9.40	5.60	1105	0.25	42	1.1
50	6.90	8.90	6.20	1150	0.25	42	1.1
65	6.80	8.40	6.90	1195	0.25	42	1.1
80	6.70	8.00	7.60	1240	0.25	42	1.1
95	6.50	7.60	8.30	1285	0.25	42	1.1

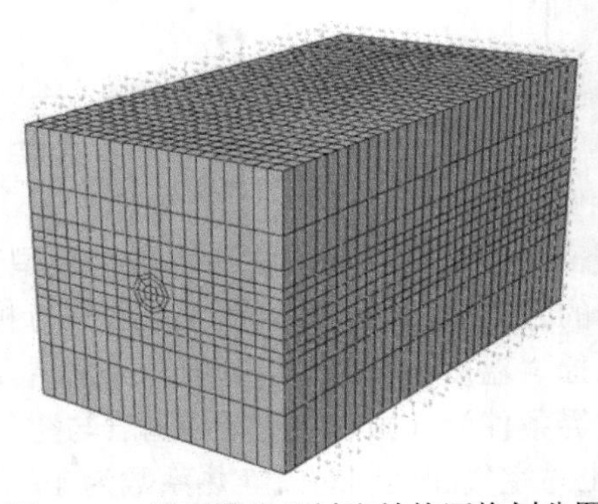

图 9.14 隧洞围岩及衬砌结构网格划分图

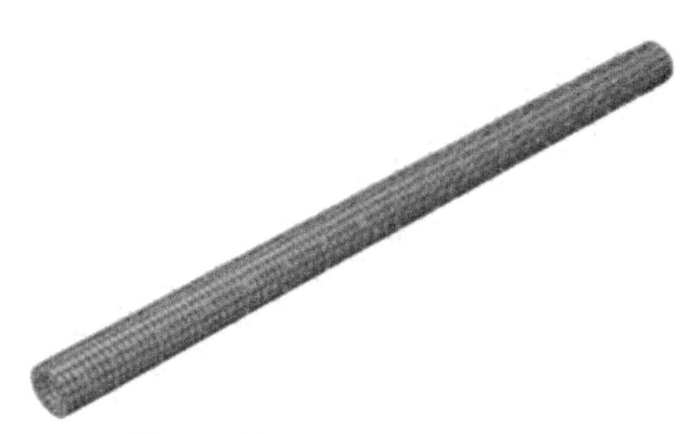

图 9.15　衬砌结构三维模型网格划分图

表 9.4　衬砌热力学参数

温度/°C	弹性模量/GPa	导热系数/[W/(m·°C)]	线膨胀系数/10^{-5}°C^{-1}	比热容/[J/(kg·°C)]	泊松比	内摩擦角/(°)	黏聚力/MPa
20	30.0	1.69	1.00	913	0.167	54	2.42
35	29.6	1.68	1.01	916	0.167	54	2.42
50	29.1	1.67	1.01	920	0.167	54	2.42
65	28.9	1.66	1.02	923	0.167	54	2.42
80	28.7	1.65	1.03	926	0.167	54	2.42
95	28.4	1.64	1.03	929	0.167	54	2.42

9.4.2　围岩及衬砌受力特性时间分布规律

1. 围岩最大主应力时间分布规律

为了分析高地温围岩施工期应力场变化规律，基于数值模拟结果，分别选取围岩拱顶及拱腰开挖距离为 0m、10m、20m、30m、40m、50m 六个特殊点得到了围岩最大主应力时间分布规律，施工期围岩拱顶及拱腰不同开挖深度处最大主应力随时间的变化规律分别见图 9.16 及图 9.17。

由图 9.16 可知，随着施工的进行，围岩拱顶受开挖影响发生破坏，应力场随之发生变化，岩体拱顶处受开挖影响产生了一定的应力集中，施工期围岩产生的最大主应力均为拉应力，最大拉应力可达 3.24MPa。由隧洞拱顶最大主应力变化曲线可以看出，最大主应力随时间的变化基本可分为三个阶段，分别为应力削减期、应力波动期及应力稳定期。岩体在开挖瞬间发生破坏并在洞周产生了最大拉应力，随着施工的进行，应力值逐渐减小，为应力削减期；在岩体开挖扰动后一段时间发生应力波动，首先发生应力值突增，此时产生的应力突增是由于施工时对开挖完成后的岩体施加了衬砌，衬砌对围岩产生了一定的拉应力，

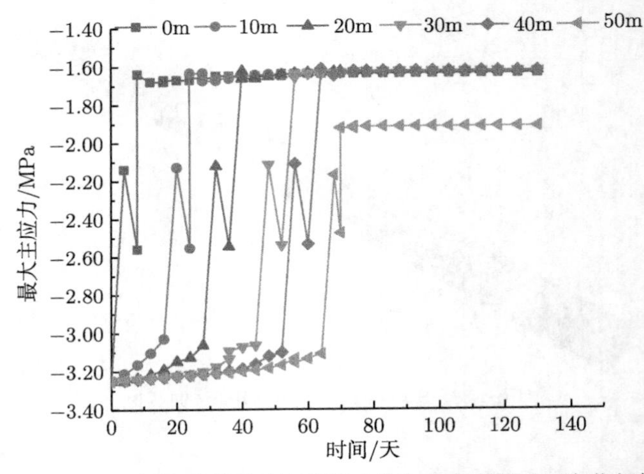

图 9.16 围岩拱顶不同开挖距离下最大主应力随时间变化规律

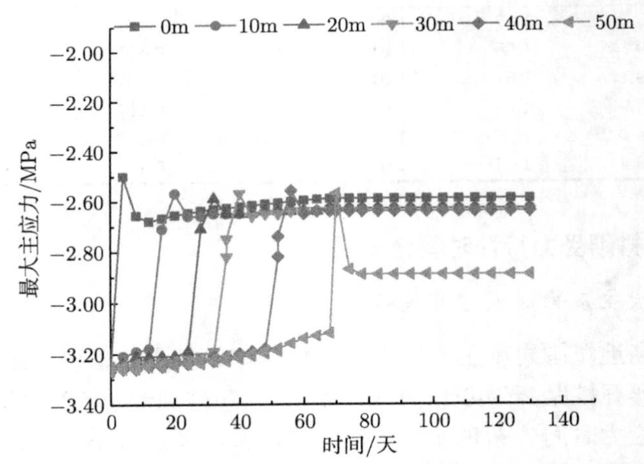

图 9.17 围岩拱腰不同开挖距离下最大主应力随时间变化规律

而在围岩施加衬砌后，岩体受开挖扰动产生的拉应力部分由衬砌承担，此时最大主应力随之减小，产生应力值突降，此阶段为应力波动期；在对围岩施加衬砌之后，开挖扰动产生的拉应力由围岩与衬砌共同承担，最大主应力变化逐渐趋于平稳，为应力稳定期。在隧洞洞口处，洞口受开挖影响岩体瞬间受到破坏后及时施加了衬砌结构，导致围岩洞口处应力削减期较短。随着施工的进行，在距隧洞洞口 0m、10m、20m、30m、40m、50m 处围岩拱顶最大主应力变化规律保持一致。

图 9.17 为施工期围岩拱腰不同开挖深度处最大主应力随时间的变化规律，围

岩拱腰施工期产生的最大主应力均为拉应力，施工初期围岩拱腰受到破坏瞬间产生最大拉应力，最大拉应力值为 3.26MPa。根据围岩拱腰最大主应力变化曲线可知，最大主应力随时间的变化同样可基本分为三个阶段，分别为应力削减期、应力波动期及应力稳定期。随着施工的进行围岩拱腰最大主应力逐渐降低，在对围岩施加衬砌后最大主应力值出现波动，最大主应力值先急剧减小而后小幅度增加，最后随着施工的进行逐渐趋于稳定状态，且距隧洞洞口 0m、10m、20m、30m、40m、50m 处围岩拱腰最大主应力变化规律一致。

结合图 9.16 及图 9.17 分布规律可知，围岩拱顶及拱腰最大主应力在施工期均出现应力波动期，且围岩拱顶及拱腰最大主应力在距隧洞 0m 处第 0 天，距隧洞 10m 处第 14 天，距隧洞 20m 处第 28 天，距隧洞 30m 处第 42 天，距隧洞 40m 处第 56 天，距隧洞 50m 处第 68 天处达到波动期，由此可推断围岩拱顶及拱腰最大主应力波动期均由施工期围岩施加衬砌引起。对应力波动期进行分析可知围岩拱顶最大主应力值先增加后减小，而围岩拱腰最大主应力值先减小后增大，波动趋势相反，其主要原因是围岩拱顶处衬砌结构与上部岩体相互作用承担了部分应力，而围岩拱腰处衬砌虽然对岩体有一定的支撑，但拱腰处衬砌结构需承担更大的上部岩体产生的荷载。

2. 衬砌最大主应力时间分布规律

选取衬砌结构与围岩接触一侧拱顶及拱腰开挖距离为 0m、10m、20m、30m、40m、50m 为特殊点，研究衬砌最大主应力场随时间变化规律，所得拱顶和拱腰不同开挖距离下最大主应力变化规律见图 9.18 及图 9.19。

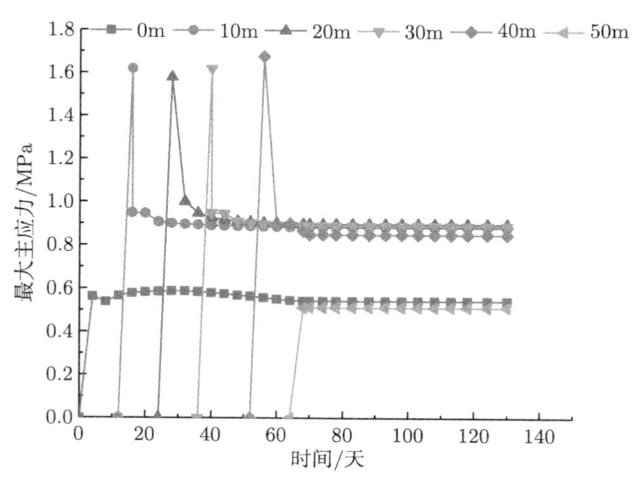

图 9.18　衬砌拱顶不同开挖距离下最大主应力随时间变化规律

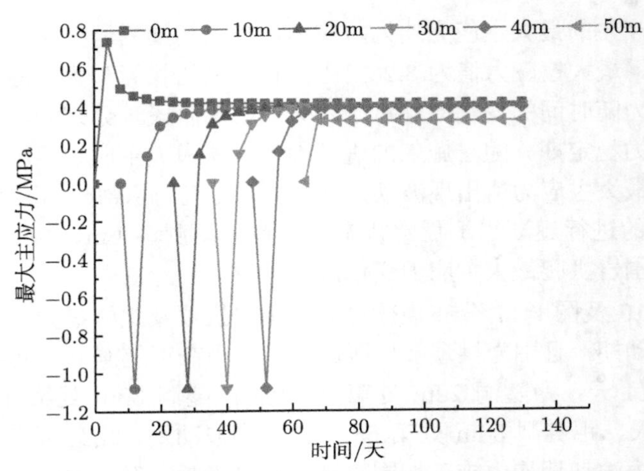

图 9.19 衬砌拱腰不同开挖距离下最大主应力随时间变化规律

从图 9.18 可以看出，衬砌拱顶最大主应力均为压应力，最大主应力值可达 1.67MPa。随着施工的进行，衬砌拱顶最大主应力呈先增加后逐步趋于稳定的趋势，可见在隧洞开挖后，随着衬砌结构的施加，衬砌拱顶受上覆岩体的影响瞬间产生压应力，而后在衬砌结构自身强度的影响下应力场逐渐趋于稳定。在隧洞洞口处与隧洞贯通处衬砌拱顶最大主应力值仅为 0.56MPa 及 0.52MPa，而在距隧洞洞口 10m、20m、30m、40m 处衬砌施加后发生了应力突增，最大应力值达到 1.67MPa，且应力值趋于稳定后应力值均为 0.89MPa 左右。

从图 9.19 可以看出，衬砌拱腰最大主应力既存在拉应力也存在压应力，最大拉应力值达到 1.08MPa，最大压应力值达到 0.74MPa。衬砌拱腰最大主应力主要呈递增的趋势，在隧洞洞口处与隧洞贯通处衬砌拱腰最大主应力均为压应力，且最大压应力分别为 0.74MPa 及 0.32MPa，而在距隧洞洞口 10m、20m、30m、40m 处衬砌拱腰最大主应力出现应力突降，并在施加衬砌瞬间产生拉应力，此时衬砌拱腰承受围岩施加的拉应力，在衬砌结构自身强度的影响下应力场逐渐趋于稳定。

结合图 9.18 及图 9.19 分析可知，距隧洞洞口 10m、20m、30m、40m 处衬砌拱顶及拱腰最大主应力均出现峰值，可见衬砌受围岩荷载影响较大，且衬砌拱腰处出现较大拉应力，由于混凝土抗拉强度较低，在隧洞设计施工时需注意衬砌结构的选取。对比围岩与衬砌最大主应力变化规律可知，围岩拱顶及拱腰最大主应力在距隧洞 0m 处第 0 天、距隧洞 10m 处第 14 天、距隧洞 20m 处第 28 天、距隧洞 30m 处第 42 天、距隧洞 40m 处第 56 天、距隧洞 50m 处第 68 天处达到应力波动期，衬砌拱顶及拱腰最大主应力同时在此时出现峰值，与围岩最大主应力随时间变化保持一致。

9.4.3　位移时间分布规律

1. 围岩位移时间分布规律

基于数值模拟成果及对最大主应力随时间变化规律的研究，同样选取开挖距离为 0m、10m、20m、30m、40m、50m 六个特殊点对围岩位移场进行研究分析，围岩拱顶及拱腰位移随时间变化规律见图 9.20 及图 9.21。

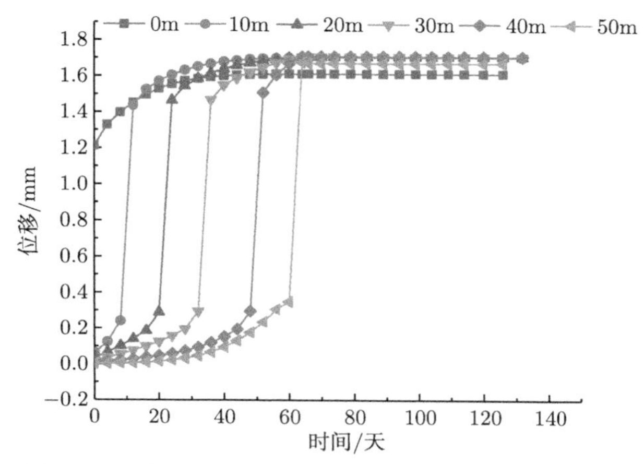

图 9.20　围岩拱顶不同开挖距离下位移随时间变化规律

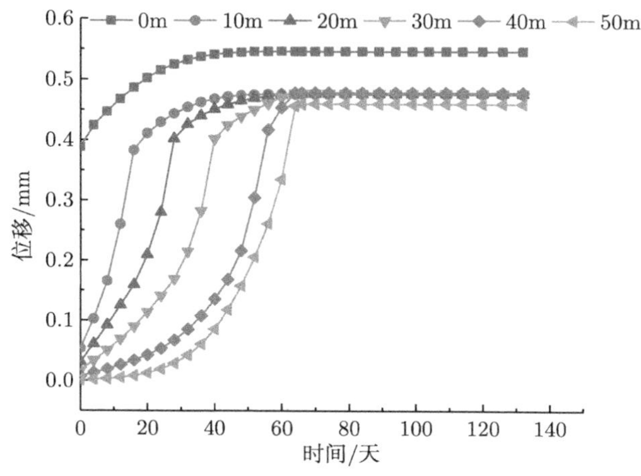

图 9.21　围岩拱腰不同开挖距离下位移随时间变化规律

由图 9.20 可以看出围岩拱顶位移随时间的增加而增加，并最终趋于稳定状态，最大位移达到 1.71mm。隧洞洞口处岩体受开挖影响较大，在施工初期产生的位移最大，达到 1.21mm。距离隧洞洞口 10m、20m、30m、40m、50m 处在施工初期产生的位移值均接近零，并随着时间的增加而增加。由图可知，围岩拱顶位移在距隧洞 10m 处第 14 天、距离隧洞 20m 处第 28 天、距离隧洞 30m 处第 42 天、距离隧洞 40m 处第 56 天、距离隧洞 50m 处第 68 天处产生位移突增拐点，与围岩拱顶最大主应力在时间上的变化基本保持一致，此时的位移突增由衬砌结构的施加引起。由图 9.21 可以看出，围岩拱腰位移随时间的增加而增加，并最终趋于稳定状态，最大位移为 0.47mm，且围岩拱腰随时间变化规律与围岩拱顶基本保持一致。

结合图 9.20 及图 9.21 可以看出，与围岩拱腰相比围岩拱顶处位移较大，与围岩其他部位相比，隧洞洞口处产生的位移较大。同时，围岩拱顶位移在距离隧洞 10m 处第 14 天、距离隧洞 20m 处第 28 天、距离隧洞 30m 处第 42 天、距离隧洞 40m 处第 56 天、距离隧洞 50m 处第 68 天处产生位移突增拐点，但围岩拱腰位移在相同位置相同时刻呈逐渐增长的趋势，并未产生应力突增，可见衬砌结构的施加对围岩拱顶位移场影响更大。

2. 衬砌位移时间分布规律

选取衬砌外侧即与围岩接触一侧拱顶及拱腰开挖距离为 0m、10m、20m、30m、40m、50m 为特殊点分析高地温衬砌位移随时间分布规律，结果见图 9.22 及图 9.23。

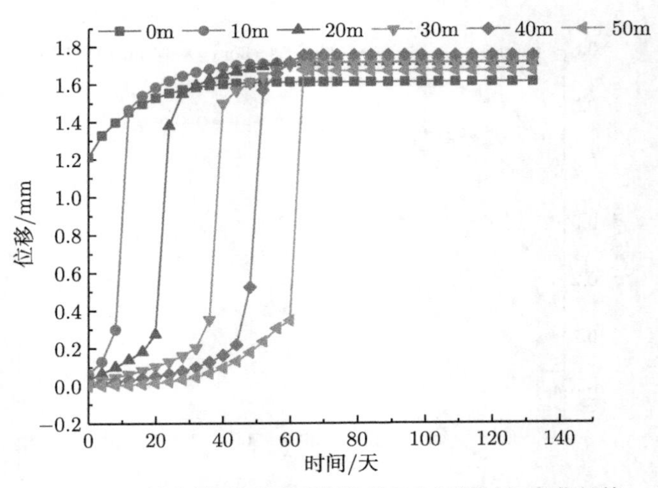

图 9.22 衬砌拱顶不同开挖距离下位移随时间变化规律

由图 9.22 可知，衬砌拱顶位移随时间的增加而增加，并最终趋于稳定状态，最大位移达到 1.75mm，衬砌拱顶位移随时间变化规律与围岩拱顶位移随时间变

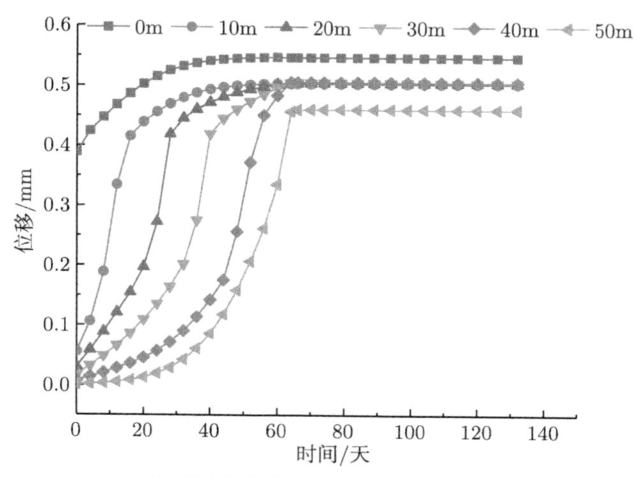

图 9.23　衬砌拱腰不同开挖距离下位移随时间变化规律

化规律保持一致，在距离隧洞 10m 处第 14 天、距离隧洞 20m 处第 28 天、距离隧洞 30m 处第 42 天、距离隧洞 40m 处第 56 天、距离隧洞 50m 处第 68 天处产生位移突增拐点。由图 9.23 可知，衬砌拱腰位移随时间的增加而增加，并最终趋于稳定状态，最大位移达到 0.55mm，衬砌拱腰位移随时间变化规律与围岩拱顶位移变化规律基本保持一致。

结合图 9.22 及图 9.23 可知，与衬砌拱腰位移相比衬砌拱顶位移较大，而与围岩位移相比，衬砌在高地温隧洞施工过程中产生的位移不仅在趋势上基本保持一致，在数值上同样差距较小，这主要是由于岩体与衬砌结构外侧直接接触，两者相互作用。可见，如需保证围岩稳定性可从衬砌结构入手，可通过增加衬砌结构强度，减小衬砌结构位移的方式来减小围岩位移，从而保证岩体的稳定性。因此，在不同工程的设计施工过程中可选择相应满足工程实际需求的衬砌结构，防止衬砌结构位移持续增大影响水工隧洞的运行。

9.4.4　塑性应变时间分布规律

在水工隧洞施工的过程中，随着施工的进行围岩及衬砌结构应力场发生改变，在围岩及衬砌结构的某些部位受应力场改变的影响会由弹性状态转变为塑性状态。为了研究高地温水工隧洞塑性区的分布情况，基于围岩及衬砌结构数值模拟云图，显示围岩在施工过程中并未产生塑性应变，且塑性区由衬砌结构内侧向外扩展，因此本小节仅研究分析衬砌结构内侧塑性应变随时间变化规律。

本小节依旧选取距离隧洞洞口处 0m、10m、20m、30m、40m、50m 六个特殊点分析衬砌结构内侧塑性应变随时间的变化规律。

根据图 9.24 可以看出，衬砌拱顶塑性应变随时间的增加呈递增的趋势，衬砌拱顶最大塑性应变为 0.000022。衬砌拱顶塑性应变随着开挖深度的增加而增加，在开挖深度为 50m 处衬砌结构拱顶塑性应变最大。衬砌结构拱顶在距离隧洞 0m 处第 0 天、距离隧洞 10m 处第 14 天、距离隧洞 20m 处第 24 天、距离隧洞 30m 处第 42 天、距离隧洞 40m 处第 56 天、距离隧洞 50m 处第 68 天时产生塑性应变，时间变化与衬砌拱顶最大主应力、位移变化基本保持一致。

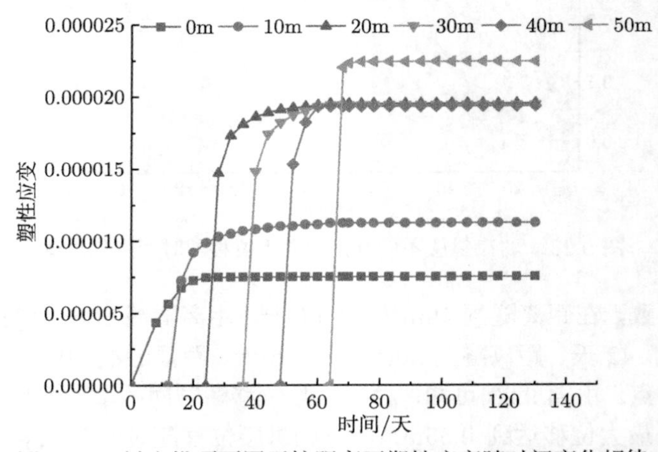

图 9.24 衬砌拱顶不同开挖距离下塑性应变随时间变化规律

根据图 9.25 可知，衬砌拱腰塑性应变随时间的增加呈递增的趋势，最大塑性应变达到 0.00016。衬砌拱腰塑性应变随时间变化规律与衬砌拱顶保持一致。与衬砌拱顶相比，衬砌拱腰处产生的塑性应变整体较大，在针对隧洞衬砌结构进行设计过程中需进行多方案比选，确定最符合工程要求的衬砌方案。

综合以上分析过程，高地温水工隧洞施工期围岩及衬砌结构应力场、位移场及塑性应变随时间的变化规律具有以下特征：

(1) 围岩拱顶及拱腰最大主应力主要为拉应力，随着时间的增长，最大主应力逐渐减小。围岩拱顶及拱腰最大主应力随时间的变化基本可分为三个阶段，分别为应力削减期、应力波动期及应力稳定期。衬砌拱顶及拱腰最大主应力随着时间的增长主要呈减小的趋势，衬砌拱腰处产生了较大拉应力，由于混凝土抗拉强度较低，为了保证衬砌正常运行，对衬砌结构进行设计时应在衬砌结构受拉较大部位相应增加钢筋网及锚杆，以提高衬砌结构的抗拉强度。

(2) 围岩拱顶及拱腰最大主应力在距隧洞 0m 处第 0 天、距隧洞 10m 处第 14 天、距隧洞 20m 处第 28 天、距隧洞 30m 处第 42 天、距隧洞 40m 处第 56 天、距隧洞 50m 处第 68 天处达到应力波动期，衬砌拱顶及拱腰最大主应力在此

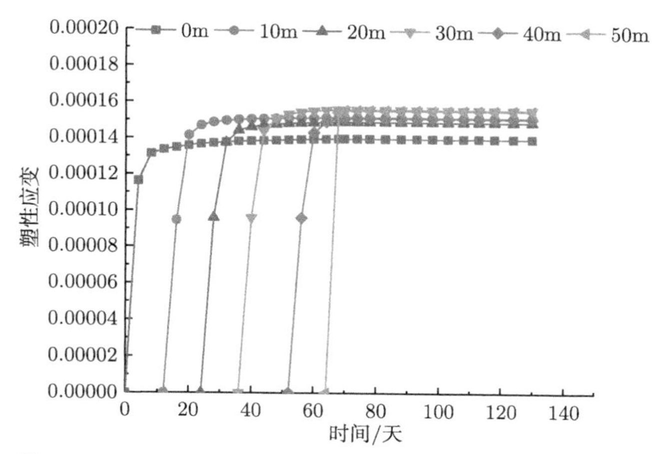

图 9.25 衬砌拱腰不同开挖距离下塑性应变随时间变化规律

时同时出现峰值。此时，衬砌结构与围岩发生相互作用，衬砌结构的施加影响了围岩应力重分布，导致围岩应力场的波动，同时围岩应力场的波动引起衬砌应力场的改变，因此在隧洞设计时考虑对围岩施加衬砌结构的时机对隧洞顺利施工尤为重要。

(3) 围岩与衬砌结构位移场随时间变化规律一致，位移随时间的增加而增加。工程施工对隧洞洞口处围岩与衬砌结构的位移场产生较大影响，需及时采取相应的加固措施。

结合围岩及衬砌结构应力场、位移场及塑性应变变化规律可知，衬砌结构在工程施工过程中产生的最大主应力、位移及塑性应变较大，更易发生破坏，在不同工程的设计施工过程中需进行多方案比选，以确定最符合工程要求的衬砌方案。

9.5 围岩及衬砌结构力学特性的空间分布规律

9.5.1 最大主应力空间分布规律

1. 围岩最大主应力空间分布规律

为了准确、全面分析高地温水工隧洞应力场空间分布规律，选取施工完成后岩体数值模拟云图的正视图及剖视图进行研究分析，围岩最大主应力云图见图 9.26。

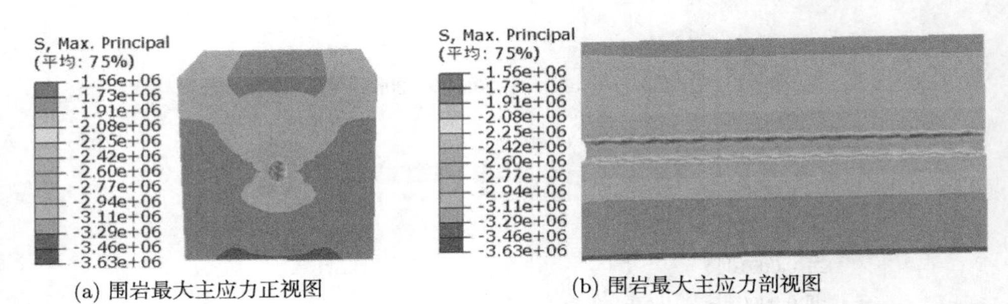

(a) 围岩最大主应力正视图　　(b) 围岩最大主应力剖视图

图 9.26　围岩最大主应力云图 (单位: Pa)

由图 9.26 可以看出，围岩最大主应力均为拉应力，且隧洞洞口处围岩拉应力较小，而岩体深部拉应力较大，这是由于原岩温度较高，在岩体受到开挖扰动后原岩初始地应力场发生改变，围岩开始进行应力重分布并产生荷载应力，开挖后对隧洞洞周通风，岩体发生一定的温降，岩体由洞口向岩体深部产生相应的收缩，导致岩体受温差影响产生温度应力，围岩两侧及底部设置的约束使围岩两侧及底部岩体固定不动，导致岩体深部拉应力增幅较隧洞洞口处大。同时，围岩上部边界仅受上覆岩体荷载而下部边界设置约束，导致围岩上部拉应力整体较小，下部拉应力整体较大。围岩开挖隧洞处拱顶拉应力小于拱腰拉应力，这一规律与围岩最大主应力时间分布规律保持一致。

2. 衬砌最大主应力空间分布规律

衬砌最大主应力分布如图 9.27 所示。根据图 9.27 可知，衬砌结构最大主应力既存在压应力也存在拉应力，最大压应力为 1.66MPa，最大拉应力为 5.75MPa。由于数值模拟过程未考虑混凝土凝固过程并默认衬砌结构为一个整体，且施工过程采用分段施加衬砌结构，因此衬砌结构最大主应力在空间上的变化分段保持一定的规律性。衬砌拱顶及拱底主要产生压应力，而衬砌拱腰主要产

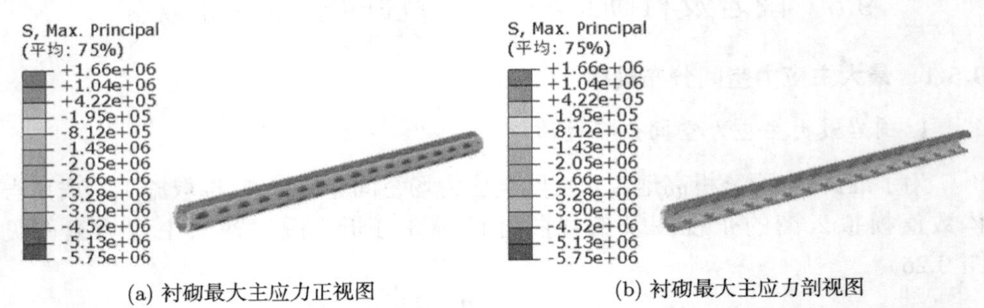

(a) 衬砌最大主应力正视图　　(b) 衬砌最大主应力剖视图

图 9.27　衬砌最大主应力云图 (单位：Pa)

生拉应力，与衬砌最大主应力时间变化规律保持一致。衬砌拱腰内侧拉应力较外侧小，可见衬砌结构外侧与围岩直接接触受拉较大，此时由于纯混凝土结构抗拉强度较低，衬砌拱腰处极易被拉裂发生破坏，在工程施工设计时需采取相应的防治措施。

9.5.2 位移空间分布规律

1. 围岩位移空间分布规律

围岩位移剖视图显示岩体位移由上至下呈逐渐减小的趋势，在隧洞开挖衬砌部位较为特殊，位移呈分段规律性波动，如图 9.28 所示。依据围岩位移正视图可知，围岩上部位移较大，下部位移较小，且位移最大值出现在隧洞拱顶处，最大位移为 1.85mm。结合正视图及剖视图结果可以看出隧洞处受开挖衬砌影响较大，同时隧洞拱顶承受上部荷载，因此隧洞处位移整体较大。由于围岩底端及两侧设置了约束，因此底部及两侧位移较小。围岩顶部仅施加荷载并未设置约束，导致围岩上部产生位移较围岩下部大且上部岩体中间位置位移较大而两侧位移较小。对比分析围岩最大主应力云图及围岩位移云图可知，应力较大处位移整体较小，两者在空间分布上具有一定的规律性。

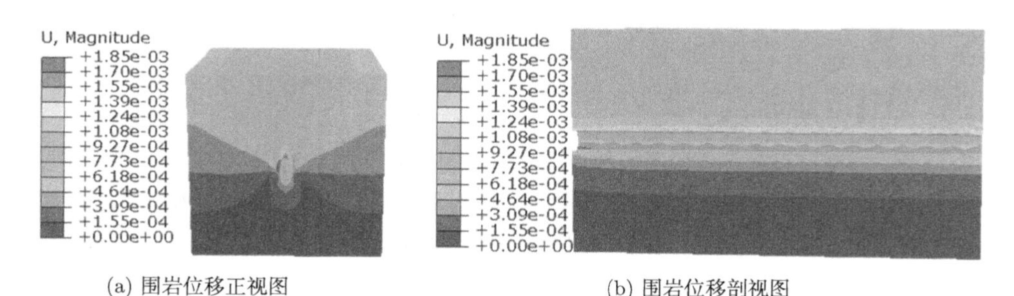

(a) 围岩位移正视图　(b) 围岩位移剖视图

图 9.28　围岩位移云图 (单位：m)

2. 衬砌位移空间分布规律

图 9.29 为衬砌位移云图，依据衬砌位移正视图可知，衬砌结构位移分布较为均匀，衬砌拱顶位移比拱腰处大，顶部位移较大而底部位移较小，衬砌内侧位移较大而外侧位移较小，最大位移为 1.85mm。由衬砌位移剖视图可以看出衬砌内侧空间位移变化分段保持一定的规律性，与衬砌最大主应力在空间上的变化基本保持一致。

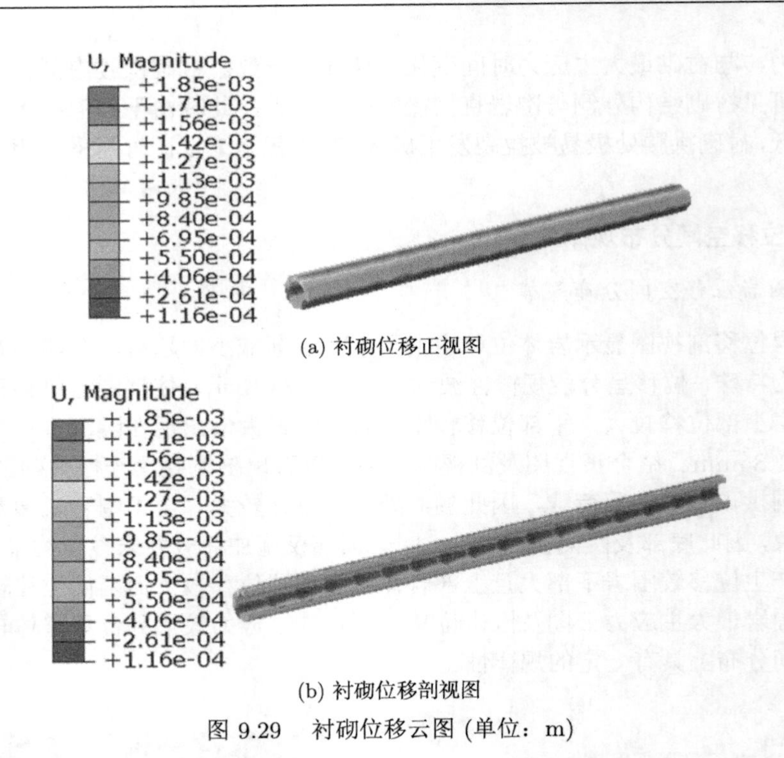

(a) 衬砌位移正视图

(b) 衬砌位移剖视图

图 9.29　衬砌位移云图 (单位：m)

9.5.3　塑性应变时间分布规律

围岩与衬砌塑性应变如图 9.30 所示。由图可知，围岩在施工期并未产生塑性应变，可见三类围岩强度较高，在模拟开挖过程中采用了开挖与衬砌同时进行的施工方式，而衬砌结构没有考虑水泥水化热的过程，且厚度较大，这两个因素极大地减小了围岩受开挖破坏的影响，从而导致施工过程中所产生的塑性应变均由衬砌结构承担。衬砌塑性应变正视图及剖视图可以看出，衬砌结构外侧在衬砌拱顶及拱底处出现塑性应变，衬砌内侧在衬砌拱顶、拱腰及拱底处产生塑性应变，衬砌其余位置塑性应变均为零。衬砌拱腰处产生的塑性应变最大，最大值为 0.000163。可以看出，在高地温水工隧洞工程中，开挖时对岩体进行通风并及时对岩体施加强度较高的衬砌有助于岩体塑性区的减小。

高地温水工隧洞围岩及衬砌结构施工 130 天的最大主应力、位移及塑性应变云图具有以下分布规律：

(1) 施工期围岩最大主应力均为拉应力。围岩两侧及底部约束而上部边界仅受上覆岩体荷载，导致围岩上部拉应力整体较小，下部拉应力整体较大；围岩上部位移较大，下部位移较小且位移最大值出现在隧洞拱顶处，围岩上部产生位移较围岩下部大，且上部岩体中间位置位移较大而两侧位移较小，可见围岩应力较

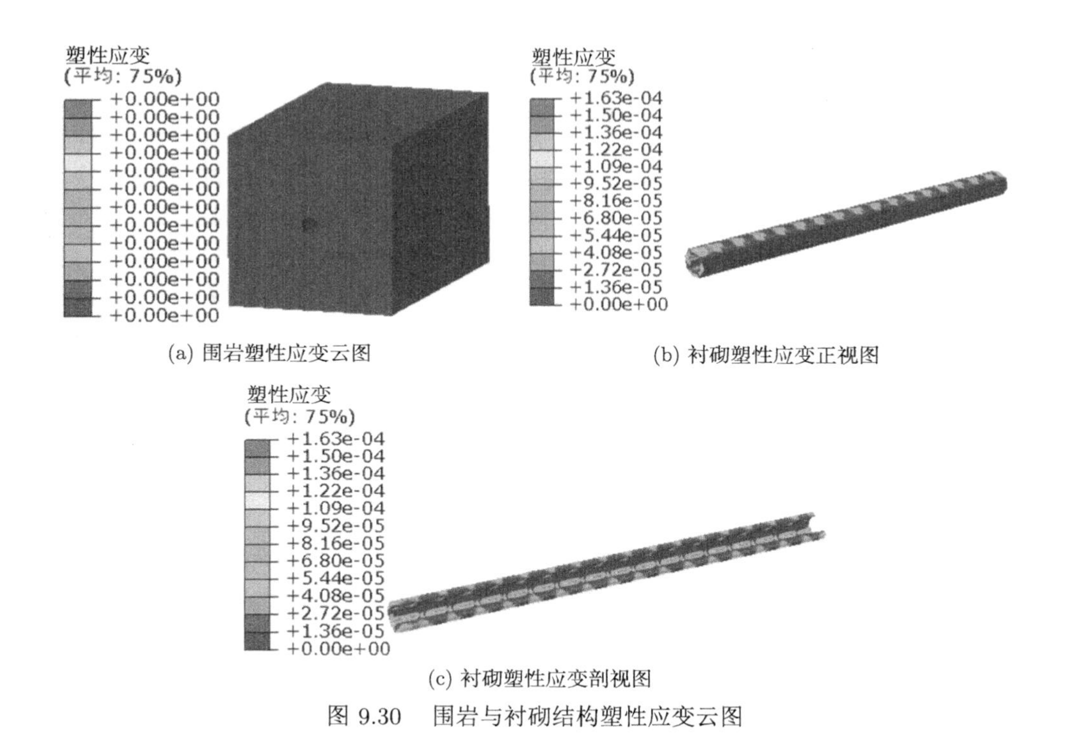

(a) 围岩塑性应变云图　(b) 衬砌塑性应变正视图

(c) 衬砌塑性应变剖视图

图 9.30　围岩与衬砌结构塑性应变云图

大处位移整体较小，与围岩最大主应力分布形成对照。

(2) 衬砌结构最大主应力场既存在压应力也存在拉应力，衬砌拱顶及拱底主要产生压应力而衬砌拱腰主要产生拉应力。衬砌内侧位移较大而外侧位移较小；衬砌结构外侧在衬砌拱顶及拱底处出现塑性应变，衬砌内侧在衬砌拱顶、拱腰及拱底处产生塑性应变，衬砌其余位置塑性应变均为零，衬砌拱腰处产生的塑性应变最大。

(3) 围岩及衬砌结构空间分布与时间分布具有较好的一致性，相互形成对照。依据围岩及衬砌受力特性时空分布规律可知，围岩及衬砌结构拱腰处最大主应力波动较大，同时最大位移及最大塑性应变均出现在衬砌拱腰处，在工程设计施工时需采取相应措施维持围岩拱腰稳定性并酌情提高衬砌拱腰处混凝土强度。

9.6　水工隧洞围岩及衬砌受力特性的温度效应

依据本章对高地温水工隧洞围岩及衬砌结构受力特性时空演变规律的研究分析，为了更深入地了解水工隧洞施工期内应力场、位移场及塑性应变的温度效应，本节以原岩温度为 100°C 为基准，分别对原岩温度为 30°C、70°C 两个温度影响下施工期水工隧洞温度效应进行研究分析，由于围岩及衬砌结构拱腰处最大主应力波动较大，且最大位移及最大塑性应变均出现在衬砌拱腰处，本节选取隧洞洞口断面为特殊断面，针对不同原岩温度下围岩及衬砌结构拱腰处最大主应力、位移及衬砌拱腰处塑性应变随时间变化规律进行分析，结论如下：

依据图 9.31～ 图 9.33 可知，在原岩温度为 30℃、70℃ 时围岩及衬砌结构拱腰最大主应力、位移、塑性应变随时间的变化规律与原岩温度为 100℃ 时变化趋势保持一致。其中，围岩拱腰最大主应力随着温度的升高而减小，而衬砌结构拱腰最大主应力基本不受温度变化影响；温度对围岩及衬砌拱腰位移、塑性应变影响与最大主应力相反，原岩温度越高，位移及塑性应变越大。相比最大主应力，围岩衬砌拱腰位移及塑性应变对温度敏感性相对较高，因此对于原岩温度不同的工程，需对岩体及衬砌结构拱腰采取相适应的施工手段以保证隧洞的安全运行。

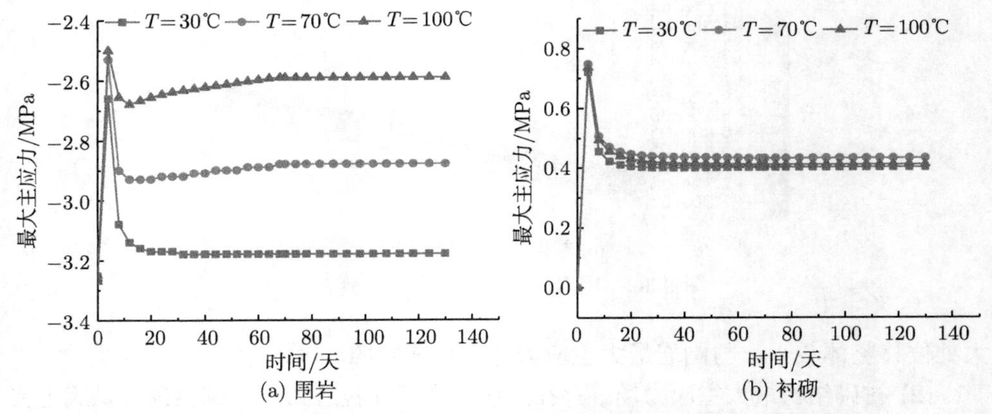

(a) 围岩　　(b) 衬砌

图 9.31　不同温度下围岩及衬砌结构拱腰最大主应力随时间变化规律

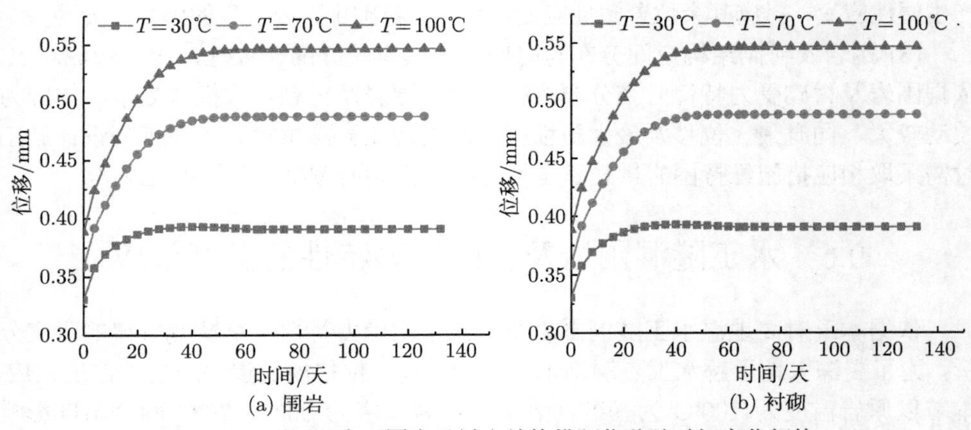

(a) 围岩　　(b) 衬砌

图 9.32　不同温度下围岩及衬砌结构拱腰位移随时间变化规律

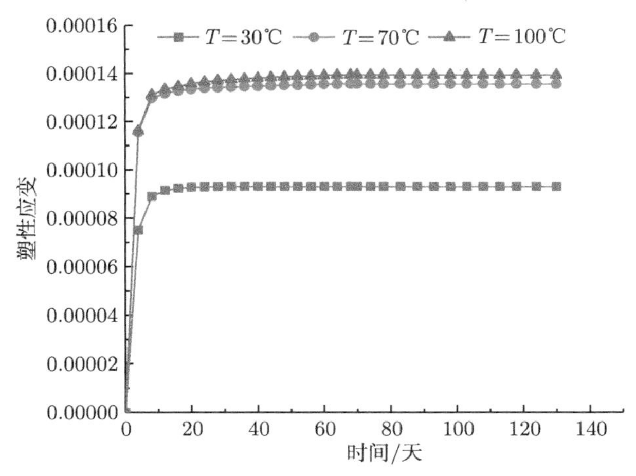

图 9.33　不同温度下衬砌结构拱腰塑性应变随时间变化规律

9.7　本 章 小 结

本章针对工程高地温洞段布设位移计及声波测试孔，通过对高地温洞段开挖洞口处位移变化情况，以及声波波速变化情况进行研究分析，并针对隧洞开挖过程进行了三维热–力耦合有限元模拟，通过研究高地温水工隧洞围岩及衬砌结构受力特性时空演变规律，得到了高地温水工隧洞围岩及衬砌结构最大主应力、位移及塑性应变在时间、空间上的分布规律，得到了水工隧洞围岩及衬砌受力特性的温度效应，为相关工程的设计施工提供参考依据。得到了如下结论：

(1) 位移监测结果表明，隧洞开挖 130 天内沿洞口至围岩深部，围岩位移呈递减趋势，隧洞拱顶及侧墙 5~7m 岩体受开挖影响较明显。

(2) 声波测试结果表明，隧洞完整岩体声波波速一般在 5500~6200m/s，开挖扰动区岩体声波波速一般在 3800~5400m/s，破碎区岩体声波波速一般在 3500m/s 以下。综合位移监测及声波测试结果分析，建议隧洞侧墙附近锚索支护长度应至少取值为 7m。

(3) 数值模拟结果显示随着岩体温度的升高，围岩塑性区形态从圆形向蝶形扩展。高地温围岩塑性区呈蝶形，围岩最大塑性应变位于拱腰处数值为 0.0022，且塑性区最大长度为 9m，此为岩体受开挖影响的最大范围。数值模拟结果与现场监测成果有一定的一致性，因此在工程设计施工的过程中可通过数值模拟的方法确定塑性区的扩展，预测开挖损伤区的分布范围，为后期的支护方案提供参考依据。

参 考 文 献

[1] 董方庭, 宋宏伟, 郭志宏, 等. 巷道围岩松动圈支护理论 [J]. 煤炭学报, 1994, (1): 21-32.

[2] 李可妮. 高地温水工隧洞围岩衬砌受力特性时空演变规律研究 [D]. 石河子: 石河子大学, 2020.

[3] BOSSART P, MEIER P M, MOERI A, et al. Geological and hydraulic characterisation of the excavation disturbed zone in the opalinus clay of the Mont Terri Rock Laboratory[J]. Engineering Geology, 2002,66 (1): 19-38.

PART THREE

第三篇

高地温水工隧洞支护结构设计及其工程实践

随着地下工程逐渐向超长、超深埋方向发展，高地温病害逐渐成为地下工程的一大难题。目前，高地温所引发的工程问题在国内外隧洞工程中已表现得比较突出。大部分深埋地下洞室工程遇到高温地热问题，其温度高，范围广，影响程度大，整体呈现出“大埋深、高地热、施工难”等特点。隧洞内的高温环境不仅会危害施工人员的健康、降低施工设备的工作效率，还会严重影响围岩稳定、混凝土衬砌结构的施工质量和安全。

本篇以高地温水工隧洞力学特性及其塑性区演化特征为基础，分析高地温水工隧洞围岩施工期喷层结构承载特性及其影响因素，定量分析各影响因素对喷层结构力学特性的影响，对施工期喷层结构不同龄期的强度特性进行计算模拟。基于现场监测成果，对高地温水工隧洞复合支护结构的温度–应力耦合特性进行模拟分析，对高地温水工隧洞复合支护结构的适应性及其温度效应进行评价，探讨高地温水工隧洞复合支护结构的隔热性能及其适应性能。结合新疆某高地温水电站引水隧洞工程，对高地温水工隧洞的复合支护结构进行优化设计，提出喷层厚度、隔热层材料及其厚度的最优设计方案。

第 10 章　高地温水工隧洞喷层结构承载特性分析

10.1　概　　述

喷射混凝土技术是 20 世纪初发展起来的一种特殊的混凝土施工工艺，已有近百年的历史。早在 1907 年，美国艾伦斯敦地区的水泥喷枪公司就已经完成了世界上第一批喷射混凝土工程 [1]。1914 年，在美国的矿山和土木建筑工程中首先使用喷射水泥砂浆 [2]。锚喷支护的发展也进一步促进了喷射混凝土技术的发展和研究。1948~1953 年在奥地利兴建的卡普隆水力发电站的米尔隧道最早使用了喷射混凝土支护，1942 年瑞士阿利瓦公司研制成转子式混凝土喷射机，1947 年联邦德国 BSM 公司研制成双罐式混凝土喷射机。此后，瑞士、法国、瑞典、美国、英国、加拿大、日本等国相继在土木建筑工程中采用了喷射混凝土技术 [3−4]。

喷射混凝土广泛应用于岩土体工程的加固与灾害治理。庞建勇、姚传勤、徐磊等研究了聚丙烯纤维混凝土喷层在煤矿锚喷巷道支护中的适用性，证明了聚丙烯纤维混凝土喷层有较好的承压能力、抗拉强度高、韧性好、回弹量低及工艺简单等特点 [5−7]。武道永等 [8] 采用对聚丙烯纤维混凝土的抗压、抗拉、抗剪和弯曲性能试验研究结合数值模拟的研究方法，分析了聚丙烯纤维混凝土喷层在软岩隧道中的力学特性。杜国平等 [9] 根据钢纤维喷射混凝土结构力学原理，对钢纤维混凝土的拉伸、压缩、弯曲、初始裂纹强度和弯曲性能进行了试验研究。付成华等 [10] 考虑到喷层的局部剪切性和抗裂性，提出喷层支护节理岩体流变模型，建立了喷层支护节理岩体等效力学模型。雷金波等 [11] 把混凝土喷层看成是一种薄壳结构，内力计算可以在平面应变条件下进行，并且它的承载能力可以根据锥形剪切破坏理论进行验证。对这种钢筋网壳锚喷支护结构的内力和变形提出了一种简化计算方法。史玲 [12] 把喷层的作用分为了应力控制模式和结构控制模式，阐明了薄层喷层的支护机制。轩敏辉 [13] 分析不同厚度的混凝土喷层对隧道施工过程中稳定性的作用，确定了合理的支护参数。

高地温隧洞支护结构的研究仍处于初级阶段，关于高地温围岩区域修建地下建筑物的规范、研究较少，供查阅的相关规范和可供参考的研究成果匮乏，对此需要进一步进行研究和探讨。因此，展开高地温围岩隧洞喷层结构分析的研究显得尤为必要和迫切，其研究成果对减少工程经济和优化工程技术等方面均颇有意义。

10.2　高地温隧洞喷层结构承载特性

研究高地温水工隧洞喷层结构的裂缝成因，首先从喷层在高地温工况下的承载特性开始研究，当喷层受到的拉应力或者压应力大于其抗拉强度或者抗压强度，此时考虑喷层会受到破坏。

10.2.1　喷层结构承载特性分析模型

为分析隧洞喷层结构承载特性，要先确定喷层结构受到的应力和位移。应力是物体受到外力或受到温度变化而变形时，在物体内部产生相互作用的内力，用来抵抗这种外因的作用，并试图使物体恢复到变形前的位置。位移是表示物体受到外力作用而产生的位置变化。本节使用理论计算分析高地温引水隧洞喷层结构受到荷载与温度耦合作用下的应力与位移。

根据弹塑性理论 [14-15]，由于研究的隧道洞口形状是圆形，把应力与位移的坐标轴换成二维极坐标可以更好地研究分析。因此，选择径向应力与环向应力为研究的对象，建立一个极坐标系中应力与位移的复数表达式：

$$\begin{cases} \sigma_r + \sigma_\theta = 2\left[\varPhi(z) + \overline{\varPhi(z)}\right] + 2V \\ \sigma_\theta - \sigma_r + 2i\tau_{r\theta} = 2\mathrm{e}^{2i\alpha}\left[\overline{z}\varPhi^{'}(z) + \psi(z)\right] \\ 2G(\mu_r + iv_\theta) = \mathrm{e}^{-i\alpha}\left[\kappa\varphi(z) - z\overline{\varphi^{'}(z)} - \overline{\psi^{'}(z)} + 2(\kappa-1)r_1(z)\right] \end{cases} \tag{10.1}$$

建立如图 10.1 所示的隧洞喷层结构应力计算模型，由于该无限域内外边界上外力的合力为零，解析函数如式 (10.2) 所示，代入应力与位移的表达式式 (10.1)，考虑到应力在整个无限域内有限，常数不影响应力分布，则不考虑体力时解析函数为

$$\begin{cases} \varphi(z) = \varGamma z + \sum\limits_{K=1}^{\infty} a_K z^{-K} \\ \psi(z) = \varGamma^{'} z + \sum\limits_{K=1}^{\infty} b_K z^{-K} \end{cases} \tag{10.2}$$

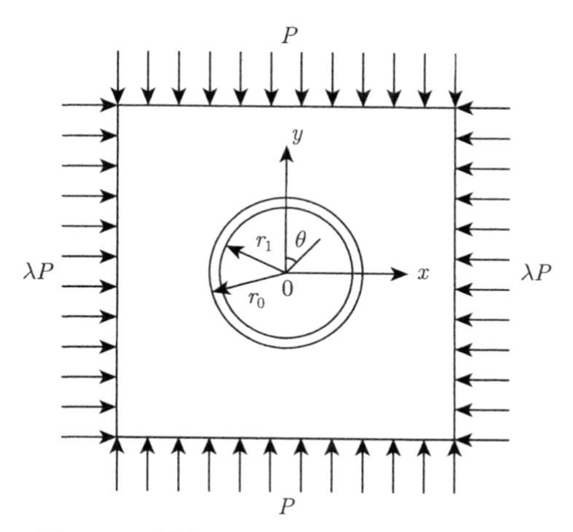

图 10.1　隧洞喷层结构应力计算模型简图

假设喷层是封闭的，其外径 r_0 与隧洞开挖半径相等，且与开挖是同时完成的。在喷层与围岩接触面上略去摩擦力，因而有边界条件：

$$\begin{cases} r=r_1, \quad \sigma_{cr}=0, \quad \tau_{cr\theta}=0 \\ r=r_0, \quad \sigma_r=\sigma_{cr}, \quad u=u_c \\ \tau_{r\theta}=\tau_{cr\theta}=0 \\ r=\infty, \quad \sigma_r=\dfrac{P}{2}(1+\lambda)+\dfrac{P}{2}(1-\lambda)\cos 2\theta \\ \sigma_\theta=\dfrac{P}{2}(1+\lambda)-\dfrac{P}{2}(1-\lambda)\cos 2\theta \\ \tau_{r\theta}=-\dfrac{P}{2}(1-\lambda)\sin 2\theta \end{cases} \tag{10.3}$$

在围岩与喷层的定义域中，相应的解析函数形式同上，将其代入应力与位移表达式，由上述边界条件，即可确定相应解析函数中的各系数，进而求得相应介质的应力分量及位移分量。喷层的应力与位移分别为

$$\begin{cases} \sigma_{cr}=(2A_1+A_2r^{-2})-(A_5+4A_3r^{-2}-3A_6r^{-4})\cos 2\theta \\ \sigma_{c\theta}=(2A_1-A_2r^{-2})+(A_5+12A_4r^{-2}-3A_6r^{-4})\cos 2\theta \end{cases} \tag{10.4}$$

$$\begin{cases} U_c=\dfrac{1}{2G_c}\{[(K_c-1)A_1r-A_2r^{-1}]+[(K_c-3)A_4r^3-A_5r \\ \qquad +(K_c+1)A_3r^{-1}-A_6r^{-3}]\}\cos 2\theta \\ V_c=\dfrac{1}{2G_c}\left[(K_c+3)\,A_4r^3+A_5r-(K_c-1)\,A_3r^{-1}-A_6r^{-3}\right]\sin 2\theta \end{cases} \tag{10.5}$$

式中，σ_{cr}、$\sigma_{c\theta}$ 分别为喷层的径向应力、环向应力；U_c、V_c 分别为喷层的径向位移、环向位移；θ 为喷层上某点与拱顶之间夹角；参数 $A_1, A_2, \cdots, A_6$ 见式 (10.6)：

$$\begin{cases} A_1 = \dfrac{P}{4}(1+\lambda)(1-\gamma)\dfrac{r_0^2}{r_0^2-r_1^2} \\ A_2 = -\dfrac{P}{2}(1+\lambda)(1-\gamma)\dfrac{r_0^2r_1^2}{r_0^2-r_1^2} \\ A_3 = \dfrac{3P}{4}(1-\lambda)(1+\delta)\dfrac{r_0^2r_1^2(2r_0^4+r_0^2r_1^2+r_1^4)}{(r_0^2-r_1^2)^3} \\ A_4 = \dfrac{P}{4}(1-\lambda)(1+\delta)\dfrac{r_0^2(r_0^2+3r_1^2)}{(r_0^2-r_1^2)^3} \\ A_5 = -\dfrac{3P}{2}(1-\lambda)(1+\delta)\dfrac{r_0^2(r_0^4+r_0^2r_1^2+2r_1^4)}{(r_0^2-r_1^2)^3} \\ A_6 = \dfrac{P}{2}(1-\lambda)(1+\delta)\dfrac{r_0^2r_1^4(3r_0^4+r_0^2r_1^2)}{(r_0^2-r_1^2)^3} \end{cases} \tag{10.6}$$

式中，P 为围岩所受均布压力；λ 为围岩侧压力系数；r_0 为喷层的外径；r_1 为喷层的内径；γ、δ 计算见式 (10.7)：

$$\begin{cases} \gamma = \dfrac{G[(\kappa_c-1)r_0^2+2r_1^2]}{2G_c(r_0^2-r_1^2)+G(\kappa_c-1)r_0^2+2r_1^2} \\ \delta = -\dfrac{GH+G(\kappa+1)(r_0^2-r_1^2)^3}{GH+G(3\kappa+1)(r_0^2-r_1^2)^3} \end{cases} \tag{10.7}$$

式中，G、G_c 分别为围岩和混凝土的剪切模量。

10.2.2 喷层结构热应力计算

温度是表示物体冷热程度的量，围岩与喷层之间的热量是通过热传导传递的。热传导是介质内无宏观运动时的传热现象，弹性体内温度的升降，会引起体积的膨胀或收缩，此时由于形变会产生温度应力。

参阅弹塑性力学轴对称圆筒的温度应力公式 [16]，轴对称的热弹性力学基本方程，设不计体力，平衡微分方程为

$$\begin{cases} \dfrac{\partial\sigma_r}{\partial r} + \dfrac{\partial\tau_{iz}}{\partial z} + \dfrac{\sigma_r-\sigma_\theta}{r} = 0 \\ \dfrac{\partial\sigma_{rz}}{\partial r} + \dfrac{\partial\sigma_r}{\partial z} + \dfrac{\tau_{rz}}{r} = 0 \end{cases} \tag{10.8}$$

几何方程为

$$\begin{cases} \varepsilon_r = \dfrac{\partial \mu_r}{\partial r}, \quad \varepsilon_\theta = \dfrac{u_r}{r}, \quad \varepsilon_z = \dfrac{\partial w}{\partial z} \\ r_{iz} = \dfrac{\partial u_r}{\partial z} + \dfrac{\partial w}{\partial r} \end{cases} \tag{10.9}$$

物理方程为

$$\begin{cases} \sigma_r = \dfrac{E}{1+v}\left(\dfrac{v}{1-2v}\theta + \varepsilon_r\right) - \dfrac{\alpha ET}{1-2v} \\ \sigma_\theta = \dfrac{E}{1+v}\left(\dfrac{v}{1-2v}\theta + \varepsilon_r\right) - \dfrac{\alpha ET}{1-2v} \\ \sigma_z = \dfrac{E}{1+v}\left(\dfrac{v}{1-2v}\theta + \varepsilon_r\right) - \dfrac{\alpha ET}{1-2v} \\ \tau_{rz} = \dfrac{E}{2(1+v)}\gamma_{r\theta z} \end{cases} \tag{10.10}$$

假设隧道为长圆柱形，设有一个内半径为 a、外半径为 b 的隧洞，其内的变温 T 是轴对称分布的，这是轴对称的平面应变问题，由于 $w=0$，u_r 仅依赖于 r，可以将式 (10.8)～ 式 (10.10) 简化为

$$\begin{cases} \dfrac{\mathrm{d}\sigma_r}{\mathrm{d}r} + \dfrac{\sigma_r - \sigma_\theta}{r} = 0 \\ \varepsilon_r = \dfrac{\partial \mu_r}{\partial r}, \varepsilon_\theta = \dfrac{u_r}{r} \\ \sigma_r = \dfrac{E}{1+v}\left(\dfrac{v}{1-2v}\theta + \varepsilon_r\right) - \dfrac{\alpha ET}{1-2v} \\ \sigma_\theta = \dfrac{E}{1+v}\left(\dfrac{v}{1-2v}\theta + \varepsilon_\theta\right) - \dfrac{\alpha ET}{1-2v} \\ \sigma_z = \dfrac{E}{1+v}\left(\dfrac{v}{1-2v}\theta + \varepsilon_z\right) - \dfrac{\alpha ET}{1-2v} \\ \theta = \varepsilon_r + \varepsilon_\theta \end{cases} \tag{10.11}$$

如图 10.2 的温度应力计算简图所示。可使用弹性力学轴对称圆筒的温度应力

公式 [17]：

$$
\left\{
\begin{aligned}
\sigma_\rho &= -\frac{\alpha E \Delta t}{2(1-v)}\left[\frac{\ln\dfrac{b}{\rho}}{\ln\dfrac{b}{a}} - \frac{\left(\dfrac{b}{\rho}\right)^2 - 1}{\left(\dfrac{b}{a}\right)^2 - 1}\right] \\
\sigma_\varphi &= -\frac{\alpha E \Delta t}{2(1-v)}\left[\frac{\ln\dfrac{b}{\rho} - 1}{\ln\dfrac{b}{a}} - \frac{\left(\dfrac{b}{\rho}\right)^2 + 1}{\left(\dfrac{b}{a}\right)^2 - 1}\right]
\end{aligned}
\right.
\tag{10.12}
$$

式中，σ_ρ、σ_φ 分别为径向温度应力和环向温度应力；α 为线膨胀系数；E 为弹性模量；Δt 为温差；v 为泊松比；a 为喷层的内径；b 为喷层的外径；ρ 为喷层直径范围内的某一点。

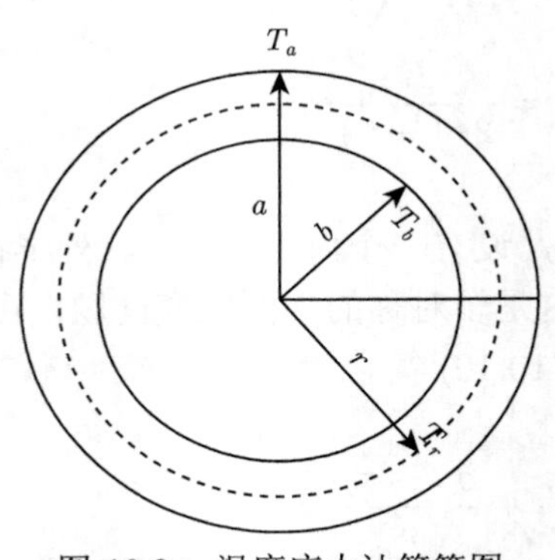

图 10.2 温度应力计算简图

把计算出的温度径向应力和温度环向应力线性叠加到喷层径向应力和喷层环向应力上，即得到所求径向应力与环向应力。

10.3 高地温水工隧洞喷层结构承载特性实例分析

10.3.1 工程概况及参数选择

新疆某高地温水电站引水隧洞为 Ⅲ 类围岩，埋深为 280m，隧道洞口为圆形，洞口直径 $D = 3$m，计算的围岩范围为正方形。喷层厚 0.2m，即喷层的内径为 2.6m，外径为 3m，选用 C30 混凝土材料。

计算模型受到上下对称的围岩埋深压力，左右两侧对称的侧向围岩压力。假定计算范围内的围岩外侧温度为 80℃，喷层与围岩交界处温度为 42℃，喷层内侧温度为 30℃。计算简图如图 10.1 所示，由于喷层受到的外力在上下左右均是轴对称分布，截取右上部的四分之一进行计算。从拱顶到右拱腰为 0° ~ 90°。

根据文献 [18]，选取高地温养护条件下 7 天的混凝土支护平均抗压强度为 22.7MPa。根据文献 [19]，埋深为 300m 的隧道初期支护极限位移值，拱顶的极限位移值为 40.01~53.22mm；拱腰的极限位移值为 226.01~257.42mm；拱脚的极限位移值为 162.30~189.31mm。其余物理力学参数见表 10.1。

表 10.1　物理力学参数

材料	容重 /(kN·m^{-3})	弹性模量 /GPa	泊松比	线膨胀系数 /10^{-6}℃$^{-1}$	导热系数 /[W/(m·℃)]	抗压强度 /MPa	抗拉强度 /MPa
C30 混凝土	25.51	30	0.16	6.28	1.66	14.30	1.27
Ⅲ 类围岩	26.53	6.80	0.25	6.90	8.40	40.85	1.40

10.3.2　结果分析

计算喷层结构的径向坐标从靠近边界 0.005m 处开始计算，径向坐标为 1.305m、1.400m 和 1.495m。由于计算模型是轴对称的，环向坐标只需要选取 0°~90° 的部分，环向坐标每隔 15° 选取一个点进行计算，即 0°、15°、30°、45°、60°、75° 和 90°，隧洞围岩喷层荷载应力计算点的选取见图 10.3。通过理论公式计算出径向应力、环向应力、径向位移和环向位移的数值，并做成折线图进行比较，具体结果见图 10.4 和图 10.5。

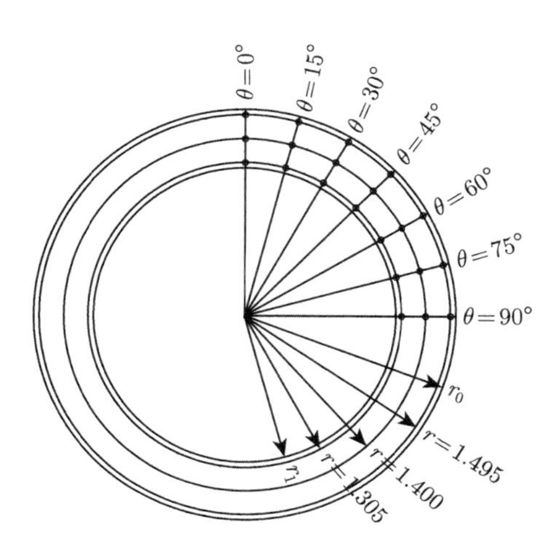

图 10.3　隧洞围岩喷层荷载应力计算点

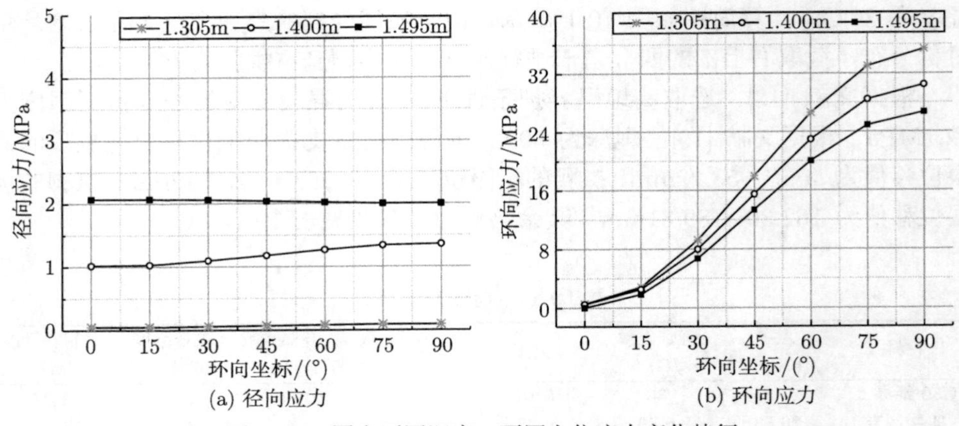

图 10.4　围岩不同深度、不同方位应力变化特征

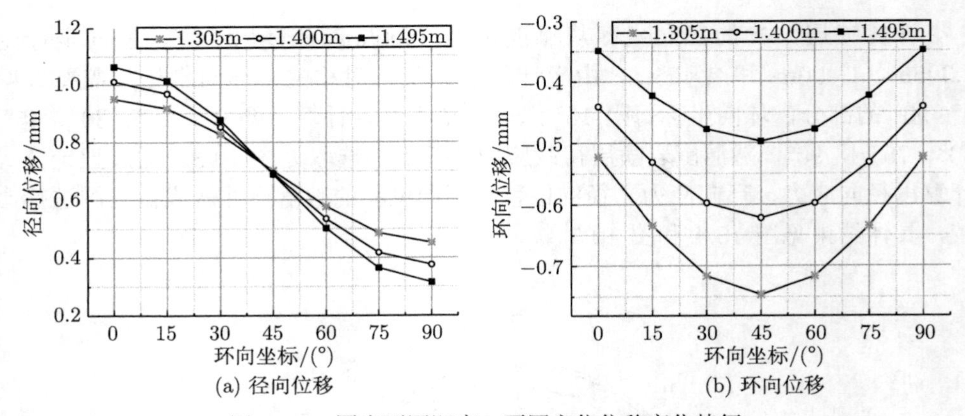

图 10.5　围岩不同深度、不同方位位移变化特征

由图 10.4 可以得到，理论计算的喷层结构径向应力与环向应力均为压应力。依据图 10.4(a) 可知，径向坐标为 1.305m 和 1.400m 时，径向应力从拱顶到拱腰逐渐增大；径向坐标为 1.495m 时，径向应力从拱顶到拱腰逐渐减小；环向坐标不变时，径向应力随着径向坐标的增大而增大。径向应力的最小值位于喷层拱顶内侧，为 0.05MPa；径向应力的最大值位于喷层拱顶外侧，为 2.07MPa。依据图 10.4(b) 可知，喷层的环向应力从拱顶到拱腰逐渐增大；喷层的环向应力随着径向坐标的增大而减小。环向应力的最小值位于喷层拱顶外侧，为 0.04MPa；环向应力的最大值位于喷层拱腰内侧，为 35.37MPa。在环向坐标为 52.5° 左右，环向应力超过了 C30 混凝土的抗压强度。

图 10.5 为围岩不同深度、不同方位位移变化特征。根据图 10.5(a) 可知，径

向位移结果表明，喷层结构有向着洞内变形的趋势，数值基本在 0.2～1mm，径向位移从拱顶到拱腰逐渐减小；环向坐标为 0°～45°，喷层径向位移随着径向坐标的增大逐渐加大；环向坐标为 45°～90°，喷层径向位移随着径向坐标的增大逐渐减小。根据图 10.5(b) 可知，环向位移结果表明，喷层结构右半周顺时针变形，环向位移的数值基本在 0.3 ～ 0.8mm，环向坐标为 0°～45°，喷层环向位移随着环向坐标的增大逐渐减小；环向坐标为 45°～90°，喷层环向位移随着环向坐标的增大逐渐增大，径向和环向位移没有超过喷层的极限位移值，感兴趣的读者可参考文献 [20]。

10.4 高地温水工隧洞喷层结构承载特性数值模拟

10.4.1 数值模拟建立

为了验证理论计算与数值模拟结果是否有效，本节使用有限元计算程序对喷层结构进行热–力耦合分析，得出高地温情况下喷层结构的受力与位移特性，并将数值计算结果与理论计算结果进行对比分析。

根据理论计算模型，建立数值模拟热–力耦合模型。模型假定隧洞围岩、喷层为各向同性的均质材料，开挖直径为 3m，根据前人经验选取 5 倍洞径长度的正方形为围岩范围，即围岩范围尺寸为 15m×15m。围岩为 Ⅲ 类围岩，喷层采用 C30 混凝土。模型的荷载设置为上部埋深为 280m 的均布压力，对整体施加自重。边界条件为上部自由，下部竖向约束，左右水平约束，隧洞原岩平均温度取 80℃，洞室温度取 30℃，网格划分见图 10.6。

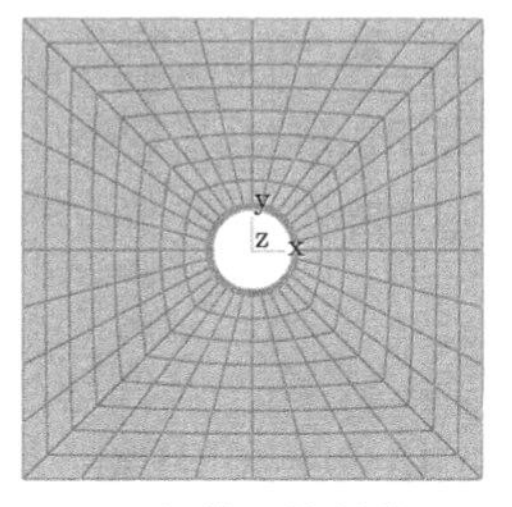

(a) 整体网格划分

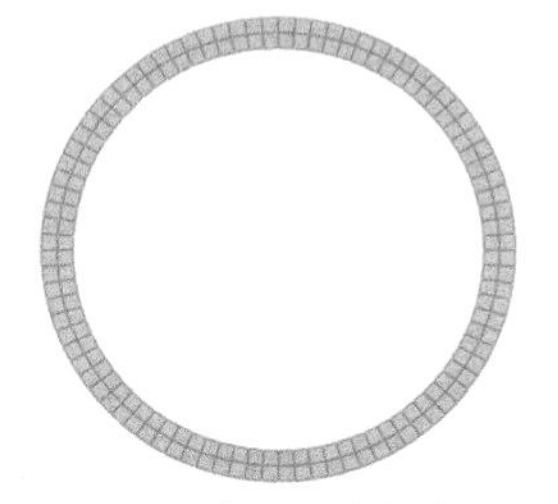

(b) 喷层网格划分

图 10.6 网格划分

数值计算模型使用有限元软件进行建模计算与分析，模型是二维稳态模型，可得出稳态情况下高地温引水隧洞围岩喷层结构应力场与位移场的分布云图，全面分析拱顶、拱腰等部位的应力与位移分布状态，详细的分析过程可参考文献 [21]。

10.4.2 数值模拟结果分析

数值模拟的喷层结构应力云图如图 10.7 所示。喷层结构的径向压应力范围为 0.46~4.36MPa，从内径到外径逐渐增大，同一径向坐标的压应力值基本相同。喷层结构的环向压应力范围为 27.85~34.37MPa，应力从拱顶到右拱腰逐渐增大。拱腰部分应力从内径到外径逐渐减小。数值模拟的环向压应力均大于 22.7MPa，喷层结构的所有部位均需采取抗压措施。由于本节主要研究高地温环境下围岩荷载和自重对承载能力的影响，且施工期开挖释放荷载数值较难确定，暂不考虑开挖释放荷载。

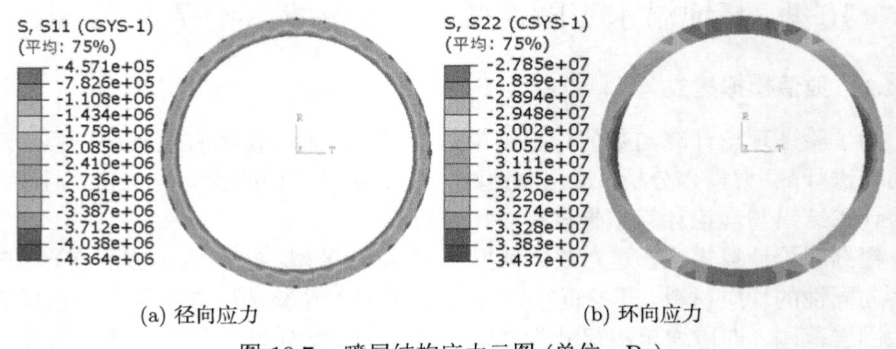

(a) 径向应力　　(b) 环向应力

图 10.7　喷层结构应力云图 (单位：Pa)

位移云图左右大小方向对称，数值模拟的位移正负号的含义与理论计算的相反，如图 10.8 所示，有朝着向洞内变形的趋势，径向位移范围为 0.24~2.1mm，沿着拱顶至拱底逐渐减小，拱顶处的径向位移为 0.24mm，拱底处的径向位移为 2.1mm。此模型只考虑到了高地温情况下的围岩荷载与重力，故拱顶径向位移要大于拱底径向位移。喷层环向位移范围为 0~0.95mm，拱顶和拱底的环向位移较小，为 0.16mm，拱腰处的环向位移较大，为 0.95mm，径向位移和环向位移未超过极限位移值。

理论计算与数值模拟对比分析可得到，理论计算的径向压应力范围为 0.05~2.07MPa，数值模拟的径向压应力的范围为 0.46~ 4.36MPa；理论计算的环向拱顶压应力 0.04MPa，环向拱腰压应力为 35.37MPa，理论计算的环向拱顶压应力 27.85MPa，环向拱腰压应力为 34.37MPa。理论计算的径向位移范围为 0.2~ 1mm，环向位移范围为 0.3~ 0.8mm；数值模拟的径向位移范围为 0.24~ 2.1mm，环向位移范围为 0~ 0.95mm。除了环向应力的数值在拱顶部位差别较大，其余应力和位移的取值范围相差较小且规律相似，数值的差异是由以下三点导致的。

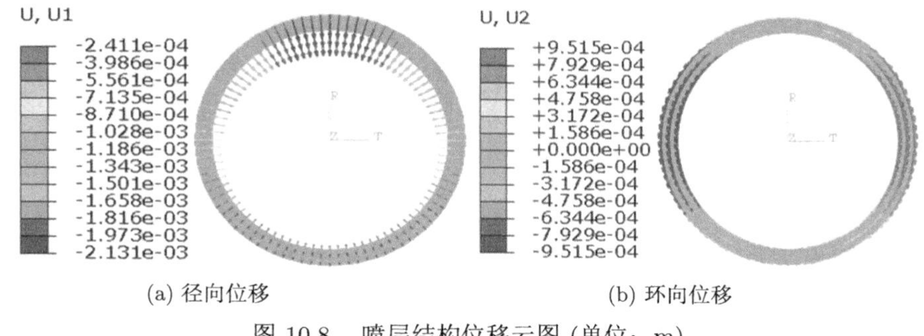

(a) 径向位移　　　　(b) 环向位移

图 10.8　喷层结构位移云图 (单位：m)

(1) 理论计算和数值模拟的计算原理、外力施加条件及边界条件的设定有所不同。

(2) 理论计算中忽略了围岩和喷层间的接触，但在数值模拟过程中设置为绑定接触。

(3) 理论计算的应力值是两种应力直接线性叠加的，应力主要是荷载应力，温度应力占了极小的比例，但从文献中可知温度对应力有比较大的影响，故理论计算的温度应力不准确。数值模拟的研究建立在大型有限元软件上，是通过热–力耦合得到的，运用了有限元计算方法，计算结果精确度更高。

10.5　喷层结构承载特性影响因素分析

作用在喷射混凝土支护上的荷载在随着时间增长过程中，如果超过了支护的强度，则会导致支护失稳。常规的喷射混凝土 (GRC) 原理没有考虑喷射混凝土早期特性的影响，因此不能保证在施工期间，即喷射混凝土支护早期阶段的安全。

根据实际工程的实测及其大量相关文献的分析，高地温水工隧洞围岩喷层结构的承载特性是隧洞复合支护结构设计的关键问题，影响其力学特性的因素较为复杂。通过高地温水工隧洞围岩与喷层结构热力学参数敏感性分析可知，围岩与喷层结构的线膨胀系数、温差、地应力水平侧压力系数、喷层结构厚度等对围岩喷层结构受力有比较大的影响，因此本节运用有限元软件在第 8 章的温度–应力耦合模型基础上，设置了四种不同的工况进行计算与分析，分析不同影响因素对喷层结构力学特性的影响。

10.5.1　线膨胀系数对围岩喷层结构受力的影响

1. 线膨胀系数概念

线膨胀系数是一个物理名词，可表示物质膨胀或收缩程度。主要含义是固体物质的温度每升高 1°C时，其单位长度的伸长量。

本小节验证混凝土线膨胀系数对于围岩喷层结构的受力影响，由于混凝土是一种热惰性材料，传热性能差，很难在短时间内稳定整个截面的温度，并且在截面上沿喷层厚度存在不均匀的温度场，使各点受内部约束而不能自由膨胀变形，混凝土的局部膨胀实际代表了平均膨胀变形。

2. 模拟结果分析

保持所有工况不变，分别设置线膨胀系数为 4×10^{-6} ℃$^{-1}$、6×10^{-6} ℃$^{-1}$、8×10^{-6} ℃$^{-1}$，重点分析线膨胀系数对应力和位移的影响。

分析图 10.9 可得，三种工况下，随着线膨胀系数的增大，径向应力最小值由 0.44MPa 增大到 0.47MPa，径向应力最大值由 4.21MPa 增大到 4.44MPa；环向应力最小值由 26.59MPa 增大到 28.46MPa；环向应力最大值由 33.49MPa 增大到 34.90MPa。外侧径向应力大于内侧径向应力，拱顶处的环向应力小，拱腰处的环向应力大。由此可知，径向应力和环向应力的数值随着线膨胀系数的增大而增大，线膨胀系数与喷层结构承受的应力成正比。

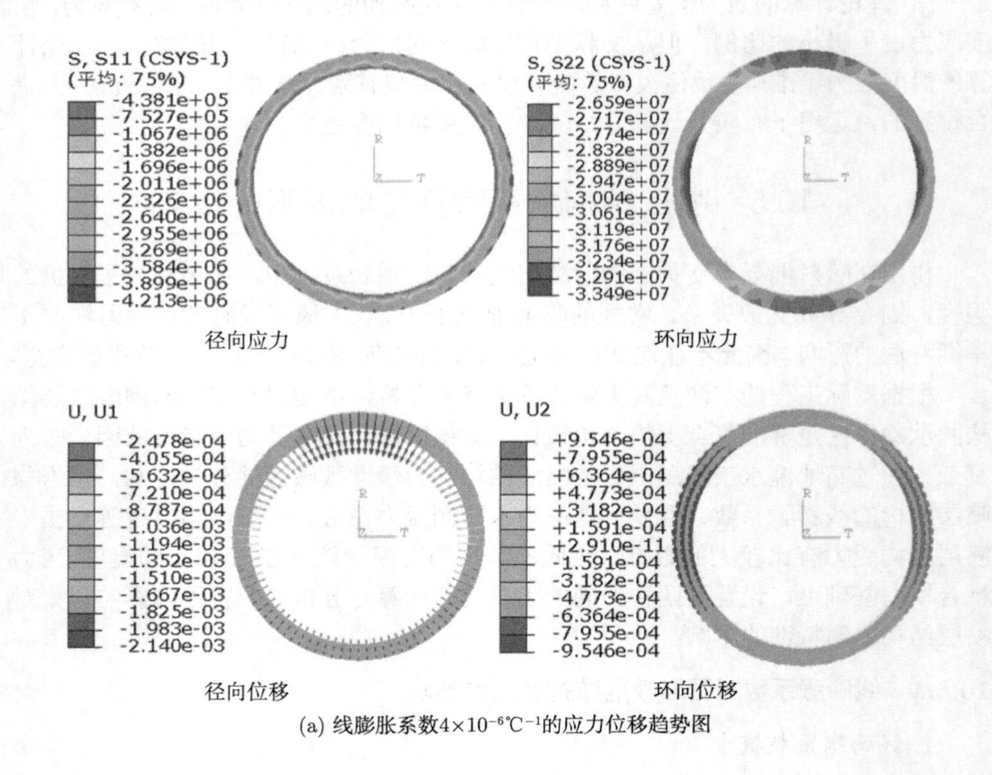

(a) 线膨胀系数4×10^{-6}℃$^{-1}$的应力位移趋势图

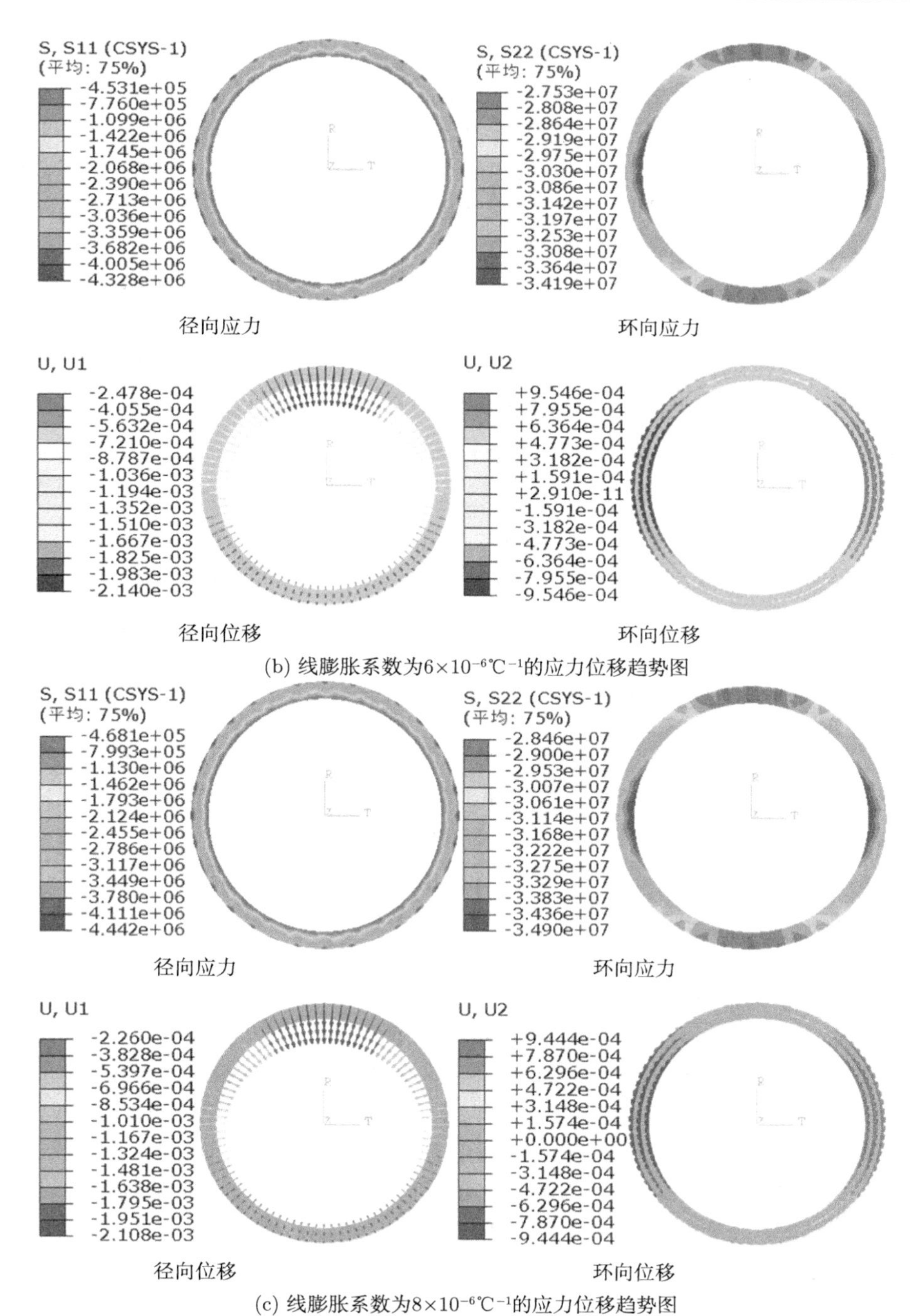

图 10.9　不同线膨胀系数对承载特性影响

应力单位为 Pa；位移单位为 m

对于位移而言，三种工况下，径向位移的最小值由 0.248mm 减小到 0.226mm，径向位移的最大值由 2.140mm 减小到 2.108mm，拱顶处的径向位移从 2.140mm 减小到 2.108mm，拱底处的径向位移从 0.247mm 减小到 0.226mm；环向位移的最大值由 0.956mm 减小到 0.944mm，拱腰处的环向位移从 0.954mm 减小到 0.944mm；环向和径向位移的数值随着线膨胀系数的增大而减小。就位移的角度而言，径向位移与环向位移都没有超过极限位移值。

喷层承受的应力值与线膨胀系数成正比，喷层结构的位移值与线膨胀系数成反比。同时，线膨胀系数较大时，喷层结构受到的压应力越大，越容易产生变形失稳。因此，在选择混凝土材料时，优先筛选出线膨胀系数较大的材料，避免喷层结构受到较大的应力而产生裂缝变形失稳等问题。

10.5.2 温差对围岩喷层结构受力的影响

1. 热传递的概念

热传递是物理学上的一个物理现象，是由温度差引起的热能传递现象。热传递中用热量度量物体内能的改变。热传递主要存在三种基本形式：热传导、热辐射和热对流。只要在物体内部或物体间有温度差存在，热能就必然以上述三种方式中的一种或多种从高温向低温处传递。

2. 模拟结果分析

保持所有工况不变，设置洞室温度为 30℃，围岩深部的平均温度为 80℃，温差研究过程中控制洞室温度不变，围岩深部温度分别设为 50℃、70℃、90℃、110℃，即分析计算温差为 20℃、40℃、60℃、80℃时的应力和位移。

分析图 10.10 可得，温差为 20℃、40℃、60℃时，内侧的径向应力由 0.33MPa 增大到 0.52MPa，外径侧的径向应力由 4.44MPa 降到 4.32MPa，由于喷层受热膨胀之后喷层外侧受到的环向拉应力逐渐增大，喷层外侧径向压应力减小，同时喷层内侧径向压应力增大。温差为 80℃ 时，内侧的径向应力减小到 0.30MPa，外侧的径向应力增大到 4.58MPa。环向应力方面，温差为 20℃~80℃时，拱腰处的环向应力随着温差的增大而减小，拱顶与拱底处的环向应力随着温差的增大而增大。拱腰处的环向应力由 37.19MPa 降到 25.50MPa。拱顶与拱底处的环向应力由 25.28MPa 增大到 37.90MPa。外侧径向应力大于内侧径向应力，随着温差的增加，拱底和拱底处的环向应力逐渐大于拱腰处的径向应力。由于模型的边界条件为上部自由，下部竖向约束，左右水平约束，施加温度应力后，拱腰处受到热力膨胀，之后受到向上的环向拉应力，故拱腰处的环向压应力逐渐减小，同时拱顶与拱底处受到的环向压应力会增大。随着温差的加大，拱腰处的压应力逐渐减小，拱顶处的压应力逐渐增大。环向应力最大值随着温差的增大而增大，温差与喷层结构承受的应力成正比。

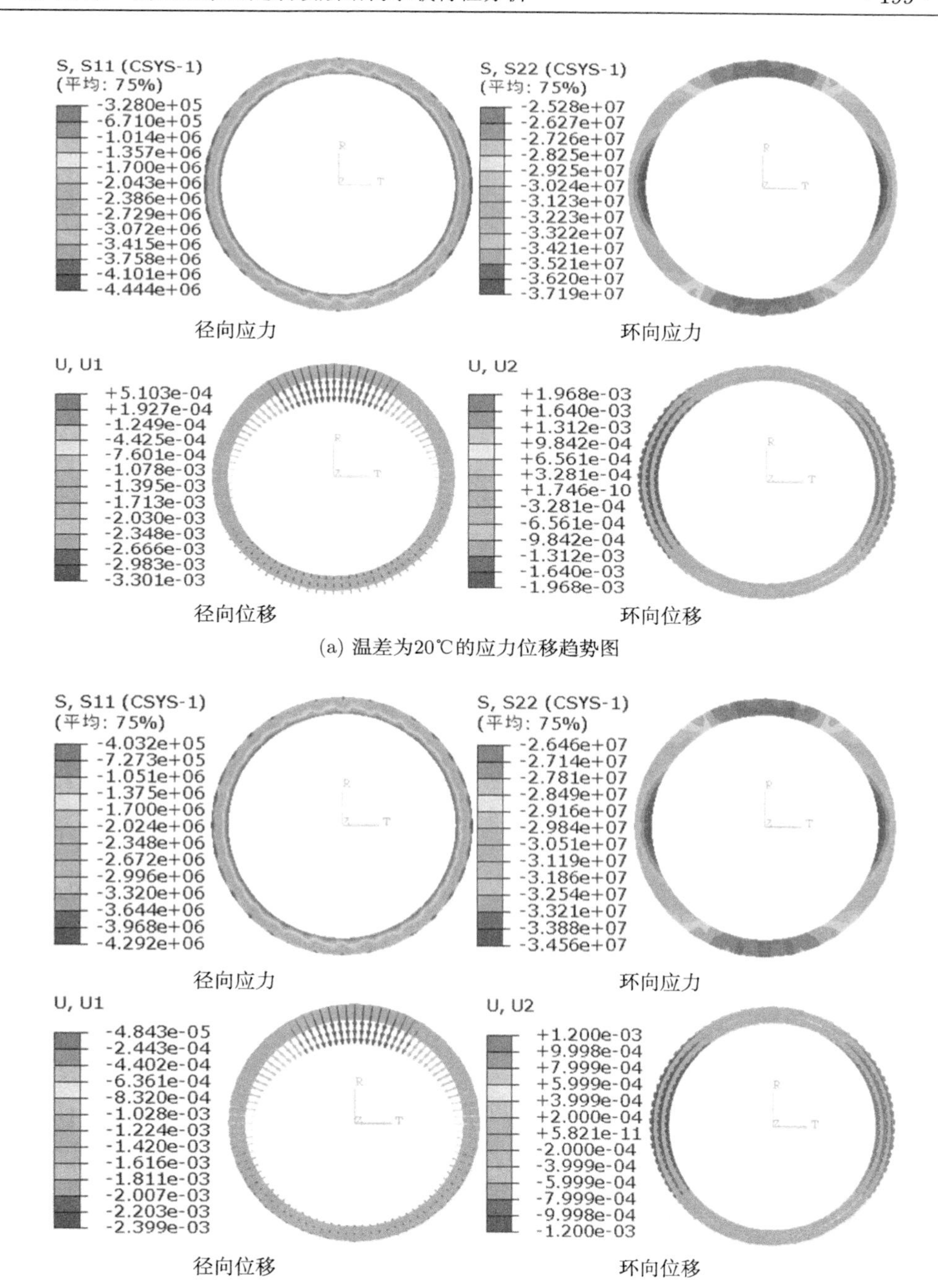

(a) 温差为20℃的应力位移趋势图

(b) 温差为40℃的应力位移趋势图

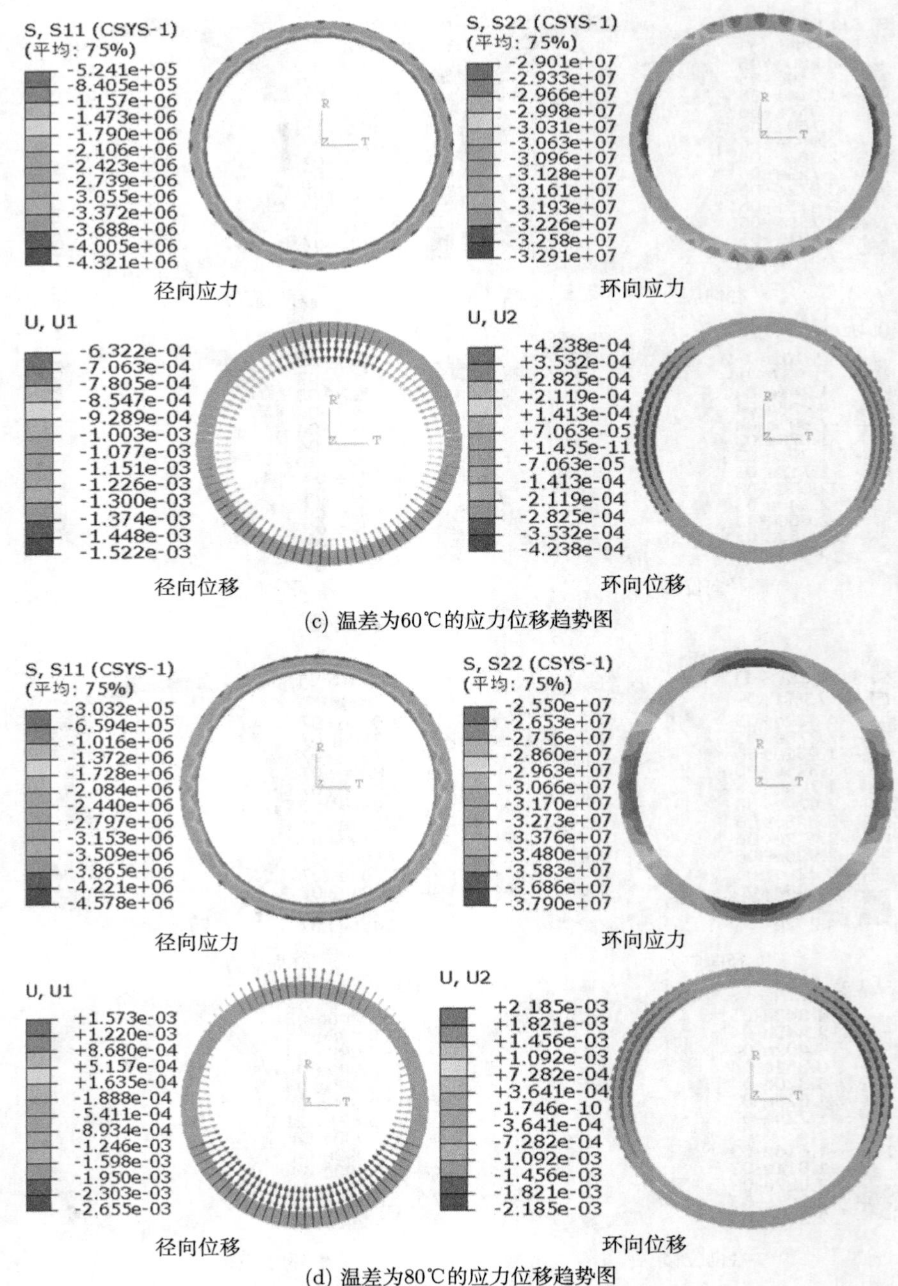

(c) 温差为60℃的应力位移趋势图

(d) 温差为80℃的应力位移趋势图

图 10.10 不同温差的围岩喷层结构承载特性

应力单位为 Pa；位移单位为 m

对于位移而言，四种工况下，径向位移与环向位移也受到温差的影响，朝洞内变形的径向位移随温差增大呈先减小后增大的趋势；右半周顺时针变形的环向位移在温差为 20℃~60℃ 先减小，至 80℃ 逐渐增大。环向位移和径向位移的数值随着线膨胀系数的增大而减小。径向位移与环向位移的数值都没有超过极限位移值。观察可得，温差对喷层结构的承载能力影响较大，且较为复杂。当温差较小时，喷层结构需要注意拱腰处的压裂缝开展，当温差较大时，需要注意拱顶和拱底处压裂缝的开展。

10.5.3　地应力水平侧压力系数对围岩喷层结构受力的影响

1. 地应力概念

地应力是存在于地层中的未受工程扰动的天然应力，也称岩体初始应力、绝对应力或原岩应力。广义上也指地球体内的应力。它包括由地热、重力、地球自转速度变化及其他因素产生的应力。本小节研究不同围岩地应力水平侧压力系数对喷层结构应力与位移的影响。

2. 模拟结果分析

保持所有工况不变，本小节用有限元软件分别计算地应力水平侧压力系数为 0.33 与 0.67 的应力与位移。分析图 10.11 可得，随着地应力水平侧压力系数的增加，

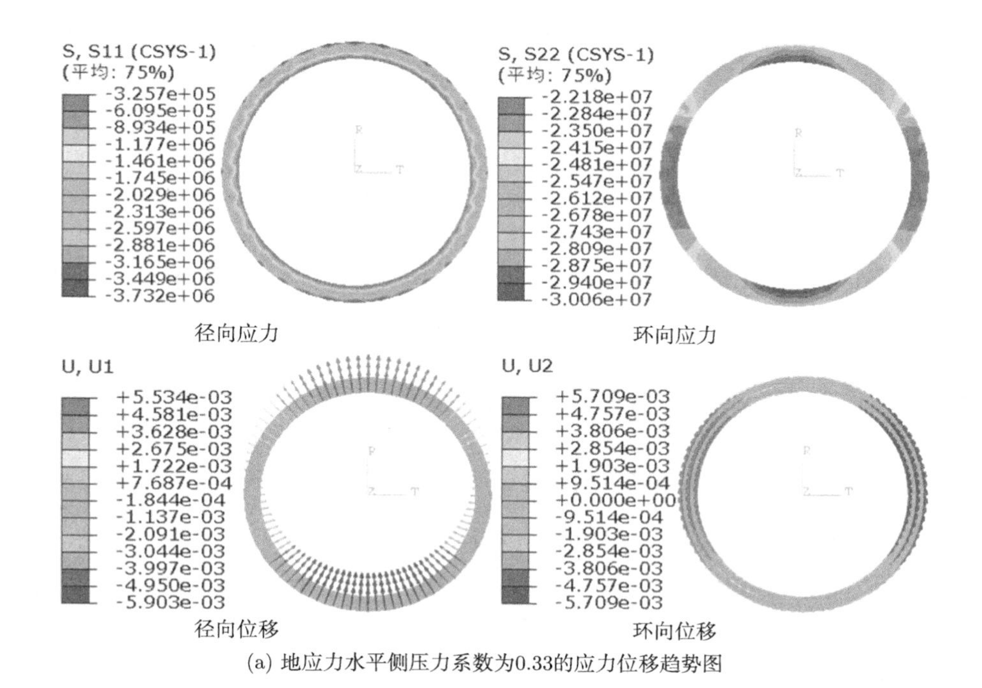

(a) 地应力水平侧压力系数为0.33的应力位移趋势图

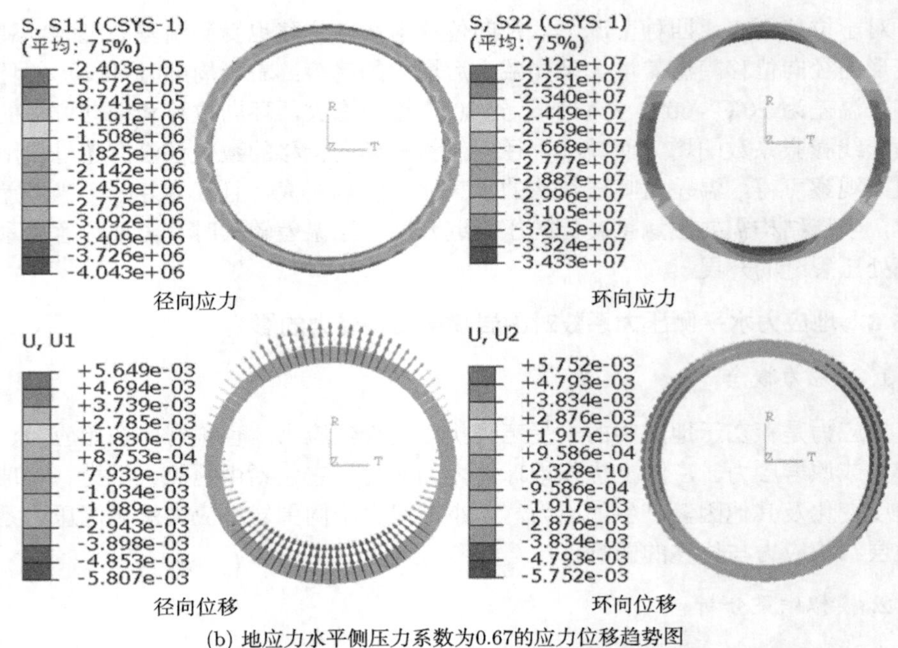

(b) 地应力水平侧压力系数为0.67的应力位移趋势图

图 10.11 不同地应力水平侧压力系数对承载特性影响

应力单位为 Pa；位移单位为 m

径向应力的最小值从 0.33MPa 减小到 0.24MPa，径向应力的最大值从 3.73MPa 增加到 4.04MPa；环向应力的最小值从 22.18MPa 减小到 21.21MPa，环向应力的最大值从 30.06MPa 增加到 34.33MPa。同一喷层系数下，外侧的径向应力大于内侧的径向应力，且拱腰处的环向应力小于拱顶和拱底处的环向应力。地应力水平侧压力系数的增加可以使喷层结构的径向应力减小，也会使喷层结构的环向应力减小。

对于位移而言，两种工况下位移的数值变化不是很大，径向位移最大值从 5.90mm 降到了 5.81mm，环向位移最大值由 5.71mm 增加到 5.75mm。径向位移方向为朝拱顶向上的变形，径向位移减小，环向位移增大。

观察可得，环向应力比径向应力大了许多，故分析承载特性时只分析环向应力对其的影响，喷层承受的环向应力值与地应力水平侧压力系数成正比。由此看出，地应力水平侧压力系数较大时，喷层结构的压应力越大。在设计喷层时，当围岩的地应力水平侧压力系数较大时，可以用其他方式来提高喷层结构的抗压强度。

10.5.4 喷层厚度对围岩喷层结构受力的影响

一个物体厚度或体积越大时，其承载能力也会随之增长。喷层属于薄壁圆筒结构，其直径已经是固定值，所以可以改变厚度，其承载能力会随着厚度变化而变化。本小节用数值模拟方法分析喷层结构的厚度对其承载能力的影响。

保持所有工况不变，改变喷层结构的厚度，分别设置喷层厚度为 0.15m 和 0.25m，分析图 10.12 可知，随着喷层结构厚度的增加，径向应力的最小值从

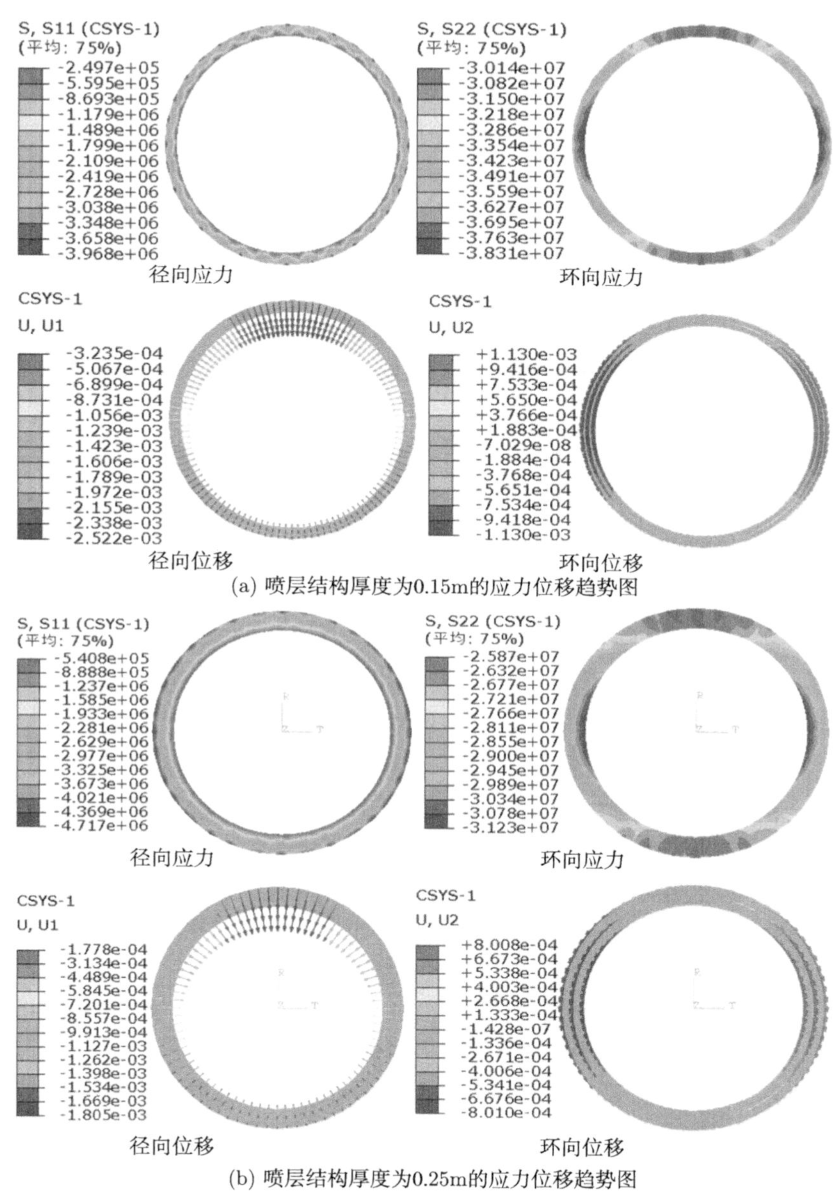

(a) 喷层结构厚度为0.15m的应力位移趋势图

(b) 喷层结构厚度为0.25m的应力位移趋势图

图 10.12　不同喷层结构厚度对承载特性影响

应力单位为 Pa；位移单位为 m

0.25MPa 增加到 0.54MPa，径向应力的最大值从 3.97MPa 增加到 4.72MPa；环向应力的最小值从 30.14MPa 减小到 25.87MPa，环向应力的最大值从 38.31MPa 减小到 31.23MPa。同一喷层厚度下，外侧的径向应力大于内侧的径向应力，且拱顶和拱底处的环向应力小于拱腰处的环向应力。喷层厚度的增加可以使喷层结构的径向应力减小，也能使喷层结构的环向应力减小。

对于位移而言，两种工况下，随着喷层结构厚度的增加，径向位移的最小值由 0.324mm 减小到 0.178mm，径向位移的最大值由 2.52mm 减小到 1.81mm，拱顶处的径向位移从 2.52mm 减小到 1.81mm，拱底处的径向位移从 0.324mm 减小到 0.178mm；随着喷层结构厚度的增加，环向位移的最大值由 1.13mm 减小到 0.80mm，环向和径向位移的数值随着线膨胀系数的增大而减小。就位移的角度而言，径向位移与环向位移都没有超过极限位移值。

由于环向应力比径向应力大了许多，故分析承载特性时只分析环向应力，喷层承受的环向应力值与喷层结构厚度成正比。由此看出，喷层结构厚度较大时，喷层结构受到的压应力越小，越容易产生变形失稳。因此，在设计喷层时，可以把喷层结构的厚度考虑进去，在工程与经济合理的前提下，可以增大喷层结构的厚度。但在实际工程运用中，因为还有二次支护的施加，0.25m 的厚度对于喷层而言已经较厚。

10.6 本章小结

本章通过理论计算与温度位移偶合的数值模拟，得到了稳态情况下，混凝土喷层结构受到的应力与位移，并分析了影响喷层结构力学特性的因素。

(1) 对于喷层结构而言，受到温度–位移耦合的荷载时，径向压应力为 0.46～4.36MPa，拱腰环向压应力为 34.37MPa。径向压应力远远小于环向压应力。拱腰处受到的环向压应力和径向压应力比拱顶和拱底处受到的压应力要大，故在预防喷层结构的裂缝问题时，需要注意拱腰部位。此时拱腰两侧受到的压应力过大，会使得两侧喷层向中间挤压，拱顶的部位也会产生受压而破坏。因此，承载力分析与破坏分析的重点可放在环向应力上。

(2) 喷层结构的径向位移范围最大值为 2.1mm，环向位移最大值为 0.95mm，均未超过埋深为 300m 的极限位移值。

(3) 线膨胀系数与喷层承受的应力值成正比，线膨胀系数与喷层结构的位移值成反比，就应力值而言，线膨胀系数从 8×10^{-6}°C^{-1} 降到 4×10^{-6}°C^{-1} 时，喷层承受的最大应力值从 34.90MPa 降到了 33.49MPa。因此，在喷层结构选择混凝土材料时，可以挑选线膨胀系数比较小的。

(4) 地应力水平侧压力系数与喷层承受的应力值成正比，地应力水平侧压力系数与喷层结构的位移值成反比，水平侧压力系数增大，喷层承受的最大应力值从 30.06MPa 增加到 34.33MPa。因此，当围岩的地应力水平侧压力系数过大时，需要注意压裂缝的产生。

(5) 喷层结构厚度与喷层承受的应力值成反比，喷层结构厚度与喷层结构的位移值成正比，就喷层受到的应力值而言，随着喷层厚度的增加，喷层环向应力的最大值从 38.31MPa 减小到 31.23MPa。因此，喷层厚度对喷层承受的应力值影响较大，在工程经济合理的情况下，适当地增加喷层厚度可以减少喷层产生裂缝的可能性。

参 考 文 献

[1] ROSE D. Steel fibre reinforced shotcrete for tunnlels linings[J]. Tunnels and Tunnelling, 1986,18(5): 39-44.

[2] 王红喜, 陈友治, 丁庆军. 喷射混凝土的现状与发展 [J]. 岩土工程技术, 2004, 18(1): 51-54.

[3] 程良奎. 喷射混凝土 (一)——喷射混凝土的最新发展与施工工艺 [J]. 工艺建筑, 1986,(1): 49-56.

[4] POAD M E, SERBOUSEK M O.The engineering characteristics of shotcrete[J]. North American Rapid Excavation and Tunneling Conference, 1972, (6): 573-591.

[5] 庞建勇, 徐道富. 聚丙烯纤维混凝土喷层支护技术及其在顾桥矿区的应用 [J]. 岩石力学与工程学报, 2007, 26(5): 1073-1077.

[6] 姚传勤, 庞建勇. 新型混凝土喷层试验研究及工程应用 [J]. 合肥工业大学学报 (自然科学版), 2008, 31(9): 1513-1516.

[7] 徐磊, 庞建勇, 张金松, 等. 聚丙烯纤维混凝土喷层支护技术研究与应用 [J]. 地下空间与工程学报, 2014,10(1): 150-155.

[8] 武道永, 马守龙. 新型混凝土喷层在软岩巷道中的适用性研究 [J]. 建井技术, 2007, (2): 32-34, 23.

[9] 杜国平, 刘新荣, 祝云华, 等. 隧道钢纤维喷射混凝土性能试验及其工程应用 [J]. 岩石力学与工程学报, 2008, 27(7): 1448-1454.

[10] 付成华, 周洪波, 陈胜宏. 混凝土喷层支护节理岩体等效力学模型及其应用 [J]. 岩土力学, 2009,30(7): 1967-1973.

[11] 雷金波, 姜弘道, 郭兰波. 钢筋网壳喷层结构内力的简化计算 [J]. 建井技术, 2004(4): 27-32.

[12] 史玲. 地下工程中喷层支护机理研究进展 [J]. 地下空间与工程学报, 2011,7(4): 759-763.

[13] 轩敏辉. 雁口山隧道浅埋地段初期支护混凝土喷层厚度参数研究 [J]. 价值工程, 2016,35(27): 79-82.

[14] 徐芝纶. 弹性力学简明教程 [M]. 北京: 高等教育出版社, 1980.

[15] 郑颖人, 朱合华, 方正昌, 等. 地下工程围岩稳定分析与设计理论 [M]. 北京: 人民交通出版社发行部, 2012.

[16] 吴家龙. 弹性力学 [M]. 北京: 高等教育出版社, 2001.

[17] 朱振烈. 布仑口高温隧洞围岩与支护结构的温度应力数值仿真研究 [D]. 西安: 西安理工大学, 2013.

[18] 宿辉, 康率举, 屈春来, 等. 基于均匀设计的高地温隧洞衬砌混凝土抗压强度影响规律研究 [J]. 水利水电技术, 2017, 48(7): 49-53.

[19] 朱永全, 张素敏, 景诗庭. 铁路隧道初期支护极限位移的意义及确定 [J]. 岩石力学与工程学报, 2005, 24(9): 1594-1598.

[20] 张梦婷, 姜海波. 高地温水工隧洞围岩喷层结构承载特性研究 [J]. 水利水电技术, 2020, 51(2): 113-121.

[21] 张梦婷. 高地温引水隧洞喷层结构受力特性及裂缝成因分析 [D]. 石河子: 石河子大学, 2020.

第 11 章 高地温水工隧洞喷层结构施工期等效龄期强度分析

11.1 概 述

喷层结构属于混凝土结构，混凝土龄期是反映自身硬化程度的指标，通常直接将混凝土强度与龄期对应来实现龄期等效。等效龄期法主要应用于实际温度历程下混凝土的抗压强度预测。众多学者的研究也可以证明在计算混凝土温度应力时考虑等效龄期会更加准确 [1−12]。

喷射混凝土在初始支护系统中占据重要位置，喷射混凝土是施作之后便和围岩一起共同承受围岩荷载的支护结构，必须在隧道开挖到一定程度时为了限制围岩稳定立即施加。喷射混凝土是一种龄期类材料，在喷射混凝土施作完成后，需要几十天的时间才能使其强度和弹性模量增长到我们需要的强度。在隧道支护结构设计时，必须将喷射混凝土硬化特性考虑在内。喷射混凝土的强度和弹性模量随时间变化这一特性对于初期支护体系的支护效果有重要的影响。随着喷射混凝土龄期的变化，喷射混凝土在强度和刚度等方面会显著地提高。本章将使用有限元软件模拟出考虑水泥水化热作用下，喷层结构等效龄期的瞬态耦合应力，评价高地温水工隧洞喷层结构等效龄期强度变化规律。

第 10 章从温度–位移耦合模式，从应力及位移的角度分析了喷层结构的力学特性及其影响因素，本章重点研究钢纤维混凝土材料在整个喷射历程中，在水泥水化热及高地温综合的温度作用下，喷层受到的瞬态应力与应变。从等效龄期的角度研究喷层受力过程中是否有开裂的可能性，最后与现场实测应力比较，得出水泥水化热对裂缝开展的影响。

11.2 等效龄期的概念

当混凝土的原材料、配合比、湿度均确定时，对其影响最大的就是温度与龄期。混凝土温度与龄期的关系最早出现在 1951 年的 Saul 准则 [13] 中，Saul 通过大量的实验数据，提出混凝土成熟度的概念，只要混凝土成熟度相等，无论温度历程怎么变化，其相关的强度最终都相等。可表示为

$$M(t)=\sum_{0}^{t}(T-T_0)\Delta t \tag{11.1}$$

根据以上分析，可以转化不同养护温度下的混凝土龄期为相同成熟度下的等效龄期，公式如下：

$$t_e=\frac{\sum(T-T_0)\Delta t}{T_r-T_0} \tag{11.2}$$

式中，T 为混凝土在 Δt 内养护的平均温度，单位为 ℃；T_0 为混凝土硬化起始温度，单位为 ℃，一般取 -10℃；T_r 为混凝土的参考温度，单位为 ℃，一般取标准养护条件下的 20℃。

但是此时尚未考虑混凝土的水化热，混凝土的硬化主要依靠水泥的水化，水化热也会放出较大的热量，而水泥的水化会随着温度的升高而加快。因此，混凝土水化放热也能产生较大的温度应力，造成混凝土破坏，水化放热不能忽视，水化反应速率服从 Arrhenius 函数 [14]，这个函数的表达式为

$$k(T)=A\mathrm{e}^{\frac{E_\alpha}{RT}} \tag{11.3}$$

式中，$k(T)$ 为水化反应速率；A 为气体常数，一般取 8.314J/(mol·℃)；R 为常系数，不同材料取值不一样；T 为混凝土的绝对温度；E_α 为混凝土的活化能，J/mol。

为了推导混凝土的活化能 E_α。Hansen 和 Pedersen 使用了不同养护温度下的水化热试验，得出如下所示的 FHP 活化能计算模型：

$$E_\alpha=\begin{cases}33500 & T_c\geqslant 20℃\\ 33500+1470(20-T_c) & T_c<20℃\end{cases} \tag{11.4}$$

在推导出不同养护温度下的混凝土活化能之后。Hansen 等 [15] 推导了基于 Arrhenius 函数的积分形式的等效龄期表达式：

$$t_e=\int_0^t \exp\left[\frac{E_\alpha}{R}\left(\frac{1}{273+T_r}-\frac{1}{273+T}\right)\right]\mathrm{d}t \tag{11.5}$$

式 (11.5) 就是基于水泥水化热的等效龄期公式，该公式更加准确地计算出受到自身水化热之后混凝土的等效龄期。

文献 [16] 推导出等效龄期的函数，表达出混凝土的基本力学性能 (抗压强度、劈拉强度、弹性模量等) 的发展公式：

$$X\left(t_e\right)=X_{\mathrm{inf}}\frac{K\left(t_e-t_0\right)}{1+K\left(t_e-t_0\right)} \tag{11.6}$$

式中，$X\left(t_e\right)$ 为混凝土在等效龄期为 t_e 时的力学性能；X_{inf} 为混凝土的最终力学性能；t_0 为混凝土力学性能开始发展的时刻。

11.3 高地温水工隧洞喷层结构施工期等效龄期强度数值模拟

基于本章建立的等效龄期方法，通过有限元软件，建立了新疆某高地温引水隧洞的数值模型，并对混凝土喷层的瞬态应力、应变与开裂风险进行了分析。使用有限元软件对喷层结构进行温度–位移耦合的瞬态分析，得出高地温情况下喷层结构从施工开始时的温度场、应力场和应变场的变化。先通过混凝土水化热放热曲线设置几个热传递分析步，模拟喷层温度场的变化，再把所得的结果代入应力场中，应力场设置与等效龄期场变量等数的静力分析步，分析出喷层的应力与破损情况，感兴趣的读者可参考文献 [17]。

11.3.1 有限元数值模型及其材料参数

为了全面分析温度变化对喷层应力的影响，本数值计算模型使用 ABAQUS 软件建立三维瞬态模型，在模型计算分析中嵌入现场实测的温度数据，可得出高地温引水隧洞围岩喷层结构随着时间变化的温度场、应力场与应变场的分布云图，更全面了解围岩温度的变化及混凝土水化热的变化。其最终的应力数值与应变数值与现场实测资料做对比，验证该模型的可靠程度。有限元整体数值模型网格划分如图 11.1 所示，喷层结构网格划分如图 11.2 所示。

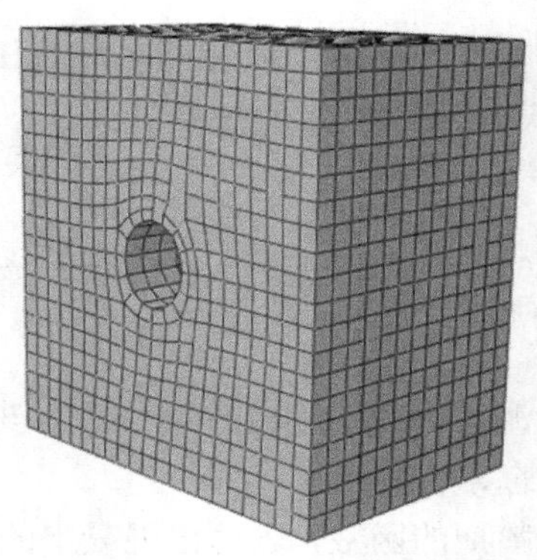

图 11.1 有限元整体数值模型网格划分

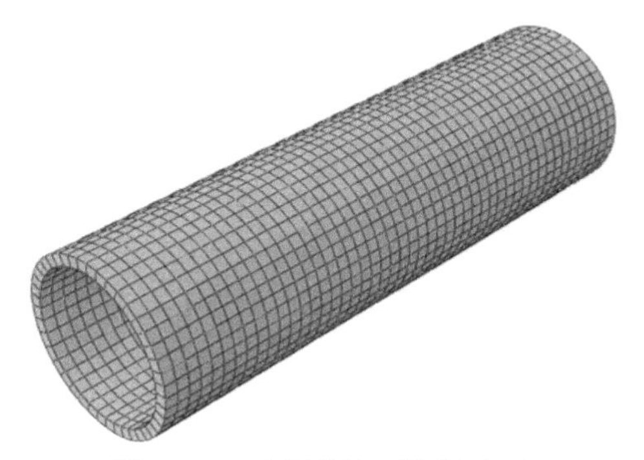

图 11.2　喷层结构网格划分图

模型取自新疆某高地温引水隧洞，设埋深为 280m，喷层的开挖直径为 3m，喷层厚 0.15m，围岩为 Ⅲ 类围岩，喷层采用钢纤维混凝土，围岩和喷层的热力学参数见表 11.1。由于高地温引水隧洞，围岩极值温度取 80℃，喷层的温度根据文献得到，喷层混凝土施工后的温度变化根据实测数据分析，可分析得出混凝土在施工后的 18h 时达到了温度的最大值 76.2℃，之后开始下降，在距离施工后 140h 时基本平稳于 27℃。把温度变化曲线上的关键点截取下来，代入数值模拟中，模拟喷层结构前 21 天的温度历程，得到喷层的应力，分析其开裂的可能性。

表 11.1　热力学参数

材料	容重/(kN·m^{-3})	弹性模量/GPa	泊松比	线膨胀系数/10^{-6}℃$^{-1}$	导热系数/[W/(m·℃)]
C30 钢纤维混凝土	23.47	230	0.16	5.01	11
Ⅲ 类围岩	26.53	6.81	0.25	6.90	8.40

模拟过程中，采用两次瞬时分析步进行模拟。第一次模拟模型的瞬时温度场，先建立关键点的瞬时热传递分析步，把对应每个分析步时间点的混凝土水泥水化热温度代入喷层结构的温度中，并把现场实测的围岩温度代入围岩的温度中，得到前 21 天的温度历程。第二次模拟使用同样的模型，在材料属性中对混凝土的材料属性中的弹性模量中设立 1 个场变量，并设立 7 个场，7 个场中的弹性模量各不相同，此时建立地应力分析步，再建立 7 个瞬时应力分析步，并在 inp 文件中设置语句，使得场变量和分析步能对应上，在荷载分析步中，对模型建立上部均布荷载，施加自重和地应力，并在预定义温度中，将第一次模拟的温度场代入，完成温度应力耦合过程，得到最终的瞬时应力结果。

11.3.2　喷层的温度历程

图 11.3 所示是施工后 1h、1 天、7 天、21 天时温度的数值模拟结果。四个时间段的围岩温度几乎都为 80℃，但是靠近喷层的围岩温度与范围大小各有不同。

喷层温度的数值和上述混凝土温度变化曲线的变化数值较一致，1h 时喷层的温度稳定在 37℃，围岩与喷层中间有薄薄一层的围岩处于 37~80℃，围岩温度几乎为 80℃；1 天时喷层的温度最大值为 72.9℃，靠近喷层的围岩温度大概处于 62~75℃，温度影响圈范围较 1h 时明显扩大；7 天时喷层的温度为 36.1℃，靠近喷层的围岩温度大概处于 47~63℃；21 天时喷层的温度为 26.2℃，温度影响圈范围扩大为 3m 左右，温度自喷层向围岩慢慢升高。

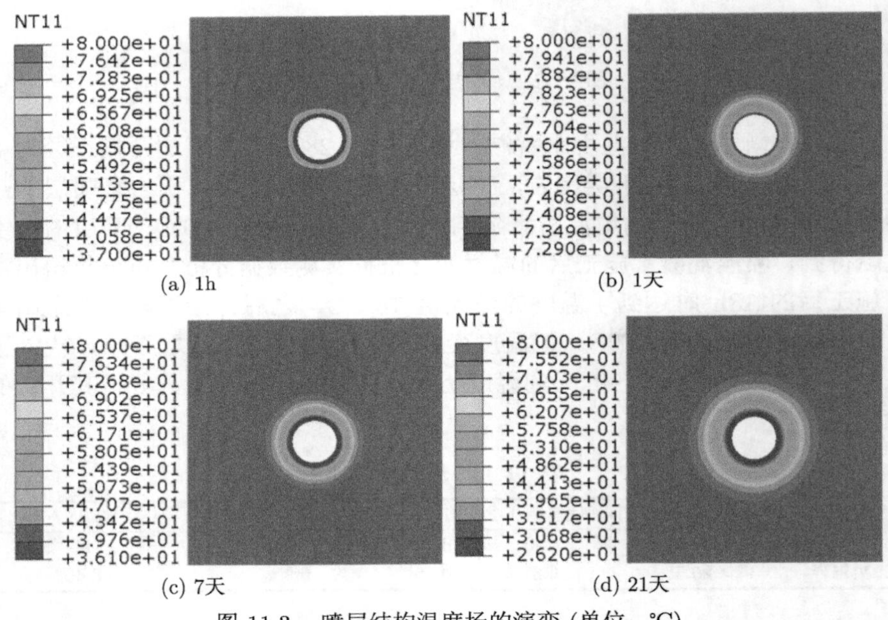

图 11.3 喷层结构温度场的演变 (单位：℃)

11.3.3 喷层结构的应力分析

分别截取施工后 1h、1 天、7 天、21 天的应力云图，如图 11.4 所示。当喷层施工 1h 时，喷层结构承受的径向应力最大值为 0.054MPa；经过 1 天龄期的增长，此时混凝土水泥水化热的放热温度达到最大值，喷层结构承受的径向应力最大值变为 0.42MPa；经过 7 天的增长，喷层结构径向应力的最大值增长到 1.07MPa；但是在接下来的 14 天后，喷层结构承受的径向应力降低到 0.74MPa，这是因为经过了 21 天的降温，温度逐渐平稳且较低了，此时的温度应力减小了，所以整体的径向应力也减小。

分析图 11.5 可得，对于环向应力场而言，同样截取施工后 1h、1 天、7 天、21 天的应力云图，当喷层施工 1h 时，喷层结构承受的环向应力最大值为 0.30MPa；经

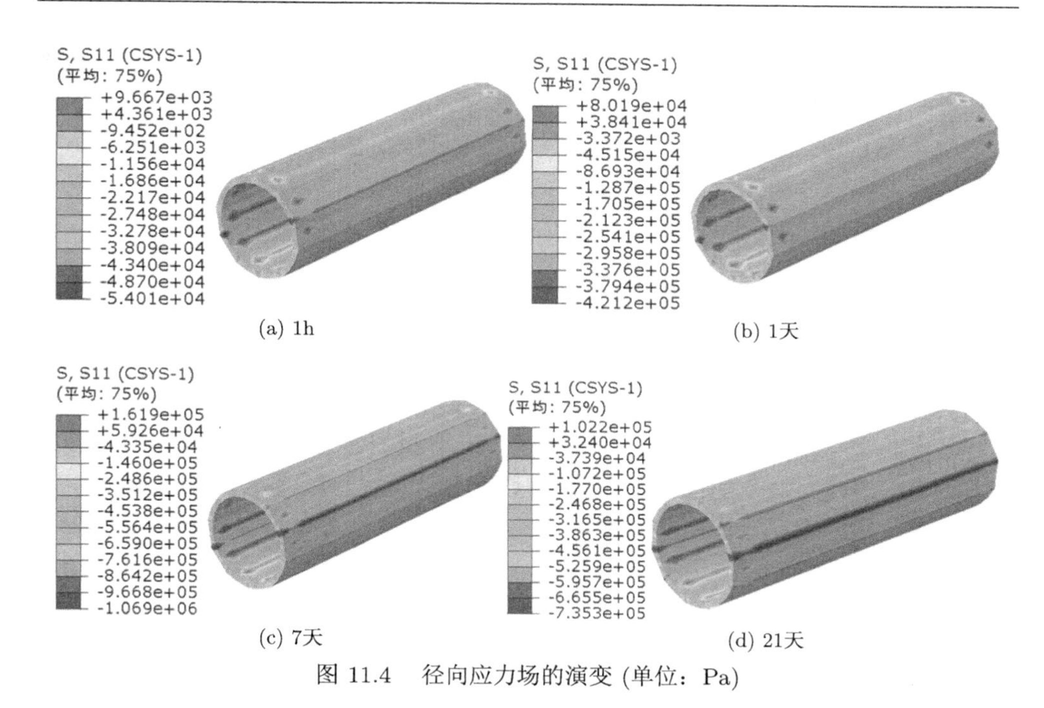

(a) 1h　(b) 1天

(c) 7天　(d) 21天

图 11.4　径向应力场的演变 (单位：Pa)

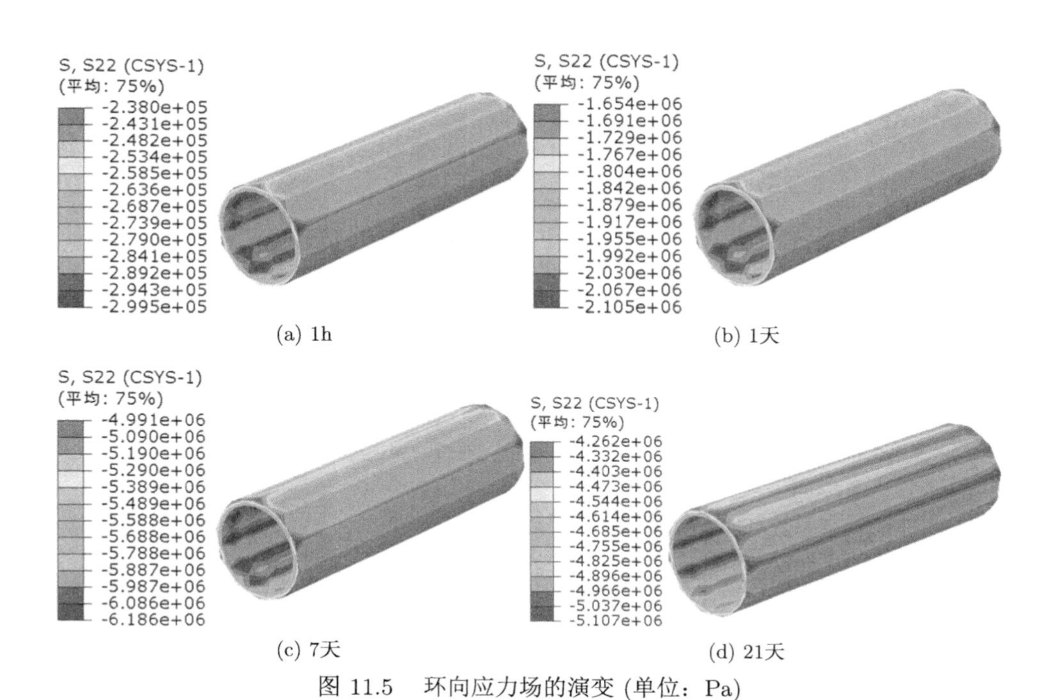

(a) 1h　(b) 1天

(c) 7天　(d) 21天

图 11.5　环向应力场的演变 (单位：Pa)

过 1 天龄期的增长，且此时混凝土水泥水化热的放热温度达到最大值，喷层结构承受的环向应力最大值变为 2.11MPa；经过 7 天的增长，喷层结构径向应力的最大值增长到 6.19MPa；从第 7 天开始到第 21 天开始，由于温度降低到平稳期，环向应力开始降低，环向应力的最大值降低为 5.11MPa。

11.3.4 喷层结构的应变分析

应变是用来度量物体变形程度的量。分析图 11.6 可得，第 1 个小时，喷层结构的最大径向应变值为 3.70×10^{-4}；在第 1 天时由于温度的剧烈变化，喷层结构的径向应变值增大到了 5.92×10^{-4}；此后，在第 7 天时，由于水泥水化热的温度减小，喷层的应变径向最大值减小到了 1.49×10^{-4}；在第 21 天时，水泥水化热温度几乎降到了室温，此时喷层的径向应变最大值减小到了 7.77×10^{-5}。总结规律可以看出，温度对应变的影响比较大，温度变化越剧烈时，应变值越大，温度开始下降时，径向应变数值也在下降。

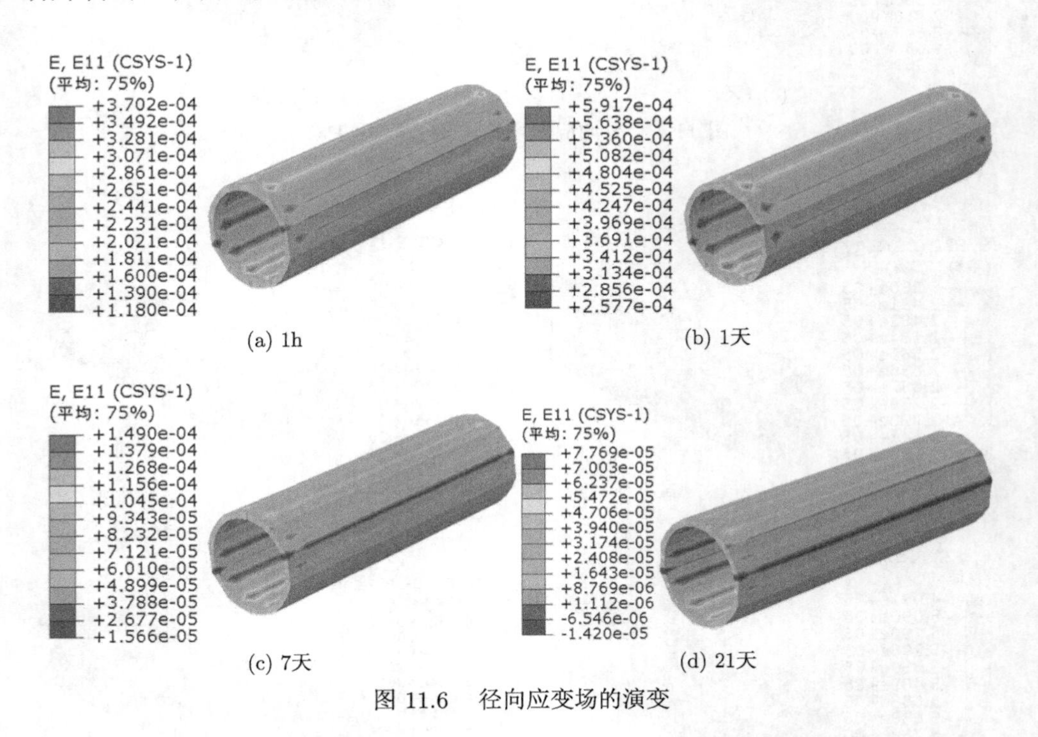

(a) 1h (b) 1天

(c) 7天 (d) 21天

图 11.6 径向应变场的演变

分析图 11.7 可得，第 1 个小时，喷层结构的最大环向应变值为 8.265×10^{-4}；在第 1 天时，喷层结构的环向应变值减小到了 8.222×10^{-4}；此后，在第 7 天时，由于水泥水化热的温度减小，喷层的环向应变最大值减小到了 5.931×10^{-4}；在第 21 天时，水泥水化热温度几乎降到了室温，此时喷层的环向应变最大值减小到了

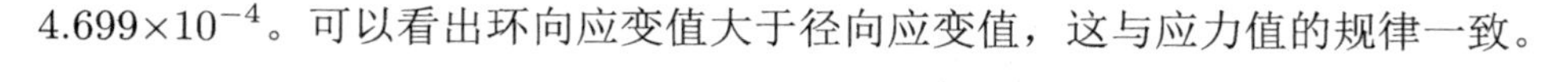

4.699×10^{-4}。可以看出环向应变值大于径向应变值，这与应力值的规律一致。

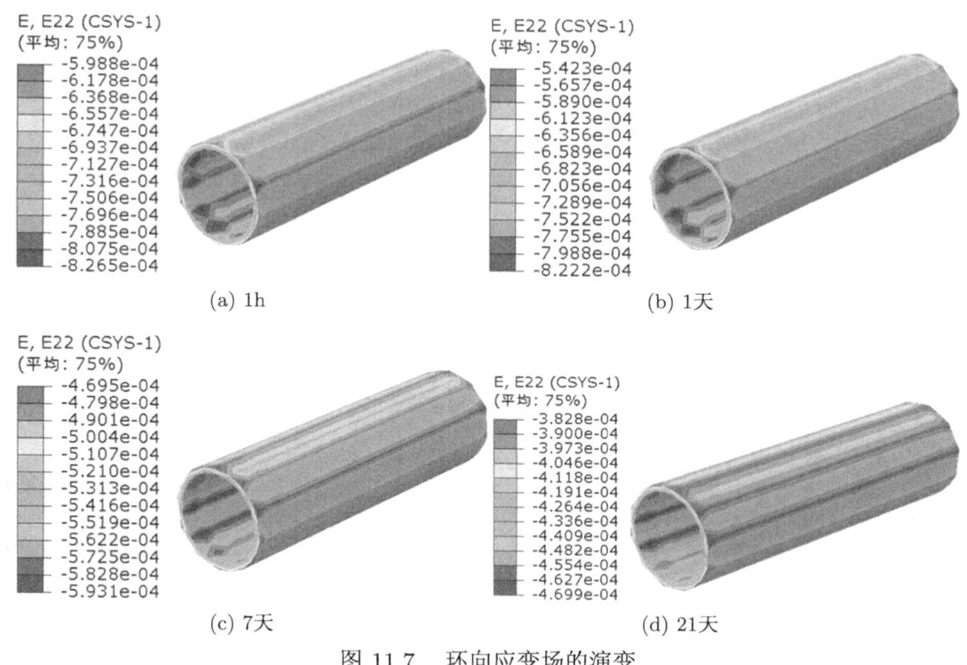

(a) 1h　(b) 1天　(c) 7天　(d) 21天

图 11.7　环向应变场的演变

11.3.5　与实测数据对比分析

将本章的应力场与应变场与现场实测数据对比，可发现以下规律：径向应变与环向应变在实测数据与数值模拟的最终数值均为压应变。环向应力的数值大于径向应力的数值，且都为压应力。在实测数据中，截取第 21 天时的应力与应变，钢纤维混凝土喷层的径向应力在 21 天的增长之后，增长到 0.12MPa，环向应力为 1.4MPa；数值模拟的钢纤维混凝土喷层在经过 21 天的增长之后，径向应力为 0.7MPa，环向应力为 5.1MPa。模拟数值比实测数据而言偏大。推测是由于温度的预测有偏差，以及围岩参数与实际的误差。但是最终的结果均未超过混凝土的抗压强度。

11.4　本 章 小 结

结合现场实测的温度场数据，使用有限元软件进行三维温度–位移耦合模拟，得到随着龄期增长的应力场与位移场，截取了比较有代表性的 1h、1 天、7 天、21 天的数据进行分析，结论如下：

(1) 喷层结构的径向应力与环向应力随着水泥水化热的热量变化，随着龄期先增长后减小。其中，径向应力的 21 天最终值为 0.7MPa，环向应力为 5.1MPa，均未超过 C30 混凝土的抗压强度。但是考虑到运行期，水温较低，会对喷层结构产生拉应力，如果超过喷层结构的抗拉强度，则会产生拉裂缝，也有可能和压应力一起组合成更为复杂的破坏，使混凝土直接脱落碎块。

(2) 喷层结构的径向应变与环向应变随着龄期增长，混凝土喷层的弹性模量也在增长，应变数值在缓慢地减小。温度对应力和应变的影响很显著，当水泥水化热温度达到最大点的时候，径向应力与环向应力值都明显地达到了最大值。

参考文献

[1] 苏培芳, 翁永红, 陈尚法, 等. 基于等效龄期的混凝土温度应力分析 [J]. 地下空间与工程学报, 2013, 9(S1): 1520-1525.

[2] 田野, 金贤玉, 金南国. 基于水泥水化动力学和等效龄期法的混凝土温度开裂分析 [J]. 水利学报, 2012, 43(S1): 179-186.

[3] 江生. 基于等效龄期的碾压混凝土重力坝温度应力场数值分析 [D]. 杭州: 浙江大学, 2014.

[4] 赵志方, 章斌, 李超. 超高掺粉煤灰混凝土早龄期自生收缩研究 [J]. 浙江工业大学学报, 2019, 47(5): 548-552.

[5] 金贤玉, 田野, 金南国. 混凝土早龄期性能与裂缝控制 [J]. 建筑结构学报, 2010, 31(6): 204-212.

[6] 卢春鹏, 刘杏红, 赵志方, 等. 热膨胀系数时变性对混凝土温度应力仿真影响 [J]. 浙江大学学报 (工学版), 2019,53(2): 284-291.

[7] 孙建渊, 谢津宝. 基于等效龄期的钢管拱内混凝土硬化过程热应力 [J]. 同济大学学报 (自然科学版), 2019, 47(6): 755-763.

[8] 王甲春, 阎培渝. 温度历程对早龄期混凝土抗压强度的影响 [J]. 西北农林科技大学学报 (自然科学版), 2014, 42(7): 228-234.

[9] 黄杰, 赵林, 夏云, 等. 水泥浆等效龄期与早期热变形相关性试验研究 [J]. 江苏建筑职业技术学院学报, 2017, 17(3): 1-3, 8.

[10] 王军, 童富果, 郝霜, 等. 基于电阻率法的混凝土龄期等效方法 [J]. 水电能源科学, 2016, 34(6): 143-145, 134.

[11] 祝小靓, 丁建彤, 蔡跃波. 基于等效龄期的抗冲耐磨混凝土力学性能预测 [J]. 人民长江, 2016, 47(23): 97-101.

[12] 张增起, 石梦晓, 王强, 等. 等效龄期法在大体积混凝土性能预测中的准确性 [J]. 清华大学学报 (自然科学版), 2016,56(8): 806-810.

[13] Saul A G A. Principles underlying the steam curing of concrete at atmosphere pressure[J]. Magazine of Concrete Research, 1951, 2(6): 127-140.

[14] Copeland L E, Kantro D L, Verbeck G J. Chemistry of hydration of Portland cement[C]// Proceedings, Forth International Symposium on the Chemistry of Cement, Washington, D C: National Bureau of Standards Monograph, 1960.

[15] Hansen P F, Pedersen E J. Maturity computer for controlled curing and hardening of concrete[J]. Nord Betong, 1977, (1):21-25.

[16] Weiss J. RILEM Report 25:Early Age Cracking in Cementitious Systems[M]. Haifa: Cement and Concrete Composites, 2001.

[17] 张梦婷. 高地温引水隧洞喷层结构受力特性及裂缝成因分析 [D]. 石河子: 石河子大学, 2020.

第 12 章　高地温水工隧洞复合支护结构温度力学特性耦合分析

12.1　概　　述

地下工程中的高温热害不仅对洞室施工具有重大影响，更主要的是高温环境下通风降温措施使围岩温度骤降，围岩内部与洞壁之间的温差会产生较大的附加温度应力，对喷层混凝土、衬砌结构的强度、耐久性及其洞室稳定具有显著影响，严重情况下会使支护结构遭到破坏，导致洞室结构失效。

国内许多学者对高地温环境下围岩变形、支护结构温度分布规律和受力特性进行了研究。例如，刘乃飞等 [1] 采用解析方法研究高地温条件下围岩与支护结构温度分布规律及受力特性。李燕波 [2–5] 通过建立热–固耦合分析模型，研究了高温热害引水隧洞中隔热层对支护结构在运行期的稳定性影响。张梦婷等 [6] 利用理论解析方法和数值模拟对比分析了高地温引水隧洞喷层结构受力特性。朱振烈 [7] 通过数值模拟的方法对高温隧洞支护结构温度及应力进行仿真研究，验证了数值模拟还原现场的可行性。姚显春等 [8] 就新疆某高地温水工隧洞进行现场监测，通过试验数据分析研究隧洞围岩及支护结构温度场。袁培国 [9] 基于高地温隧洞施工实践，从洞内降低环境温度、初期支护措施等关键因素对关键技术的影响进行了探讨。余勇 [10] 就工程实测数据，通过计算监测点的安全系数、结构位移和等效应力对施工期和运行期支护结构的稳定性进行了分析研究。吴根强 [11] 通过模糊评价法选取高地温最优隔热材料，利用数值模拟研究得出高地温铁路隧道最佳隔热方案。宗传捷等 [12] 通过试验对比分析了聚苯乙烯泡沫聚苯板 (EPS 板) 和聚苯乙烯泡沫挤塑板 (XPS 板) 在保温系统中综合性能。宿辉等 [13–15] 通过数值模拟分析研究高地温引水隧洞温度场、喷射混凝土黏结强度及衬砌混凝土抗压强度等支护结构稳定性问题。Tan 等 [16] 针对岩体的温度–渗流耦合特性和围岩导热系数的取值方法等做了系统研究。Sandegren[17] 通过记录铁路隧道中温度变化情况，研究了常用塑料保温层在隧洞中的保温效果。Lai 等 [18] 通过传热理论和渗流理论推导了具有相变的温度场与渗流场耦合问题的控制微分方程。吴彪等 [19] 采用现场实测和数值模拟相结合的方法，研究了温度和隔热层对衬砌受力特性的影响，通过对比分析总结出适合该地区的衬砌结构施工技术。

高地温热害 [20−37] 不仅加大了隧洞开挖难度从而影响了施工工期，还对施工人员的生命安全构成了威胁。温度应力不仅影响着混凝土支护结构的耐久性，还影响着支护结构的稳定性。因此，研究支护结构的力学特性对支护结构的优化设计显得尤为重要，本章通过现场实测和数值模拟研究支护结构在高地温复杂环境下的温度分布规律和力学特性，对支护结构在围岩中的适应性进行评价，通过对比分析择优选取最佳支护方案，为同样存在此问题的工程提供具有参考价值的依据和较为可行的方案。

本章以新疆某水电站引水隧洞为依托,采用现场监测的方法,对高地温引水隧洞复合支护结构中隔热层的选材进行对比分析，其中选取对比的隔热材料为 EPS 板、XPS 板。利用有限元软件对现场监测的实际工程进行仿真数值模拟，通过对比现场监测和数值模拟的成果，分析得出不同隔热材料复合支护结构的温度分布规律及力学特性，并对仿真模拟进行误差分析。

12.2 高地温水工隧洞复合支护结构现场监测

新疆某水电站发电引水隧洞全长 18.6km，开挖断面为圆形，部分 (桩号 2km+688m～6km+799m) 洞段存在高地温问题，初测最高温度为 105℃，后续测量岩体温度普遍在 60～ 80℃，高温洞段埋深为 280m，围岩为云母石英片岩夹有石墨片岩，属于 Ⅲ 类围岩。试验洞洞长 20m，为研究不同支护结构温度和应力分布情况，该试验洞共布设三种支护结构，分别为 5m 的 EPS 支护洞段、5m 的 XPS 支护洞段和 5m 的普通支护洞段。EPS 支护结构由 10cm 厚钢纤维混凝土喷层、10cm 厚 EPS 板和 40cm 厚 C25 混凝土衬砌组成；XPS 支护结构由 10cm 厚钢纤维混凝土喷层、10cm 厚 XPS 板和 40cm 厚 C25 混凝土衬砌组成；普通支护结构由 10cm 厚钢纤维混凝土喷层和 50cm 厚 C25 混凝土衬砌组成。

12.2.1 现场监测试验方案

观测温度时，由于高地温洞室围岩内部温度较高，为了防止高温导致仪器的传热线软化失灵，测量时采用的是特殊处理过的温度探头，在距离洞壁径向 3m、2m、1m、0.2m 处布置 4 组温度测点，相同径向位置的测温点水平距离均为 5m，总共 12 个测温探头，钻孔深度为 3m，孔径 8cm，相对于围岩，洞内温度较低，测量洞内环境温度采用的是温度计和手持式温度仪，监测范围为整个试验洞。支护结构内部温度测量主要是测量衬砌温度。每一种支护结构中布设测温探头的总数均为 4 个，浇筑时，在衬砌中间布设一个测温探头，对于无隔热层 (普通) 支护结构，其余两个探头分别在喷层与衬砌之间和衬砌表层。对于设有隔热层的支护结构，两个探头分别在隔热层与衬砌之间和衬砌表层。

应力观测试验主要是测试衬砌内部的受力性态。针对 3 种支护结构，共布设 6 组，共计 18 个混凝土应力计，分别为衬砌拱顶中间位置、拱腰两侧衬砌中间处。每两组布设在同一位置，两组相距一定水平距离，其中一组测得的应力数据用作校对成果数据。本次试验主要研究温度对混凝土变形的影响，故在衬砌内部设置了两向式应变计，布设完成后开始进行定期测量。具体试验洞结构及仪器布置见图 12.1。

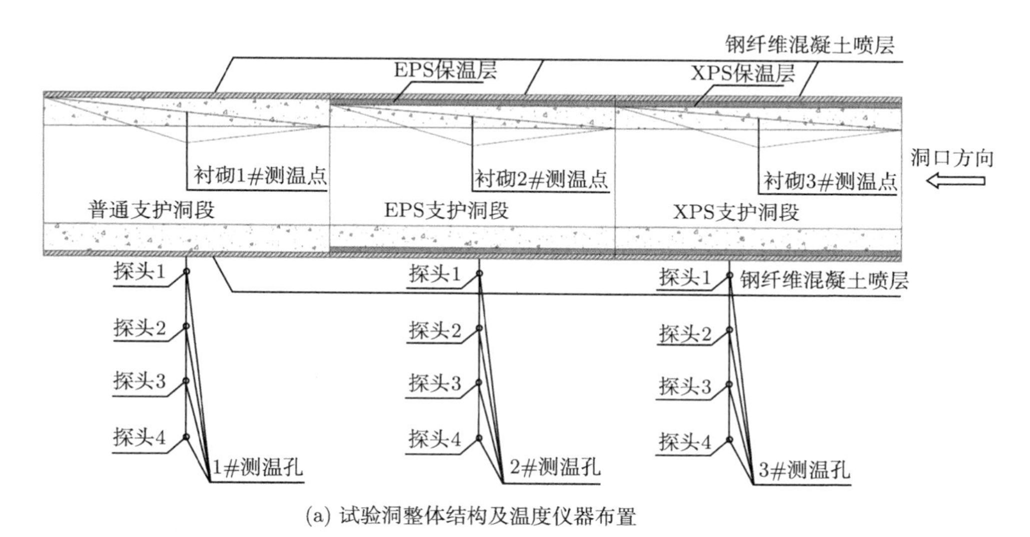

(a) 试验洞整体结构及温度仪器布置

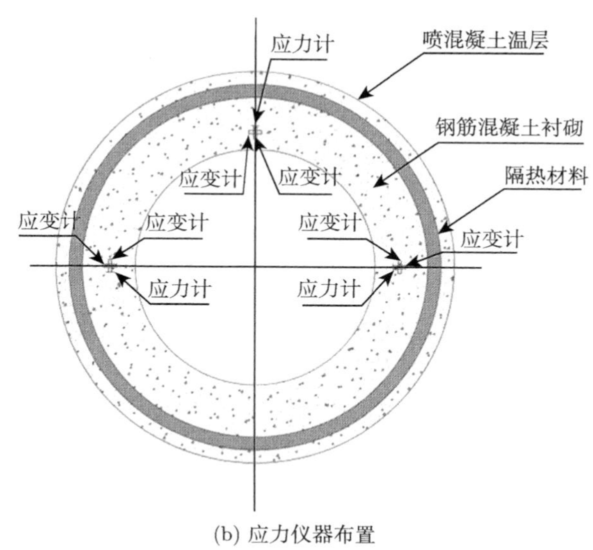

(b) 应力仪器布置

图 12.1　试验洞结构及仪器布置图

12.2.2 现场监测温度成果分析

施工期温度监测时间为三个月，主要观测的是围岩内部温度变化和各支护结构中衬砌内外两侧温度变化，探头 1～ 探头 4 为不同支护洞段的围岩内部测温探头。

1. 施工期围岩温度场分析

通过分析图 12.2～ 图 12.4 可得，不同支护结构作用下围岩温度变化特点如下：施工前期，由于要进行试验洞测温孔施工，需要在试验洞进行通风，因此围岩内部温度下降幅度较大；在第 5 天，施作了隔热材料，围岩温度回升并且之后围岩温度没有明显下降趋势；在第 20 天，由于浇筑混凝土施工，各洞段围岩温度均有明显上

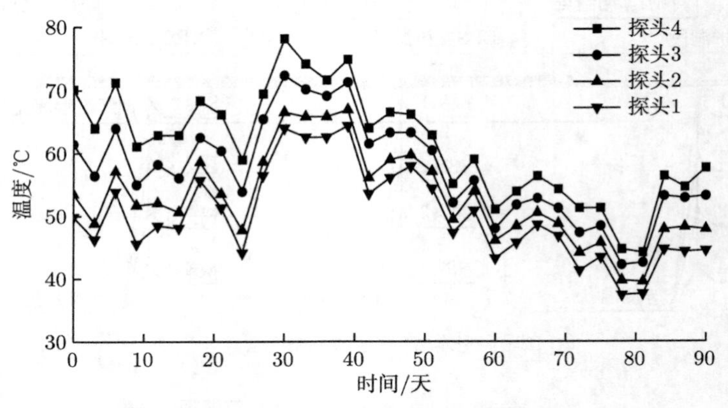

图 12.2 EPS 复合支护洞段围岩温度变化图

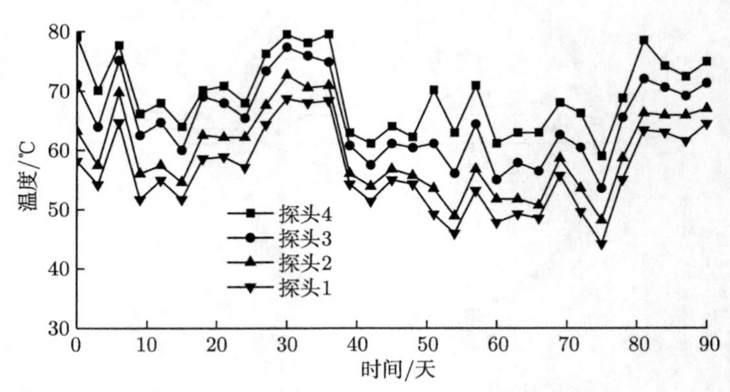

图 12.3 XPS 复合支护洞段围岩温度变化图

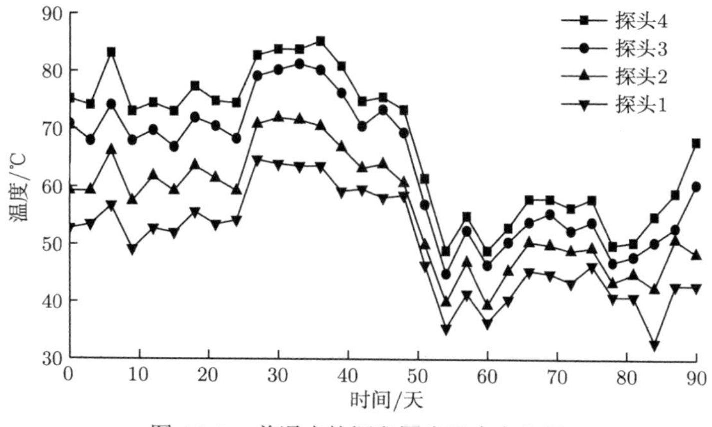

图 12.4　普通支护洞段围岩温度变化图

升，浇筑混凝土施工完成后，持续通风导致围岩温度开始呈下降趋势，直至过水。由于水体进入压缩洞内空气使围岩气密性优于之前，围岩深处热量难以传递，导致围岩内部温度出现短期的上升。

2. 复合衬砌结构温度场分析

通过分析图 12.5～ 图 12.7 可得不同支护结构中二次衬砌温度变化特点如下：EPS 复合衬砌内、外侧温度分别在 35℃ 和 40℃ 上下波动，波动幅度均为 3℃，内外侧温差在 5℃ 上下波动，幅度小，最高温差 8℃，最低温差 1℃；XPS 复合衬砌内、外侧温度分别在 35℃(大部分在 35℃ 以上) 和 43℃ 上下波动，温差在

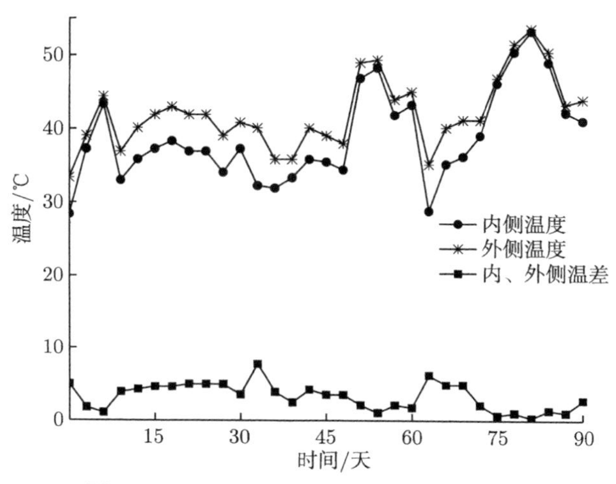

图 12.5　EPS 复合衬砌内外侧温度变化图

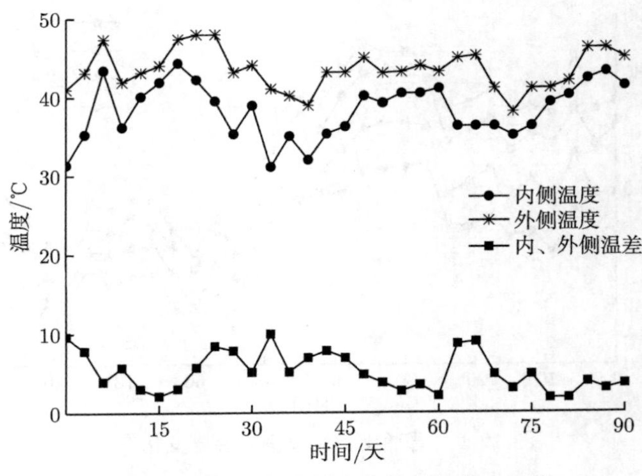

图 12.6　XPS 复合衬砌内外侧温度变化图

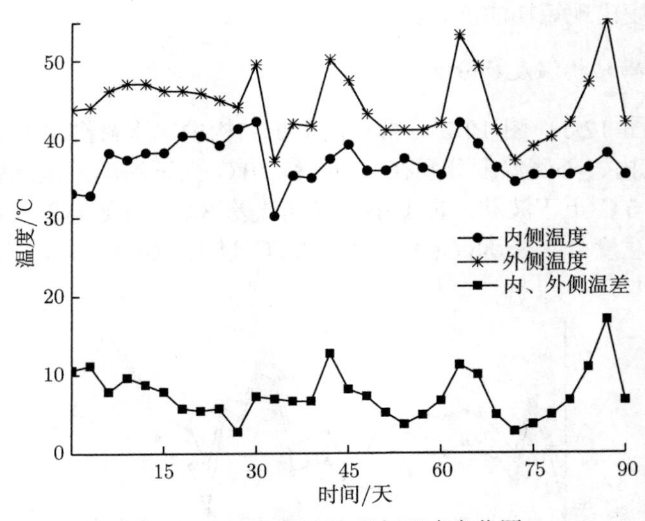

图 12.7　普通衬砌内外侧温度变化图

8℃ 上下波动，其波动幅度相比 EPS 复合衬砌较大，最高温差 10℃，最低温差 2℃；普通衬砌内、外侧温度分别在 40℃ 和 45℃ 上下波动，波动幅度均为 5℃。温差在 10℃ 上下波动，波动幅度最大，最高温差 15℃，最低温差 3℃。

通过分析现场监测温度成果得出：在施作隔热材料后，围岩温度无明显下降，浇筑混凝土时，由于材料的保温隔热能力有限，围岩温度明显上升，但相对于没有隔热材料的洞段，有隔热材料下的围岩温度上升幅度较小，说明隔热材料在施工期起到了很好的保温作用和隔热作用；EPS 复合衬砌温差最小，大小约为 5°C，说明 EPS 板隔热性能最优。

12.2.3　现场监测应力成果分析

表 12.1 为施工期不同复合衬砌拱腰、拱顶的最大环向应力、最大径向应力现场监测数据表。从表中可以看出，三种衬砌的环向应力均处于压应力状态，EPS 复合衬砌最大环向应力在拱顶处，大小为 0.46MPa，最大径向应力在拱腰处，大小为 0.12MPa；XPS 复合衬砌最大环向应力在拱腰处，大小为 0.66MPa，最大径向应力在拱腰处，大小为 0.49MPa；普通衬砌最大环向应力在拱腰处，大小为 0.84MPa，最大径向应力在拱腰处，大小为 0.97MPa；在测量过程中，三种衬砌的径向应力波动较大，XPS 自身的强度较低且隔热性能相对较差，导致 XPS 复合衬砌径向应力波动较大。另外，在第一次过水时，EPS、XPS 复合衬砌的应力计部分失效。

表 12.1　施工期不同复合衬砌拱腰、拱顶的最大环向应力、最大径向应力现场监测数据表

衬砌结构	拱腰		拱顶
	最大环向应力/MPa	最大径向应力/MPa	最大环向应力/MPa
EPS 复合衬砌	−0.33	−0.12	−0.46
XPS 复合衬砌	−0.66	−0.49	−0.58
普通衬砌	−0.84	−0.97	−0.79

通过现场应力成果分析，对比分析有无隔热层复合衬砌的受力特性得出，支护结构的隔热能力对衬砌的受力会造成一定影响，同时隔热材料的自身强度也会影响支护结构的稳定性；对比两种复合支护结构中衬砌的受力特性得出，EPS、XPS 的隔热能力有限，在突变温度较大时 EPS、XPS 会遭到破坏，所以隔热材料只在过水前表现出良好的保温隔热效果；对比两种复合衬砌应力数据，EPS 复合最大环向应力、最大径向应力均小于 XPS 复合衬砌结构，说明 EPS 复合衬砌结构比 XPS 复合衬砌结构稳定。

12.3　高地温水工隧洞复合支护结构温度–应力耦合数值模拟

12.3.1　数值模拟基础理论

本节将采用 ABAQUS 有限元软件对高地温引水隧洞的温度场及应力场进行数值模拟。在数值模拟过程中，通用分析模块的选取、几何模型的建立、计算模型的选取、模型边界条件的确定、研究对象的材料属性参数和应力–应变关系的选取，以及初始地应力平衡和屈服准则的选择等都会影响整个模型的仿真模拟结果，模型的失真性较高会影响与现场监测数据的对比。在遵循 ABAQUS 有限元软件基本操作顺序前提下，本节就上述问题进行一系列较为详尽的阐述。

1. 设计模型选取

目前，在设计隧洞的结构体系时，主要采用两类计算模型。

(1) 荷载–结构模型。

该模型又称为传统结构力学模型。主要是将围岩和支护结构分开考虑，支护为载体，围岩作为荷载来源和支撑支护的弹性体。这一类计算模型适用于围岩过分变形发生松动或坍塌，支护承载其压力。这个模型概念清晰，计算简便。

(2) 地层–结构模型。

地层–结构模型主要适用于隧道喷锚和复合式衬砌的计算分析。在隧洞开挖过程中，如果围岩自身承载力较好，就可以采用喷锚初期支护和复合衬砌永久支护。在该模型中可将及时施作的喷锚支护和围岩看成一个整体，即共同受力体系，用二次衬砌强化该体系，从而加强约束围岩变形。根据国内已建成的隧道工程可知，复合支护结构是我国隧洞工程的主流支护结构。

本章研究的是高地温工况下地下洞室复合支护结构体系力学及热力学问题。因此，设计模型采用地层–结构模型。

2. 几何模型建立

由于研究对象是深埋地下洞室支护结构及围岩，根据参考文献 [38] ~ [42] 所给定模型的计算范围，工程地质学中通常取 3~ 5 倍洞径范围作为影响圈边界的计算域，表明洞内温变对围岩内部温度的影响范围半径为 $2.5D\sim 3D$，结合实际工程选取围岩计算范围：上下左右均距离隧洞 5 倍洞径，计算模型整体视为平面应变问题，采用弹塑性本构关系。模型网格具体分布根据不同模型进行详细阐述。

3. 参数选取

模型参数的选取会直接影响模拟结果的准确性，还关系着计算结果是否可以真实反映工程实际。因此，数值模拟中的参数是经过现场试验观测、公式验算和类似工程经验参数对比验证后在合理的范围内取值的。参数是以相关文献 [42] 和 [43] 中各参数的选取范围为标准范围，对现场实测资料中的各参数进行判断，符合标准后进行取值。隧洞物理热力学参数取值见表 12.2。

表 12.2　隧洞物理热力学参数

材料	密度 /(kg·m^{-3})	导热系数 /[W/(m·°C)]	弹性模量 /GPa	泊松比	线膨胀系数 /10^{-6}°C^{-1}	黏聚力 /MPa	内摩擦角 /(°)
Ⅲ 类围岩	2653	20	7.50	0.25	5	1.10	42
C25 混凝土	2347	8	28	0.17	8	—	—
钢纤维混凝 (C25)	2551	11	23	0.17	5	—	—
XPS 隔热层	25	0.04	0.01	0.37	9	—	—
EPS 隔热层	20	0.03	0.01	0.30	13	—	—

4. 初始条件及边界条件选取

根据文献 [43] 研究结果表明，距离外部环境边界大于 150m 范围后围岩内部温度不再受外部环境温度影响。由实际工程可知，隧洞覆盖层为 280m，围岩内部实测温度 80°C，故模型外部温度边界为恒温 80°C。洞壁的初始温度参考实际工程中隔热材料前洞壁的实测温度，各试验段不同。衬砌初始温度取常温，即为实测洞内环境温度 35°C。围岩热量需经过空气传递，故取第三类边界条件，结合实际工程取混凝土与空气间强制对流换热系数为 45W/(m^2·°C)。模型内边界为通风边界，通风温度取 35°C。模型中混凝土支护结构不考虑水化热升温问题。模型位移边界条件取上部边界位移自由，底部边界水平和竖向两个方向约束，左右两竖向边界约束水平方向上位移。另外，模型上部边界施加均布荷载。

5. 初始地应力

在隧洞开挖计算过程中，确定初始地应力状态是有限元分析法中的一个重要问题。在 ABAQUS 有限软件中地应力不能直接输入，输入错误值会直接影响到计算精度，一般在没有实测资料的情况下，按自重应力输入。通过 ABAQUS 中常用的 *InitialConditions，type=stress，input=xx.dat 方法，建立一个几何大小相同的模型，设置相同的边界条件及荷载，相同网格划分，在仅考虑围岩自重情况下进行模拟，提取模拟结果中各单元的受力数值，在研究的模型中将其设置为初始状态即可确定初始地应力。

6. 模拟开挖控制生死单元技术

ABAQUS 有限元软件中控制生死单元的方法是在不涉及线性摄动分析的一般分析步中移除单元，移除后的单元对模型的影响会完全消失。这样就可以实现模拟隧洞开挖的整个过程。但在模拟过程中需要注意的是隧洞开挖过程实质是应力释放的过程，其步骤十分复杂，如喷锚、衬砌施工等。在有限元计算中支护结构的施工过程模拟尤为重要，若在激活衬砌单元时移除开挖单元则不符合实际施工顺序；若在移除开挖单元后再激活支护单元，土体应力早已释放完全，支护结构起不到支撑作用，因此需要考虑开挖中的地层损失。采取的方法是在衬砌施工前，将开挖区单元的模量降低，以此来模拟应力释放效应 (软化模量法)。其降低的模量根据现场实测资料取原有模量的 40%。

12.3.2　仿真模拟温度成果分析

本小节以实际工程为背景，利用有限元软件进行数值模拟，洞内直径 $D = 3\text{m}$，普通支护结构模型由 10cm 喷层和 50cm 二次衬砌组成，两种隔热复合支护结构模型由 10cm 喷层、10cm 隔热层及 40cm 二次衬砌组成，整体厚度为 60cm。故结合实际工程选取围岩计算范围，取为 5 倍洞径，计算模型整体大小为 30m×30m。将隧洞视为平面应变问题，采用弹性本构关系。假定围岩、喷层、隔热材料及衬砌材料均为各向同性体。计算模型及有限元模型的网格划分见图 12.8，总共 2048 个单元，2364 个节点，单元类型为四节点热耦合平面应变四边形单元 (CPE4T)。详细的分析可参考文献 [44]。

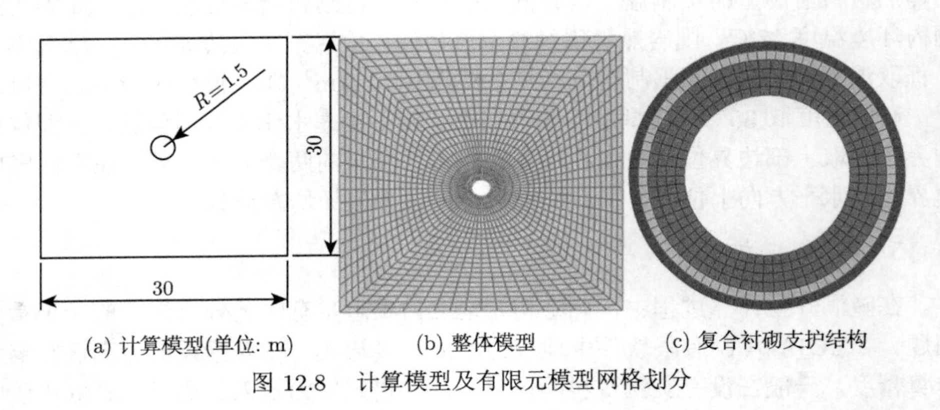

(a) 计算模型(单位: m)　(b) 整体模型　(c) 复合衬砌支护结构

图 12.8　计算模型及有限元模型网格划分

图 12.9 为三种支护结构作用下围岩温度分布云图。从图中可以看出，有无隔热层的支护结构对围岩内部温度的影响较小。

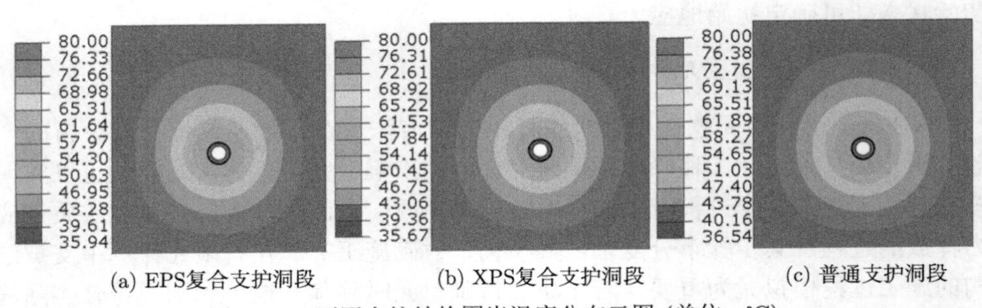

(a) EPS复合支护洞段　(b) XPS复合支护洞段　(c) 普通支护洞段

图 12.9　不同支护结构围岩温度分布云图 (单位：℃)

图 12.10 为不同支护结构的温度分布云图。普通支护结构内、外侧温差为 14.84℃，EPS 复合支护结构内、外侧温差为 16.33℃，XPS 复合支护结构内、外侧温差为 17.87℃。两种复合支护结构的内外侧温差较为接近，普通支护结构温差最小，说明有无隔热层对支护结构的温度分布是有一定影响的。

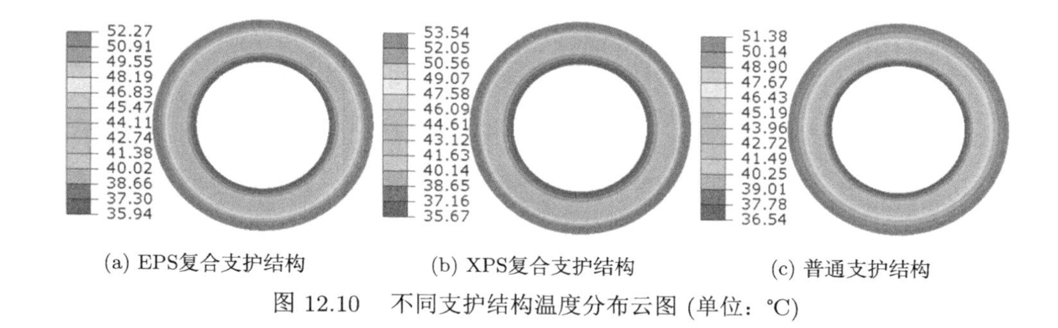

(a) EPS复合支护结构 (b) XPS复合支护结构 (c) 普通支护结构

图 12.10 不同支护结构温度分布云图 (单位：℃)

图 12.11 为 EPS 板、XPS 板温度分布云图。从图中可以看出，EPS 板两侧温差为 5.88℃，XPS 板两侧温差为 3.77℃，EPS 板隔热性能优于 XPS 板。

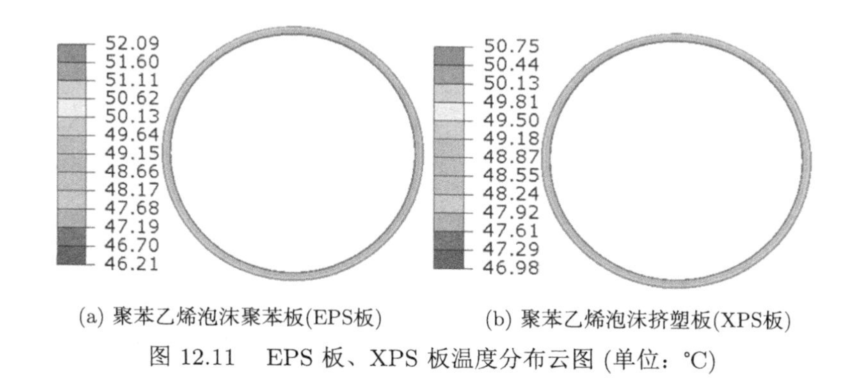

(a) 聚苯乙烯泡沫聚苯板(EPS板) (b) 聚苯乙烯泡沫挤塑板(XPS板)

图 12.11 EPS 板、XPS 板温度分布云图 (单位：℃)

12.3.3 仿真模拟应力成果分析

图 12.12 为各复合衬砌结构升温后径向应力分布图。径向应力分布中，EPS、XPS 复合衬砌中间均出现拉应力，内、外两侧处于压应力状态；普通衬砌处于压应力状态，其大小由内向外逐渐增大。

图 12.13 为各支护结构中衬砌环向应力分布图。EPS、XPS 复合衬砌内侧边墙均受拉，外侧处于压应力状态；普通衬砌全面受压，拱顶和底部压应力较大。

图 12.14、图 12.15 分别为隔热层径向应力、环向应力分布图，从图中可以看出 EPS 板和 XPS 板径向、环向均受压且 EPS 板受压程度小于 XPS 板。

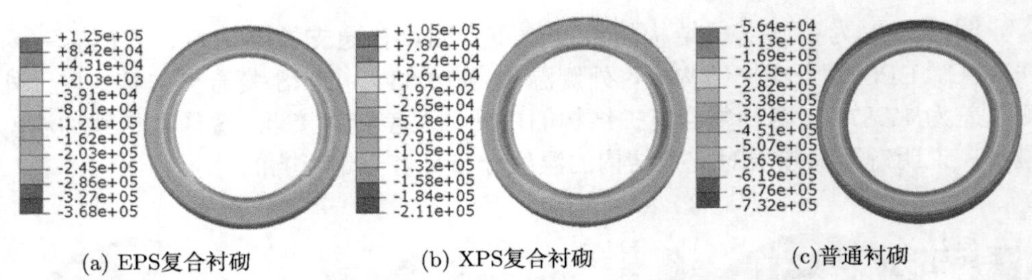

(a) EPS复合衬砌　(b) XPS复合衬砌　(c)普通衬砌

图 12.12　各衬砌升温后径向应力分布图 (单位：Pa)

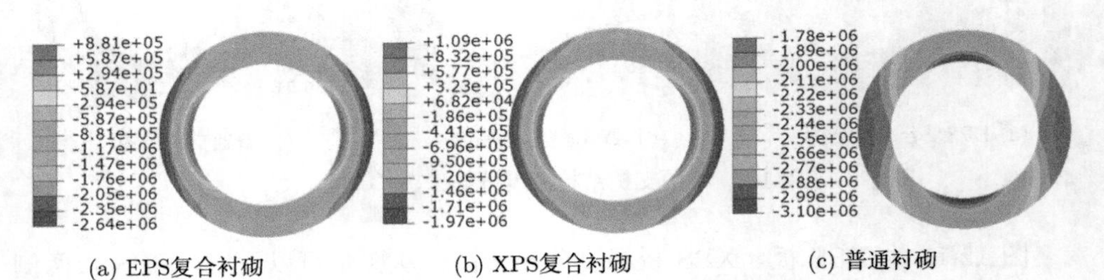

(a) EPS复合衬砌　(b) XPS复合衬砌　(c) 普通衬砌

图 12.13　各衬砌升温后环向应力分布图 (单位：Pa)

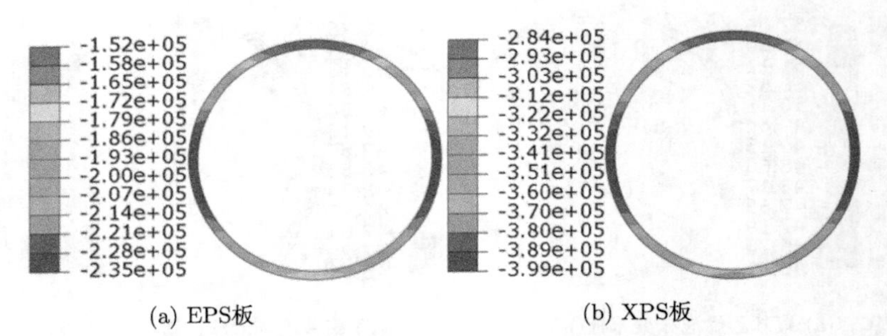

(a) EPS板　(b) XPS板

图 12.14　EPS 板、XPS 板径向应力分布图 (单位：Pa)

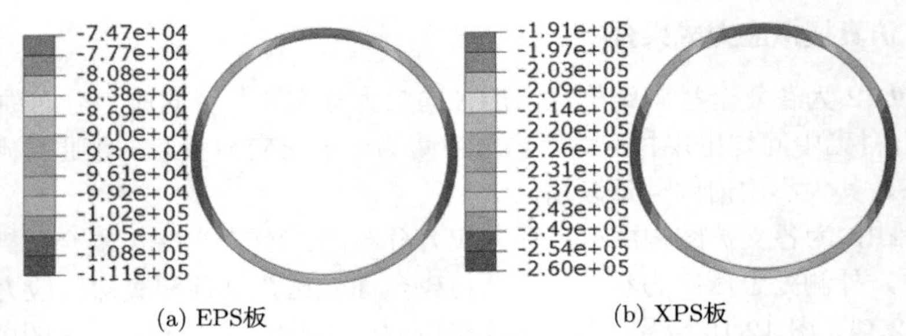

(a) EPS板　(b) XPS板

图 12.15　EPS 板、XPS 板环向应力分布 (单位：Pa)

12.4　现场监测与数值模拟对比分析

12.4.1　温度变化对比分析

图 12.16～ 图 12.18 为施工期各支护结构径向测点温度稳定后监测数据与模拟数据对比图。围岩部分的温度分布对比结果几乎相同，支护结构部分温度分布的对比结果有些出入，模拟值与实测值相对误差最大为 6.25%，最小为 0.11%。分析原因如下：现场监测过程中，洞内温度环境始终受外界因素影响，如混凝土施工完成后一直处于通风散热、天气变化等条件下；由于模拟过程中未考虑外界因素影响 (混凝土水化热问题)，边界条件取值 (风温、环境温度和对流换热系数) 也会产生误差。

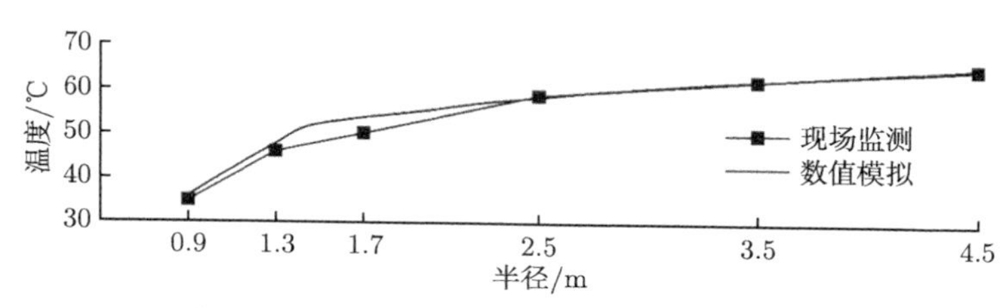

图 12.16　EPS 复合支护结构温度变化曲线

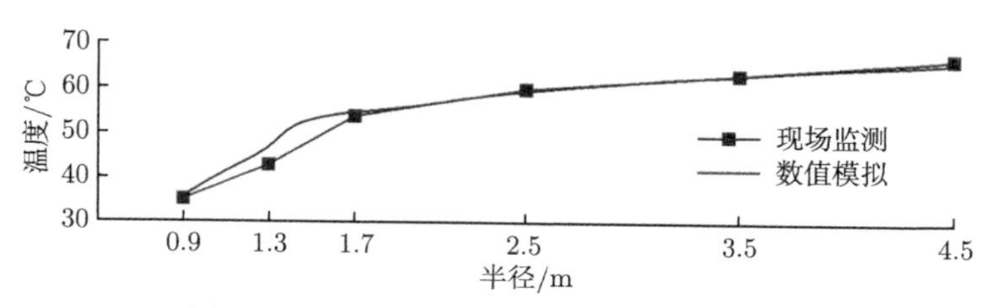

图 12.17　XPS 复合支护结构温度变化曲线

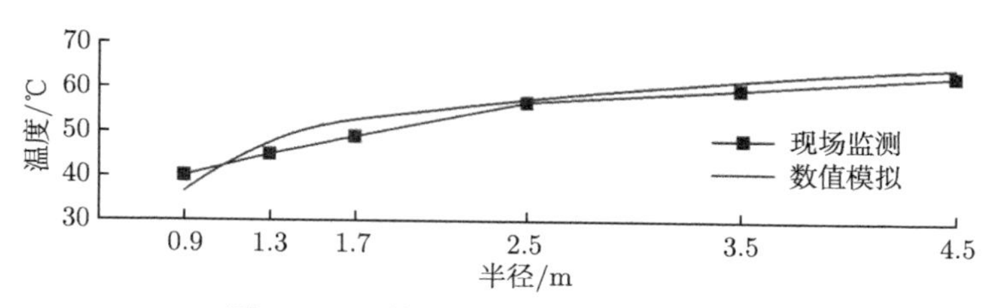

图 12.18　普通支护结构温度变化曲线

通过对比三种支护结构的温度分布，现场监测与数值模拟均得出：隔热支护结构能防止围岩内部温度散热过快，能有效地降低洞内温度变化对围岩的影响；隔热性能越好，支护结构受到温度的影响就越小。

12.4.2 应力变化对比分析

表 12.3 为不同复合衬砌结构拱腰、拱顶的环向应力、拱腰径向应力对比数据表。由于应力监测过程中，部分仪器失效，导致极少数据缺失，但对试验与模拟应力对比影响不大。根据监测成果得知，三种衬砌径向应力、环向应力均处于压应力状态，原因是隔热材料遭到破坏，导致隔热性能下降，衬砌内外侧温差变大，产生的温度应力增大，衬砌会出现受拉情况。由于数值模拟中隔热材料为弹性体且支护结构不受温度突变的影响，所以隔热材料被破坏也不影响其隔热性能，对衬砌的影响较小。从表 12.3 可以看出数值模拟结果中，EPS 复合衬砌最大径向应力在拱腰处为压应力，大小为 0.19MPa，最大环向应力在拱顶处为压应力，大小为 0.46MPa；EPS 复合衬砌相对于其余两种衬砌，在相同位置的径向应力、环向应力均为最小，故 EPS 复合支护结构受力特性最好。不同复合衬砌结构详细的对比分析可参考文献 [45]。

表 12.3 不同复合衬砌的环向应力、径向应力对比数据表

衬砌结构	拱腰环向应力/MPa		拱顶环向应力/MPa		拱腰径向应力/MPa	
	现场监测	数值模拟	现场监测	数值模拟	现场监测	数值模拟
EPS 复合衬砌	−0.33	−0.29	−0.46	−0.40	−0.12	−0.19
XPS 复合衬砌	−0.66	−0.58	−0.58	−0.80	−0.49	−0.34
普通衬砌	−0.84	−1.01	−0.79	−1.13	−0.97	−0.57

12.5 本章小结

本章利用现场监测的方法分析了高地温引水隧洞复合支护结构的温度分布规律及力学特性，得出不同隔热材料复合支护结构的温度分布规律和力学特性，再利用 ABAQUS 有限元软件对实际工程进行数值仿真模拟，将数值模拟与现场监测进行对比分析，得出以下结论：

(1) 复合支护结构中布设隔热层能阻隔围岩的高温，并且能减小施工期洞内温度变化对围岩的影响；变温时，隔热层能防止支护结构两侧温差产生较大的变化，隔热性能越好，温度对支护结构的影响就越小，但隔热材料的能力有限，且仅在施工期能起到好的保温隔热作用。

(2) 分析三种支护结构温度分布可知，实测得出 EPS 复合衬砌温差最小，大小为 5℃，模拟得出 EPS 板两侧温差为 5.88℃，XPS 板两侧温差为 3.77℃，故

EPS 板隔热效果优于 XPS 板。三种复合支护结构的应力均为压应力，EPS 复合支护衬砌的径向、环向应力均为最小。

(3) 虽然数值模拟的结果与现场监测的数据存在一定的误差，温度模拟值与实测值相对误差最大为 6.25%，最小为 0.11%，应力模拟值与实测值相对误差较大但应力的大小范围、分布区域是基本吻合的，说明模拟结果能够反映实际工程施工期温度、应力分布情况。存在误差的原因可能有：现场监测过程中存在不可抗拒因素 (如天气变化，间断地通风散热等)。模拟的温度、应力结果均是稳态分布，所以未考虑突变温度的影响及混凝土水化热问题。

(4) 高地温引水隧洞支护结构设计中隔热层选取必须具有良好的隔热性和一定的自身强度，同时也要造价合理、易于施工。通过对比分析 EPS 和 XPS 的复合支护结构，建议选取 EPS 复合支护结构。

参 考 文 献

[1] 刘乃飞, 李宁, 余春海, 等. 布仑口水电站高温引水发电隧洞受力特性研究 [J]. 水利水运工程学报, 2014(4): 14-21.

[2] 李燕波. 高温热害水工隧洞支护结构受力分析数值模拟研究 [J]. 长江科学院院报, 2018, 35(2): 135-139.

[3] 李燕波. 高温热害隧洞温度场计算及隔热层选取原则 [J]. 水利科技与经济, 2016, 22(12): 60-64.

[4] 李燕波. 齐热哈塔尔水电站高温热害隧洞支护结构稳定性分析 [J]. 新疆水利, 2016(4): 11-15.

[5] 李燕波. 高温热害隧洞衬砌混凝土早期抗裂性能试验研究 [J]. 粉煤灰综合利用, 2016(6): 55-57, 65.

[6] 张梦婷, 姜海波. 高地温水工隧洞围岩喷层结构承载特性研究 [J]. 水利水电技术, 2020, 51(2): 113-121.

[7] 朱振烈. 布仑口高温隧洞围岩与支护结构的温度应力数值仿真研究 [D]. 西安: 西安理工大学, 2013.

[8] 姚显春, 李宁, 余春海, 等. 新疆公格尔高温引水隧洞围岩温度场试验研究 [J]. 水文地质工程地质, 2018, 45(4): 59-66.

[9] 袁培国. 超高地温条件下引水隧洞施工关键技术探讨 [J]. 水利水电技术, 2014, 45(4): 101-106.

[10] 余勇. 水电站引水隧洞支护结构稳定性分析 [J]. 水利规划与设计, 2018(10): 155-158.

[11] 吴根强. 高地温铁路隧道温度场及隔热层方案研究 [D]. 成都: 西南交通大学, 2016.

[12] 宗传捷, 周艳青, 谭海平, 等. EPS 板和 XPS 板在保温系统中的性能对比分析 [J]. 建材与装饰, 2018(38):52-53.

[13] 宿辉, 李向辉, 汪健. 高地温隧洞喷射混凝土黏结强度及其有限元分析 [J]. 水利水电技术, 2016, 47(1):54-57.

[14] 宿辉, 马超豪, 马飞. 基于高地温引水隧洞的温度场数值模拟研究 [J]. 水利水电技术, 2016, 47(4):34-37.

[15] 宿辉, 康率举, 屈春来, 等. 基于均匀设计的高地温隧洞衬砌混凝土抗压强度影响规律研究 [J]. 水利水电技术, 2017, 48(7):49-53.

[16] TAN X J, CHEN W Z, YANG J P, et al. Laboratory investigations on the mechanical properties degradation of granite under freeze-thaw cycle [J]. Cold Regions Science and Technology, 2011, 68(2): 130-138.

[17] SANDEGREN E.Insulation against ice railroad tunnels [J]. Transportation Research Record, 1987, 1150: 43-46.

[18] LAI Y M, WU Z W, LIU S Y, et al. Nonlinear analysis for the coupled problem of temperature and seepage fields in cold regions tunnels [J]. Cold Regions Science and Technology, 1999, 29(1):23-29.

[19] 吴彪, 彭学军, 袁超, 等. 高地温隧道衬砌结构设计探讨及施工技术 [J]. 湖南科技大学学报 (自然科学版), 2019, 34(2): 18-24.

[20] 刘金和, 孙旭宁, 刘建华. 齐热哈塔尔水电站引水隧洞高地温现象与施工对策 [J]. 江西建材, 2014(13): 124-125.

[21] 于健. 高地温对隧道施工作业环境的影响及防治 [J]. 四川建筑, 2009, 29(3): 190-191.
[22] 赵天熙, 严梅飞. 黑白水三级电站隧洞高温高压热水降温技术 [J]. 现代隧道技术, 2001(3): 48-50.
[23] 江亦元. 昆仑山隧道施工温度控制及施工措施 [J]. 现代隧道技术, 2002, 39(6): 56-58.
[24] 李俊生. 基于通风方式对高温隧道掌子面温降效果的研究 [D]. 成都: 西南交通大学, 2014.
[25] 臧洪敏, 李树忱, 马腾飞, 等. 超高地热条件下特长引水隧洞降温关键技术 [J]. 土工基础, 2014, 27(4): 44-47.
[26] 王伟. 地热发育区地下工程降温措施的实践与研究 [J]. 水利水电技术, 2014, 45(4): 87-89, 92.
[27] 张岩, 李宁. 多因素对高温隧洞稳定性的影响 [J]. 西北农林科技大学学报 (自然科学版), 2012, 40(2): 219-226, 234.
[28] 柳红全. 齐热哈塔尔水电站工程长隧洞高地热处理研究 [J]. 新疆水利, 2013(4): 10-14.
[29] 郤保平, 赵金昌, 赵阳升, 等. 高温岩体地热钻井施工关键技术研究 [J]. 岩石力学与工程学报, 2011, 30(11): 2234-2243.
[30] 谢仕群. 帕米尔高原高地温地质条件下的洞室开挖施工技术 [J]. 西北水电, 2010(5): 42-44.
[31] 潘启俊. 高地温对隧洞开挖施工的影响及其处理措施 [J]. 红水河, 2013, 32(1): 31-33.
[32] 罗雪阳, 贾建华, 陈立顺. 高地热条件下引水隧洞的降温措施及爆破方案 [J]. 华北水利水电学院学报, 2010, 31(5): 125-127.
[33] 张智, 胡元芳. 深埋隧道人工制冷施工降温措施探讨 [J]. 世界隧道, 1999, (6): 22-25.
[34] 周菊兰, 郑道明. 地下工程施工中高地温、高温热水治理技术研究 [J]. 四川水力发电, 2011, 30(5): 81-84.
[35] 蒋达. 乡城水电站引水隧洞地热处理方案 [J]. 四川水力发电，2012, 31(4): 93-97.
[36] 王贤能, 黄润秋. 引水隧洞工程中热应力对围岩表层稳定性的影响分析 [J]. 地质灾害与环境保护, 998, (1): 43-48.
[37] 先明其. 日本安房隧道正洞贯通-通过高压含水火山喷出物层和高温带 [J]. 世界隧道, 1997(1): 50-56.
[38] 李燕波. 高温热害水工隧洞支护结构受力分析数值模拟研究 [J]. 长江科学院院报, 2018, 35(2): 135-139.
[39] 李燕波. 高温热害隧洞温度场计算及隔热层选取原则 [J]. 水利科技与经济, 2017, 23(12): 92-96.
[40] 李燕波. 齐热哈塔尔水电站高温热害隧洞支护结构稳定性分析 [J]. 新疆水利, 2016, (4): 11-15.
[41] 李燕波. 高温热害隧洞衬砌混凝土早期抗裂性能试验研究 [J]. 粉煤灰综合利用, 2016, (6): 55-57, 65.
[42] 朱振烈. 布仑口高温隧洞围岩与支护结构的温度应力数值仿真研究 [D]. 西安: 西安理工大学, 2013.
[43] 姚显春, 李宁, 余春海, 等. 新疆公格尔高温引水隧洞围岩温度场试验研究 [J]. 水文地质工程地质, 2018, 45(4): 59-66.
[44] 王凯生, 姜海波. 高地温引水隧洞隔热支护结构温度及应力特性分析 [J]. 水利水电技术, 2019, 50(11). 43-50.
[45] 王凯生. 高地温引水隧洞复合支护结构适应性评价及优化设计 [D]. 石河子: 石河子大学, 2021.

第 13 章　高地温水工隧洞复合支护结构适应性评价及优化设计

13.1　概　　述

高地温环境产生的温度应力会影响混凝土支护结构的耐久性和稳定性，严重情况下会导致支护结构破坏，围岩二次变形，甚至造成坍塌。为了避免这一系列工程事故的发生，对高地温环境下围岩变形、支护结构温度分布规律和受力特性进行研究，对高地温条件下隧洞支护结构设计与施工具有重要的工程意义。

刘乃飞等 [1] 采用解析方法研究高地温条件下围岩与支护结构温度分布规律及受力特性。李燕波 [2–3] 通过建立热–固耦合分析模型，研究了高温热害引水隧洞中隔热层对支护结构在运行期的稳定性。朱振烈 [4] 通过数值模拟的方法对高温隧洞支护结构温度及应力进行仿真研究。姚显春等 [5] 就新疆某高地温水工隧洞进行现场监测，重点分析了隧洞围岩及其支护结构的温度场分布特性。袁培国 [6] 基于高地温隧洞施工实践，对隧洞的环境温度、初期支护措施及其温度变化特性进行了系统的研究。余勇 [7] 通过计算监测点的安全系数、结构位移和等效应力对施工期和运行期支护结构的稳定性进行了研究。吴根强 [8] 通过模糊评价法选取高地温最优隔热材料，利用数值模拟研究得出了高地温铁路隧道最佳的隔热方案。Wilhelm 等 [9] 对勒奇山隧道岩石的温度进行了预测，同时为冷却隧道内温度提出了具体的施工方案。宗传捷等 [10] 通过试验对比分析了 EPS 板和 XPS 板在保温系统中综合性能。宿辉等 [11–13] 通过数值模拟分析研究高地温引水隧洞温度场、喷射混凝土黏结强度及衬砌混凝土抗压强度等支护结构稳定性问题。

综上所述，大部分学者分析了高地温工况下围岩、支护结构的温度和应力变化规律，但关于设计复合支护结构过程中隔热选材方面研究较少，多数学者仅提出隔热材料选取原则，少有针对支护结构整体性能进行材料对比分析的。本章以新疆某高地温引水隧洞为依托，选定两种隔热复合支护结构 (EPS 复合支护结构、XPS 复合支护结构) 和普通支护结构进行现场试验监测和数值模拟。通过对比分析不同支护结构的温度变化规律和受力特性，从而得出适应性较好的复合支护结构，为解决高地温工况下支护结构隔热保温问题及优化设计提供参考依据。

为了与现场监测成果进行对比分析，本章采用瞬态热分析模拟过程，模拟复合支护结构整个施工过程中各时间段下围岩的温度、位移和应力变化，以复合支护结构各层施工阶段 (开挖通风期—喷层施工期—隔热层施工期—二次衬砌施工期) 作为瞬态模拟的时间段，分析各时间段围岩温度、位移、应力及塑性区的变化规律，对复合支护结构进行适应性评价。

13.2 高地温水工隧洞复合支护结构施工期瞬态仿真数值模拟

13.2.1 复合支护结构模型构建及参数选择

本章计算模型仍是地层–结构模型，隧洞为圆形，隧洞直径 $D = 3\text{m}$。根据模型计算范围选择原则，确定模型尺寸：上下左右均为 5 倍洞径，整体尺寸 30m×30m，复合支护结构由 10cm 喷层、10cm 聚苯乙烯泡沫聚苯板 (EPS 板) 和 40cm 混凝土衬砌。假定围岩、喷层、隔热材料及衬砌材料均为各向同性体，模型视为平面应变问题，采用的是弹塑性本构关系。为了便于研究各时段围岩温度、位移和应力变化规律，结合第 2 章对比出现的误差原因，对模型进行分区优化，将隧洞周围 3 倍洞径范围内的网格进行规则划分，划分后的网格均为四边形，以隧洞中心为圆心，向四周进行圆形放射性分布，支护结构网格分布则根据结构形状进行规则划分。高地温引水隧洞有限元计算模型如图 13.1 所示，共有 4915 个单元，5453 个节点，单元类型为四结点热耦合平面应变四边形单元 (CPE4T)，分析步采用双线性位移和温度耦合分析步。复合衬砌支护结构模型网格划分见图 13.2。

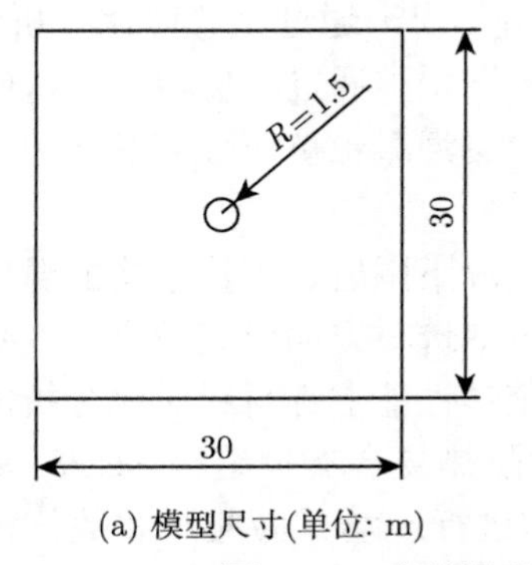

(a) 模型尺寸(单位: m)

(b) 整体模型分区图

图 13.1 高地温引水隧洞有限元计算模型

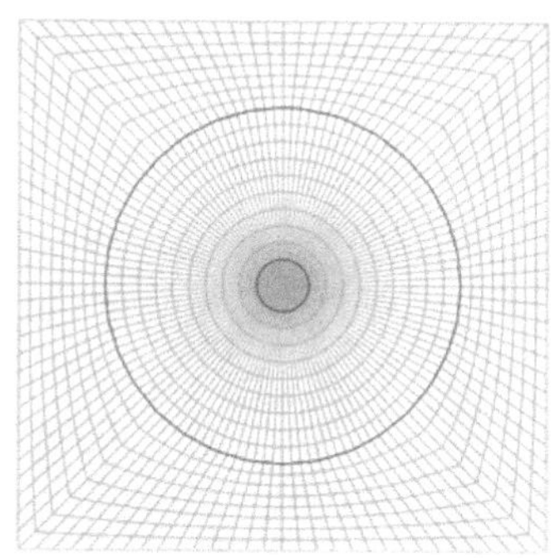

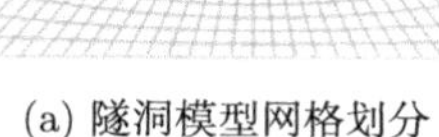

(a) 隧洞模型网格划分

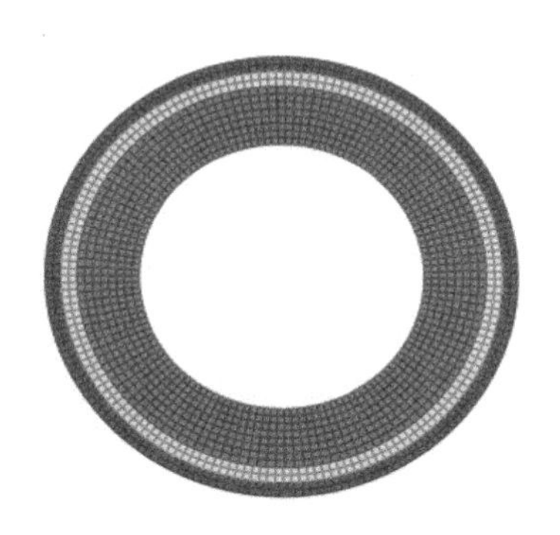

(b) 复合衬砌支护结构网格划分

图 13.2　复合衬砌支护结构网格划分图

考虑现场监测与数值模拟对比存在的误差，本章采用瞬态仿真模拟，与稳态模拟相比，在确定位移边界条件上是一致的，左右两边水平约束，底部固定约束，顶部自由，由于要观察喷层施工前洞壁及围岩内部位移变化，所以开挖时段围岩内部位移边界同稳态模拟一样，不设置位移固定边界。但在温度边界的确定上进行了优化调整：在开挖通风期、喷层施工期、隔热层施工期和二次衬砌施工期各个时间段均设定了通风边界，温度为 35℃。在完成一时间段后，取消该时间段通风边界条件，同时激活下一时间段结构内壁通风边界，这样做是为了模拟现实施工过程中全程通风操作。结合实际工程取混凝土与空气间强制对流换热系数为 $45\mathrm{W/(m^2{\cdot}{^\circ}C)}$，围岩初始温度为 80℃，在施工过程中，四周设置为表面热传递温度边界，根据实测资料提供衬砌初始温度为 35℃。

13.2.2　温度全过程分析

为了便于观察施工期各个时间段围岩和支护结构的温度、位移和应力变化，在施工期选取了 6 个时间段：a 时间段为开挖后通风期；b 时间段为喷层施工完成后；c 时间段为隔热层施工完成后；d 时间段为二次衬砌施工完成后第 10 天；e 时间段为二次衬砌施工完成后第 30 天；f 时间段为二次衬砌施工完成后第 60 天。模拟过程中时间段的确定为喷层施工为 5 天、隔热层施工为 1 天、二次衬砌施工为 15 天。

图 13.3 为高地温引水隧洞施工期各时段围岩温度分布云图。随着施工通风作业，围岩内部温度和洞壁温度不断降低，在 a~b 时间段即开挖至喷层施工阶段，通风作用使洞壁温度降低幅度相比其他时段较大，该时间段内围岩内部温度受外界环境温度的影响最小；b~c 时间段即贴作隔热层后，洞壁温度变化逐渐减小，但围岩内部温度之间逐渐扩散，进一步说明隔热层能够降低环境温度对围岩内部温度的影响。由于喷层阶段通风施工使洞壁温度骤降，再施作隔热层，温度

较低的洞壁开始与围岩内部进行对流换热，所以围岩内部温度变化范围较大，呈圆形发散。

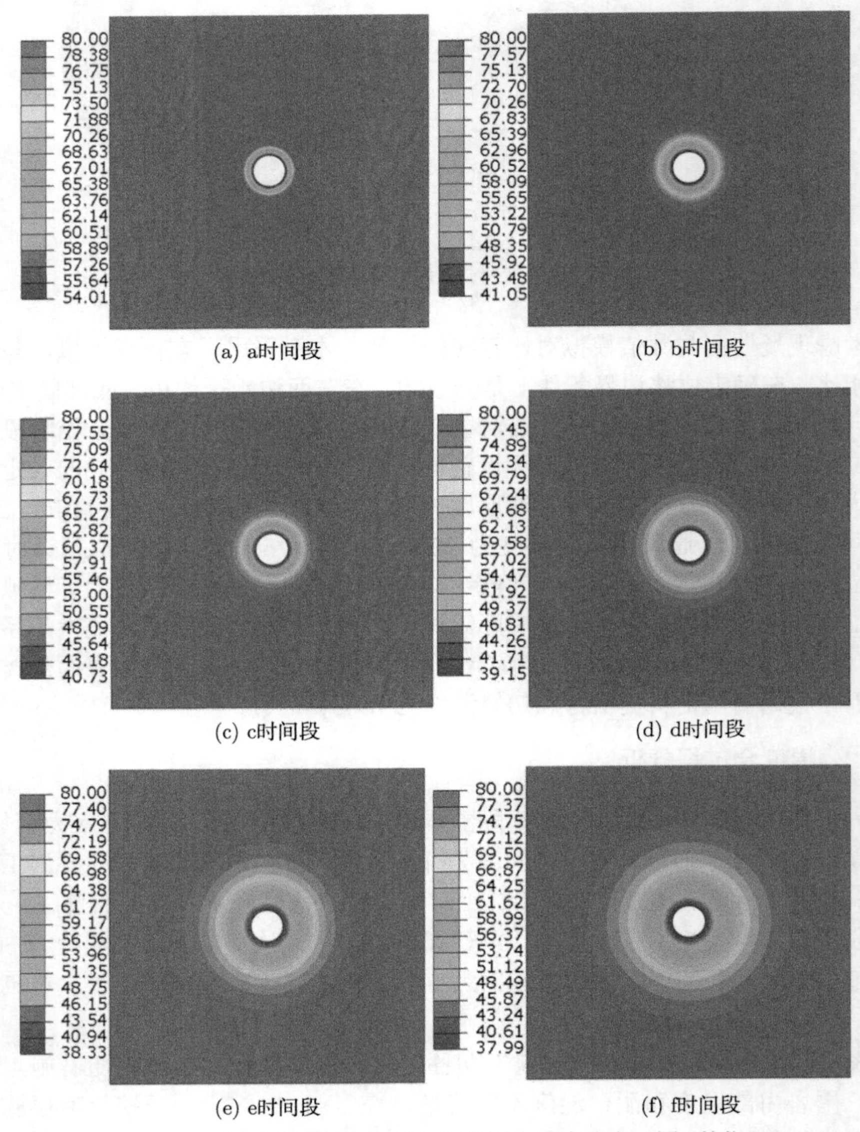

(a) a时间段　(b) b时间段　(c) c时间段　(d) d时间段　(e) e时间段　(f) f时间段

图 13.3　高地温引水隧洞施工期各时段围岩温度分布云图 (单位：℃)

图 13.4 为施工期各径向观测点温度变化及不同时间段温度差值对比图，图中各径向观测点根据网格规则划分，分别取洞壁、距洞壁 1m、2m、3m、4m、5m

处。由于温度梯度分布规则，所以观测点仅取拱顶径向分布便可代替围岩温度分布。从图中可以看出，各个观测点温度随时间变化均呈下降趋势，洞壁温度下降幅度最大，在 a~b 时间段，即施作隔热层前，洞壁温度受通风作用仅有 54℃，其余观测点均在 75℃ 以上，说明围岩内部温度虽高，但传热速度相比通风降温影响小很多，故此阶段温度差值较大，其值为 13℃，产生的温度应力最大；在 b~c 时间段，即隔热层施工阶段，洞壁温差变小，温差最大值在距洞壁 1m 处，其值为 1.44℃，此阶段进一步说明通风作用在隔热层的作用下对围岩影响开始变小，围岩内部温度开始从洞壁向内部呈圆形发散；c~d 时间段为二次衬砌施工完成后 10 天变化，此时间段围岩内部温度受洞内环境温度影响最大，洞壁温度也在缓慢下降，说明隔热层在施工完成后起到的隔热作用相对较小；d~e 时间段为施工完成后一个月，此阶段洞壁与围岩内部温度的热交换在距洞壁较近处变化速率减小，对围岩内部温度的影响开始减小，在距洞壁 3m 处温度差值最大，其值为 5.56℃，说明围岩内部温度受影响最大范围在距洞壁 2~3m 处；e~f 时间段为 d~f 时间段

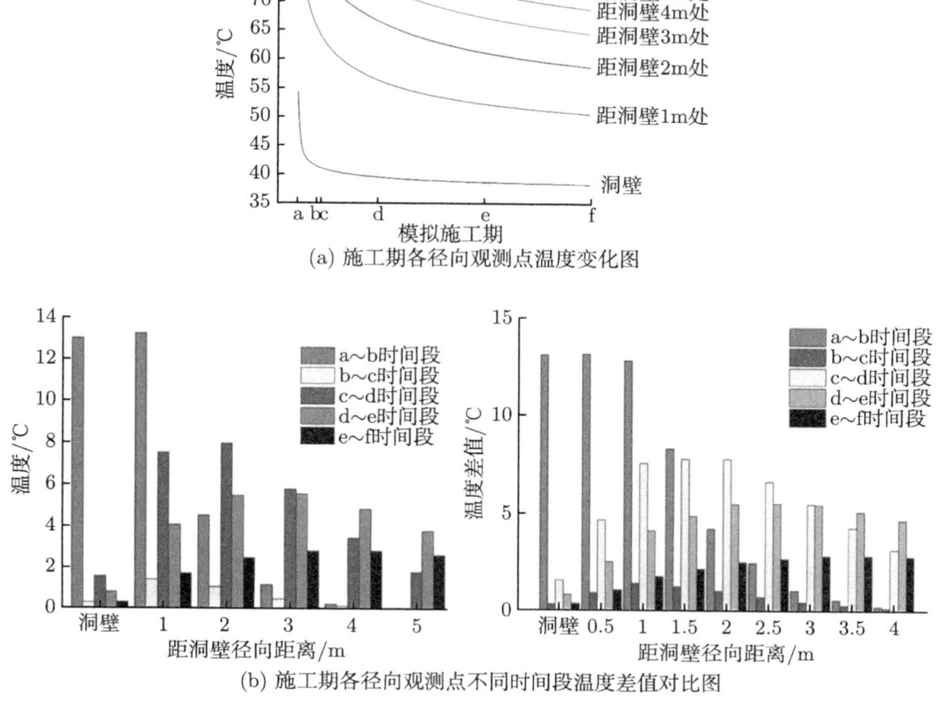

图 13.4　施工期各径向观测点温度变化及不同时间段温度差值对比图 (单位：℃)(见彩图)

后再过一个月，此阶段围岩径向各测点温度变化平缓，相比之下最大温度差值在距洞壁 4m 处，其值为 4.84℃，说明围岩内部温度变化缓慢且具有延时性，随时间变化温差沿洞径向内部延伸，但延伸是有一定范围且差值不大，温差产生的附加温度应力对围岩内部结构不会造成太大影响。

表 13.1 为施工期不同时间段各径向观测点温度变化速率对比表。从表中可以看出，在喷层施工完成前后洞壁 1m 内温度变化速率最大，其值为 3℃/d 左右，这是因为施工期洞壁温差较大，施工作业时间较短造成的；在隔热层施工前后，由于通风作业使洞壁温度变化不大，即使施作隔热层在整个施工期的时间最短，洞壁 1m 范围内温度变化速率也没有继续变大，反而随着施工继续进行，洞壁的温度速率相比于其他观测点变为最小，同时，随着施工通风作业的持续降温，使围岩内部的温度变化速率呈幅度小而平缓的趋势，进一步说明隔热层具有一定能力阻隔内部和外界产生的较大对流温差。

表 13.1 施工期不同时间段各径向观测点温度变化速率表 (单位：℃/d)

施工阶段	洞壁	距洞壁 1m 处	距洞壁 2m 处	距洞壁 3m 处	距洞壁 4m 处	距洞壁 5m 处
喷层施工完成	2.92	2.97	1.02	0.26	0.056	0.011
隔热层施工完成	0.32	1.44	1.08	0.49	0.16	0.042
二次衬砌施工完成	0.12	0.56	0.59	0.44	0.26	0.14
一个月后	0.033	0.16	0.22	0.22	0.19	0.15
两个月后	0.014	0.069	0.099	0.11	0.11	0.11

13.2.3 位移全过程分析

图 13.5 为高地温引水隧洞施工完成后围岩位移矢量图，施工期以隧洞为中心，隧洞顶部围岩竖向位移向下，隧洞底部围岩竖向位移向上，竖向位移较大值

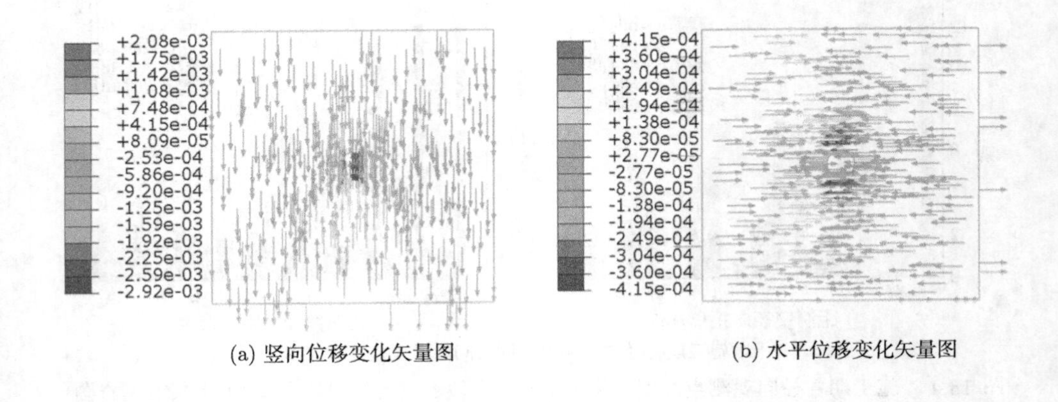

(a) 竖向位移变化矢量图　　(b) 水平位移变化矢量图

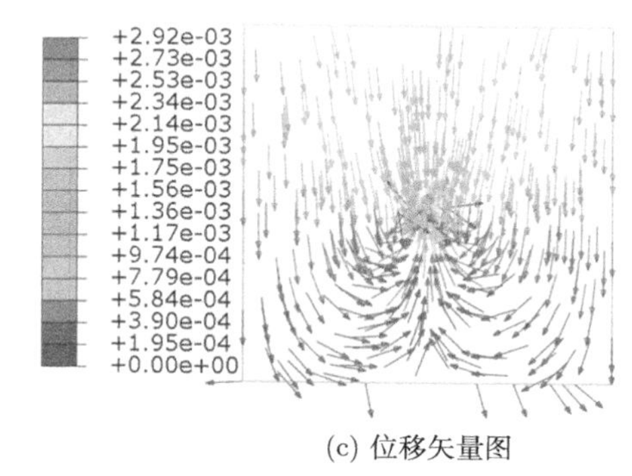

(c) 位移矢量图

图 13.5　高地温引水隧洞施工完成后围岩位移矢量图 (单位：m)

出现在拱顶、拱底两处；隧洞左边的围岩水平位移向右，隧洞右边围岩水平位移向左，较大值出现同样出现在拱顶、拱底两处；围岩整体水平位移小于竖向位移，和位移围绕隧洞中心变化。

图 13.6 为高地温引水隧洞施工期各时段围岩水平位移等值线变化图。a 时间段 (开挖后通风期) 水平位移分布呈“米”字形分布，各向位移变化相对稳定；从 b 时间段 (喷层施工完成后) 开始，水平位移呈“X”形分布，拱腰处水平位移开始向隧洞左右两侧移动；c 时间段 (隔热层施工完成) 水平位移分布跟 b 时段的基本一致，但水平位移向左右两侧移动速度增大；从 d 时段 (二次衬砌施工完成后第 10 天) 开始，围岩水平位移分布呈“蝴蝶”状分布。拱腰两侧水平位移逐渐向两边移动，速度达到最大；e、f 时间段 (二次衬砌施工完成后 30 天、60 天) 围岩水平位移仍有向两侧移动趋势，但变化平缓。从整体角度看，围岩水平位移关于隧洞竖向中心线左右对称，其值大小相等；隧洞拱顶、拱底处水平位移相对拱腰处变化不大，基本可以忽略，故拱顶、拱底两处水平位移在施工期不受影响；隧洞拱腰处水平位移变化最大，在 a、b、c 时间段两个位移逐渐达到最大值，在 d 时间段过后变化逐渐减小，说明衬砌起到了支撑作用。

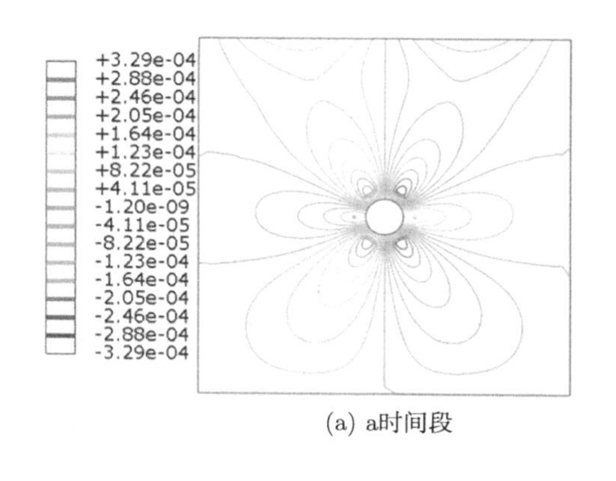

(a) a时间段

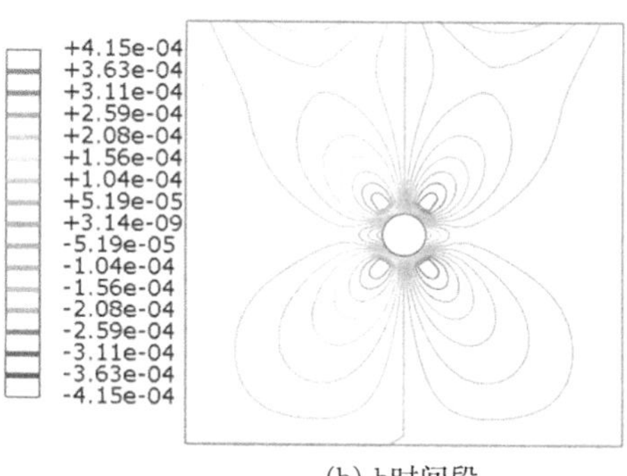

(b) b时间段

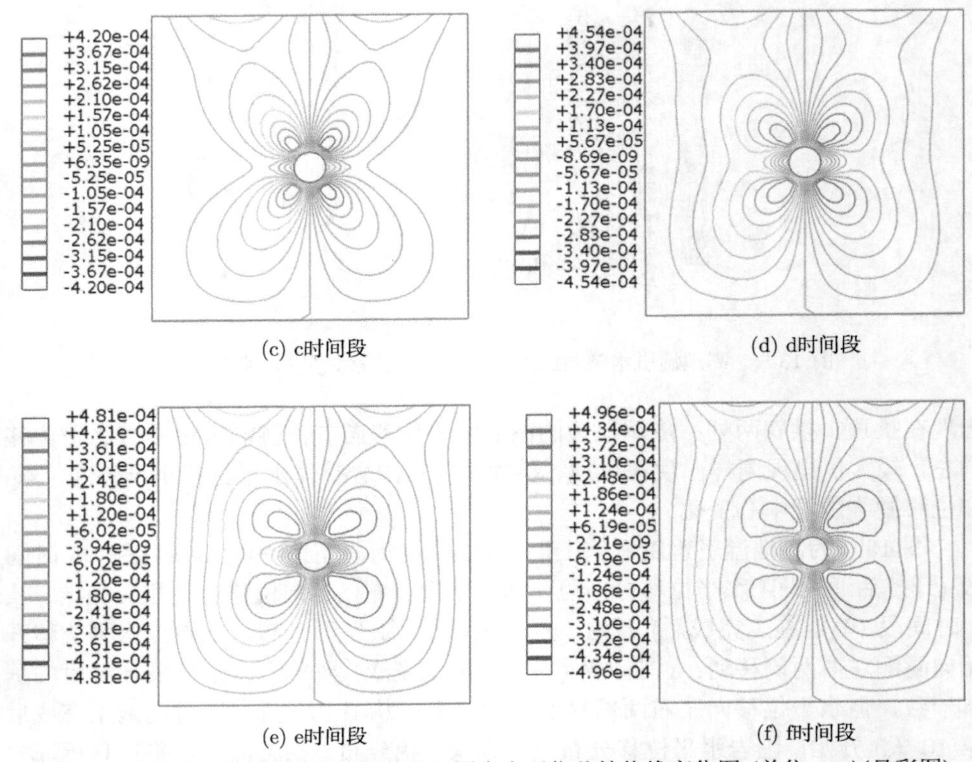

(c) c时间段　(d) d时间段

(e) e时间段　(f) f时间段

图 13.6　高地温引水隧洞施工期各时段围岩水平位移等值线变化图 (单位：m)(见彩图)

图 13.7 为高地温引水隧洞施工期各时段围岩竖向位移等值线变化图。围岩竖向位移关于隧洞竖向中心线左右对称。随着时间的增长，隧洞拱顶、拱底竖向位移向隧洞中心不断移动，顶部下沉量大于底部回弹量；隧洞两侧竖向位移受隧洞施工影响相对较小。

图 13.8 为施工期各径向观测点位移变化对比图。图 13.8(a) 中以隧洞圆心为中心，向右为正，向左为负。从图 13.8(a) 中可以看出，a~b 时间段 (喷层施工过程中)，拱腰处左右边墙各径向观测点水平位移均向隧洞中心移动，其数值大小对称相等，洞壁处位移变化最先趋于稳定，距洞壁 1m 处位移变化逐渐减小，距洞壁 2~5m 处位移变化量不断增大，说明喷层起到了支撑作用，防止洞壁处出现较大位移变化，但喷层支撑能力毕竟有限，内部围岩位移变化量仍不断增加，故需施作二次衬砌；b~c 时间段 (隔热层施工)，此阶段由于喷层起到一定支撑作用，洞壁水平位移基本趋于不变，由于受到围岩深埋覆盖层影响，洞竖向被压扁，洞壁拱腰处水平位移开始向两侧移动，其他观测点仍在靠近隧洞中心移动；d 时间段 (二次衬砌施工完成后第 10 天)，隧洞拱腰处 1m 范围内水平位移基本不

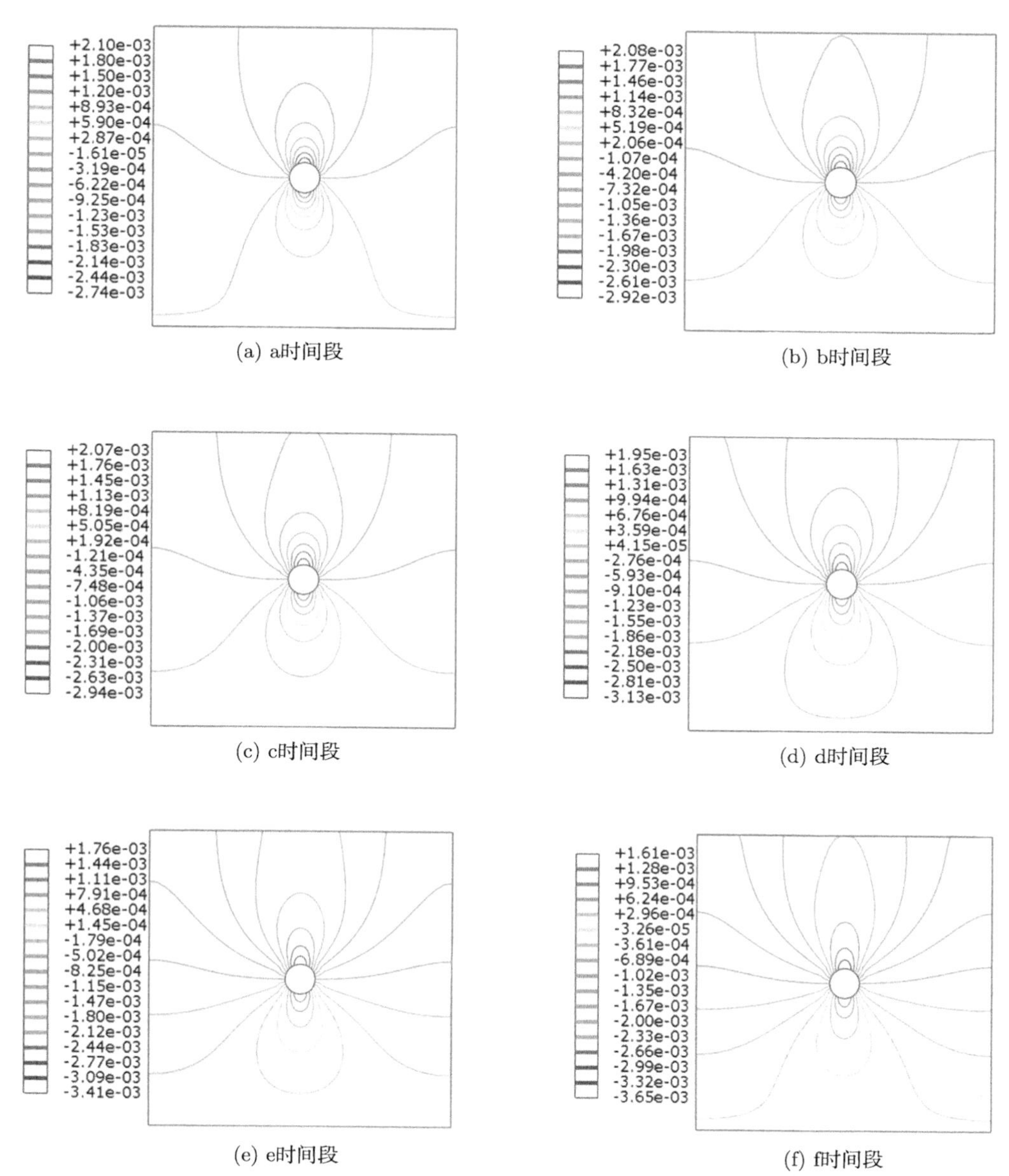

(a) a时间段　(b) b时间段

(c) c时间段　(d) d时间段

(e) e时间段　(f) f时间段

图 13.7　高地温引水隧洞施工期各时段围岩竖向位移等值线变化图 (单位：m)(见彩图)

变，2m 处位移变化开始变缓；e~f 时间段 (施工完成 1~2 月)，拱腰处 2m 范围水平位移基本不变，3~4m 处水平位移变化变缓，与此同时洞壁逐渐停止向两侧移动。

图 13.8(b) 以隧洞圆心为中心，向上为正，向下为负。隧洞开挖后，洞壁拱顶处位移沉降位移量最大，其值为 0.27cm，洞壁拱底处回弹位移量最大，其值为 0.21cm；随着时间不断增大，拱顶下沉位移不断增大，拱底在喷层施工期回弹现象造成位移开始下沉，在施工完成后，洞壁拱顶处竖向位移继续向下移动至 0.35cm 处，拱底下沉至 0.15cm 处趋于稳定。

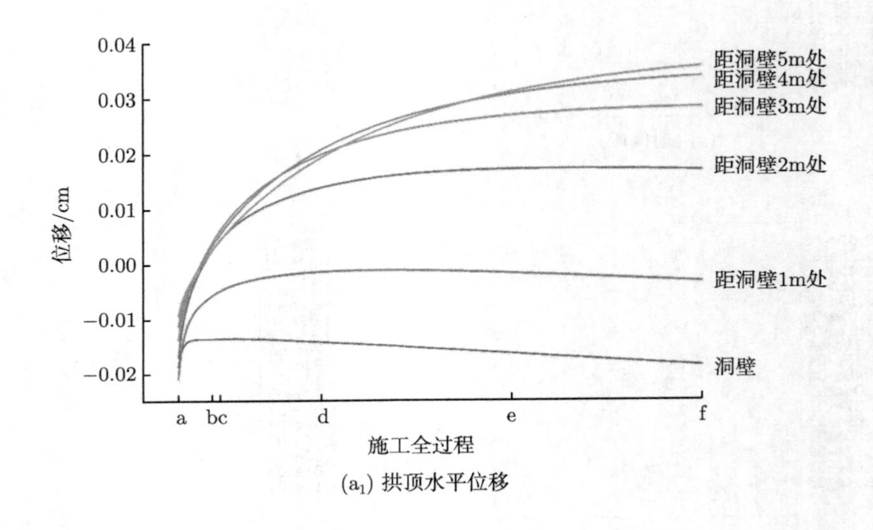

(a_1) 拱顶水平位移

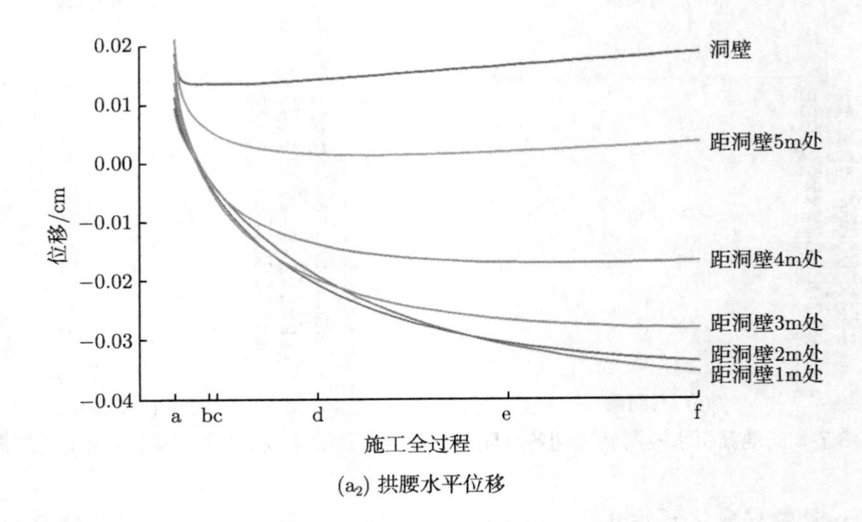

(a_2) 拱腰水平位移

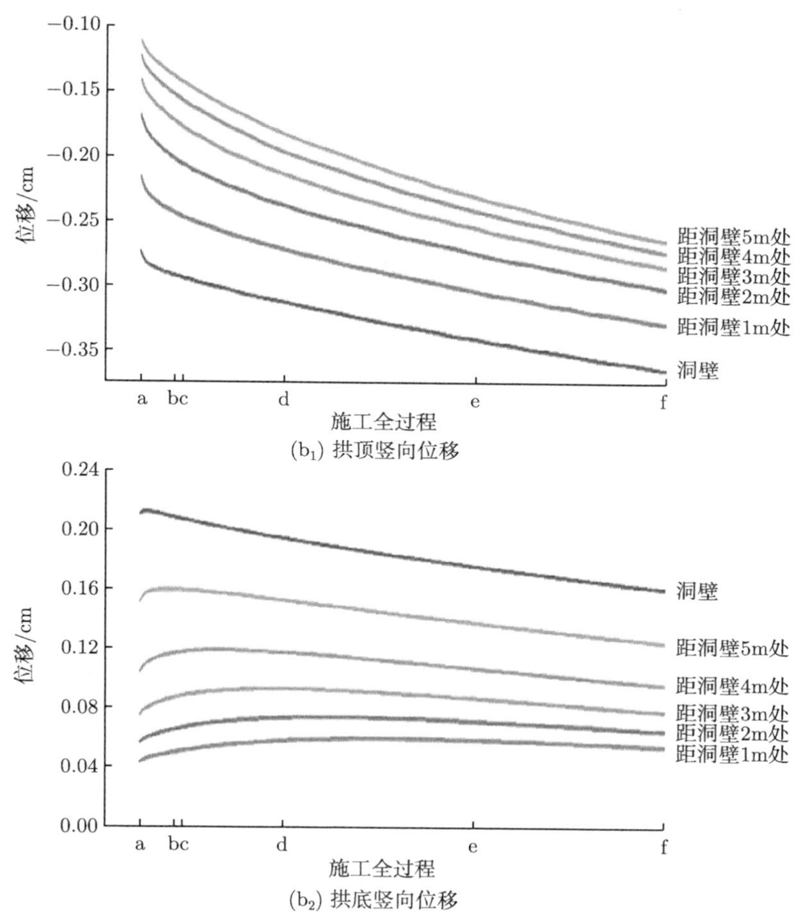

(b_1) 拱顶竖向位移

(b_2) 拱底竖向位移

图 13.8　施工期各径向观测点位移变化对比图

13.2.4　应力特征全过程分析

图 13.9 为高地温引水隧洞施工期围岩各时段最大主应力分布图，图中正值为拉应力，负值为压应力。在采用全断面开挖后即喷层施工前 (a 时间段)，洞壁周围均为受压区域，最大压应力在洞壁拱腰处，最小压应力出现在拱顶、拱底两处；在喷层和隔热层施工完成后 (b、c 时间段)，最大主应力出现正值即拱顶、拱底两处受拉，最大拉应力向隧洞竖向中心线处靠拢，最小压应力沿拱腰两侧向围岩深处分布，隧洞拱腰处压应力逐渐变大，最大压应力均出现在洞壁拱腰 1.5m 范围处；二次衬砌施工完成后 (d、e、f 时间段)，拱顶、拱底两处最大拉应力主应力增长量达到峰值，施工后 60 天内增长平缓，最大压应力分布随着时间增长逐渐向模型左右两边移动。

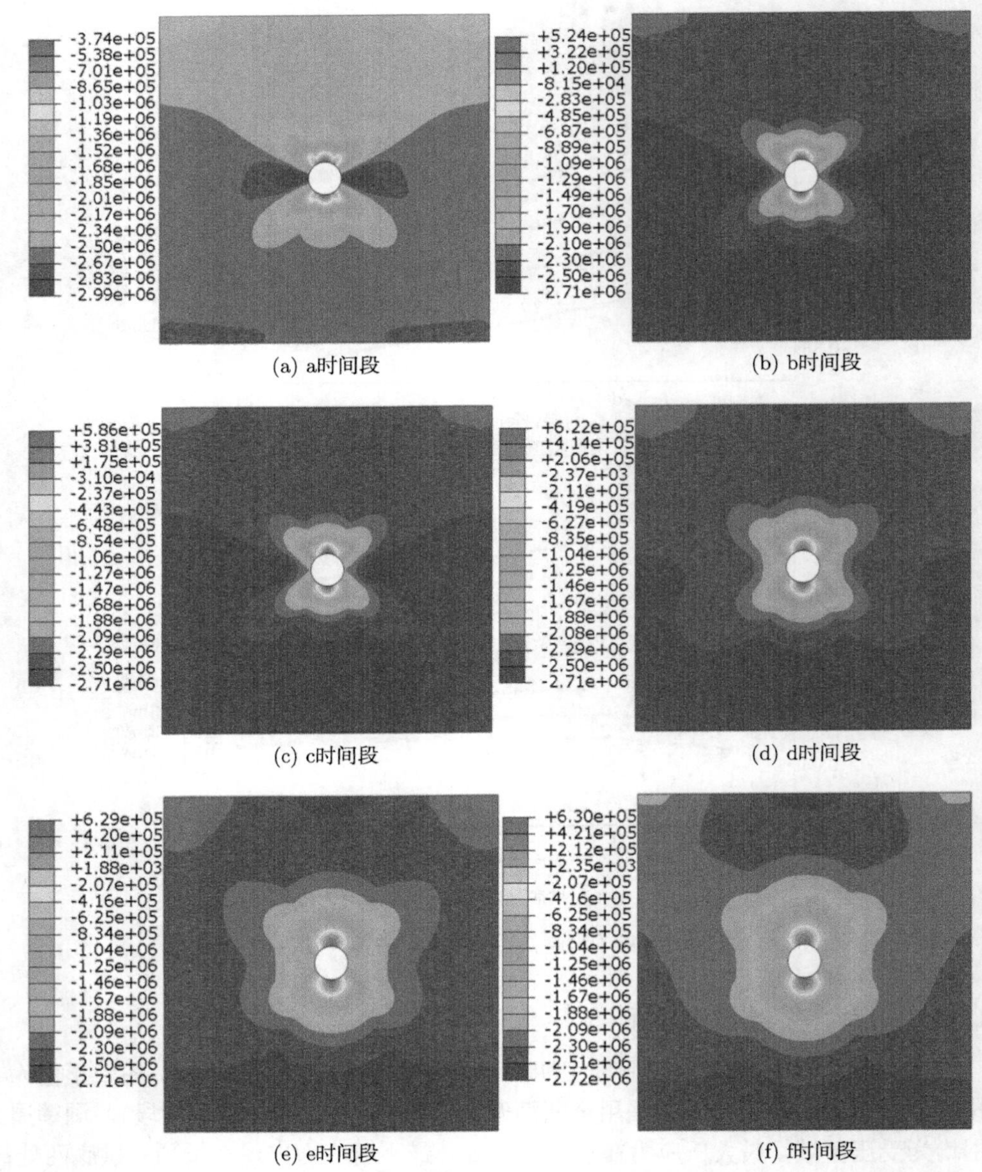

图 13.9　高地温引水隧洞施工期围岩各时段最大主应力分布图 (单位：Pa)

图 13.10 为高地温引水隧洞施工期围岩各时段最小主应力分布图，图中正值为拉应力，负值为压应力。整个施工期最小主应力均为负值，最大值和最小值均在洞壁处，随着施工期的进展，整体最小主应力变化呈下降趋势，且变化程度较为平稳；拱顶、拱底两处受压程度远大于拱腰处，a～b 时间段最小主应力变化速

率最大，d、e、f 时间段最大值和最小值变化速率较小。

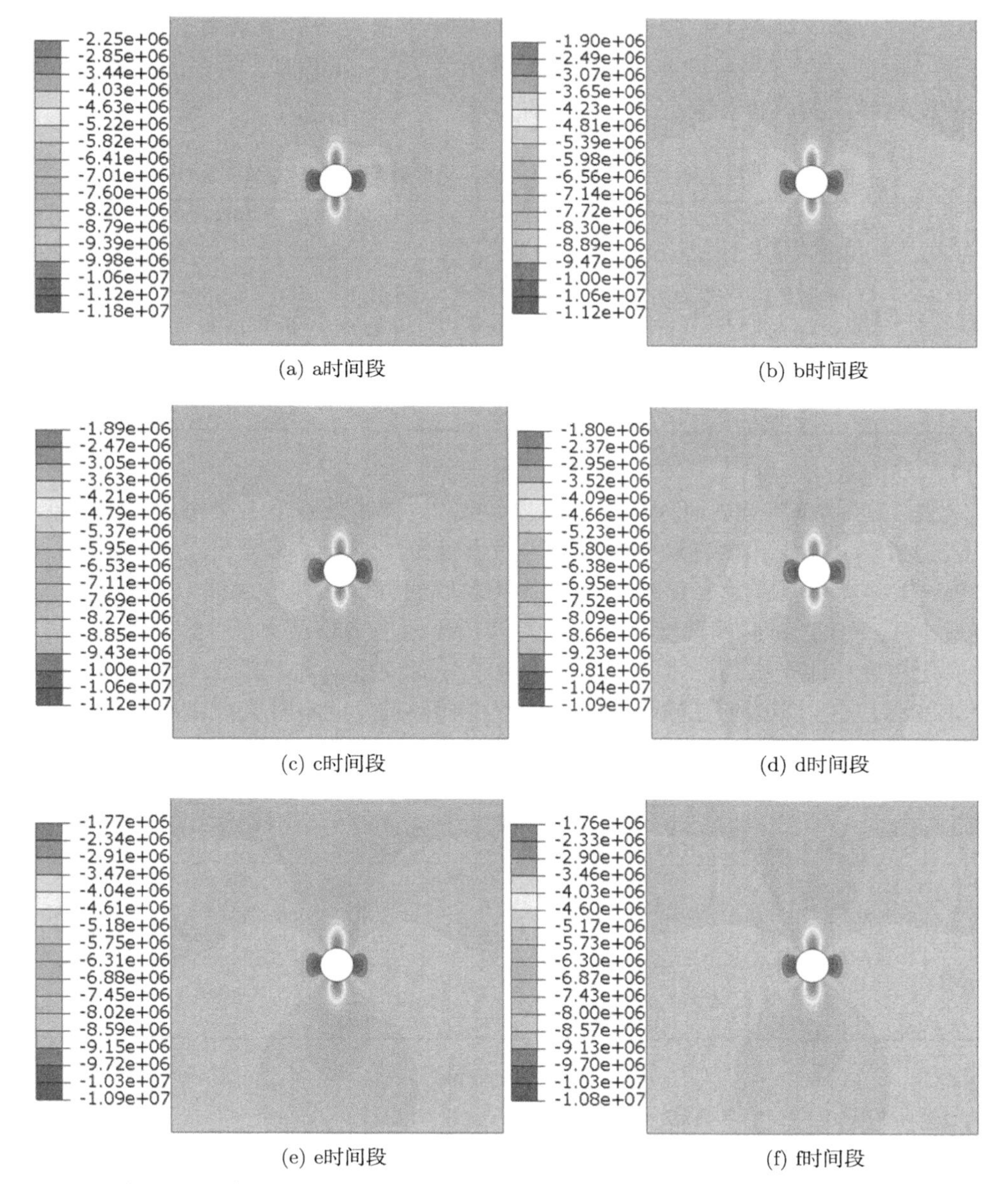

(a) a时间段　(b) b时间段

(c) c时间段　(d) d时间段

(e) e时间段　(f) f时间段

图 13.10　高地温引水隧洞施工期围岩各时段最小主应力分布图 (单位：Pa)

表 13.2 为施工期各时间段隧洞拱顶、拱腰、拱底处最大主应力及变化程度一览表，表中正值为拉应力，负值为压应力。从表中可以看出，在 b 时间段，即喷

层施工完成后，隧洞拱顶、拱腰和拱底三处变化程度最明显，拱顶、拱腰受喷层承载影响两处最大主应力从压应力变成拉应力；拱底全程均为呈下降趋势变化的受压状态；拱顶处最大拉应力在 b 时间段变化率最大，其值增大了 21.95%，拱腰最大拉应力也在 b 时间变化率最大，其值增大了 24.05%，拱底压应力在 b 时间段变化率最大，其值减小了 26.1%。

表 13.2 施工期各时段拱顶、拱腰、拱底处最大主应力及变化程度

时间段	拱顶最大主应力/MPa	变化程度/%	拱腰最大主应力/MPa	变化程度/%	拱底最大主应力/MPa	变化程度/%
a	−0.41	0.0	−0.37	0.0	−2.87	0.0
b	0.49	21.95	0.52	24.05	−2.12	−26.1
c	0.56	14.3	0.59	13.5	−2.05	−3.3
d	0.61	8.9	0.62	5.1	−1.73	−15.6
e	0.62	1.6	0.63	1.6	−1.56	−9.8
f	0.62	0.0	0.63	0.0	−1.49	−4.5

表 13.3 为施工期各时间段隧洞拱顶、拱腰、拱底处最小主应力及变化程度一览表。拱顶、拱腰和拱底最小主应力均为压应力，随着时间增长，压应力呈下降趋势；拱顶最小压应力在 b 时间段变化率最大，其最小压应力减小了 15.10%，拱腰最小压应力在 b 时间段变化率最大，其最小压应力值减小了 15.60%，拱底应力变化程度相比于拱顶、拱腰较小，同样在 b 时间段最大，其最小压应力值减小了 4.60%，进一步说明在喷层在施工过程中起到较好的临时支撑作用。

表 13.3 施工期各时段拱顶、拱腰、拱底处最小主应力及变化程度

时间段	拱顶最小主应力/MPa	变化程度/%	拱腰最小主应力/MPa	变化程度/%	拱底最小主应力/MPa	变化程度/%
a	−2.32	0.00	−2.25	0.00	−11.74	0.00
b	−1.97	−15.10	−1.90	−15.60	−11.20	−4.60
c	−1.95	−1.00	−1.89	−0.50	−11.15	−0.40
d	−1.86	−4.60	−1.80	−4.80	−10.93	−2.00
e	−1.82	−2.20	−1.77	−1.70	−10.84	−0.80
f	−1.81	−0.50	−1.76	−0.60	−10.82	−0.20

13.2.5 塑性区全过程分析

图 13.11 为高地温引水隧洞施工期各时间段等效塑性应变分布云图。a 时间段即开挖通风期，拱顶两侧已经出现塑性区，其宽度约为 0.2m，轴向扰动范围最大在距洞壁 1m 处左右，塑性应变最大值为 4.42×10^{-6}；b 时间段即喷层施工完

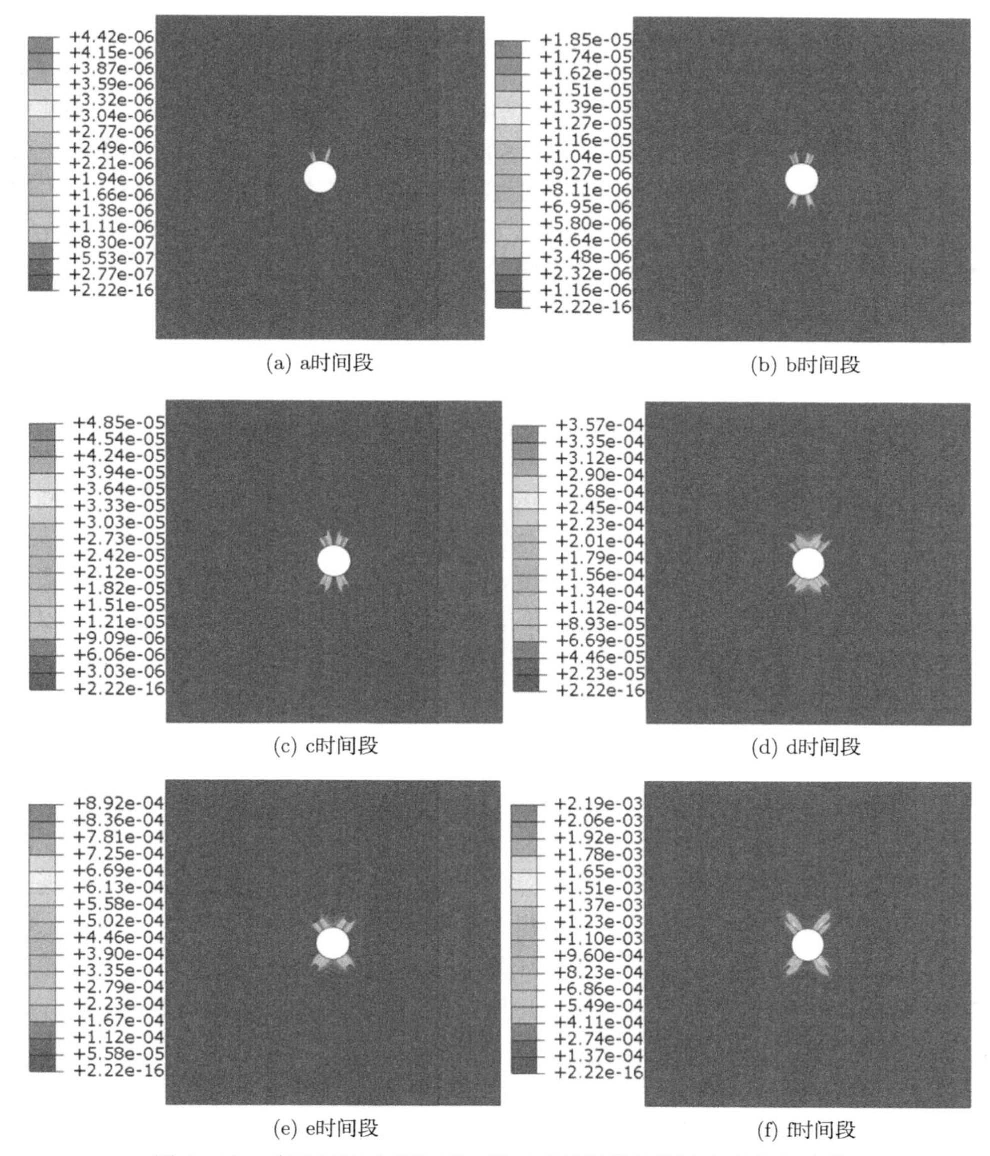

(a) a时间段　(b) b时间段

(c) c时间段　(d) d时间段

(e) e时间段　(f) f时间段

图 13.11　高地温引水隧洞施工期各时间段等效塑性应变分布云图

成后，拱底处出现塑性区，与此同时拱顶塑性应变不断增大，拱顶、拱底塑性区宽度约为 0.4m，轴向扰动范围最大在距洞壁 1.5m 处，塑性应变最大值为 1.85×10^{-5}；c 时间段即隔热层施工完成后，拱顶、拱底两处塑性应变增大幅度不大，塑性区轴向扰动范围变化不大，其宽度有明显变化，宽为 0.6m 左右，塑性应变最大值为 4.85×10^{-5}；d 时间段即二次衬砌施工完成第 10 天，拱顶、拱底两处塑性区开始从两边向中间分布，宽度约为 2.5m，轴向扰动范围增长至 2m 左右，塑性应变呈增长趋势，塑性应变最大值分布在拱顶两侧，其值为 3.57×10^{-4}；e~f 时间段，拱顶、拱底两侧塑性应变不断增大，使整个塑性应变区呈“蝴蝶”状不断增大，塑性应变最大值为 2.19×10^{-3}，塑性区轴向扰动范围最大在距洞壁 3m 处。从整体角度来看，施工期围岩塑性区不断增大，虽然喷层有限制塑性区变化速度的能力，但支撑能力是有限的，需加二次衬砌以限制围岩塑性区的扩张，从图 13.11(d)~(f) 可以看出，二次衬砌能够有效地抑制塑性区的发展。

有关各时间段围岩温度、位移、应力及其塑性区变化规律的更多分析，有兴趣的读者可参考文献 [14]。

13.3 高地温水工隧洞复合支护结构适应性评价

本节基于稳态仿真模拟能够如实反映实际工程状态，将稳态温度–应力耦合分析改为瞬态温度–应力耦合，其目的是仿真模拟高地温引水隧洞复合支护结构施工期各时间段围岩和支护结构的温度、位移分布规律及力学特性，为复合支护结构适应评价作数据支撑，通过瞬态模拟围岩各时段温度分布、各时段位移变化、围岩应力分布、洞壁拱圈各方位应力变化和各时段围岩塑性区分布进行对比分析，对复合支护结构适用于高地温引水隧洞的适应性进行分析。

1. 施工期各时段围岩温度分布规律

(1) 复合支护结构施工时，施作隔热层能够及时降低环境温度对围岩内部温度的影响。

(2) 复合支护结构中隔热层在施工期中隔热作用最大的时间段为二次衬砌施工中，在施工完成后起到的隔热作用相对较小。

(3) 通过对比分析施工期不同时间段各径向温度变化速率得出，在施工通风作业下隔热层具有一定能力阻隔内部和外界产生较大的对流温差，使围岩内部的温度变化速率幅度小而趋势平缓。

(4) 对比分析通风作用下各时间段围岩温度变化规律，得出围岩内部温度受环境温度影响最大范围在距洞壁 2~ 3m 处。

2. 施工期各时间段围岩位移分布规律

(1) 复合支护结构作用下，围岩整体水平位移小于竖向位移，隧洞拱顶和拱底两处水平位移、拱腰处竖向位移受施工期影响较小。

(2) 施工过程中喷层能够及时防止围岩出现较大位移变化，但喷层临时支撑作用毕竟有限，围岩位移仍在变化，顶部下沉，底部回弹，直至二次衬砌施工完成 30 天后，围岩位移基本稳定。

3. 施工期各时间段围岩应力特性

(1) 喷层施工完成后，隧洞拱顶、拱腰和拱底三处应力变化程度最明显，拱顶、拱腰受喷层承载影响两处最大主应力从压应力变成拉应力；拱底全程均呈下降趋势变化的受压状态；拱顶处最大拉应力在隔热层施工完成后变化率最大，其值增大了 21.95%，拱腰最大拉应力也在该时间段变化率最大，其值增大了 24.05%，拱底压应力在喷层施工完成后变化率最大，其值减小了 26.1%。

(2) 根据该时间段围岩应力变化表明：在二次衬砌施工完成后第 1 天，衬砌起到的支撑作用较低，施工后第 30 天、第 60 天，围岩应力大小几乎不再发生变化，说明二次衬砌在第 30 天后起到了较大的支撑作用。

4. 施工期各时间段围岩塑性区特性

(1) 随着施工进程不断加快，复合支护结构作用下的围岩塑性分布为以隧洞竖向中心线为对称轴，向两边呈“蝴蝶”状分布。

(2) 喷层可以限制塑性区变化速度，但支撑能力上是有限的，需加二次衬砌以限制围岩塑性区的扩张，从施工完成后第 30 天、60 天可以看出，该复合支护结构是渐变性抑制围岩塑性区的扩张。

13.4　复合支护结构厚度优化设计

根据 13.3 节的结论，本节利用 ABAQUS 有限元软件，在单一控制复合支护结构的喷层、隔热层和二次衬砌厚度变量的前提下，进行喷层环向应力的数值模拟、隔热层温度的数值模拟和二次衬砌环向应力的数值模拟。利用模拟提供的数据，以各部分厚度为设计参数、各部分的环向应力作为设计响应梯度，对复合支护结构进行设计敏感性分析。通过敏感性分析结论，对复合支护结构进行优化设计。

设计敏感性分析就是分析设计参数对设计响应的敏感程度，即设计参数与设计响应的梯度，有益于理解设计行为、并预计设计变化的影响。

简单举例，假设设计响应为 $y=f(x)$，x 为设计参数，当 $x=x_0$ 增加 Δx，设计响应变化为 Δy，用 $\lim\limits_{\Delta x\to 0}\dfrac{\Delta y}{\Delta x}=f'(x_0)$ 表述在 x_0 附近参数 x 对 y 的敏感程度，设计响应往往同时与几个设计参数相关，故用偏导数来表述设计参数对设计响应的敏感程度，此偏导数即为敏感度。

本节的敏感性分析是为了选定喷层最佳厚度，分析喷层厚度 (单一因素) 对自身应力影响的敏感程度；以选定隔热层最佳厚度为目的，分析隔热层厚度 (单一因素) 对自身阻隔温度大小能力的敏感程度；以选定二次衬砌最佳厚度为目的，分析二次衬砌厚度 (单一因素) 对自身受力应力影响的敏感程度。

在研究中因应力场和温度场两场耦合的复杂性，难以求得喷层和围岩应力的显式表达式，采用 ABAQUS 软件进行以下数值模拟：

(1) 模拟不同厚度 (6cm、8cm、10cm、12cm、14cm) 喷层的复合支护结构在施工完成后第 30 天喷层拱顶、拱腰和拱底的环向应力状态，其中复合支护结构中隔热层厚度和二次衬砌厚度为定值: 10cm 聚苯乙烯泡沫聚苯板 (EPS 板)、40cmC25 混凝土衬砌。

(2) 模拟不同厚度 EPS 板 (6cm、8cm、10cm、12cm、14cm) 的复合支护结构在施工完成后第 30 天隔热层内外两侧温差，其中复合支护结构的喷层厚度和二次衬砌厚度为定值：10cmC25 钢纤维混凝土喷层、40cmC25 混凝土衬砌。

(3) 模拟不同厚度 (30cm、35cm、40m、45cm、50cm) 二次衬砌的复合支护结构在施工完成后第 30 天喷层拱顶、拱腰和拱底的环向应力状态，其中复合支护结构中喷层厚度和隔热层厚度为定值：10cm 聚苯乙烯泡沫聚苯板 (EPS 板)、10cm 聚苯乙烯泡沫聚苯板 (EPS 板)；另外，结合现场实际采用圆形洞室进行分析，由于圆形洞室具有良好的对称性，选取拱顶、拱腰和拱底进行分析。

13.4.1　喷层厚度优化设计

针对图 13.12 所示不同厚度喷层拱顶环向应力趋势图，从三个方面进行分析。

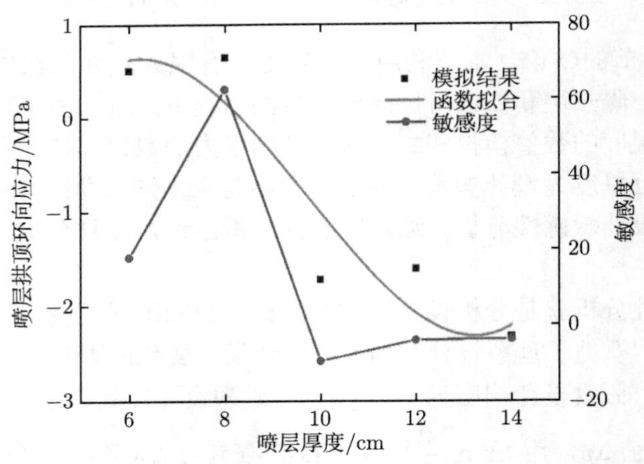

图 13.12　不同厚度喷层拱顶环向应力趋势图

从敏感度角度分析，喷层拱顶处环向应力敏感度随着厚度增加呈不规则分布，喷层厚度在 6~10cm 范围内拱顶处喷层环向应力敏感度出现最大值，主要原因是拱顶处环向应力从拉应力转化成压应力，使其发生敏感度突变；根据敏感度数值可以看出，厚度在 8cm 处拱顶环向应力受厚度影响最大，随着厚度不断增大，敏感度逐渐降低，在 10cm 处敏感度降至最低，其值为负即产生负影响，之后敏感度有所增加，其增加幅度很小且接近于 0，说明喷层厚度在 10cm 后继续增加时，厚度变化对拱顶环向应力越来越不敏感。

从喷层拱顶环向应力角度分析，厚度在 6~8cm 时喷层拱顶处环向受拉，应力变化呈线性递减，最大环向拉应力约为 0.5MPa；喷层厚度从 8cm 不断增长时，拱顶环向应力呈线性增大，其中在 8~12cm 增长区间内变化幅度最大，往后环向应力基本变化不大。

从数值角度分析，喷层厚度从 6cm 提高到 14cm，增大了 1.3 倍，喷层拱顶环向应力从 0.51MPa 变化为 −2.33MPa，由拉应力转为压应力。

综上所述，随着厚度增加，顶部环向应力抗拉强度不断增大，直至喷层顶部受拉状态转变为顶部受压状态，为控制顶部受力状态考虑厚度，建议最优选取范围在 10~12cm。

针对图 13.13 不同厚度喷层拱腰环向应力趋势图，从三个方面进行分析。

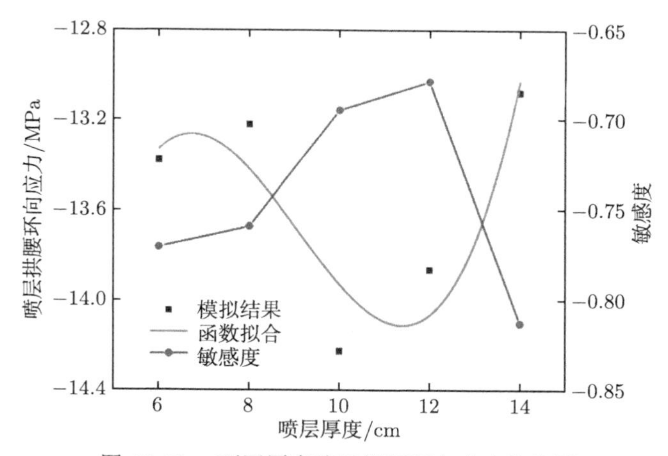

图 13.13 不同厚度喷层拱腰环向应力趋势图

从敏感度角度分析，喷层拱腰处环向应力随厚度增加同样呈不规则分布，根据敏感度数值可以看出，敏感度为负值，说明喷层厚度对拱腰处环向应力产生负影响；喷层厚度从 6cm 增至 12cm 期间，负敏感度呈线性增长趋势，直至增加到 12cm 时，拱腰环向应力负敏感度最大 (敏感度最小)，之后喷层厚度增至 14cm 期间，负敏感度出现反弹，其变化呈线性减小趋势即敏感度增加，14cm 处拱腰环向应力负敏感度达到最小，说明喷层厚度在 6~8cm 处，对拱腰环向应力越来越不敏感，在 12cm 处其环向应力最不敏感。

从拱腰环向应力角度分析，喷层拱腰处无论厚度变化多大，均为环向受压；根据应力值变化区间得出，厚度变化对其环向应力扰动不大，故综合考虑选取厚度时，拱腰应力变化不作为第一参考点；喷层厚度 6~8cm 时拱腰环向压应力呈线性增加，拱腰处最大环向应力对应的喷层厚度区间为 10~12cm，之后出现回弹，14cm 时其环向应力最小。

从数值角度分析，喷层厚度从 6cm 提高到 12cm，增大了 1 倍，喷层拱腰环向压应力从 13.38MPa 增大到 14.23MPa，增加了 6%；喷层厚度从 12cm 增大到 14cm，增大了 16%，其应力值从 14.23MPa 减小至 13.08MPa，减小了 8%。

综上所述，厚度变量对拱腰处环向应力相对于顶部影响较小，故对拱腰环向应力的敏感程度不作主要参考，但根据对比建议最优选取范围在 10~12cm。

针对图 13.14 不同厚度喷层拱底处环向应力趋势图，从三个方面进行分析。

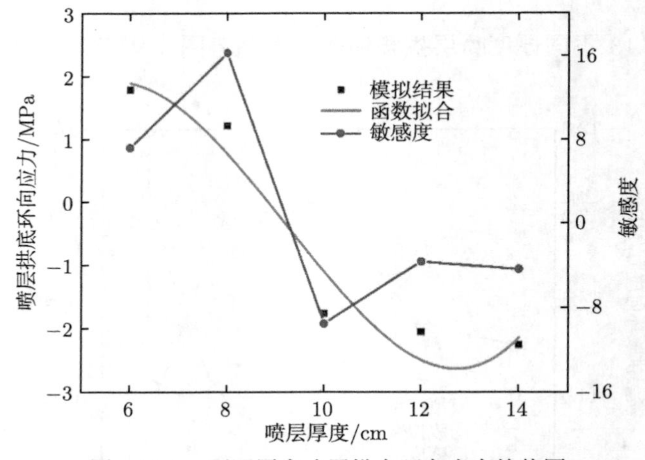

图 13.14　不同厚度喷层拱底环向应力趋势图

从敏感度角度分析，喷层拱底环向应力随厚度增加同样呈不规则分布，其原因为底部应力出现状态转化，厚度大于 8cm 的喷层对其底部环向应力最为敏感；从敏感度数值可以看出，厚度在 12~14cm，厚度对底部环向应力影响最小。

从拱底环向应力角度分析，6~8cm 的喷层底部受拉，其随喷层厚度增长，其拉应力呈递减趋势；约为 9cm 厚的喷层厚度继续增大，拱底环向应力变为压应力；在喷层厚度增至 13cm 后，喷层环向应力变化出现回弹，变化幅度最小。

从数值角度分析，喷层厚度从 6cm 提高到 9cm，增大了 0.5 倍，喷层拱腰环向压应力从 1.79MPa 减小到 0.10MPa，约减小了 1 倍；喷层厚度从 9cm 增大到 14cm，增大了 0.5 倍，其应力值从 0.1MPa 增至 2.25MPa，增大了 22.5 倍。

综上所述，厚度在 10~12cm，拱底应力变化不大，厚度对拱底应力的敏感度最小，故建议喷层厚度取 10~12cm。

13.4.2　隔热层厚度优化设计

将隔热层厚度设为单一因素，对隔热层内外两侧温度进行敏感性分析，选取隔热层为聚苯乙烯泡沫聚苯板 (EPS 板)，选取的时间段为二次衬砌施工完成 30 天后。

针对图 13.15 不同厚度隔热层内外层温差趋势图，从三个方面进行分析。

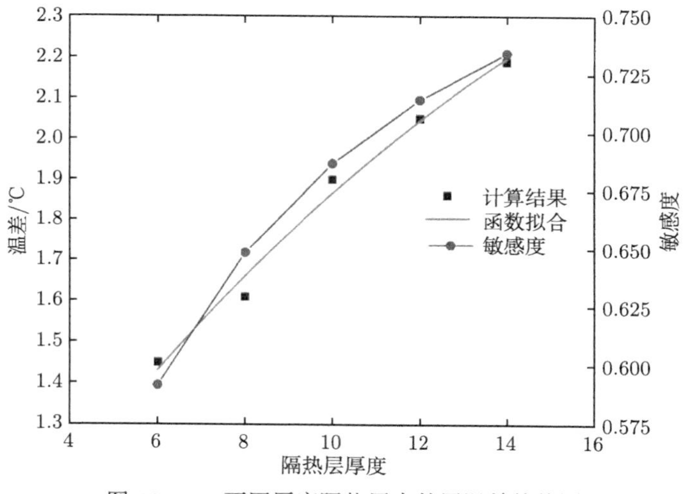

图 13.15　不同厚度隔热层内外层温差趋势图

从敏感度角度分析得出：随着隔热层厚度的增大，隔热层内外两侧的温度敏感度呈线性增长趋势，隔热层两侧温差敏感度会越来越明显，隔热层增大到 10cm 后敏感度变化幅度有所减小，但根据观察敏感度大小的增长幅度得出其敏感程度相对越来越敏感。

从隔热层内外两侧温度角度分析得出：随着隔热层厚度增加，内外侧温差呈线性增长趋势，隔热层内外侧温度变化不大，进一步说明隔热层仅在施工期间起到临时阻隔大幅度温变作用，在施工后期隔热层两侧温度不受厚度影响。

具体来讲，隔热层厚度从 6cm 增大 14cm，洞壁拱顶处的温度从 1.45℃ 增大到 2.19℃，增大了 51%。

综上所述，隔热层厚度变化对其内外侧温差值影响较小，建议结合经济方面及支护结构整体厚度进行优化设计。根据市场调查得出，在相同厚度隔热材料比较中，XPS 板的价格是 EPS 板价格的 2 倍，且隔热性能几乎相同，故使用 EPS 板更经济。

13.4.3　二次衬砌结构厚度优化设计

针对图 13.16 不同厚度衬砌拱顶环向应力趋势图，从三个方面进行分析。

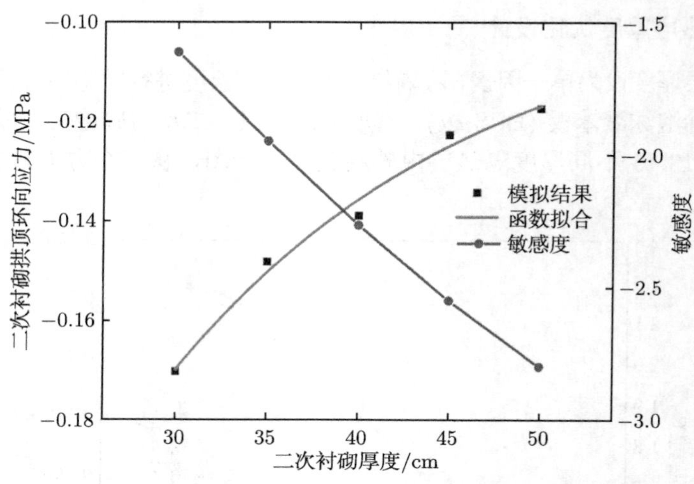

图 13.16 不同厚度衬砌拱顶环向应力趋势图

从敏感度角度分析，二次衬砌随拱顶环向应力敏感度为负值，随着二次衬砌厚度不断增大，其拱顶环向应力敏感度不断减小，呈线性减小趋势，即隔热层厚度对环向压应力增大为负影响，厚度越厚对拱顶环向应力越不敏感。

从拱底环向应力角度分析，应力均为负值，即二次衬砌拱顶环向受压，应力变化范围在 0.08MPa 以内，随着厚度不断增大，二次衬砌拱顶环向应力变化趋势呈线性减小；结合敏感度得出，随着厚度不断增加，顶部环向应力减小的速度越来越慢，调整二次衬砌厚度范围内的拱顶环向应力均在抗压承受范围内。

从数值角度分析，二次衬砌厚度从 30cm 提高到 50cm，增大了 67%，二次衬砌拱顶环向压应力值从 0.17MPa 减小到 0.12MPa，减小了 29.4%。

综上所述，结合敏感度和应力变化分析得出，二次衬砌厚度提高对拱顶处环向压力起到抗压作用，二次衬砌厚度越厚对其拱顶处的影响就越小，故调整二次衬砌厚度对改善拱顶处受压状态是有作用的，但作用相对较小。

针对图 13.17 不同厚度二次衬砌拱腰环向应力趋势图，从三个方面进行分析。

从敏感度角度分析，数值上观察得出敏感度为负值即负影响，随着二次衬砌厚度不断提高，厚度对拱腰处环向应力负影响变化趋势呈线性减小，说明随着二次衬砌厚度提高，其对拱腰处影响的敏感度越来越小。

从应力角度分析，各种厚度的二次衬砌拱腰处均受压，受压强度在混凝土抗压强度合理范围内，随着厚度不断提高，拱腰处受压强度线性减小，厚度越大受压越小，并且应力减小范围小于拱顶减小范围，其变化大小为 0.05MPa。

从数值角度分析，二次衬砌厚度从 30cm 提高到 50cm，增大了 67%，二次衬砌拱顶环向压应力从 0.11MPa 减小到 0.08MPa，减小了 27%。

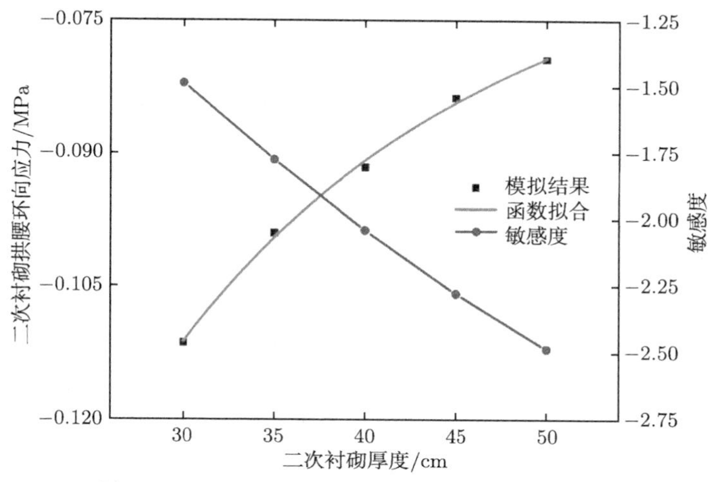

图 13.17　不同厚度二次衬砌拱腰环向应力趋势图

综上所述，结合敏感度和应力变化分析得出，二次衬砌厚度提高对拱腰处环向压力起到抗压作用，二次衬砌厚度越厚对其拱腰处的影响就越小，故调整二次衬砌厚度对改善拱腰处受压状态是有作用的，但作用相对较小；调整厚度范围内的二次衬砌拱腰所受的压应力均在抗压承受范围内，选取最佳厚度范围，二次衬砌拱腰环向应力不做主要参考依据。

针对图 13.18 不同衬砌厚度时拱底环向应力趋势图，从三个方面进行分析。

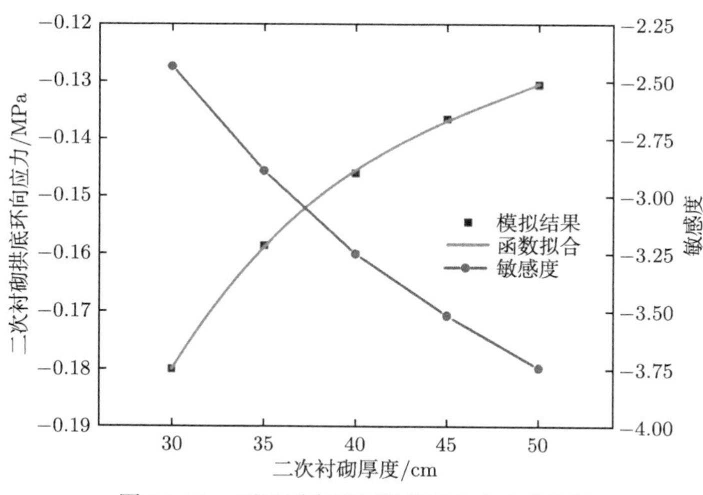

图 13.18　不同厚度衬砌拱底环向应力趋势图

从敏感度角度分析得出，调整厚度范围内敏感度数值均为负值，即厚度对衬砌环向压应力敏感度为负敏感，说明随着厚度提高，厚度对拱底处应力敏感度越小，厚度对环向压应力增长大小的影响能力逐渐减小。

从二次衬砌拱底处环向应力角度分析，各种尺寸二次衬砌的拱底处均环向受压，其应力变化范围在 0.08MPa 以内，随着二次衬砌厚度不断提高，拱底处受压应力变化趋势呈线性减小，二次衬砌厚度大于 40cm 后，应力变化幅度较小，调整厚度范围内的二次衬砌拱底所受的压应力均在抗压承受范围内。

从数值角度分析，二次衬砌厚度从 30cm 提高到 50cm，增大了 67%，二次衬砌拱底环向压应力从 0.18MPa 减小到 0.13MPa，减小了 27%。

综上所述，结合敏感度和应力变化分析得出，二次衬砌厚度提高对拱底处环向压力起到抗压作用，厚度越厚对其拱底处的影响就越小，故调整二次衬砌厚度对改善拱底处受压状态是有作用的，但作用相对较小。

根据对拱顶、拱腰、拱底处二次衬砌厚度对其环向应力的敏感度分析得出，由于拱顶、拱腰和拱底三处环向应力均在混凝土抗压能力范围之内，且改变其厚度对应力影响均较小，结合经济考虑，建议在 40~45cm 选取二次衬砌设计厚度，不仅受压状态良好，且节省资源。有关复合支护结构优化设计的更多内容，有兴趣的读者可参考文献 [14]。

13.5 复合支护结构最优设计方案

本节针对两种不同组合的复合支护结构进行对比分析：① 夹层式复合支护结构，其构成为 10cm 喷层 +10cm 隔热层 (EPS 板)+40cmC25 混凝土衬砌；② 贴壁式复合支护结构，其构成为 10cm 隔热层 (EPS 板)+10cm 喷层 +40cmC25 混凝土衬砌；结构形式如图 13.19 所示。另外，由于施工顺序不同，为了减小施工工序带来的影响，本节对比数据时间段为两种支护结构施工完成后第 30 天的围岩受力特性。

(a) 夹层式

(b) 贴壁式

图 13.19 两种不同组合的复合支护结构

13.5.1　应力特征对比分析

图 13.20 为两种复合支护结构围岩最大主应力分布云图，图中正值为拉应力，负值为压应力。两种复合支护结构作用下的围岩最大主应力分布规律基本一致：最大主应力以隧洞竖向中心线向左右两边对称分布，拱顶、拱底处最大主应力为拉应力，拱腰处最大主应力为压应力。两种复合衬砌对比得出，使用贴壁式复合支护结构的洞壁拱顶、拱底最大主应力均大于夹层式复合支护结构，两者相差约 0.11MPa。

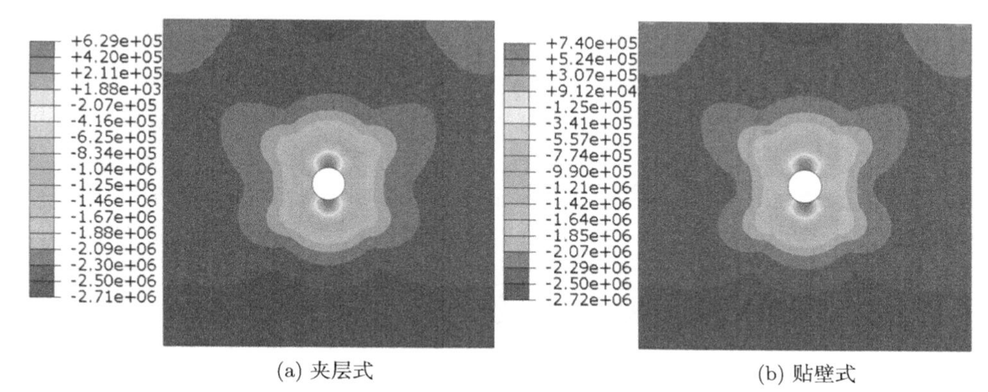

(a) 夹层式　(b) 贴壁式

图 13.20　两种复合支护围岩最大主应力分布云图 (单位：Pa)

图 13.21 为两种复合支护喷层处最大主应力分布云图，图 13.22 为两种复合支护二次衬砌最大主应力分布云图。夹层式的喷层结构在开挖后直接施作，并且施工过程中一直通风作业，导致喷层受温差影响较大，产生的温度应力较大，喷层最大主应力分布为拱顶、拱底外侧受拉强度最大，其值约为 4.69MPa，拱腰处受压，最大值在拱腰外侧，其值为 1.22MPa；衬砌最大主应力分布为衬砌内侧拱顶、拱底处为拉应力，拱腰处为压应力，外侧受拉，最大拉应力在拱腰处，其值约为 0.82MPa。

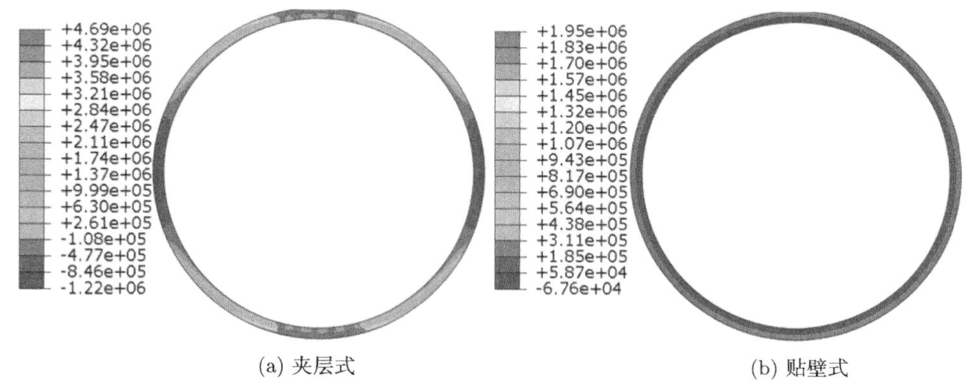

(a) 夹层式　(b) 贴壁式

图 13.21　两种复合支护喷层处最大主应力分布云图 (单位：Pa)

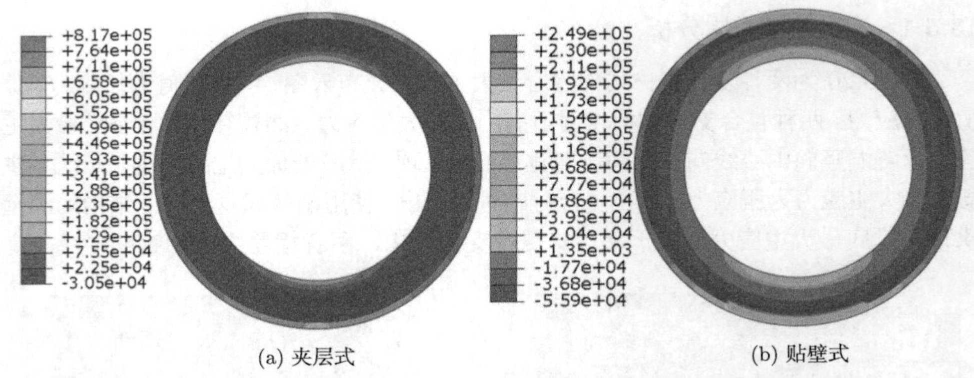

(a) 夹层式　　(b) 贴壁式

图 13.22　两种复合支护二次衬砌最大主应力分布云图 (单位：Pa)

贴壁式支护结构则是开挖后优先贴作隔热层，阻隔了围岩快速传热，使其所受耦合应力中温度应力不大，故外侧受拉应力相比夹层式较小，喷层最大主应力分布为拱圈内侧均为压应力。外侧均为拉应力，最大拉应力和压应力均小于夹层式；衬砌最大主应力分布为拱圈内侧各处均为拉应力，最大拉应力在拱顶、拱底两侧，外侧同样为拉应力，最大拉应力同样在拱腰两侧，其值约为 0.25MPa。

综上所述，隔热层铺设的位置对喷层和二次衬砌的应力具有一定的影响；两种复合支护结构中，夹层式结构的喷层受力状态没有贴壁式的好，二次衬砌的受拉部分相对较少；两种支护结构应力大小均在结构承受范围之内，故选定最优排列组合，应力不做第一参考依据。

13.5.2　位移特征对比分析

图 13.23 为两种复合支护结构作用下围岩位移分布云图。两个围岩位移图均

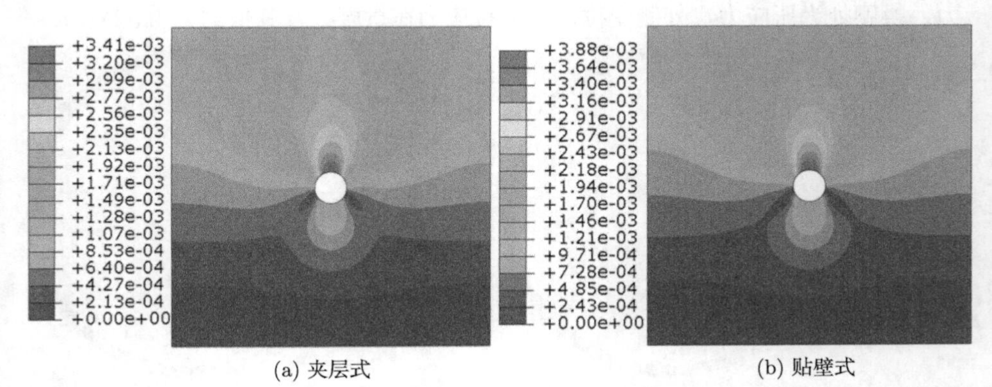

(a) 夹层式　　(b) 贴壁式

图 13.23　两种复合支护结构作用下围岩位移分布云图 (单位：m)

以隧洞竖向中心线左右两边对称分布；根据图中位移数值对比得出，贴壁式结构的围岩位移变化比夹层式位移变化量大，其原因是喷层结构没有在最佳时间起到临时支撑作用。

13.5.3　塑性区特征对比分析

图 13.24 为两种复合支护结构作用下围岩塑性区分布云图。贴壁式的围岩塑性区，相比于夹层式塑性区分布为以隧洞竖向中心线向隧洞两边扩散，其扩散范围和轴向扰动范围均大于夹层式；从塑性应变值可以看出，贴壁式的围岩最大塑性应变大于夹层式，且分布较密。

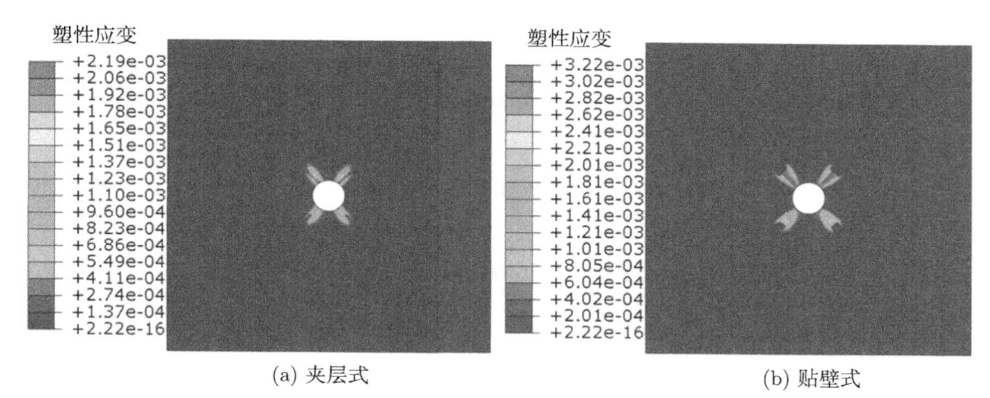

(a) 夹层式　　(b) 贴壁式

图 13.24　两种复合支护结构作用下围岩塑性区分布云图

结合喷层、隔热层和二次衬砌的厚度优化，两种复合支护结构的喷层和二次衬砌的最大主应力对比分析、围岩位移对比分析、围岩塑性区对比分析得出：建议采用夹层式复合支护结构用于高地温引水隧洞，其中喷层厚度选取 10~12cm，隔热层厚度 10cm，二次衬砌厚度选取 40~45cm[14]。

13.6　本 章 小 结

(1) 复合支护结构施工时，隔热层的隔热作用最大时间段为二次衬砌施工中；从位移角度分析，喷层施工完成后能及时起到支撑作用，仅能防止洞壁 2m 范围内位移出现大变化，还需要添加二次衬砌。

(2) 结合喷层厚度对拱顶、拱腰和拱底处最大主应力的敏感度分析得出，喷层厚度范围在 10~12cm，拱顶、拱腰、拱底环向应力变化范围不大，厚度对其环向应力的影响相对较小，故为最佳厚度选取区间；隔热层厚度变化对其内外两侧温差影响较小，故可根据经济方面及复合支护结构整体厚度进行优化。结合二次衬砌厚度对拱顶、拱腰和拱底处最大主应力的敏感度分析得出，由于拱顶、拱腰和拱底三处环向应力均在混凝土抗压能力范围之内，且改变其厚度对应力的影响较小，结合经济考虑，建议二次衬砌设计厚度为 40～45cm。

(3) 对比两种支护结构的应力特点，隔热层铺设的位置对喷层和二次衬砌的应力具有一定的影响；贴壁式结构的围岩位移变化比夹层式位移变化量大；贴壁式的围岩最大塑性应变大于夹层式，且分布较密。结合两种复合支护结构的喷层和二次衬砌的最大主应力对比分析、围岩位移对比分析、围岩塑性区对比分析得出，夹层式复合支护结构更适用于高地温引水隧洞。

参考文献

[1] 刘乃飞, 李宁, 余春海, 等. 布仑口水电站高温引水发电隧洞受力特性研究 [J]. 水利水运工程学报, 2014(4): 14-21.

[2] 李燕波. 高温热害水工隧洞支护结构受力分析数值模拟研究 [J]. 长江科学院院报, 2018, 35(2): 135-139.

[3] 李燕波. 高温热害隧洞温度场计算及隔热层选取原则 [J]. 水利科技与经济, 2017, 23(12): 92-96.

[4] 朱振烈. 布仑口高温隧洞围岩与支护结构的温度应力数值仿真研究 [D]. 西安: 西安理工大学, 2013.

[5] 姚显春, 李宁, 余春海, 等. 新疆公格尔高温引水隧洞围岩温度场试验研究 [J]. 水文地质工程地质, 2018,45(4): 59-66.

[6] 袁培国. 超高地温条件下引水隧洞施工关键技术探讨 [J]. 水利水电技术, 2014,45(4): 101-106.

[7] 余勇. 水电站引水隧洞支护结构稳定性分析 [J]. 水利规划与设计, 2018(10): 155-158.

[8] 吴根强. 高地温铁路隧道温度场及隔热层方案研究 [D]. 成都: 西南交通大学, 2016.

[9] WILHELM J, RYBACH L.The geothermal potential of Swiss Alpine tunnels[J]. Geothermics, 2003, 32(4): 557-568.

[10] 宗传捷, 周艳青, 谭海平, 等. EPS 板和 XPS 板在保温系统中的性能对比分析 [J]. 建材与装饰, 2018(38): 52-53.

[11] 宿辉, 马超豪, 马飞. 基于高地温引水隧洞的温度场数值模拟研究 [J]. 水利水电技术, 2016, 47(4): 34-37.

[12] 宿辉, 康率举, 屈春来, 等. 基于均匀设计的高地温隧洞衬砌混凝土抗压强度影响规律研究 [J]. 水利水电技术, 2017, 48(7): 49-53.

[13] 朱伯芳. 论混凝土坝抗震设计与计算中混凝土动态弹性模量的合理取值 [J]. 水利水电技术, 2009, 40(11): 19-22.

[14] 王凯生. 高地温引水隧洞复合支护结构适应性评价及优化设计 [D]. 石河子: 石河子大学, 2021.

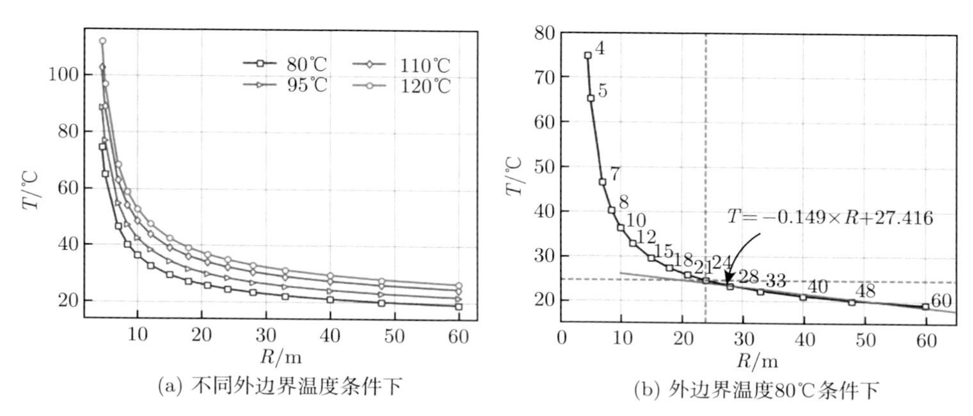

(a) 不同外边界温度条件下

(b) 外边界温度80℃条件下

图 6.3 衬砌与围岩接触面温度随围岩计算半径的变化曲线

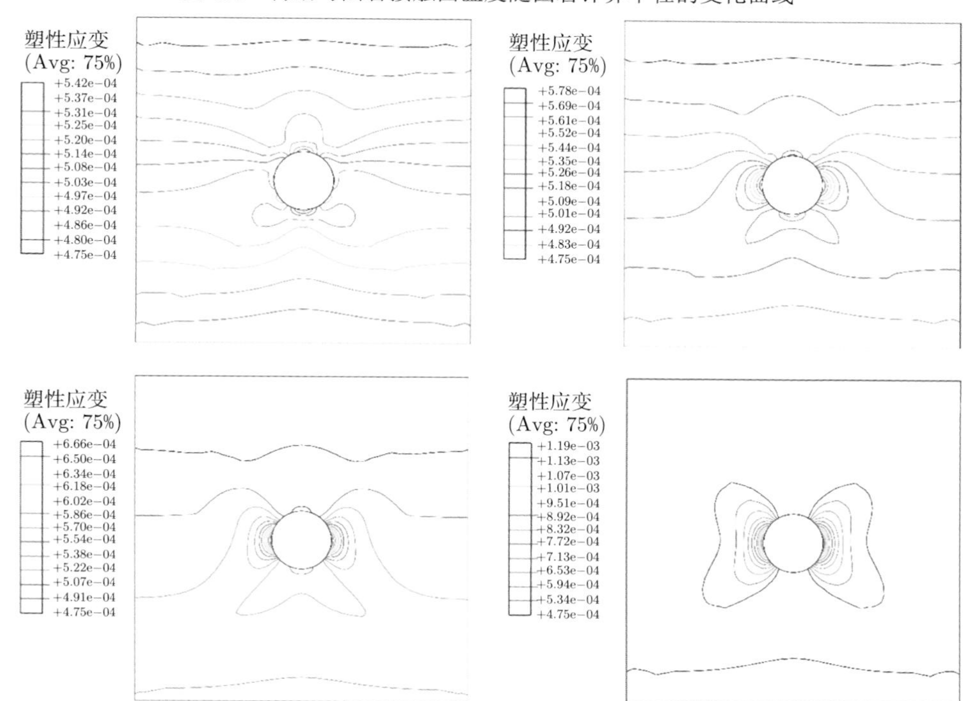

图 7.19 迭代计算过程中围岩塑性区扩展

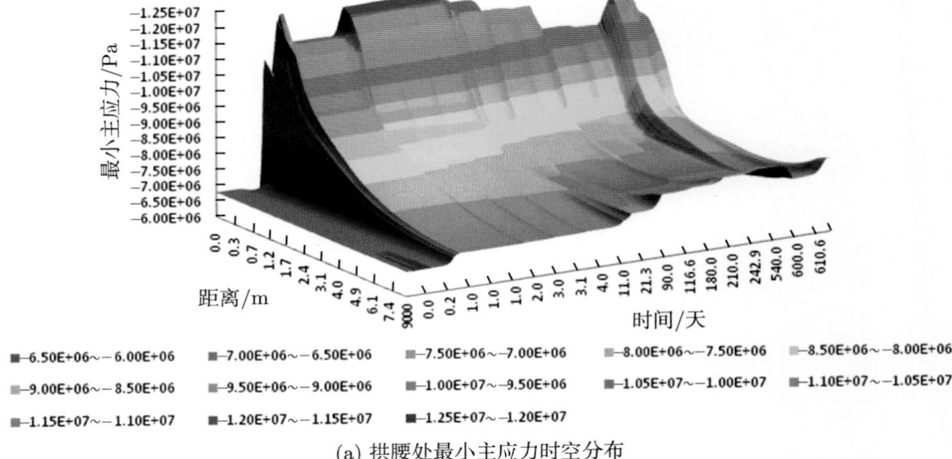

(a) 拱腰处最小主应力时空分布

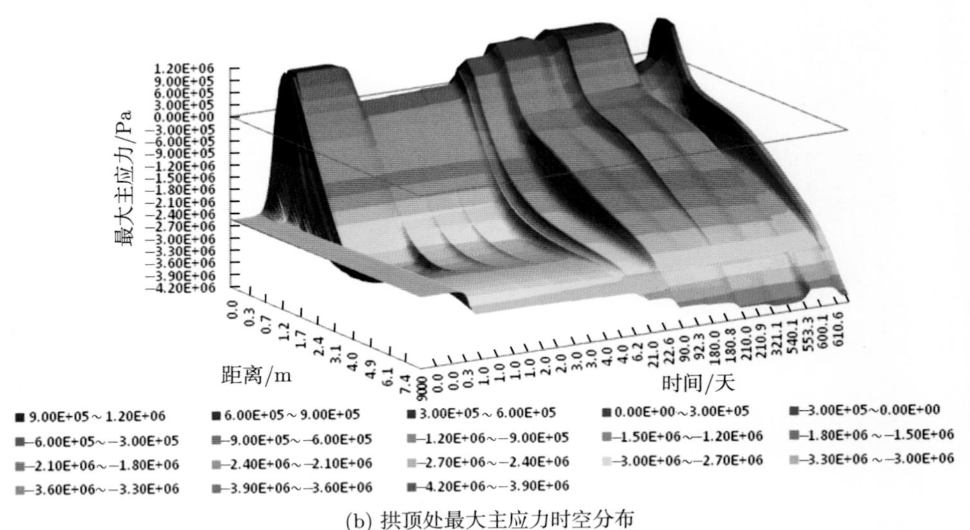

(b) 拱顶处最大主应力时空分布

图 8.10 高地温隧洞基本生命周期下拱腰、拱顶应力曲线

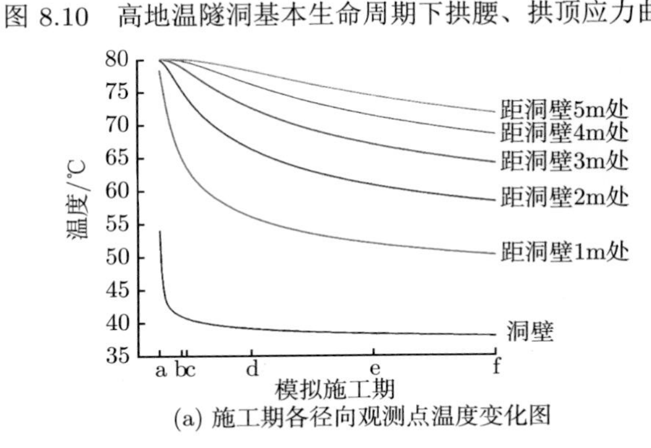

(a) 施工期各径向观测点温度变化图

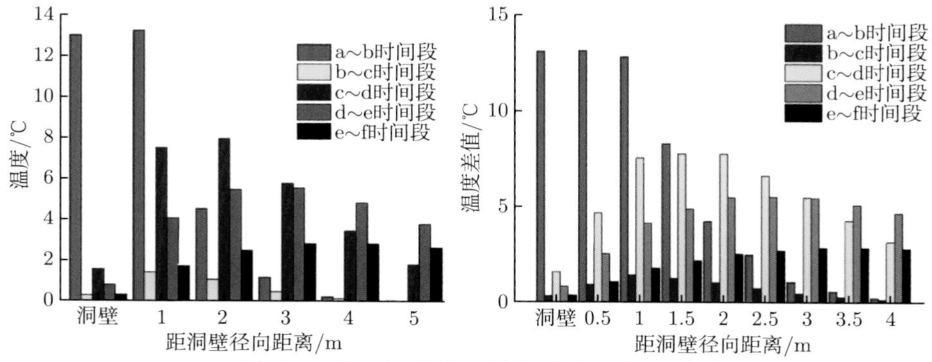

(b) 施工期各径向观测点不同时间段温度差值对比图

图 13.4　施工期各径向观测点温度变化及不同时间段温度差值对比图 (单位：℃)

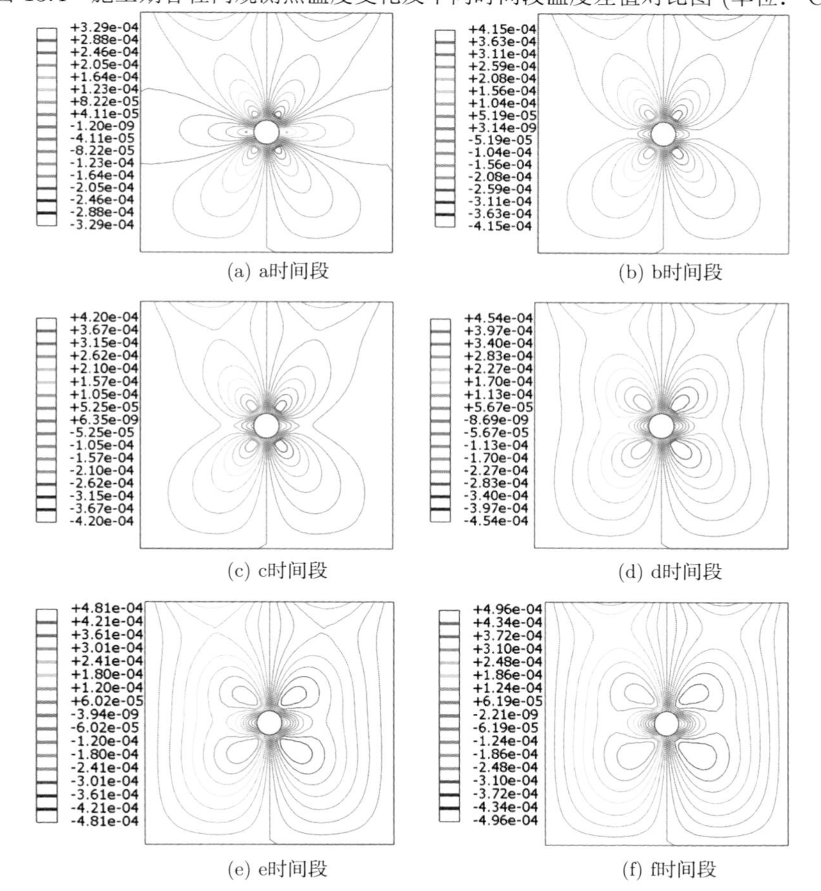

(a) a时间段　(b) b时间段

(c) c时间段　(d) d时间段

(e) e时间段　(f) f时间段

图 13.6　高地温引水隧洞施工期各时段围岩水平位移等值线变化图 (单位：m)

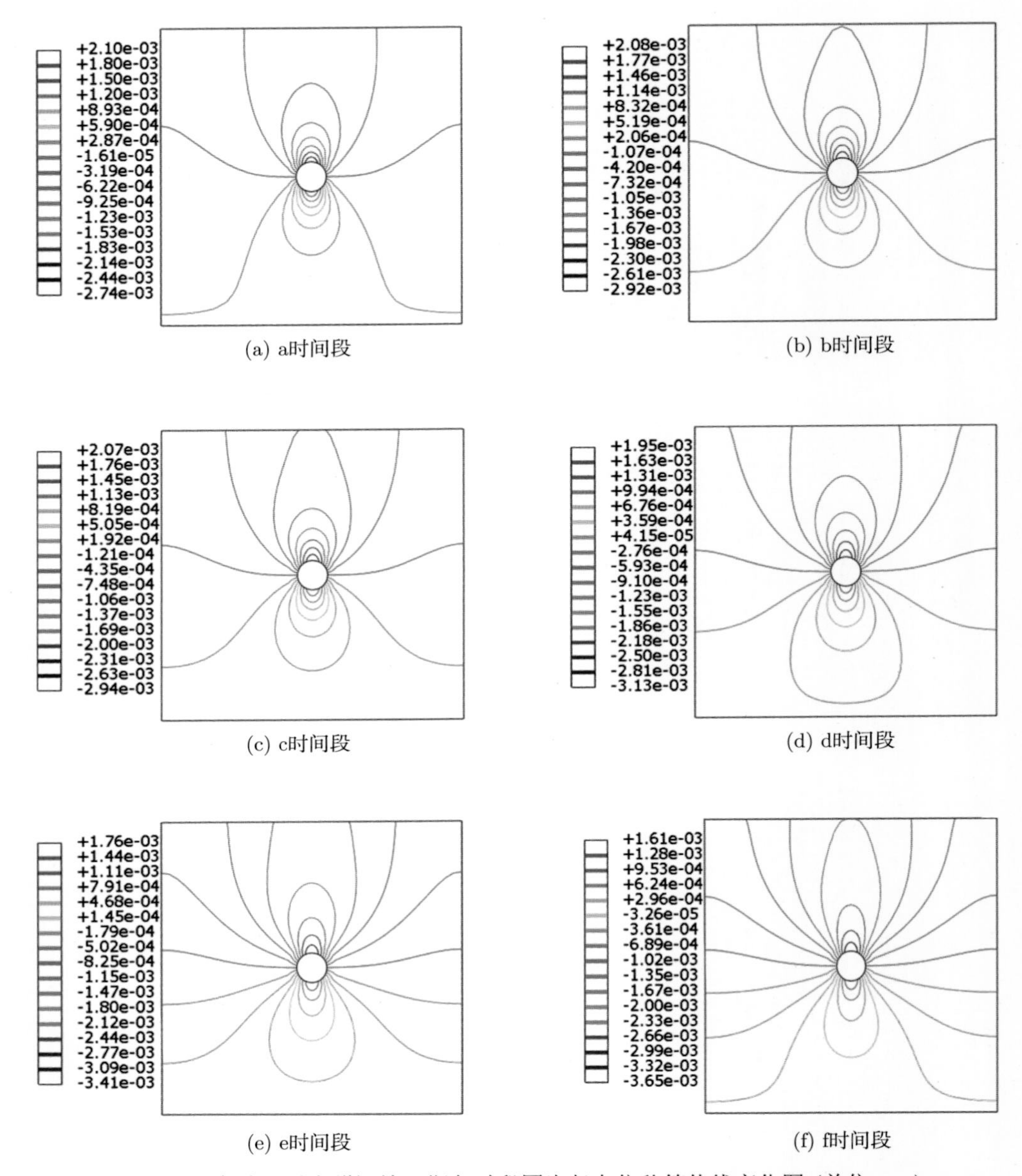

(a) a时间段　(b) b时间段

(c) c时间段　(d) d时间段

(e) e时间段　(f) f时间段

图 13.7　高地温引水隧洞施工期各时段围岩竖向位移等值线变化图 (单位：m)